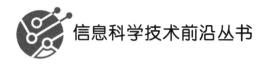

信息科学技术前沿丛书

卫星地面融合信息网络

张 兴　　张佳鑫　　胡月梅　编著

U0291220

北京邮电大学出版社
www.buptpress.com

内 容 简 介

星地融合信息网络是新一代 6G 通信系统中的重要组成部分。本书从 6G 网络和数字社会发展愿景出发，以星地融合信息网络的需求和驱动为基础，全面介绍梳理了星地融合信息网络在不同层面的研究进展，阐述了星地融合网络的关键使能技术，并对其未来的发展和挑战进行了分析和总结。全书共13 章，主要阐述星地融合信息网络的构建动机，星地融合信息网络的发展现状，星地融合信息网络的重要研究方向以及星地融合信息网络的未来展望。

本书可作为高等院校工科通信工程、电子信息工程等本科专业的参考阅读材料，也可作为卫星通信技术专业方向研究生的参考教材以及相关专业技术人员的参考书。

图书在版编目（CIP）数据

卫星地面融合信息网络 / 张兴，张佳鑫，胡月梅编著 . -- 北京 ：北京邮电大学出版社，2023.3
ISBN 978-7-5635-6860-4

Ⅰ. ①卫⋯　Ⅱ. ①张⋯　②张⋯　③胡⋯　Ⅲ. ①卫星通信系统－信息网络－研究　Ⅳ. ①TN927

中国国家版本馆 CIP 数据核字（2023）第 013574 号

策划编辑：姚　顺　刘纳新　　责任编辑：满志文　　责任校对：张会良　　封面设计：七星博纳

出版发行：北京邮电大学出版社
社　　　址：北京市海淀区西土城路 10 号
邮政编码：100876
发 行 部：电话：010-62282185　传真：010-62283578
E-mail：publish@bupt.edu.cn
经　　　销：各地新华书店
印　　　刷：保定市中画美凯印刷有限公司
开　　　本：787 mm×1 092 mm　1/16
印　　　张：23
字　　　数：538 千字
版　　　次：2023 年 3 月第 1 版
印　　　次：2023 年 3 月第 1 次印刷

ISBN 978-7-5635-6860-4　　　　　　　　　　　　　　　　　　定　价：98.00 元

· 如有印装质量问题，请与北京邮电大学出版社发行部联系 ·

序 1

卫星通信无需考虑地形地貌与距离,实现广域覆盖,与地面通信取长补短,既能实现全时全域无缝覆盖,又能逐渐演化为大众化通信技术。追溯过往时光,对于世界而言,卫星通信的发展代表着天马行空映射进现实生活的科技进步;对于我国而言,卫星通信的发展代表着科研事业从蹒跚追随到世界领先的拼搏征程。从 1975 年"331"工程正式立项研发到如今已有 47 年的岁月,无数通信人、航天人不忘初心,砥砺前行,坚定不移地在卫星通信的道路上寻求突破创新,不负众望、不辱使命,全力以赴完成一系列科研技术攻关,终于跻身世界前沿。

卫星通信使下一代移动通信技术"信息随心至,万物触手及"的美好愿景成为可能,陆海空天一体化信息网络的技术发展思路在当下已经逐渐明晰。卫星通信作为信息网络技术中的关键一环,意义非凡,其不仅能够彰显着我国的科研创新驱动能力,更能于经济上高质量推动社会发展,于文化上强有力支撑民族自信,于政治上进一步提升国际话语权。自主创新研究卫星通信,是我国打破行业技术垄断、摆脱受制于他国的发展现状,拉动自身核心技术突破,致力于建设成为世界信息化数字化强国的必经之路。

近些年来,卫星通信领域虽然取得了丰硕的成果,但仍有大量科学问题亟待解决。在如此时代背景下,为相关专业研究人员、院校师生提供一本由浅入深、循序渐进的专业性书籍,适应行业的快速发展,是对卫星通信领域的一份贡献。本书凝聚作者们数年来在卫星通信领域的研究成果,不仅论述了星地融合信息网络发展现状及需求,而且梳理了其发展过程中的市场驱动与技术驱动,持论严谨而不失流畅易懂,使读者能够从中获得对星地融合信息网络的全面认识。2022 年,卫星互联网领域发展进入"格局分化期""挤出窗口期",《卫星地面融合信息网络》的出版恰逢其时。该书无论对于从事通信领域的研究人员、高校相关专业的本科生、研究生,还是对卫星通信相关颇有兴趣的读者而言,都是一本极具参考价值的书籍。

"金璧虽重宝,费用难贮储。学问藏之身,身在则有余。"相信广大读者朋友们都能从此书中有所收获,更好地投入到卫星通信的学习和研究当中去。期待此书将引发相关领域更多人对于星地融合信息网络技术的关注,并为我国的通信事业贡献出自己的一份力量。

闵长宁

研究员,历任鑫诺通信卫星有限公司副总裁兼总工程师、
中国直播星公司副总经理、中国卫通集团科技委副主任、
中国航天科技集团科技委常委

序2　发展卫星地面融合信息网络的新机遇

　　卫星地面融合信息网络(天地一体化信息网络)是当前信息技术领域的一个重要发展方向。20世纪90年代信息网络的发展,地面网络和卫星网络两部分基本上是独立发展的,但地面的信息网络技术要比卫星的信息网络技术发展得更快。当时由于移动通信和互联网的发展,非地球静止轨道的通信和互联网卫星星座发展迅速,掀起了第一个高潮,并以铱星的发展为代表。但在地面移动通信系统迅猛发展的冲击下,卫星星座通信由于成本太高,并未得到广泛应用。2000年我在《电子展望与决策》杂志第3期发表了文章《铱星启示录》。文章指出:"铱星系统未能正确地预测未来的移动通信技术发展趋势是其最大的失败所在。同时,铱星公司决策层也未能对技术和市场发生的变化作出迅速反应。"

　　2010年以来,由于智能手机技术日益成熟、成本不断降低、各类应用蓬勃发展,建设融合语音、数据、视频为一体,覆盖广泛、经济实用的互联网,成为世界各国为推动经济增长而大力构建的重要基础设施。在这背景下,出现了发展星地融合信息网络的新机遇。

　　随着6G网络的发展,未来6G网络将进一步支持全球数字化,实现无处不在的智能和全面增强的通信功能,同时也将面向更新更广泛的应用场景。然而,6G网络中出现的大量新兴应用对网络的基础设施和服务提供也提出了更高的要求,现有的地面移动网络、天基信息网络等独立网络已无法满足其存储、计算资源等多方面的需求。此外,目前各个独立网络的覆盖范围和通信功能有限,难以满足天、空、地、海广域立体的通信需求。因此,将卫星网络与地面网络融合,构建形成全球立体无缝覆盖的星地融合信息网络,是未来无线网络研究的发展趋势。星地融合信息网络能够充分利用了天地网络各自的优势,实现全球的立体覆盖与无缝连接。同时,还扩大了通信系统的容量,支持具有高数据速率需求的计算密集型服务,能够为未来6G网络在覆盖、连接和传输等方面提供有力的支撑。

　　2020年4月20日我国国家发改委首次明确,将卫星互联网列入我国新型基础设施的范围,这项重大的战略决策,大大鼓舞了我国发展星地融合信息网络的信心。星地融合信息网络作为一个融合了不同独立网络的一体化网络,涉及不同网络之间的协作与适配,也需要考虑到各种新兴技术与其融合的方式。然而,目前我国关于星地融合信息网络的资料还比较少,信息零散,缺少系统性介绍星地融合信息网络的书籍,很难让入门者建立一个完整的星地融合信息网络的概念体系。此外,现有的书籍大都侧重于星地融合信息网络中的某些方面进行介绍,缺少对星地融合信息网络的全面阐述。

　　本书作者长期从事星地融合信息网络的研究,从而可以为读者提供一本深入了解星地融合信息网络的读物。这本书从无线网络的发展愿景与需求出发,进而引出了星地融合信息网络研究的必要性。这本书全面系统地介绍了星地融合信息网络中的体系架构、关键技术以及系统应用等方面的内容,并对星地融合信息网络系统中的星地链路、接入切换、路由机制、计算卸载以及频谱资源分配和管理等内容进行了全面的介绍,详细说明了星地融合信息网络面临的挑战和潜在的机遇。这本书可以让读者快速地建立起关于星地融合信息网络的知识框架,并从宏观上把握星地融合信息网络的发展脉络。

　　前面我已指出,未来通信产业的发展取决于对技术和市场的前瞻性的预测。因此我相信借助这本书,读者能够更快速、更全面地了解星地融合信息网络技术,以便更有效地掌握发展星地融合信息网络中的关键所在,从而在我国创新发展星地融合信息网络中做出自己的贡献。

黄志澄

前 863 计划航天领域专家委员会委员、

921 工程论证组办公室主任

长期从事航天发展战略和高超声速技术研究

序 3

地面移动通信系统以约每十年一代的速度高速发展,技术创新层出不穷。自 20 世纪 80 年代第一代移动通信系统诞生至今,已进入第五代移动通信系统(5G)发展的关键阶段,并成为实现万物互联的关键信息基础设施、经济社会数字化转型的重要驱动力量。地面移动通信系统的传输速率与频谱效率不断攀升,人类通信实现了从模拟话音业务到文本与中低速多媒体业务,再到移动互联网与万物互联的飞跃。

与此同时,卫星通信也在蓬勃发展,传统的地球静止轨道通信卫星不断向大容量、高带宽方向演进,高通量卫星研制成为国际宇航企业新一轮的竞争高地。除此之外,以"一网""星链"为代表的低轨互联网星座也陆续开展组网并启动商业运营,形成多层立体天基通信网络。卫星通信技术一直以来都伴随着地面移动通信的进步而发展,通常采用借鉴与吸收地面移动通信技术的发展思路。来到 5G 时代,卫星与地面融合技术已同步开展研究,国际标准化组织、研究机构等均提出了星地 5G 融合的应用场景和关键技术。

由于卫星具有覆盖范围广、覆盖波束大、组网灵活和通信不受地理环境限制等优点,可有力补充地面移动通信的不足,能实现全时全域的无缝覆盖,不仅有望成为 5G 乃至 6G 时代实现全球网络覆盖的重要解决方案,也将是航天、通信、互联网等产业融合发展的重要趋势和战略制高点。因此在研究 5G 乃至 6G 时,目前业界较为普遍的观点是卫星通信与地面移动通信不应再相对独立发展,卫星通信与地面移动通信在 5G 阶段应开始走向融合,在 6G 阶段应形成星地一体、无缝覆盖的新型网络。

卫星与地面网络融合的技术发展思路在当下已经逐渐明晰。近些年来,星地融合信息网络领域虽然取得了一些研究成果,但仍有大量科学理论问题和工程技术问题亟待解决。在如此时代背景下,为相关专业研究人员、院校师生提供一本由浅入深、循序渐进的专业性书籍,适应行业的快速发展,是对星地融合信息网络领域发展的一份贡献。

《卫星地面融合信息网络》一书凝聚作者们数年来在卫星通信领域和地面移动通信领域的研究成果,不仅论述了星地融合信息网络发展现状及需求,而且梳理了未来系统发展急需突破的基础理论、关键技术和发展趋势,使读者能够从中获得对星地融合信息网络的全面认识。该书无论对于从事该领域的研究人员、高校相关专业的本科生、研究生,还是对星地融合领域发展颇有兴趣的读者而言,都是一本极具参考价值的书籍,相信广大读者朋友们都能从此书中有所收获。期待此书引领更多的专业人员加强对星地融合信息网络领域的关注,并为我国未来通信事业的发展贡献力量。

丁睿

中国卫星网络集团有限公司 研究员

前　　言

　　自 20 世纪 80 年代以来,通信技术特别是无线通信技术获得了飞速发展,人类社会已经从过去的人与人之间的通信迅速进入万物互联、虚拟现实结合的数字化社会,各种新型技术不断促进社会的发展,深刻改变着人们的生活方式。数字化社会需要通信网络与信息技术的全方位全要素支持,依靠当前以地面通信为主的网络是无法实现的,卫星特别是低轨卫星网络在保障全场景服务质量的过程中扮演着重要的角色。"半夜四天开,星河揽人目""星垂平野阔,月涌大江流"。自古以来,人类从未停止对于浩瀚的星空的观察与不懈的探索。随着通信网络的进一步发展,突破地面网络限制,实现地面、卫星、机载网络和海洋通信网络的无缝立体覆盖是大势所趋。下一代 6G 网络的重要环节之一便是地面网络和卫星网络的深度融合。面向 2030 年及未来通信需求,人类社会将进入智能化时代,星地融合信息网络研究将迎来新一波浪潮,成为全球范围内的研究热点。

　　从 1970 年 4 月 24 日,我国发射了第一颗人造地球卫星,到天链一号卫星和二号卫星、天通一号卫星、行云工程、鸿雁工程、北斗三代卫星通信系统,我国探索卫星的脚步从未停下。卫星通信网络已经成为国家信息通信网络的重要基础设施。当前,全球各国面向新需求纷纷开展并深化新型卫星通信研究,已经陆续发布了中低轨道并用卫星星座项目,迅速展开了研制和发射任务。例如,以美国太空探索技术公司(SpaceX)为代表的一大批科技公司开展了卫星互联网的研发与运营,该公司建设的星链(Starlink)卫星网络已经开展全球组网和服务。

　　网络的发展是逐渐演进的长期过程,卫星网络与地面通信系统之间也会分阶段演进形成互为补充的星地融合信息网络。星地融合信息网络通过卫星网络和地面通信系统的融合,共同向用户提供全球立体覆盖的服务,而不是仅仅将卫星网络和地面网络共存在同一网络系统之中。融合的层次也不断从覆盖融合、业务融合,走向用户融合、架构融合和系统融合。本书从无线网络发展愿景出发,全面总结了星地融合信息网络的相关技术和成果,介绍了当前星地融合网络的主要技术以及未来的发展趋势,以期读者了解并掌握星地融合网络方面的进展和发展方向。本书可以作为从事卫星互联网行业的各界研发和工程技术人员的参考书,也可作为高等院校相关专业的教材和参考书。

　　全书共分 13 章。第 1 章以新一代无线网络的发展现状为出发点,介绍了新一代无线网络的发展需求、关键技术以及面临的挑战;第 2~3 章总结了近年来星地融合信息网络的研究进展,详细阐述了驱动星地融合网络性能提升的新技术;第 4～7 章介绍了星地融合信息网络体系架构以及星地链路相关特征,从链路特性出发对系统干扰进行了分析,然后主要介绍了新兴的基于软件定义的星地融合网络;第 8～12 章主要针对网络服务方面,介绍了星地融合网络接入与切换、路由机制、计算卸载、缓存分发以及频谱资源的分配与管理;第 13 章概述了星地融合网络应用的发展现状,并分析其发展愿景,为星地融合网络的发展提供研究思路。

本书的出版源于《卫星地面融合网络:技术、架构与应用》,该书的出版得到产业界学术界的广泛关注,各界同仁也对该书内容提出了很多中肯的意见和建议。本书的编写遵循与时俱进的原则,对《卫星地面融合网络:技术、架构与应用》一书的内容进行了较大幅度的扩充和完善,增加了大量最新的国内外发展现状、星地融合关键使能技术以及卫星互联网领域的最新研究成果等。本书由张兴负责全书选题和内容编写,张佳鑫、胡月梅等参与了部分章节的编写。在本书的编写过程中,得到了北京邮电大学各级领导的关心和支持。在此,作者一同表示诚挚的谢意!

本书因作者编写水平所限,难免会有疏漏和不足之处,恳请广大读者和专家批评指正,也期待本书面世后能够帮助到从事星地融合信息网络研发与应用的广大科技人员!

张　兴

北京邮电大学

目　　录

第1章
无线网络的发展愿景与需求

以 6G、卫星地面融合网络为代表的新一代无线网络的研究已经得到全球各国的关注和重视,从传统的地面网络拓展到临近空间网络覆盖,运营商、设备制造商、标准化组织以及学术机构等都对 6G 的发展愿景和需求提出了不同的观点。本章从未来无线网络的发展现状出发,首先针对全球已开展的面向 6G 研究的组织机构及国家进行了介绍,包括背景、相关的研发进展及未来布局等,然后从速率、频谱效率、流量密度、连接密度、延时与可靠性、移动性、系统带宽等维度介绍了 6G 的主要性能指标,并对 5G 和 6G 主要性能指标进行对比。然后从业务需求、混合场景以及网络运行三个方面分析了 6G 网络的发展需求。最后介绍了星地融合信息网络应用场景、融合思路,阐述了星地融合信息网络面临的问题与挑战。

1.1 未来无线网络发展愿景

伴随通信技术的不断演进,移动通信网络经历了 1G(1st Generation,第一代移动通信技术)、2G(2nd Generation,第二代移动通信技术)、3G(3rd Generation,第三代移动通信技术)、4G(4th Generation,第四代移动通信技术)和目前的 5G 技术(5th Generation,第五代移动通信技术)的高速发展。随着无线通信技术的不断涌现,移动通信网络业务需求也不断增长。从 1G 技术到 5G 技术,无线通信网络经历了从模拟信号传输到数字信号传输、从小数据量短报文业务传输到音频、视频、高清 4K 视频全媒体等的飞跃,无线通信应用也越来越得到普及。

从 1G 到 2G,主要通过语音进行通话,也可以发送简单的电子邮件。然而,从 3G 开始,"i-mode"等数据通信以及照片、音乐和视频等多媒体信息都可以通过移动设备进行通信。从 4G 开始使用 LTE,通信速度超过 100 Mbit/s,智能手机迅速普及,并出现了各种各样的多媒体通信服务,现在已经达到了接近 1 Gbit/s 的最大通信速度。伴随着人工智能和物联网的发展以及多媒体通信业务的升级,5G 有望作为支持未来行业和社会的基础技术,提供新的价值。5G 高速、高容量、低延时和大规模连接等技术特点带来了丰富的数据信息流,移动通信网络广泛应用,各类应用程序和软件极大地便捷了人们的生活,当下5G 技术及应用已经成为我国新型基础设施建设的重要内容[1-2]。

新兴的无线通信技术,仍存在一些短板,现有的 5G 技术还不足以满足未来的通信需求。首先,未来的新应用,如全息术可能需要每秒万亿次比特的数据速率,比 5G 技术的数据速率高出三倍。其次,未来物联网设备数量爆炸增长,5G 物联网的连接能力和覆盖范不能满足相应的要求,迫切需要进一步地提高。最后,目前网络配置/优化一般采用手动配置[3],但在未来的无线网络中,涉及更多方面的配置,配置的复杂度和工作量也更大,传统的手动方式并不适用于复杂/多维/动态配置。因此,6G 技术有望提供适当的解决方案来克服这些短缺。

移动通信系统在技术上每十年发展一次,而移动通信的服务在大约 20 年的周期中发生了很大的变化。连接到互联网的设备数量每年都在显著增加,互联网的使用不仅用于通信,而且还用于其他目的,如数据共享、传感器、自动化系统等。此外,引入物联网(IoT)技术,利用互联网作为数据收集、控制和自动化系统的媒介,需要较高的数据速率和带宽[4]。第六代(6G)技术是一项面向未来的技术,其目标是预计在 2030 年将达到每秒 2 万亿次比特的数据通信。按照移动通信的发展规律,有望通过 5G 技术和 6G 技术的发展成为一个更大的浪潮,并将在 20 世纪 30 年代支持工业和社会的发展。

1.1.1 下一代网络的发展现状

1. 国际标准化组织

(1) 国际电信联盟(ITU)

2019 年的 RA-19 会议上,根据计划,在 IMT 技术研究方面不会有新的决议,在 2023年的 RA-23 会议上可能会设立下一代 IMT 技术研究及命名的决议。在目前的研究阶段,研究主题依旧以 5G 及 B5G 为核心开展相关研究。会议指出,近期还将围绕 6G 技术开展研究,重点关注 6G 愿景及技术趋势。

在 ITU 下设立了 ITU-T SG13,主要针对未来网络进行研究。2018 年 7 月,在 ITU-T 标准化部门内成立了 NET-2030 网络焦点组,该小组计划研究和回顾现有的技术、平台和标准,以确定 2030 年及以后网络能力的差距和挑战,届时它预计将支持新颖的前瞻性场景,如全息类型的通信、无处不在的智能、触觉互联网、多感体验和数字孪生[5]。

此外,在 2020 年 2 月的会议上,国际电信联盟无线电通信部门(ITU-R)启动了面向2030 年及未来(6G)的研究工作,ITU 启动"未来技术趋势报告"的撰写,计划在 2022 年 6月完成。截至目前,ITU 尚未确定 6G 标准的制定计化。

(2) 第三代合作伙伴计划(3GPP)

在 2019 年年初,3GPP 已经冻结了 R15,该版本主要关注 eMBB,并为 URLLC 提供了基础,特别是在支持低延时方面。在 2020 年 7 月,完成 R16 的研制。除了对现有的Rel 的增强之外,引入非公共网络、新无线电(NR)授权、NR 定位、NR 照明、集成接入和回程(IAB)等新功能,以全面支持 URLLC 和工业物联网。目前,R17 正在进行标准化,

R17 仍然是 5G 特性的演进及增强。与此同时，3GPP 预计将在 2025 年左右启动 6G 的研究项目，然后是规范阶段，以保证在 2030 年实现 6G 的首次商业部署。

（3）电气和电子工程师学会（IEEE）

首届 6G 无线峰会于 2019 年 3 月在芬兰举行，拟定全球首份 6G 白皮书，明确 6G 发展的基本方向，涵盖 6G 的关键驱动因素、研究要求、挑战和研究问题等，该白皮书提出了到 2030 年无处不在的无线智能的强大愿景。

第二届 6G 无线峰会于 2020 年 6 月在线上举行，多方组织进行了相关主题的演讲、技术和相关展示等。在这个全球的技术盛会上，各行业群策群力，明确 6G 愿景及发展方向。

2021 年 6 月第三届 6G 峰会由 IEEE 通信协会和欧洲信号处理协会赞助，重点关注电信的各个方面，从 5G 部署和移动物联网到 6G 探索和未来的通信系统和网络，包括实验和测试平台以及应用和服务。

2022 年 EuCNC 和 6G 联合峰会建立在电信领域的两个成功会议的基础之上，第四届 6G 峰会起源于芬兰的 6G 旗舰计划，是该地区最早的计划之一。会议讨论了超越 5G 通信系统和网络的各个方面，并已经研究了 6G 问题。它汇集了前沿研究及世界知名行业和企业，过去几年吸引了来自世界各地 40 多个国家的 1 300 多名代表，展示和讨论了最新成果，并举办了一场有超过 70 家参展商的会议，展示了该领域开发的技术，即来自欧盟 R&I 计划的研究项目。

2. 全球各国/地区的 6G 研究进展

（1）欧盟

2017 年，欧盟向全球发起项目征询，主要针对 6G 关键技术进行研究。2018 年 10 月，欧盟委员会启动了 ICT-20-2019"5G 长期演变"研究活动，从总共 66 个提案中选择了 8 个项目，并于 2020 年年初启动。在最近的 ICT-52-2020"超越 5G 的智能连接"中，从高竞争力的评估过程中选择的公认项目明确表明，他们的目标是提供 6G 的早期研究工作。此外，欧盟委员会在 2020 年 2 月宣布了其战略，即加快对欧洲"千兆连接"的投资，包括 5G 和 6G，以塑造欧洲的数字未来[6]。

（2）美国

早在 2016 年，美国国防高级研究计划局（DARPA）及公司从半导体和国防工业发起了联合大学微电子项目（JUMP），其中融合太赫兹通信和传感中心寻求开发未来的蜂窝基础设施。2018 年 9 月在"2018 年世界移动通信大会——北美"峰会上，美国联邦通信委员会（FCC）专家提出了 6G 的三大类关键技术，包括基于区块链的动态频谱共享技术、大规模空间复用技术（支持数百个超窄波束）和全新频谱（太赫兹频段）等。2019 年 3 月，美国频谱监管机构——联邦通信委员会（FCC）宣布开放 6G 及以上 95 GHz 至 3 THz 频率的实验许可证。2020 年 10 月，电信行业解决方案联盟（ATIS）宣布推出"下一个 G 联盟"，这是一项行业倡议，旨在未来十年提升北美移动技术在 6G 领域的领导地位。它的目标是涵盖 6G 的研发、制造、标准化和市场准备就绪的整个生命周期。2020 年 8 月，美国特朗普政府正式批准了美国 6G 的试验，随后美国联邦通讯委员会（FCC）开放 95 GHz～3 THz 频段作为试验频谱，正式启动了 6G 技术的研发。

（3）日本

日本政府倡导官民合作,通过该方式制定了6G未来综合发展战略。在2020年年初,日本政府成立了一个由来自私营部门和学术界的代表组成的专门小组,讨论技术发展、潜在的用例和政策。2020年4月8日,根据日本总务省发布的消息,预计在2025年确立6G主要技术的战略目标,希望在2030年实现6G实用化。2020年12月,日本采取多项措施推进6G研发,追加预算促进6G研发。

（4）韩国

2019年6月,三星电子集团率先成立研究中心着手对6G网络关键技术进行研发。2021年8月,韩国LG电子成功进行了6G太赫兹频段的无线信号传输测试,测试的距离超过了100 m。2020年年底,韩国政府公司确认了一项在2026年进行6G试验的计划,预计将在5年内花费约1.69亿美元研发6G技术。该试验旨在实现数据传输速率达到1 Tbit/s,并将延时减少到当前5G技术的十分之一。

此外,韩国政府计划自2026年起进行6G先导计划、将现存的通信设备升级至6G,打算在五大领域进行试验计划,包括数码医疗照护、沉浸式内容、自驾车、智能城市及智能工厂。

（5）中国

2019年11月,我国正式启动了由科技部与其他五个部委和国家机构协调的6G技术研发工作。政府成立了一个负责管理和协调的推广工作组,以及一个由来自大学、研究机构和行业的37名专家组成的总体专家组。随后,我国宣布计划在2020年年底前形成6G的整体发展理念。

中华人民共和国工业和信息化部积极组织筹备6G研究组IMT-2030,组内汇集产业界与学术界的各方专家,聚焦前瞻性愿景需求及技术研究。此外,由科技部牵头,联合发改委、教育部、工信部、中科院、自然科学基金委成立了国家6G技术研发推进工作组和总体专家组。近年来,产业界与学术界积极响应工信部号召,大力开展6G愿景以及关键技术体系研究,目前正在逐渐形成以我国创新体制为核心的6G研究体系。

1.1.2　主要技术指标

到2030年及以后,新的应用场景将不断出现。一般来说,这些场景可分为智能生活、智能生产和智能社会三类[7]。

（1）智能生活:预计在2030年,联觉互联网、孪生体域网(Twin Body Area Network)和智能互动将在学习、购物、工作、医疗保健等方面重塑人们的生活。

（2）智能生产:将新兴技术应用于农业和工业,实现生产的健康发展,使数字经济快速发展。5G是通过信息化和网络化初步实现智能生产,例如,将无人机等智能设备用于农业生产,解放人类的双手。如果将机器人和虚拟现实等设备用于制造,制造效率将得到提高。随着数字孪生等先进技术的发展,肯定会带来更好的6G智能生产。

（3）智能社会:随着2030年"无处不在的覆盖"网络,公共服务的覆盖范围将大大扩大,从而缩小不同地区之间的数字差距。总的来说,6G网络将有助于改善社会治理,为建设更好的社会奠定坚实的基础。

随着新技术的出现和现有技术的不断发展,如全息技术、机器人、微电子、光电子、人工智能和空间技术,可以在移动网络中促进许多前所未有的应用。为了明确强调 6G 的独特特性并定义其技术要求,下面介绍几个具有代表性的用例。

(1) 全息通信:与传统使用双眼视差的三维视频相比,真实的全息图可以尽可能自然地满足肉眼观察三维物体的所有视觉线索。随着近年来全息显示技术的重大进步(如微软公司的全息透镜[8]),预计其应用将在未来十年内成为现实。

(2) 数字孪生:用于创建一个物理的对象。该软件化的副本配备了与原始对象相关的各种特征、信息和属性。然后,这样的一个孪生被用来制造一个具有完全自动化和智能物体的多个副本。数字孪生的推出吸引了许多垂直行业和制造商的极大关注。然而,随着 6G 网络的发展,有望实现其全面部署。

(3) 智能运输和物流:在 2030 年及以后,数以百万计的自动驾驶汽车和无人机提供了安全、高效、绿色的人员和货物流动。联网自动驾驶车辆对可靠性和延迟有严格的要求,以保证乘客和行人的安全。无人机,特别是成群的无人机,为各种前所未有的应用打开了可能性,同时也为移动网络带来了颠覆性的需求。

上述场景对未来移动通信网络的性能提出了更高的要求。为了充分支持 2030 年及以后的破坏性用例和应用程序,6G 系统将提供极端的容量、可靠性、效率等需求。5G 和 6G 的主要网络性能指标对比如表 1-1 所示。

表 1-1　5G 和 6G 网络主要性能指标对比

关键性能指标	5G	6G
峰值速率/(Gbit/s)	10	1 000
体验速率/(Gbit/s)	1	100
网络延时/ms	1	0.1
连接密度/(台/平方千米)	10^6	10^7
移动支持能力/(km/h)	500	1 000
定位精度	室内 13 m、室外 5 m	室内 1 cm、室外 50 cm
频谱效率/(bps/Hz)	100	200
能量效率/(bit/J)	100	200
基站算力/Tops	100～200	1 000
覆盖范围	陆地局部	空天地海
安全性	补丁式安全	内生安全
信息时效性	较高	高

- 超高峰值速率。扩展现实和全息通信等新服务将在 2030 年以后出现,从而带来更好的用户体验。然而,这些新的服务需求更高的数据传输速率。受用户需求和太赫兹通信等技术进步的推动,预计传输速率将达到 1 Tbit/s,是 5G 的数十倍,5G 下行的最高传输速率为 20 Gbit/s,上行的最高传输速率为 10 Gbit/s。
- 超高体验速率。随着扩展现实和全息通信的应用,所有的感觉信息(视觉、听觉、

触觉、嗅觉、味觉)将被整合在一起,提供一个真正的身临其境的体验。为了确保用户可以随时随地获得高质量的体验,无线系统必须同时提供高可靠性、低延时和高数据传输速率。因此,对于个人用户来说,数据传输速率预计将增加到至少 10 Gbit/s,并可达到 100 Gbit/s。

- 超低网络延时。6G 将致力于减少在一些应用程序中对人工干预的需要(如汽车驾驶、机器人技术、工业 4.0、远程手术和其他可能的应用程序),可通过使用自动控制系统和数字孪生技术来实现。为了克服真实环境和计算空间之间的边界,需要极低的延时(0.1~1 ms)[9]。

- 超高连接密度。5G 每平方米有一个连接的设备。随着传感器技术和物联网技术的快速发展,联网设备将显著增加。由于无线电资源的数量有限,每平方公里(平方公里)的最小设备数量为 10^6 台,预计将增加 10 倍,达到每平方公里 10^7 台。

- 超强的高移动支持能力。先进的超高速运输将大大降低日常生活的时间成本。这种很有前途的运输设施被称为超级高铁或气动管,其速度超过 1 200 km/h。据超级高铁分析,146 km 行驶只需要 12 分钟。与此同时,6G 的设想特别适用于速度在 800~1 000 km/h 的民航乘客。它有望在 6G 中实现高达 1 000 km/h 的高迁移率和可接受的 QoS。

- 超高无缝定位精度。5G 的定位精度已大大提高到米级,室外环境 10 米和室内环境 3 米左右的误差。在 6G 的新应用程序和场景中,较高的定位精度在许多垂直和工业应用中具有很强的需求,特别是在卫星定位系统无法覆盖的室内环境中。随着太赫兹电台具有强大的高精度定位潜力的应用,6G 网络支持的精度有望达到厘米(cm)水平。

- 频谱效率。6G 的频谱效率预计是 5G 的 2~3 倍。先进的频谱传感和人工智能等技术可以使频谱效率提高。

- 能量效率。6G 网络的能耗不应超过目前部署的 5G 网络,同时提供更强的能力。6G 通信系统中的太赫兹所能提供的带宽会明显高于 5G 毫米波,相应的能量消耗也会增大,总体的能量效率(单位能量传输的数据量)相较 5G 会有明显提高。

- 基站算力。6G 网络中移动边缘计算功能将进一步增强,人工智能的引入也使得基站的智能计算能力变得非常强大。5G 的基站算力实际需求是 100~200 Tops (Tera operation per second),6G 预测将达到 1 000 Tops。

- 超大覆盖范围。在 5G 要求的定义中,要求主要集中在单个基站内的无线电信号的接收质量上。在 6G 网络中,考虑到覆盖将在全球范围内,无处不在,并将从地面网络的 2D 转向地面—卫星—空中集成系统的 3D,覆盖的范围大幅扩展。

- 超高安全性。移动网络的主要安全任务是机密性,防止未授权的实体获取敏感信息,保证信息的完整性和不被非法修改,以及确保通信方身份验证的准确性。6G 网络的可靠性要求需要有具体的用例。工业控制和远程手术等新兴服务是最严格的可靠性场景,其中只允许在 10 亿个传输位中有一个错误位。因此,6G 网络传输的可靠性应达到 99.999 99% 的水平,接近有线传输的可靠性。

- 信息时效性。在实时更新系统部署更广泛的 6G 网络中,时效性是未来通信系统中一个新出现的时域性能要求。典型的时效性指标包括信息年龄(AoI),以及它的变体,如任务年龄(AoT)和同步年龄(AoS)。与经典的无记忆延时度量不同的是所有数据包或服务会话在整个交付过程中所经历的总体延时,时效性的概念强调了成功交付给最终用户的最新数据和服务的新鲜度更能保证网络性能。

1.2 无线网络的发展需求

马斯洛的需求层次理论将人类的需求分为五个层次。受马斯洛需求层次的启发,中国移动提出了一个分层电信需求模型[10],包括五个层次:基本通信、通用通信、信息消费、感知扩展和自我解放。该模型揭示了电信需求与电信技术之间呈螺旋状和上升状的循环关系:新需求的出现刺激了电信技术的发展,而改进的电信技术将电信需求推到了更高的水平,最终实现了人类的解放和对人类智能的最终追求。

根据新的马斯洛电信模式,一旦较低的需求得到满足,更高的需求自然会出现。"4G改变生活,5G重塑社会",证实了人们对高质量的沟通服务和更好生活的追求从未停止。未来,5G的快速渗透将培育出科学技术的新突破,新技术与通信技术的深度整合将在更高的层次上产生新的需求。如果5G能够实现信息的普及,6G将全面支持全球数字化,实现无处不在的智能,并在5G和人工智能等其他技术的基础上全面增强一切功能。总结目前现有文献,未来6G需求总体体现在几个方面[11]。

(1)延续传统经典通信需求,以上一代通信体制为基础,着力发展高带宽业务场景和海量IoT场景的通信需求[12]。

我们正处在一个前所未有的时代,智能产品的广泛应用,交互式服务和智能应用程序迅速地出现和发展,对移动通信产生了巨大的需求。可以预见,5G系统很难适应2030年及以后巨大的移动流量。根据富视频应用程序的扩散,提高屏幕分辨率,机器到机器(M2M)通信、移动云服务等,全球移动流量将以爆炸性的方式增加。与此同时,可穿戴电子产品和虚拟现实等新型用户终端迅速进入市场,并被消费者快速采用。这些改变对未来移动宽带场景下的业务提出了更高的性能要求[13]。因此,在未来6G网络中,三大应用场景的相关性能指标较之5G会大大提高,移动网的通信能力也应得到进一步的加强。

(2)面向混合场景的多目标性能提升。随着异构网络的无缝覆盖与各种不同类型通信节点的涌现[14],通信面临的不再是5G三大应用场景分类,而是带有不同应用特性需求的复合型新场景。5G系统旨在满足各种垂直应用和服务的QoS需求,随着新技术的出现和现有技术的不断发展,如全息技术、机器人技术、微电子技术、光电子技术、人工智能技术和空间技术,在移动网络中可以促进许多前所未有的应用,如全息通信、扩展现实、智能运输与物流等,5G定义的三大场景之间的界限也将逐步趋于模糊,对6G系统的设计带来了极大的挑战。

(3)面向网络运营的需求。6G网络面向很多新的应用场景,随之而来是业务量的大幅度增长,为完成业务的数据传输需要消耗更多的频谱资源。一方面,6G 对传输速率要求更高,需要更大的连续带宽支持;另一方面,6G 网络的覆盖范围更广,将实现广域无缝覆盖,需要更多的低端频谱。6G 网络需要兼顾覆盖、成本和能力提升的需求,所以运营商的频谱分配是亟须解决的问题。除此之外,应用场景的增多,定制化需求的增大,使网络功能也会更加的复杂,需要优化的参数也更多,网络运维的难度也进一步加大,需要网络具有更高的智能性和服务灵活性。

综上所述,6G 将延续 5G 中引入的用例和应用,并且它将使 5G 无法支持的用例成为可能,例如全息类型的通信、普及智能和全球普遍的连接性。移动通信服务的趋势从只以人为中心扩展到连接机器和事物,始于 5G 时代引入 MTC 和物联网,当 6G 出现时,一切联网都将实现。但同时,6G 系统对延时、可靠性、移动性等性能指标提出了更为严格的要求,6G 网络的设计仍面临诸多的技术挑战。

1.3 无线网络的关键技术

1.3.1 6G 无线使能技术

1. 高频通信

尽管目前毫米波有丰富的频谱冗余,但它还不足以在接下来的十年里解决日益严重的带宽问题。展望 6G 时代,在更高频率下运行的无线技术,如太赫兹或光频带,有望在下一代网络中发挥重要作用,提供极高的带宽。

高载波频率带来的带宽明显高于任何传统技术,这使得在吞吐量、延时和可靠性方面同时提供超高性能成为可能。此外,与低频段的毫米波系统和高频段的无线光学系统相比,太赫兹通信系统对大气效应不敏感,这简化了波束形成和波束跟踪的任务。此外,高载波频率也允许更小的天线尺寸,集成水平更高。预计超过 10 000 根天线可以嵌入到一个太赫兹同时提供数百计的超窄光束[15],以克服高传播损失,同时实现极高的交通容量和大规模连接,为更多的用户服务。同时,太赫兹通信具有高度定向传输,可以显著降低小区间干扰,显著降低通信被侦听的概率,并提供更好的安全性。

然而,尽管太赫兹在许多方面都优于毫米波,但它也面临着更强大的技术挑战,特别是在实现基本的硬件电路方面,包括天线[16]、放大器[17]和调制器。特别是,长期以来,通过集成电路有效地调制基带信号,一直是太赫兹技术实际部署的最关键的挑战。

2. 智能超表面

在释放大量带宽以支持高吞吐量的同时,使用超过 10 GHz 的高频频带也带来了新的挑战,如更高的传播损耗、更低的衍射和更多的阻塞。在毫米波的频率范围内,大量

MIMO 已被证明能够有效地实现有源波束的形成,为天线增益高,克服信道损耗。然而,它的能力对于未来的 6G 新频谱可能是不够的。在所有增强当前波束形成方法的潜在候选解决方案中,智能超表面技术被广泛认为在 6G 移动网络中会很有前景。

可重构智能表面是由一类可编程和可重构的材料片组装,其能够自适应地修改其无线电反射特性。当附着在环境表面时,例如墙壁、玻璃、天花板等,智能超表面能够将无线环境的部分转换为智能可重构反射器,称为智能无线电环境(SRE)[18],并利用它们进行无源波束形成,可以显著提高信道增益,实现 MIMO 天线阵列。此外,与必须足够紧凑才能集成的天线阵列不同,SREs 是在除 UEs 之外的大尺寸表面上实现的,这使得它们更容易实现超窄光束的精确波束形成,这对于一些应用如物理层安全至关重要。此外,与有源 mMIMO 天线阵列不同,智能超表面依赖的无源反射机制几乎普遍适用于所有射频和光学频率,这对于在超广谱中工作的 6G 系统尤其有利。

虽然智能超表面在 6G 新频谱的背景下显示出了强大的技术竞争力,但它仍然缺乏成熟的技术来对通道和表面本身进行精确地建模和估计,特别是在近场范围内。因此,它要求进行一个深思熟虑的框架设计和标准化,提供必要的接口、协议和信令协议,以便 6G 运营商能够在公共和私有领域广泛访问。

3. 智能边缘计算

边缘计算在提高网络服务性能、有效利用网络资源、降低移动运营商的 CAPEX/OPEX、降低网络复杂度[19]方面发挥着重要作用。然而,大量终端用户的存在,每个用户都有不同的业务和技术需求,为此,这里引入了边缘智能(EI),旨在将移动网络边缘的 AI 和 ML 技术集成起来,从而带来自动化和智能。EI 被设想为超越 5G 和 6G 通信网络的关键启用技术之一。

由于智能便携式设备、用户设备、智能物联网(IIoT)和智能服务数量的不断增加,对 6G 移动网络边缘的 EI 有强烈的需求,以自动化其各自的任务[20]。EI 是由一组连接的设备组成,用于收集、规范化、处理和分析数据。随后,处理后的数据以建议和/或命令的形式被发送回辅助系统,以使目标任务或功能[21]自动化。EI 的一个主要用例可以是 NG-RAN 体系结构中虚拟资源的管理和编排任务的自动化。在这个用例中,EI 被扩展到 NG-RAN,以自动化实现与 RAN 网络切片子网管理功能(NSSMF)和网络功能管理功能(NFMFs)相关的所有任务,以降低管理和编排的复杂性。

EI 在垂直产业中的应用也引起了学术界和工业组织的关注。例如,在集中式、半集中式和本地化的资源分配场景中,EI 在处理关键任务应用程序和大规模和关键的 mMTC 类型的服务方面发挥着重要作用。EI 有望减少通信网络的能源消耗。因此,它被认为是运营商和垂直行业的一个新机会,以便在 6G 移动网络中使用个人计算、雾计算、城市计算和其他机制进行数字化。

尽管存在上述关键优势,但在 5G 移动网络中实现 EI 仍存在许多未解决的研究挑战。因此,识别和分析这些开放的研究问题并寻求其理论和技术解决方案是至关重要的,特别是边缘数据稀缺、静态训练模型的适应性差、数据隐私和安全性,还需要更多地研究努力来完全实现 5G 和 6G 网络之外的 EI。

4. 无线 AI

随着移动网络越来越复杂和异构,许多优化任务变得棘手,为先进的 AI 技术提供了机会。由于人工智能可以极大地帮助精确的容量预测、覆盖自动优化、网络资源调度和切片,运营商正在使用它和 ML 来提高网络性能,并降低部署 5G 网络的成本。人工智能提供了实现优化和管理 5G 系统性能的复杂性所需的高水平自动化的最佳机会,允许供应商从管理网络转向管理服务。

除了使用人工智能来协助网络的运行(即网络中的人工智能)之外,使用无处不在的计算、连接性、存储资源在人工智能中为终端用户提供移动人工智能服务也很重要。人工智能为空中接口带来了灵活性,并提高了效率。

多级人工智能部署将用于为 6G 网络提供智能辅助。巨大的云/集中式人工智能将与控制云一起部署在核心网络侧,而人工智能加速器可以嵌入到数据转发功能设备中,如路由器。内容提供商将在远程数据中心部署云/集中式人工智能。边缘人工智能将部署在大型终端设备上,提供轻级人工智能处理。随着大规模物联网技术的发展,人工智能将逐渐从数据中心向网络边缘转移。但是,由于硬件平台有限的带宽和低灵活性,传统的基于人工智能的认知无线电在灵活、有效的构建模块和移动网络部署之间面临着巨大的差距[22]。

1.3.2 6G 网络使能技术

1. 空天地一体化网络

现有的蜂窝网络系统都大大依赖地面基站,很难覆盖海洋和野生陆地地区,卫星一直是最常见的通信解决方案。5G 定义的空间—地面集成网络是一种高通量的卫星系统,它利用微波或毫米波波段,通过使用集中的点波束[14]来提供 100 Mbit/s 的宽带服务[23]。目前的地面网络能力还远远不足以满足 6G 的广泛覆盖和无处不在的连接需求。因此,需要一个集成非陆地和陆地网络的大维网络来支持各种应用。

空天地一体化网络由三层组成:由地面基站构建的地面层,由 HAP 和无人机授权的空基层以及由卫星实现的天基层。空陆集成网络可以充分利用空间覆盖大、视线大、低损耗传输等特点,实现全球三维空间无缝高速移动覆盖。

在 6GuMUB 场景中,空间—地面集成网络采用了一种新的架构,即基于激光——毫米特性的 100 Gbit/s 高光谱空间—地面集成网络。网络架构包括毫米波和激光混合阵列作为空基、空中和地面网络之间的通信链路;采用低成本相干光链路作为空基和地面网络之间的中继;以及通过动态波束形成技术将蜂窝网络单元转换为垂直空间—地面覆盖的概念[24]。

2. 确定性网络

工业控制网络的场景中,端到端延时要求的典型值在 $1\sim10$ ms。传统移动网络包含端到端(终端、无线接入、核心网、传输网)各域,传统的组网方法无法脱离三个网络域。但在极致网络性能要求的前提下,未来网络需要在支持 BE(Best Effort)流量转发的同时,能够提供严苛数据流的端到端的有界延时以及极致的低丢包率,同时需要探索脱离现有端到端业务域联通的新型组网方式,这对现有网络的转发和组网提出了挑战。

确定性网络是一项帮助实现 IP 网络从"尽力而为"到"准时、准确、快速",控制并降低端到端时延的技术机制。确定性网络需要融合多种新型技术,未来,确定性网络能够服务于越来越复杂的典型场景,如车联网、自动驾驶等。

3. 算力网络

算力网络促进了网络寻址的协议创新,仅根据网络索引进行寻址,扩展了计算功率索引。网络可以自动收集关于计算能力和资源位置的所有信息,然后在执行分布式控制协议后将地址分配到适当的节点进行服务。随着人工智能技术的快速发展,高效的计算能力将逐渐成为支持智能社会发展的关键因素。当未来人工智能服务与 6G 和边缘计算相结合时,对网络的极低的延迟,即从计算能力节点到边缘和边缘节点之间的协调提出了更高的要求[25]。未来 6G 时代是数字化信息时代,人们对于未来信息不再只是单方向的获取,而是逐步演变为双向信息交互。所以,算力网络是未来网络向前发展的要求,是数字化信息社会的基础。

目前的算力网络体系中,还有许多未标准化的细节,还存在未完全标准化的细节,还未形成完善的计算资源度量标准,还需要更紧密地结合应用与算力,在实际应用中不断完善。

1.4　卫星地面融合信息网络

6G 新兴应用程序不仅需要广泛的网络覆盖、无缝访问和低延时的传输,而且还需要大量的实时数据需要存储和处理[26]。这不可避免地对网络基础设施和服务提出了更严格的要求。目前的独立网络,如地面移动网络、空间信息网络[27]和机载通信网络[28],都是专门为目的和特定任务而建造的。然而,空中节点的存储和计算资源稀缺,使得密集的计算任务处理困难。另外,地面网络有更多的资源来完成复杂的任务,但覆盖范围有限。因此,现有的独立网络是独立运行的,缺乏协作机制。为了充分利用天地网络各自的互补优势,卫星地面融合信息网络得到产学研各界的深度关注。星地融合信息网络能够提供无缝的全球立体覆盖和连接,并支持具有高数据率需求的计算密集型服务。星地融合信息网络系统架构如图 1-1 所示。

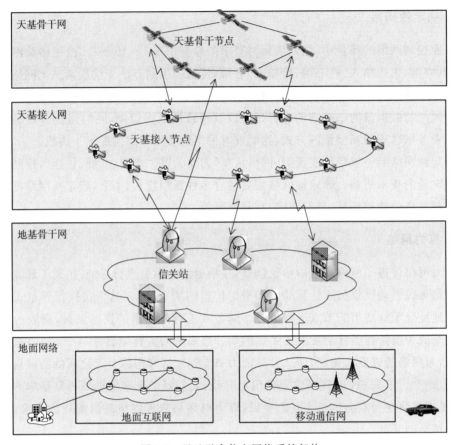

图 1-1　星地融合信息网络系统架构

1.4.1　卫星通信发展现状

随着卫星技术的发展,卫星通信逐渐应用在人们的工作和生活中,通信卫星信距离长、通信能力大、覆盖面积大、机动性好。根据 USC(University of Southern California)卫星数据库 2022 年更新的数据显示,全球共有 4 852 颗在轨运行的卫星。目前,世界上已经建立了许多卫星通信系统,按照卫星的轨位和高度,可将卫星通信系统分为高轨卫星、中轨卫星、低轨卫星以及太阳同步轨道卫星等几种形式。

现有的卫星通信系统的优点主要包括以下几个方面:第一,单颗卫星的服务范围广泛。一颗地球同步轨道通信卫星可以覆盖地球 42% 的表面。基本上,一颗卫星可以服务于全国,至少有三颗卫星可以在世界各地的非高纬度地区实现连续通信。第二,通信终端灵活。卫星通信系统地面终端的建立不受区域条件的限制。固定站可以在陆地、岛屿或山区和森林中建立固定站,或者移动终端可以是舰载、机载或车载的。可以在卫星的服务区域内实现互连。第三,通信能力强、质量高。目前,卫星通信频率资源相对丰富,空间传输链路中的通信信号链路少、损耗低、稳定、可靠性高,可以实现全时域和全空间信息传输。

传统的卫星通信采用 L、S、Ku 频段，能支持普通的通话业务，传输速率相对较低。在 21 世纪，互联网时代对通信速率的需求越来越高，VAST 卫星通信系统无法满足需求。因此，出现了基于 Ku 和 Ka 频带的高通量通信卫星系统(HTS)。它采用多小波束覆盖地频复用技术，扩展数倍甚至数十倍数据容量，单容量更大、更灵活的资源应用，网络模式从单波束到多波束网络、星形支持网络，可以为不同网络容量的用户提供不同的业务应用。

ViaSat 系列卫星系统是地球轨道宽带卫星通信系统的典型例子。第一颗 ViaSat-1 卫星于 2011 年 10 月 19 日发射。它是一颗全 Ka 频带的大容量宽带通信卫星，设计有 72 个点波束，ViaSat-1 卫星的总通信容量为 140 Gbit/s。光束区包括北美洲和夏威夷；于 2017 年 6 月发射的 ViaSat-2 的通信能力是 ViaSat-1 的两倍。它将主要服务于加勒比海和美国东海岸的航空和海上航线。三颗 ViaSat-2 卫星，一颗覆盖美洲，一颗覆盖欧洲、中东和非洲，一颗覆盖亚太地区，计划在 2022 年下半年之前发射。

具有代表性的近欧轨道宽带卫星通信系统是 OneWeb 星座和星链星座。其中，OneWeb 具有高频带、窄波束、无指向能力。为了实现全球覆盖，轨道卫星数量较大，计划在 1 200 km 轨道高度设置 18 个极地轨道平面，每颗轨道平面上部署 48 颗卫星，共 882 颗卫星，每颗卫星配置 16 束椭圆束。星链卫星使用相控阵天线，具有灵活、可调的天线，因此可以部署更少的卫星来服务于世界。在使用过程中，可以为关键区域提供多星、多光束覆盖，为关键用户提供单星、多光束覆盖。

我国卫星通信系统在自主发展数十年后，已经有了一些建设成果。通过调研可知，早期我国主要集中研究高轨卫星的相关技术，在低轨通信卫星方面仍处于试验阶段，在低轨高通量宽带卫星上，其各项关键性能技术指标对比与其他卫星强国还有较大差距。发展历程如图 1-2 所示。

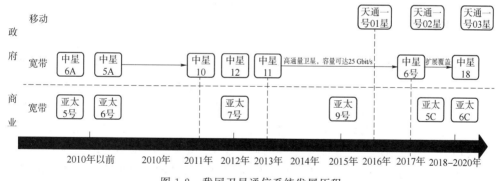

图 1-2 我国卫星通信系统发展历程

1.4.2 卫星通信与地面无线网络的融合

1. 融合内涵

一方面，卫星能提供广域无缝的覆盖，扩展地面无线网络能力；另一方面，地面网络拥有丰富的频谱和计算资源，还可以帮助空间—空中网络完成资源密集型或耗电的任务，增强空间—空中网络的能力和可持续性。因此,卫星通信网络与地面蜂窝网络融合,能够充分利用双方的互补优势,支撑更多的应用业务。卫星网络与5G网络的融合主要体现在以下几个方面。

(1)天地一体化组网。在最初研究5G通信时,3GPP就计划将卫星接入融入5G网络中。但是地面5G NR空口接入体制复杂,如果将部分或全部基站功能转移到卫星上,此时对星上板载核心处理器的负载性能将是极大的挑战,故3GPP在初期仅仅考虑弯管式卫星、可再生式卫星与下一代网络的融合。目前,已有板载能力较强的卫星节点出现,其计算存储能力已超越传统卫星的处理能力,预计在不久的将来,可将5G基站的部分功能前移上星,并且与地面网络一道,作为深度融合网络提供强大的通信服务。

(2)支持边缘计算。目前5G网络借助多接入边缘计算技术(MEC,Multiaccess Edge Computing),"端—边—云"的多级处理架构。然而,面向下一代网络提出的愿景中,人与人、人与物之间的通信交互体验变得更加真实的需求,通信覆盖服务区域仍应不断扩展,以适配典型业务广地域无缝连接的需要。

目前,低轨卫星网络相关研究尚处于起步阶段,已有研究领域主要集中在频谱资源感知策略优化、波束部署覆盖能力增强和星地上行回程链路提升等方面。然而,面向下一代通信网络,目标识别、高效视频转码与分发、广域物联态势感知等适用于星上服务的业务对星上处理能力以及资源配置要求较高。随着星上板载处理能力(OBP,On Board Processing)的不断增强,将计算存储资源沉降至星上的边缘计算技术可为部分业务请求快速服务响应赋能。

将边缘计算功能应用于星上,使得卫星具备处理用户数据的能力,减少馈电链路的业务传输量,减少相应的资源消耗;其次,由于卫星传输延时较长,星载边缘计算直接减少回程远端服务器链路的传输时间;最后,边缘算力的配置间接提升用户链路侧的通信速率,星上的数据直接计算返回结果,不再受卫星间传输速率的限制。

(3)支持海量异构终端接入。在融合卫星通信的下一代通信网络中,终端无法同时连接不同高度的卫星,由于卫星通信具有高延迟、低传输速率等特点,导致其无法满足对用户体验要求较高的应用需求。而随着5G技术发展,越来越多的终端设备可以采用同一频段进行通信。多连接节点同时接入不同体制的网络中进行数据并行传输,极大提升了数据发送速率,多链路多副本的信息传送还能保证传输的可靠性,提高用户体验。

终端多接入可为用户提供丰富多样的业务服务,服务范围也不局限于地面网络。相比地面无线蜂窝网,基于低轨道(LEO)卫星组网具有成本低廉、部署灵活和覆盖能力强等优势;此外,LEO卫星通信系统还具备与其他通信线路兼容等特点。同时随着低轨卫星星座建设的不断推进,运营商会拓展服务业务类型范围,低轨卫星智能多接边计算针对无人区域开展的服务只限于常规应急语音通信或者视频通信,导航、遥感和控制等多类服务需求也可以完全借助于低轨卫星网络的网络特性来实现。

2. 欧盟 SaT5G

欧盟委员会支持的SaT5G联盟致力于让卫星在5G时代保持相关性。目前,它已经成功演示了"卫星上的5G"解决方案,这些解决方案可以在未来几年与地面基站配套使用。2019 年欧洲率先举办与卫星相关的网络与通信大会,会中 SaT5G 项目阐述并讨论了不同卫星功能融合下一代网络体系的演示,其中包括:借助多接入边缘计算技术,以地面和低轨卫星网络协作实现流媒体数据传送。

（1）为航空乘客提供 5G 连接的视频演示。

（2）利用混合回传网络进行 5G 本地(MEC)内容缓存演示。

（3）卫星网络 5G NR 视频演示。

（4）用于为农村市场和大型集会事件扩展服务的混合 5G 回传演示。

（5）利用卫星视频无线组播实现缓存和实况内容分发。

SaT5G 预计,融合卫星通信的 5G 网络,不仅仅适用于人口稀少的地区,还将用于大规模的短期活动。SaT5G 的创新之处在于,它给卫星的定义并不是为 5G 服务的独家传输渠道。相反,它认为可以通过卫星传输的信号,来增强只有发射塔才能处理的信号。因此,虽然可以通过低延时发射塔来满足客户的交互服务需求,但通过卫星连接,可以用来加速连续下载或上传,额外的带宽帮助也很大。

除此之外,卫星 5G 也可以作为地面 5G 的备份信号,提供更可靠或更高质量的 4K 视频信号,或通过基于多接入边缘计算机的内容传输网络传输多个直播频道进行分发。

1.4.3 星地融合网络应用场景

通过研究与会议讨论,国际电信联盟定义了下一代网络中的星地融合系统架构中几种典型的应用场景,这些场景分别是卫星中继协作、小区流量回程、卫星移动通信及混合多播场景,如图 1-3 所示。同时,ITU 也给出了这些场景对应需要考虑的因素,4 种应用场景,并提出支持这些场景必须考虑的重要因素,包括自适应流媒体功能多播存储与分发、智能路由支持、软件定义网络兼容的灵活适配等。

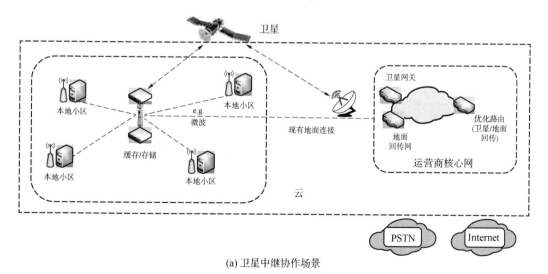

(a) 卫星中继协作场景

图 1-3　星地融合 4 种应用场景

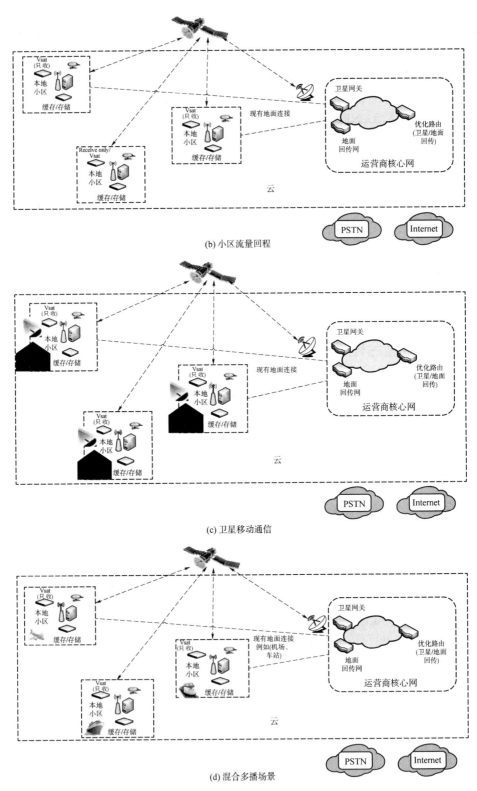

(b) 小区流量回程

(c) 卫星移动通信

(d) 混合多播场景

图 1-3　星地融合 4 种应用场景（续）

1.4.4 面临的问题与挑战

星地融合网络是 6G 通信的重要研究方向。从业务连续性角度考虑,用户在跨域接受服务时,为了保证业务的连续性,应当进行一系列接入以及切换措施以保障用户的满意度,卫星在广域上具有全局视角,完成跨域服务时,卫星进行全局布局与地面网络进行协同;从业务泛在性角度考虑,对于边远地区以及农村地区,部署地面回程网络十分困难且成本较高,此时可使用卫星地面协同网络对区域提供服务,特别地,对于灾害导致地面回程网络受损区域,卫星此时提供主要回程链路服务;从业务可扩展性角度考虑,随着越来越多的新技术应用于通信网络,用户不再满足于当前地面网络提供的流量计算及存储能力,空间网络以其全球覆盖,广域视角的特点,补充地面网络的不足,为后续应用发展进行保障。

卫星通信技术在其系统设计中可以使用 5G 技术,然而与地面通信相比,卫星通信具有其独特的特点,且有很大的差异,因此卫星通信很难直接复制 5G 进行通信。

1. 传输体制的挑战

(1) 多普勒频移。地球同步轨道卫星相对地面基本静止,但中、低轨卫星具有周期性和规律性的运动特征,沿着轨道相对地球高速运动。在通信过程中,即使地面移动通信网络基础设施基本固定,但卫星在高速移动时,卫星和地球站之间的距离发生变化,发射机和接收机相对移动,信号接收遭受多普勒频移的影响。多普勒频移来源于卫星在其轨道平面上的运动、地球绕其南北轴线的旋转以及地面站的运动。

卫星轨道纬度与地球站位置纬度存在一定的差异,导致了卫星与地球站视线之间时间间隔的缩短。由于卫星的足迹是圆形的,所覆盖的最大经度覆盖范围是卫星在赤道上。随着地站纬度的增加,地站在给定纬度内的最大覆盖经度减小。因此,多普勒频移减小。

3GPP 对卫星与地面终端运动带来的多普勒频移及变化率进行了评估,并以半径 10 km 的地面蜂窝小区为基准进行了对比,如表 1-2 所示。

表 1-2 GEO 与 LEO(600 km 轨道高度)多普勒频移估计

卫星	轨道高度	频段	最大多普勒频移/载频		多普勒频移相对中心载频变化比	最大多普勒变化率	
GEO	35 786 km	Ka	± 18.51 kHz /20 GHz	± 27.70 kHz /30 GHz	10^{-4} %	可忽略	
GEO	35 786 km	S	± 18.51 kHz/2 GHz		10^{-4} %	可忽略	
LEO	600 km	S	± 48 kHz/2 GHz		0.002 4%	可忽略	
LEO	600 km	Ka	± 480 kHz /20 GHz	± 720 kHz /30 GHz	0.002 4%	(下行)5.44 Hz・s^{-1}/20 GHz	(上行)8.16 Hz・s^{-1}/20 GHz
地面蜂窝	—	S	$+/-925$ Hz		—	可忽略	

(2) 频率管理与干扰。对于卫星通信系统来说,可利用的频率资源是有限的。其中 S 频段为 2×15 MHz(上/下行),Ka 频段为 $2 \times 25\ 000$ MHz(上/下)。由于受地理条件限

制,C/K 频段只能用于传输话音业务;而 Ku 频段因其频谱效率较高,适合于传输视频及数据业务。为了进一步提升星地融合网络的通信容量,频率复用的概念被提出,频率复用因子为 1 时,星下所有小区使用的频率均相同,此时小区干扰最大;随着复用因子增大,区间干扰会逐渐减轻。

(3)功率受限。随着移动通信技术和互联网应用的快速发展,用户对业务速率的需求不断提高。而现有网络通常采用固定基站进行覆盖,无法满足用户对于高速率数据传输的要求,频谱重叠严重。与地面蜂窝网不同的是,卫星的功率资源是有限的,功放应尽可能工作在临近饱和点,使得定时吞吐量达到最大。因此,需要在信号峰均比较小的同时提高频带利用率,这也给卫星和 5G 融合的信号体制带来了挑战。

(4)定时提前。卫星通信传输距离长,导致路径损耗大,传输延时大,对时序顺序和传输方案产生了新的影响。卫星通信的通信范围很大,通常是地面通信的数千倍,导致用户之间有很大的时间偏移。因此,卫星系统应该比地面系统设置额外的保护周期和更大的定时器。另外,卫星链路的延时远远超过了 5G 新空口的 TTI,可能需要适当的 TA 索引值来解决这一问题。

2. 接入与资源管理的挑战

卫星在离地面数百千米至数万千米高的空间飞行时,会造成较大的传输延时。表 1-3 对比了 GEO、LEO、MEO 卫星在不同轨道高度上传输时单向最大延时及最大延时差。由表 1-3 分析可知,卫星传输速率越高,MAC 层及 RLC 层间延时越小。当卫星处于低轨时,随着距离增加,MAC 层及 RLC 层时延均增大。较长的延时给 MAC 层和 RLC 层入网控制,HARQ、ARQ 流程提出了挑战。

表 1-3 星地延时特征(信关站仰角 5°,终端仰角 10°)

卫星	轨道高度	最大单向传输延时/ms	最大延时差/ms
GEO	35 786 km	透明转发:272.37 星上处理:135.28	16
LEO	600 km	透明转发:14.204 星上处理:6.44	4.44
LEO	1 500 km	透明转发:25.83 星上处理:12.16	7.158
MEO	10 000 km	透明转发:95.192 星上处理:46.73	13.4

(1)接入控制。由于卫星具有低延时和高带宽特性,可以作为 5G 无线通信网络的骨干节点。在移动条件下,随着业务需求的不断变化,5G 对接入控制提出了更高的要求,如响应时间短和不依赖卫星系统进行接入控制等。同时由于卫星基站和信关站之间存在高传输延时问题,使得接入控制的响应时间较长。所以,为支持 5G 和卫星高效融合,需要对接入的用户进行预测并提前授权,对所接入的用户开展半持续调度的研究。

(2)HARQ。HARQ 过程在时间上要求严格。当系统处于非工作状态时,必须采用快速傅里叶变换技术来计算出整个通信链路的传输延时,从而为网络设计和优化提供依据。卫星通信中往返时间(Round Trip Time,RTT)的长度一般都大于 HARQ 的最大定时器的长度,受终端的内存和可并行处理信道个数的限制,不能单纯对 HARQ 进程个数做线性扩展使其与卫星信道相适应。

(3) MAC 及 RLC 过程。为了提高无线传感器网络的传输速度,MAC 和 RLC 是非常重要的两个部分。MAC 层主要用于保证数据报文能够快速到达目的节点,而 RLC 层负责将这些数据包重发出去。在 RLC 层及 ARQ 过程的调度过程中,计时器和重传都是必不可少的环节。但是由于卫星系统的长传输延时以及传输分组数量较多等原因,使得重传成了必须解决的问题。另外,卫星系统通信延时比较长,这使得 MAC 层和 RLC 层在调度时及时性不够高,需要调整相应的延时参数。

3. 移动性管理的挑战

(1) 位置更新过程。地面蜂窝网络和无线接入网中的每个节点都有自己的注册区。当接收到一个通信请求时,AMF 将其从注册区移到 UE 处。由于非同步轨道卫星之间存在多个波束,且每个卫星波束都有自己的对应关系。这样,AMF 只能根据其与卫星的距离来选择相应的天线进行定位,从而不能确定卫星是否处于正确的工作状态。因此,在最初入网登记时,网络根据波束以及登记信息无法为 AMF 提供追踪区域信息,终端移动后不能成功地进行位置更新,若有指向终端的通信请求则不能成功实现寻呼。

(2) 切换过程。卫星相对地面在高速移动,单颗卫星尤其是低轨卫星的覆盖持续时间短,在有限的时间内,通信连接失败率较高,所以在卫星信号覆盖范围内,需要不断地切换连接卫星来保证通信连接的成功率。因卫星或终端移动而引起的切换分为两类,一类在卫星系统内部。另一类是用户节点在地基网络与天基网络之间的切换,网络间的切换过程需要考虑多方面因素,不同的切换方式有不同的触发条件,在进行切换时,涉及多个方面的问题。如卫星切换的选择、用户身份信息的传递、卫星通信及计算资源的管理、通信连接的连续性、安全性等。

本 章 小 结

本章首先介绍了全球各个组织、国家在 6G 研究中做的重点工作,并在 5G 的三大应用场景的基础上,分析 6G 的几个主要愿景,从多个方面介绍了 6G 的主要性能指标,并与 5G 进行对比。然后从业务、应用场景和网络运维 3 个角度综合考虑 6G 网络的发展需求。之后从 6G 无线使能和 6G 网络使能两个方面阐述 6G 网络的关键技术。最后针对卫星与地面 5G 融合的问题,总结了以往卫星通信的发展历程,结合我国卫星通信目前的发展现状,提出目前独立于通信网络发展的卫星系统应当与地基网络深度融合。针对卫星与地面 5G 融合的问题,介绍了卫星 5G 融合的内涵和优点,还介绍了欧盟 SaT5G 项目以及 ITU 提出的星地 5G 融合的应用场景,提出星地融合网络将充分发挥各自优势,为用户提供更全面优质的服务,星地融合是大势所趋。本章最后还介绍了 6G 的技术特点和挑战。

本章参考文献

［1］ 王鹏,张佳鑫,张兴,等. 低轨卫星智能多接入边缘计算网络:需求,架构,机遇与挑战[J]. 移动通信,2021,45(5):12.

［2］ Nakamura T. 5G Evolution and 6G[C]// 2020 IEEE Symposium on VLSI Technology. Hsinchu,Taiwan:IEEE,2020:1-1.

［3］ Zhang Lin,Liang,Ying-Chang. 6G Visions:Mobile ultra-broadband,super internet-of-things,and artificial intelligence[J]. China Communications,2019,(16)8:1-14.

［4］ Zhu J,Zhao M,Zhang S,et al. Exploring the road to 6G:ABC—foundation for intelligent mobile networks[J]. China Communications,2020,(17)6:51-67.

［5］ Liu G,Huang Y,Li N,et al. Vision,requirements and network architecture of 6G mobile network beyond 2030[J]. China Communications,2020.

［6］ Berardinelli G. Beyond 5G Wireless IRT for Industry 4.0:Design Principles and Spectrum Aspects[C]// 2018 IEEE Globecom Workshops (GC Wkshps). IEEE,2019.

［7］ 易芝玲,王森,韩双锋,等. 从 5G 到 6G 的思考:需求,挑战与技术发展趋势[J]. 北京邮电大学学报,2020(2):9.

［8］ Juntti M,Kantola R,Kysti P,et al. KEY DRIVERS AND RESEARCH CHALLENGES FOR 6G UBIQUITOUS WIRELESS INTELLIGENCE[EB/OL]. 2019[2022-9-17]. https://www.researchgate.net/publication/336000008_Key_drivers_and_research_challenges_for_6G_ubiquitous_wireless_intelligence_white_paper.

［9］ Viswanathan H,Mogensen P. Communications in the 6G Era[J]. IEEE Access,2020,8:57063-57074.

［10］ Zhengquan Zhang Y X,Xiao M,Ding Z,et al. 6G wireless networks vision,requirements,architecture,and key technologies[J],2017.

［11］ Tucek J C,Basten M A,Gallagher D A,et al. Operation of a compact 1.03 THz power amplifier[C]// Vacuum Electronics Conference. IEEE,2016.

［12］ Elmossallamy M A,Zhang H,Song L,et al. Reconfigurable Intelligent Surfaces for Wireless Communications:Principles,Challenges,and Opportunities[J]. IEEE Transactions on Cognitive Communications and Networking,2020,(6)3:990-1002.

［13］ Nasimi M,Habibi M A,Han B,et al. Edge-Assisted Congestion Control Mechanism for 5G Network Using Software-Defined Networking[C]// 2018 15th International Symposium on Wireless Communication Systems (ISWCS),Lisbon,Portugal:IEEE,2018:1-5.

[14] Habibi M A, Han B, Nasimi M, et al. Towards a Fully Virtualized, Cloudified, and Slicing-Aware RAN for 6G Mobile Networks[C]// Wu Yulei, Singh Sukhdeep et al. 6G Mobile Wireless Network, Switzerland, Springer, 2021:327-358.

[15] ETSI GS ENI 005-2019, Experiential Networked Intelligence (ENI); System Architecture (V1.1.1) [S]. ETSI, 2019.

[16] ETSI TR 138 913-2018, 5G; Study on scenarios and requirements for next generation access technologies (V15.0.0; 3GPP TR 38.913 version 15.0.0 Release 15)[S]. ETSI, 2018.

[17] Baiqing, Zong, Chen, et al. 6G Technologies: Key Drivers, Core Requirements, System Architectures, and Enabling Technologies[J]. Vehicular Technology Magazine, IEEE, 2019, 14(3):18-27.

[18] Liu Y, Li M, He T, et al. Computing power network: The architecture of convergence of computing and networking towards 6G requirement[J]. China communications, 2021, (18)2:175-185.

[19] Wang G, Zhou S, Zhang S, et al. SFC-Based Service Provisioning for Reconfigurable Space-Air-Ground Integrated Networks [J]. IEEE Journal on Selected Areas in Communications, 2020, (38)7:1478-1489.

[20] QiW, Hou W, Lei G, et al. A Unified Routing Framework for Integrated Space/Air Information Networks[J]. IEEE Access, 2017, 4:7084-7103.

[21] Gupta L, Jain R, Vaszkun G. Survey of Important Issues in UAV Communication Networks [J]. IEEE Communications Surveys & Tutorials. 2016, (18)2:1123-1152.

[22] Murata K T, Pavarangkoon P, Yamamoto K, et al. An application of novel communications protocol to high throughput satellites[C]//2016 IEEE 7th Annual Information Technology, Electronics and Mobile Communication Conference (IEMCON). IEEE, 2016:1-7.

[23] Foust J. Blaming inflation, SpaceX raises Starlink and launch prices [EB/OL].,(2022-3-23) [2022-9-17]. https: //spacenews.com/blaming-inflation-spacex-raises-starlink-and-launch-prices/.

[24] 王胡成, 徐晖, 孙韶辉. 融合卫星通信的 5G 网络技术研究[J]. 无线电通信技术, 2021, 47(5):8.

[25] 3GPP. TS22.261: Service Requirements for the 5G System; Stage 1 V1.1.0 (Replease 15) [S], 3GPP, 2021.

[26] 张玉迪. 移动卫星通信网络边缘计算架构研究[D]. 成都: 电子科技大学.

[27] Danesfahani R, Kateb P. 2008 3rd International Conference on Information and Communication Technologies: From Theory to Applications, Damascus, Syria : IEEE, 2008:1-5.

[28] 汪春霆, 李宁, 翟立君, 等. 卫星通信与地面 5G 的融合初探(二)[J]. 卫星与网络, 2018(11):6-12.

第 2 章
星地融合信息网络概述

自 20 世纪 80 年代以来，地面通信网络得到蓬勃发展及广泛应用。地面移动通信发展进程目前处于不断的迭代更新中，回望历史，第一代移动通信系统通过电磁波携带模拟信号完成信息的交互，第二代移动通信系统借助数字调制与解调技术，进一步简化了信息加载在载波上以及信息恢复的过程。第三代移动通信系统进一步围绕分组域展开研究，提升网络运行效率。而第四代移动通信系统以 OFDM 技术和 MIMO 技术为核心，极大提高了通信系统传输速率。如今第五代移动通信系统旨在通过各种先进技术实现通信设备节点的高效互联。高带宽、高可靠低延时以及海量设备连接是 5G 通信系统的主要应用场景。目前 5G 基站已经在全球部署并进行应用，随着通信系统的不断发展与技术的不断推进，目前很多组织机构均开始第六代移动通信网络系统的研究。在 6G 的网络场景中，各机构普遍认为星地融合网络是下一代信息网络中的重要场景。

本章首先重点描述了全球立体融合组网的技术要求与所面临的挑战，而后对融合网络中重要且典型的低轨卫星通信系统进行了介绍，旨在让读者了解低轨卫星通信系统在全球立体融合组网中的重要意义。同时在简述星地融合信息网络发展现状及需求的基础上，梳理星地融合信息网络的发展过程中的市场驱动与技术驱动。为了使读者获得星地融合信息网络的全面认识，在本章分别从接入与切换、传输与路由、资源管理、标准化、先导性项目与仿真系统等方面综述近年来星地融合信息网络的研究进展，最后对本章进行小结。

2.1 全球立体融合组网

随着智能设备数量的不断增加和网络流量的指数增长，全球海量连接已成为一项重要的技术要求。此外，在当前情况下，网络组网应适应具有不同需求的大量应用程序。特别是，复杂的网络服务需要融入未来的用例中，例如智能交通、远程连接、海上监视、星际通信、智慧城市和灾难救援。面对这些新型服务需求，地面网络仅靠自身无法高效地提供全方位的覆盖和庞大的流量解决方案。因此地面网络以及空间通信基础设施应共同协作，形成全球立体融合组网系统，以减少网络服务中的延迟。在这种情况下，人们可以预见全球立体融合组网将有机会提供功能齐全的泛在通信、计算和缓存能力,以实现高网络数据速率、最小延迟和高可靠性。

2.1.1 全球立体融合组网技术要求

面向服务的全球立体融合组网不再只关注网络覆盖、用户接入和数据传输,而是以提供有保障的服务为目标,即网络设计和管理的目标是从网络服务的角度出发。网络覆盖、用户接入、数据传输等被视为网络服务能力的组成部分,按需调度。为了实现这一目标,传统的以网络为中心和以用户为中心的架构和技术需要向以服务为中心的架构和技术演进。接下来,将介绍和讨论面向服务的全球立体融合组网架构和技术的要求。

1. 满足多样化的服务需求

全球立体融合组网是覆盖各种场景、用户和环境的大规模网络。因此,服务需求将存在显著差异,这是按需服务实现的关键问题。挪威奥卢大学在定义 6G 网络中的新服务需求方面已经做出了一些初步努力。其组织的 6G Flagship 目前已在相关白皮书中提出了 6G 新需求,即极高速大容量通信、极速覆盖扩展、极低功耗降本、极低延时、极可靠通信、极海量连接感知。考虑到这些新需求,5G 的业务场景进一步向新场景进行演进。紫金山实验室联合国内通信领域知名高校对新的五个通信场景进行定义,上述五个场景分别为进一步增强的移动宽带(feMBB)、超密集机器通信(umMTC)、极可靠低延时通信(ERLLC 或 eURLLC)、广覆盖高时延高移动性通信(LDHMC)、超大规模机器类通信(umMTC)和极低功率通信(ELPC)。此外,可能会出现现有方法无法处理的新服务需求。例如,随着人工智能的普及,6G 时代对服务智能化水平的需求是必不可少的,目前还没有明确的定义。在未来的网络中,应该研究如何满足多样化的业务需求。

2. 处理定制服务

当前网络服务从移动用户服务向垂直领域服务延伸,行业领域包括工业、汽车、教育、政府等。随着 6G 网络的发展,预计网络将支持更多的定制化、个性化服务,并有保障任何用户任何服务的质量。这一趋势源于新兴 6G 网络的多项功能。首先,网络原生 AI 实现了全网泛在智能,不仅实现了灵活、自动化的网络管理,而且由于对用户需求的深入理解,产生了更加个性化的服务。例如,人际交往以人类整体感知的方式传递主体的特征,该过程涉及所有的五种感官,因此需要非常个性化的服务保证。其次,随着 SDN 和云技术的发展,网络服务和功能与物理网络协议和设备分离,此举便于定制化服务定义和部署。例如,大多数最先进的云平台都支持使用软件开发工具包或 Web API 部署定制服务,如 Azure、AWS、华为云等。最后,基于意图的网络能够将用户意图转化为网络配置和管理操作,而无须通过定义性能指标(例如数据速率和延迟)来明确描述服务需求。这样,意图可以被视为具有无限小粒度的定制服务需求,因此,上述网络特点使处理定制化任务非常具有挑战性。除此以外,在全球立体融合组网中,用户数量和用户类别将非常庞大,进一步将需要更多的多样化定制服务。

3. 按需网络可重构性

传统网络是一个垂直集成的系统,其中控制平面和数据平面紧密耦合在网络设备中。尽管此类系统旨在为大多数客户提供服务,但它们缺乏灵活性和创新能力,因为开发和部署新网络服务的专业知识和时间通常非常昂贵。然而,面向服务的网络应该能够适应具有不同需求的定制服务。为实现这一目标,网络被设想为根据服务需求重新配置,这与网络即服务的概念不谋而合。SDN/NFV 相关技术被广泛研究,通过将网络功能虚拟化为构建块来提高网络可重构性,这些构建块可以进一步链接以创建服务。在面向服务的星地融合信息网络中,网络可重构性的问题值得研究。由于网络规模大,控制平面更难以实现及时可靠的全局协调,进一步降低了网络重构的性能。因此该问题可以着重进行考虑。

4. 多维资源和移动性管理

面向服务网络的核心思想是准确匹配网络能力和服务需求,其中网络资源的有效配置发挥着最重要的作用。在全球立体融合组网中,端到端的服务实现通常涉及多个域的网络配置和资源编排。这给服务实现带来了更严峻的挑战,因为在全球立体融合组网中,不同领域的资源具有非常高的异质性。首先,资源专用于特定领域。例如,蜂窝系统利用许可的 FDD/TDD 频段,V2X 通信系统拥有 5.9 GHz 的 75 MHz 专用频段,卫星通信使用非常高的频段,例如 Ku/Ka 频段。可以设想,如果资源可以合并形成资源池,全球立体融合组网系统可以实现更高的性能,但由此产生的干扰可能是一个需要解决的重要问题。其次,资源在不同领域有多种限制,这是因为此种异构融合网络中的网络设备非常独特。例如,虽然无人机可以作为灵活的飞行基站,但它们的能量通常非常有限。对于 LEO 星座,激光通信的链路容量很高,而卫星上的计算和缓存资源往往受到卫星有效载荷的限制;地面网络资源充足,但其覆盖率相比卫星网络较低。最后,在全球立体融合组网中,由于卫星运行非常高速,网络移动性和移动性管理将比地面网络更为复杂。

2.1.2　面临的挑战

目前全球立体融合组网仍然面临较多技术挑战,具体内容如下。

1. 认知频谱能力

在立体融合网络中,部分服务使用新技术占用目前未使用的频谱。因此,将认知频谱利用将成为一项艰巨的任务。预计 FSO 和更高频段可能会被用来寻找摆脱这种频谱匮乏的方法。因此,基于频谱感知的技术可能在该方面变得非常有用。网络不仅要实现传感,还要实现频谱共享。地面上通信网络可以分为不同的层,例如宏蜂窝、专用认知小蜂窝和认知 M2M 层。这些小区可以通过回程连接生态系统进行连接,从而在以立体融合组网为中心蜂窝站的帮助下利用智能用户环境。

与此同时,在该网络架构下需要特别注意窄带和宽带传感方案的适用性。在该领域应基于奈奎斯特的宽带和压缩宽带传感,以便可以涉及非盲压缩传感和滤波器频带检测技术。此外,将利用多波段联合检测和基于小波的检测以及盲压缩感知来实现频谱利用。

2. 切换管理

立体融合网络内部将涉及许多动态物体,包括无人机、卫星和陆地车辆。这将使切换管理任务尤其是用户设备的切换变得非常困难。因此应该找到有效的切换算法来优化基于星地融合信息网络的基础设施。首先,用户设备切换可以大致分为网络层切换和链路层切换两大类。在网络层切换过程中,终端 IP 地址经常发生变化。可以进一步测试移动 IP(MIP)以检查其在融合网络生态系统中的效率。要将切换过程连接到网络中的其他服务节点,可以实施分布式 IP(DIP)方法。此处分布式锚点需要放置在用户平面上,以允许平滑的切换过程。其次,链路层切换从一个活动连接转移到另一个新的无人机或卫星波束点。但这可能会导致移动管理模块过于复杂。为了解决这个问题,可以借助预测波束的足迹。最后,可以根据相关波束或单元的位置进行操作。考虑到软件定义网络的特性(SDN),SDN 在无人机和卫星波束之间提供 QoS 感知切换时可以最大限度地减少所有此类问题。

除此以外,还应该考虑网关切换问题。连接到网关的用户需要访问卫星网关以更改波束位置。为了解决这个问题,可以使用 Ka 波段频谱的多波束多网关(MBMG)系统。馈线链路可以增加网关分集模块,以减少数据包丢失并改善时间自适应性能分析服务。

3. 空间路由

立体网络需要在各种时变拓扑模型之上工作,这将使从物理节点到网络路由的映射过程成为一项艰巨的任务。低效的路由映射可能会导致融合网络的生态系统出现严重的数据包丢失或巨大的延迟。通过利用网络中飞行器的轨迹信息、链路状态等数据,可以将上述丢包或延时相关的风险降至最低。由于融合网络是多层网络,路由必须适应主从模式。对于立体网络的每一层,更高的层将充当控制者。例如,MEO 应作为 LEO 卫星的主控。LEO 卫星可以充当气球或固定翼无人机的主控。但是,仅依赖分层方法可能无法提供立体组网路由的预期可靠性。由于延迟容忍路由可以兼容多种因素,包括拓扑的动态性、无人机故障或间歇性无线电链路阻塞协议。因此还可以为无人机和卫星使用随机的和确定性的 DTN 路由算法。

4. 安全

下一代立体融合组网的安全性需要得到保障,以保护用户设备和所有网络节点(如无人机、卫星和地面站)免受外部攻击,因此应制定一套新的空间数据安全协议,以提高端到端的保密性。可从网络、链路和物理层三个方面提高关键架构层的安全性。网络层安全应涉及卫星和无人机数据流协议。此外,还需要包含性能增强代理系统。传统的密钥管理方案应该在运动节点系统中降低潜在影响的复杂性。此外,入侵检测算法需要重新寻址以在立体组网中有限的计算能力的节点中运行。链路层安全将面临新的挑战,必须研究重新修订后的分组数据汇聚协议以提高板载 gNodeB(gNB)的有效性。此外,必须在切换和信道衰落场景中解决用户设备安全问题。物理层安全算法主要面临的挑战是计算复杂度,因此在无人机中部署是不可行的。修改后的安全配置方案应该根据内在的信道特征来进行选择。在这种情况下,可以考虑部署迫零技术来为无人机和卫星计算站提供安全保障。与此同时,还应该考虑各种新颖的安全理念来缓解视距通信错误率突发和传播延迟等问题。

2.2 低轨卫星通信系统介绍

全球低地球轨道(LEO,Low Earth Orbit)卫星星座具有批量研制、快速发射、通信容量大、传输延迟小、全球通信等特点,因此受到越来越多国家的重视。SpaceX 公司、OneWeb 公司等企业瞄准商机快速行动,已经陆续发布了中低轨道并用卫星星座项目,迅速展开了研制和发射任务。可见,采用多种轨道的卫星星座的发展促使全球卫星通信进入了一个崭新的时代,也必将对军事领域、战争理念产生巨大的影响。

2.2.1 铱星系统

1. 初代铱星系统

铱星卫星系统共由 66 颗低轨道卫星的互联网络组成。这 66 颗卫星均匀分布在 6 个轨道面上。铱星卫星系统在距地球约 780 km 高度的轨道之上稳定地运行,轨道倾斜角约为 86.4°,绕地球一圈约会耗时 100 分钟。除了在每个轨道上正常使用的 11 颗卫星外,还有一颗或两颗备用卫星,每个轨道面中至少都要有一颗。用户可以通过手持电话直接相互通信。铱卫星系统具有覆盖范围广、功耗低、数据传输速率快、延时短等优点。

由于该卫星系统建设时期处于 20 世纪,空间技术发展尚比较缓慢,铱卫星星座的星间链路还未使用激光链路,但即便如此,考虑到当时的地面业务需求的规模,该星座已经能够提供保障 QoS 卫星通信服务[1]。另外当时集成电路和太阳能电池技术都很差,因此铱星的寿命非常短。由于上述等原因,初代铱卫星系统很快就失败了。

2. 铱"下一代"卫星系统

21 世纪初期,铱星公司着手对星座进行扩展更新[2]。铱星公司决定扩大最初的星座,发射 12 颗额外的卫星,这将在每个原始轨道面上增加两颗额外的卫星。不幸的是,其中有 3 颗卫星没有活动,因为它们在发射后遇到了技术困难,因此目前的星座仍为 75 颗卫星。

目前,铱卫星系统失效的主要原因已被克服。随着航天飞机的发展,每次都有可能在轨道上放置许多铱卫星。因此,单个铱卫星的重量可以控制在 200 kg 以内。而且整个发射成本也可以降低。另外,铱卫星系统的寿命可以延长到 30 年。铱"下一代"卫星系统为卫星电话、寻呼机和集成收发器提供语音和数据信息覆盖,覆盖整个地球表面的 L 波段。

2.2.2 全球星系统

另一个早期重要的低轨移动卫星通信系统称为全球星计划(GlobalStar)。Globalstar 空间段包括位于 1 414 km 高度轨道上的 48 颗活动星座卫星,以及位于 900 km 高度轨道上的 8 颗备用卫星。运行卫星分布在八个轨道面上,每个轨道面上有六颗等距卫星和 1 颗备用卫星,采用 Walker 48/8/1 模式。轨道倾角为 52°,轨道之间的角位移为 7.5°。星座可为地球南北纬 70°范围内的用户提供服务,在覆盖区域内保持有 2~4 颗始终可视。星座中卫星节点的运动周期为 114 分钟,预定使用寿命为 7.5 年[3]。

全球个人卫星移动通信(GMPCS)系统主要由空间段、用户段和地面段组成。卫星到用户链路在空间上分为上行链路和下行链路中的 16 个波束。GMPCS 系统综合了许多先进技术,其中它结合了 CDMA 和 FDMA 技术以及多波束阵列(MBA)卫星技术,为用户提供无缝无线服务。GMPCS 系统使用了 CDMA 的固有优势,如抗干扰能力强、降低功率密度的频谱效率以及不同信道的频分复用,使其成为在地球上广域范围内提供点对点通信的有效接入技术。GMPCS 系统的主要特点如图 2-1 所示。

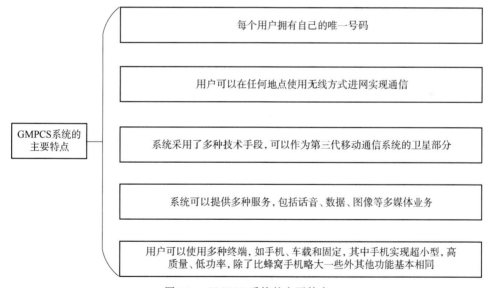

图 2-1　GMPCS 系统的主要特点

2.2.3 Orbcomm 系统

Orbcomm 系统是一种广域双向通信系统,它使用低轨卫星星座为发送和接收数字数据包提供全球地理覆盖。Orbcomm 系统是世界上第一个在全球范围内提供低成本双向数据通信的低地球轨道移动卫星服务。Orbcomm 通过分销商和增值转销商为客户提供固定和移动设备,为最终用户提供完整的产品解决方案和客户支持。因此,世界各地的客户目前依赖 Orbcomm 实现各种移动和固定站点数据应用,主要用于车辆、轮船、飞机的定位跟踪,海洋、河流等水文信息的远程监测,野生动物跟踪、环境保护的监测与预报等场景[4]。

Orbcomm 系统是由空间段、地面段和用户段这 3 个子部分构成,上行频段使用范围为 148～150.05 MHz,下行频段范围则为 137～138 MHz,馈电通信链路主要采用正交相移键控的调制方式,用户链路采用同步差分相移键控的调制方式[5]。

空间段:Orbcomm 星座在最大容量下,在 7 个轨道平面中有多达 47 颗卫星。有四个轨道倾斜 45°,其中三条每个轨道包含 8 颗卫星,位于大约 815 km 的环形轨道上。另外一个轨道包含 7 颗卫星,位于 815 km 的圆形轨道上。有一个赤道平面轨道倾斜 0°,包含 7 颗卫星,位于 975 km 的圆形轨道上。有一个倾斜轨道倾斜 70°,在 740 km 高度的近极圆轨道上包含 2 颗卫星。还有一个高倾斜轨道倾斜 108°,它包含两颗卫星,位于近极椭圆轨道上,高度在 785 km 和 875 km 之间。

地面段:Orbcomm 地面段拥有 Orbcomm 整个系统的核心,包括全球范围内的网关地面站、控制中心以及移动和固定用户终端。Orbcomm 使用 FDMA 方案进行下行信道复用。卫星下行信道包括 12 个发送给用户的信道和一个预留给地面站的网关信道。每颗卫星通过提供四倍信道重用的频率共享方案,在 12 个用户下行链路信道中的一个信道上向用户发送信号。Orbcomm 卫星有一个用户发射机,该发射机使用对称差分正交相移键控(SD-QPSK)提供每秒 4 800 比特(bit/s)的连续分组数据流。每颗卫星还具有多个用户接收机,以 2 400 bit/s 的速率从用户处接收短脉冲。

用户段:Orbcomm 用户段主要由各类用户通信器组成,包括体积较大的固定终端、便携式的移动终端和个人手机,根据终端的用途又可以分为两种类型,一种支持移动终端的双向信息传输,另一种则用于偏远地区非移动用户的数据采集和传输。

表 2-1　铱星系统与 Orbcomm 系统的比较

项目	铱星系统	Orbcomm 系统
卫星数目	66	740、815、875
工作频段	L、Ka 频段	HVF 频段
传输速率	高	低
星间链路	同轨两条、异轨两条	无
终端特点	体积较大、穿透能力弱	低成本、小型化、模块化
系统复杂度	技术先进,系统建造及维护成本巨大	成本较低、前期投入小
系统定位	话音业务	双向短数据业务

2.2.4　星链计划

2015 年 1 月,美国 SpaceX 公司宣布了"星链"计划(Starlink),并且该计划从 2020 年开始工作,旨在为全世界的住宅、商业、机构、政府和专业用户提供广泛的宽带和通信服务[6]。

Starlink 空间段的整个星座的建设思路被分成了三个阶段。第一阶段预计部署 5 个轨道面共 4 408 颗卫星,采用 Ka/Ku 频段。第二阶段预计部署 3 个轨道面共 7518 颗卫星,增加了 Q/V 频段,选择更少被使用的频谱来进一步增加星座容量,预计 2027 年左右完成部署来达成全球组网。每个阶段具体的部署内容如图 2-2 所示[6,7]。

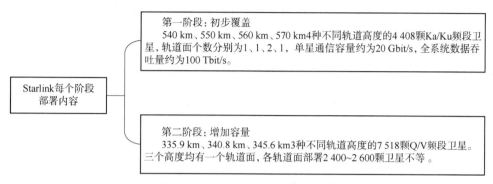

图 2-2 Starlink 每个阶段部署内容

该系统将使用卫星间光纤链路实现无缝网络管理和服务连续性,这也将有助于遵守旨在促进与其他系统共享频谱的辐射限制。就网关定位和特点而言,Starlink 计划在全球拥有大量网关站,为用户提供互联网接入。迄今为止提交的大多数网关站许可证都使用 1.5 m 天线进行连接。Starlink 将使用 Ka 频段进行网关通信(下行和上行分别为 17.8～19.3 GHz 和 27.5～30.0 GHz),用户链路使用 Ku 频段(下行和上行分别为 10.7～12.7 GHz 和 14.0～14.5 GHz)。系统在地面段上包含三种地球站:TT&C(telemetry、track and command 遥测、跟踪和指挥)站、网关站和用户终端。Starlink 系统的空间段和地面段一起构成了庞大的卫星通信系统,并且希望利用这个系统达成如下目标,如图 2-3 所示。

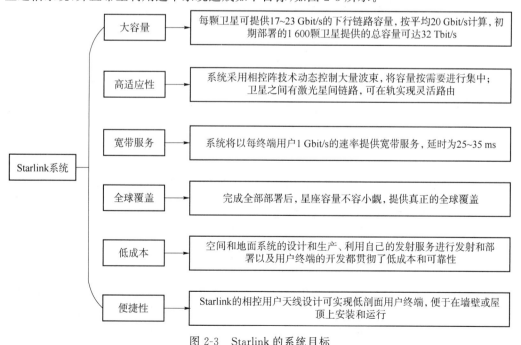

图 2-3 Starlink 的系统目标

2.2.5 OneWeb 系统

2017 年 6 月 22 日,美国联邦通信委员会批准了全球卫星电信网络的美国初创公司 OneWeb 的请求,即部署一个由 720 颗 LEO 卫星组成的全球网络。OneWeb 于 2019 年 2 月 27 日从法属圭亚那发射了 6 颗卫星,正式开始卫星网络的部署工作。

OneWeb 的星座由两个阶段组成:第一阶段有 716 颗卫星,第二阶段有 6 372 颗卫星。在这两个阶段,所有卫星将在 1 200 km 的同一高度运行。初始阶段由两组 12 和 8 个轨道面组成,倾角为 87.9°和 55°,极地轨道面包含 49 颗卫星,而其余的则减少到 16 颗。第二阶段计划广泛覆盖人口较多的地球区域。为此,第一组从 12 个轨道面扩大到 36 个轨道面;第二组从 8 个轨道面大幅更改为 32 个,从每个轨道面 16 颗卫星更改为 72 颗卫星;第三组与第二组具有相似的特性,倾角为 40°。OneWeb 在高度倾斜的轨道上分配了一组卫星,以提供全球覆盖,同时将其大部分容量集中在人口稠密的地区。

OneWeb 卫星负载分别采用透明转发的形式。每颗卫星有 16 个相同的用户波束,每个用户波束都有一个固定的高椭圆点波束,工作在 Ku 波段。上行用户链路频率为 12.75～13.25 GHz,14.0～14.5 GHz,下行用户链路频率为 10.7～12.7 GHz。此外,每颗卫星在 Ka 波段有两个均匀可操作的孔径天线。每个天线都可以产生独立可操作的圆形点波束。每个卫星服务区 1 080 km×1 080 km,容量为 7.5 Gbit/s,整个星座为 6～7 Tbit/s。单波束下行速率可达 750 Mbit/s,上行速率为 375 Mbit/s。

OneWeb 地面段由三种类型的地球站构成:TT&C(Telemetry、Track and Command 遥测、跟踪和指挥)站、网关站和用户终端站。地面站的详细设置如图 2-4 所示。

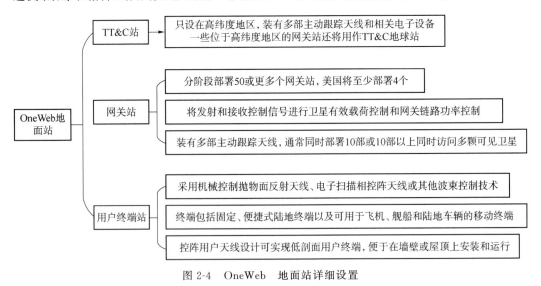

图 2-4 OneWeb 地面站详细设置

OneWeb 系统还将设置至少两个独立卫星控制中心,互为备份,分别位于美国和英国。网络运行将主要由位于英国和美国的设施进行控制,这些控制中心与 TT&C 及网关站之间的连接将通过地面租用线路和安全的互联网虚拟专网(VPN)实现。

2.3　星地融合信息网络发展现状与需求

卫星通信网络的蓬勃发展为星地融合信息网络进一步推进奠定了基础,本节首先对卫星通信网络的发展现状进行阐述,而后对星地融合信息网络发展现状进行调研总结,最后对星地融合信息网络的发展需求进行了探究。

2.3.1　发展现状

尽管 5G 网络具有更高的数据速率、更低的延迟、更大的连接性,但仍有许多挑战尚未解决。迄今为止,包括 5G 网络在内,无线网络的发展主要集中在基于地面蜂窝架构的通信速率提高上。然而,仅仅追求高通信速率并不能满足未来对万物互联(IoE)系统的需求。对于未来网络中的海量物联网,5G 网络将逐渐达到其极限,无法提供令人满意的通信支持。2019 年 9 月,基于芬兰首届 6G 无线峰会发布了 6G 白皮书,明确了 6G 发展的基本方向。

6G 网络的发展中,讨论了三个新场景:①无处不在的移动超宽带(uMUB);②超高速低延时通信(uHSLLC);③超高数据密度(uHDD)。特别是在 uMUB 场景下,通过将卫星网络与地面网络相结合,有望在 6G 网络中实现无处不在的覆盖。在 6G 白皮书中,已经提出未来的无线网络必须能够与地面和卫星网络无缝对接。此外,6G 旗舰(6G Flagship)组织最近发布了一份关于偏远地区连接性的新白皮书。白皮书中指出,6G 有望成为解决全球连接挑战的第一代网络。由于地面网络成本高昂,在 6G 中考虑使用无线回程传输于农村和偏远地区。此外,白皮书规划建议在 2030 年将非地面网络,特别是卫星网络与地面网络进行集成。融合架构有望克服传统通信网络的局限,为泛在 6G 通信找到新的发展路径。

结合两种网络的优势,集成的星地网络架构有望为 6G 网络实现全球覆盖和互联网接入,并为物联网系统提供无处不在的通信支持。目前星地融合信息网络的部署以及实现还处于初级阶段,具体表现为融合程度仍不够紧密。地面网络基于蜂窝网络为发达地区提供宽带服务,其中基站通过回程链路连接到核心网络。卫星可以将连接扩展到农村和偏远地区的每个人。对于地面网络覆盖范围外的用户,可以通过自己的终端接入卫星网络,根据用户和终端的类型,可能会受到容量限制。

针对覆盖性要求,星地融合信息网络的覆盖主要靠卫星的广覆盖能力来保证。对于 36 000 km 轨道上的 GEO 卫星,最少只需三颗卫星即可实现全球覆盖。对于低轨道的 MEO 和 LEO 卫星,一般需要数十颗卫星来构建全球卫星通信网络,如 O3b 网络、铱星网络等。随着通信需求的增加和通信技术的进步,目前已经筹建了海量节点的卫星星座项目,如 Starlink、OneWeb 和 Telesat。到 2030 年,地球周围将有数万颗卫星,以此保障全球宽带覆盖,而后各种类型的用户可以通过不同的集成架构访问集成的星地网络。

由于星地融合信息网络架构在未来的无线网络中显示出巨大的潜力,到目前为止,已经有大量的先导性工作研究该集成架构。其中具体分类如下。

(1)混合星地中继网络:在卫星网络中,由于雨雾衰减、仰角差、障碍物等原因,卫星与用户之间的通信链路不稳定,可能导致卫星与用户之间的掩蔽效应。在这种情况下,从卫星到用户的直接链路将不可用,从而导致卫星用户的通信中断。为了克服卫星网络中的掩蔽效应,通过将地面中继引入卫星网络,提出了混合卫星地面中继网络(HSTRN)。

① 卫星—地面回程网络(STBN):由于经济和地理限制,传统的地面网络无法实现100% 覆盖,尤其是对于农村和偏远地区,地面设施部署难度较大。在这些地区部署光纤回程链路效率低且开销较大。卫星的广泛覆盖为在这些地区建立回程链路提供了另一种选择。在 STBN 中,地面网络由基于建筑物的接入点构成。用户通过接入点以获取基于6G 或 WiFi 技术的通信服务。不同的是,农村和偏远地区的基站和接入点通过卫星回程链路连接到核心网络。对于小规模的地面网络,每个基站和接入点可以分别建立回程链路。对于大规模的地面网络,可以部署带有天线阵列的地面网关来建立卫星回程链路。通过上述方案亦可以在该区域构建 WLAN,其中 BS 和接入点通过光纤连接到地面网关进行回程传输。此外,通过部署支持现有地面网络通信协议的基站,可以在 STBN 架构的基础上扩展现有地面网络的覆盖范围。在地面基站的帮助下,用户可以使用传统的地面通信设备接入卫星网络。然而,由于需要为农村和偏远地区的通信部署额外的为卫星回程传输设计的基站,因此鉴于经济和地理限制,此种网络架构覆盖范围仍然相对有限。

② 认知卫星—地面网络:由于宽带通信服务的需求不断增加,卫星和地面网络的频谱资源总是不足的。除了利用更高的频段,如毫米波和太赫兹,通过频谱共享提高现有频谱资源的频谱效率是另一种有前途的方法。因此,部分科研工作者提出了认知无线电(CR)技术以实现网络之间频谱资源的动态利用。随着卫星—地面网络的不断深入发展,CR 技术也被应用于卫星—地面网络。

(2)星地融合网络:上面讨论的卫星—地面网络架构并未完成网络的深度融合。在发达地区,地面网络已经得到很好的部署,能够以低成本宽带接入互联网,而卫星网络则能够提供自上而下的无处不在的覆盖。利用这两种网络的优势,可以进一步推动无线网络的发展。

① 互补架构:通过直接将卫星网络与地面网络集成,其中卫星网络和地面网络松耦合的相互补充。协作星地网络实现了两个网络的协作,在协作星地网络中,需要双模终端同时接入地面网络和卫星网络。当用户位于地面网络覆盖范围内时,一般在城市地区,用户将接入地面蜂窝网络以获得宽带服务。但是,当用户移动到偏远地区、海域、空域等没有地面网络的地区时,用户将被转移到卫星网络继续服务,这需要两个网络的综合移动性和资源管理。此外,通过利用兼容当前移动通信网络机制的卫星载荷,可使传统地面的移动网络直接赋能互补架构的星地网络。统一的终端设备可以使用相同的物理层协议无缝接入卫星网络或地面蜂窝网络。当集成从顶层移到底层时,可以获得更高的网络效率和用户体验质量,但实施复杂度和部署成本也更高。

② 增强架构:除了通过互补架构实现无处不在的覆盖外,协作星地网络还可以在增强架构中用于地面链路薄弱或不足的区域。协作星地网络中的用户没有严格区分为地面

用户或卫星用户。相反,使用双模终端,用户可以同时访问地面网络和卫星网络。卫星网络和地面网络合作为地面用户提供增强的通信服务。与互补架构不同,卫星链路或地面链路并不是用户连接互联网的唯一途径。一方面,用户可以根据自己的喜好选择接入卫星网络或接入地面网络;另一方面,用户可能会根据信号强度或服务类型在两个网络之间被动转移。此外,在增强型协作星地网络架构中,两个并行链路的同时传输可以在统一传输协议的情况下使用,这可以通过利用空间分集来提高通信容量和可靠性。

2.3.2 发展需求

星地融合信息网络旨在融合地面网络与卫星网络,提供良好时空大尺度覆盖的同时满足用户的服务需求。为了深度融合两类网络,首先需要理清网络发展需求。具体需求内容如下。

(1)无处不在的覆盖。互联网和多媒体通信的目标是在任何时间、任何地点提供无缝的高速率通信服务。目前用户设备对通信容量的需求已经超过了网络基础设施能够提供的能力。与此同时,一些难以到达、人口稀少的区域,以及网络部署成本过高的区域,因为不同原因均未得到网络覆盖。卫星不受地理环境限制,可以支持实现无处不在的覆盖。一方面,它们可以在城市地区填补和提供额外容量;另一方面,它们可以在其他偏远没有地面网络覆盖的地区提供必要的网络连接。

(2)全球媒体和内容分发。一段时间内地面用户的内容需求在统计上服从 Zipf 分布,即请求文件内容的概率与文件热度成正比。这就意味着部署在人口密集的区域的地面基站需要重复缓存热度较高的文件内容。传统卫星通信的核心功能为媒体广播,借助其传统组播广播功能,卫星在内容分发方面可为广域海量用户提供网络服务。因此,使用卫星缓存组播分发热度较高的文件,以缓解上述广域范围内地面基站重复缓存热度文件的问题。例如,使用多播机制来分发最受欢迎的电影、电视剧和视频内容,并结合单播流来满足长尾特殊内容和丢失数据包的重传。而地面基站可缓存热度较小的文件内容,增加文件多样性,充分保障用户请求命中的同时节约回程链路的压力。

(3)全球定位服务需求。越来越多的企业需要全球通信服务来跟踪和管理其资产。这就要求无论设备位于何处,借助全球网络都能提供快速发现、精准定位的能力。为了能够提供此类服务,运营商需要新的通信手段来维护全球网络中海量移动的定位传感器,通常这些传感器嵌入在需要定位的资产上。与全球连接的设备数量相比,这些网络连接的设备数量相对较少。卫星网络具备全球广域即时通信的能力,同时满足无缝通信覆盖的需求,因此,卫星网络是实现全球定位可达性的合适选择。

(4)高速平台服务需求。此类平台包括汽车、火车、飞机或无人机甚至是导弹或航天飞船,上述高速运动平台的网络服务的支撑运维仅靠地面网络系统是难以维持的。考虑到卫星的广角与高空覆盖,星座组网可减轻地面对高速平台跟踪接力造成的频繁地面开销,同时为上述高速平台(包括空中导航系统)提供专用任务支撑。

(5)超可靠的连接需求。大规模运营商网络并行情况下,电信系统始终存在高可靠性连接问题。工业自动化、电子健康、远程控制和设施管理用例中通信的可用性是必须考虑的内容。随着连接设备数量的增加和相关的容量需求,这些专用网络正面临部署成本大幅增加。然而,地面的运营商通常受制于国家边界,运营商间的对等互连降低整个网络的可靠性。卫星网络可以提供额外的连接,提升网络的可用性。

(6)海量设备固件更新。大量联网设备的部署对网络运营商的运维能力亦提出挑战。随着时间推进,网络设备中固件的安全漏洞会逐渐显现,安全漏洞发现后大量设备需要及时维护,更新配置以满足网络运行的需要。然而,对分散在广域服务区内的设备进行更新配置会占用回程链路的带宽,极大影响了网络设备的回传需求。为了实现广域设备更新维护内容,需要支持大规模和全球范围内的数据高效分发,因此卫星网络针对广域内不同设备的相同更新需求,对所辖范围内设备进行组播更新,不占用地面回程的同时完成安全漏洞修补。

2.4　星地融合信息网络的发展驱动力

从全球范围来看,目前星地融合信息网络尚处于发展初级阶段,但是其发展势头非常迅猛。本节分别从市场驱动和技术驱动两条路径对星地信息融合网络的发展进行阐述。

2.4.1　市场驱动

为了进一步提升网络运行效率,提高用户服务质量,面向市场需求,亟须发展星地融合信息网络。其中市场驱动包括以下几点。

(1)延时:决定端到端的通信延时的关键因素在于轨道高度。极高的海拔带来了广泛的覆盖范围,而在当前 5G 标准的要求下,往返传播延时(例如,通过 GEO 卫星将高达 240 ms)变得无法容忍。相比之下,星链等一些低轨星座的高度则低至 320 km。相应的往返空口延时降低到 3 ms 左右,很好地满足了大多数 eMBB 和 mMTC 使用的控制平面往返延时要求,尤其是基于物联网(IoT)的垂直场景。

(2)可靠性:可靠性通常通过通信链路的错误率来衡量,对于各种垂直应用(例如电子医疗和金融)至关重要。除了错误率,中断时间亦为面向用户的市场所需要考虑的可靠性的另一个体现。随着星座规模的增加,卫星节点逐渐致密,用户可以同时被更多的卫星服务,这得益于空间分集增益,从而提高可靠性,保障服务连续性。

(3)数据速率:在目前的通信市场需求中,数字视频广播的数据速率应保持在 30 Mbit/s 左右[8],而定制的流式传输速率非常有限,早期卫星语音业务肯定无法完成该指标。因此重新考虑数据速率在 SatCom 构建中的位置很重要。

(4)可用性:可用性是卫星通信市场最重要的 KPI 之一,它是指至少一颗卫星对用户终端可见的概率。部署更多 LEO 卫星意味着提高可用性,这将显著提高服务质量(QoS),但也将会提高成本,所以此处存在折中部署方案。

(5)移动性:由于下一代网络使用更高的频段,服务于更加复杂的地形,较小的蜂窝覆盖范围将导致移动性频繁迁移问题。SatComs 中的移动性管理问题比地面网络更复杂,因为移动实体不仅包括用户终端,还包括高速移动的卫星,这将带来寻呼和切换问题以及动态变化的多普勒频移。因此,有效的移动性管理是 LEO SatComs 的另一个重要 KPI。

(6) 抗毁能力:地面蜂窝网络中脆弱的光缆很容易被自然灾害破坏,导致网络频繁瘫痪。相比之下,SatComs 凭借高度灵活的拓扑结构和无线接入,在自然灾害中具有出色的生存能力,在灾难恢复中发挥着至关重要的作用。

(7) 资产跟踪:资产跟踪(AT)和高频交易(HFT)等金融应用是 LEO 卫星的市场驱动的典型场景。AT 需要单向通信来实现物理跟踪,这是通过地面网络和全球定位系统(GPS)来实现的。LEO 卫星将提高地面网络的不可靠性和 GPS 的定位精度,从而实现更好的性能。HFT 可以通过计算机算法在几分之一秒内快速处理,并且对延时很敏感。

(8) 智慧城市:在典型的智慧城市中,分布在城市中的海量物联网传感器可以直接连接到“城市大脑”,实时处理跨系统多模数据。低轨卫星将在信息同步交换和资源动态分配中发挥重要作用,响应速度快、并发度高,有望在交通管理、大规模活动流监测、智慧旅游、云边综合基础设施管理等领域发挥重要作用。

2.4.2　技术驱动

(1) 新型星座设计:传统地球静止(GEO)卫星主要用于固定卫星通信,它们可以避免终端和卫星收发器之间的快速移动,单个卫星即可进行广泛的覆盖。

最近五年,人们对开发能够以低延时提供高吞吐量宽带服务的超大型低地球轨道(LEO)星座产生了极大的兴趣。随着生产流水线成熟、发射成本降低以及星上电磁环境屏蔽材料的提升,现在相关的制造和发射过程已经成熟,低轨卫星星座实际工程的实施和部署已势在必行。SpaceX、亚马逊、OneWeb 和 TeleSAT 等多家公司已经宣布了包括数千颗卫星在内的大型 LEO 计划,其中一些公司已经发射了演示卫星。截至 2022 年 7月,SpaceX 公司已部署 2 500 颗卫星来构建其 Starlink 星座。最终,Starlink 计划建造一个拥有 12 000 颗卫星的庞大星座,并可能在以后将数量扩大到 42 000 颗[7]。

此外,中轨轨道(MEO)卫星运行于高轨与低轨卫星中间,可对两者优缺点进行有效折中,其中 20 颗卫星(O3B)星座已放置在沿赤道高度为 8 063 km 的圆形轨道上。每颗卫星都配备了 12 根可机械操纵的天线,以允许对终端进行跟踪和切换。下一代 O3B 卫星计划使用有源天线,该天线可以产生数千个波束以及板载数字透明处理器。最后,新星座类型的激增导致了混合星座的出现,这些星座将不同轨道上的节点组合在一起,使得通信过程更加灵活。

(2) 星载通信能力:机载处理能力一直是先进卫星通信的限制约束。首先,大多数卫星作为频率转换、放大和转发的中继,因此,星载处理必须与波形无关。其次,链路传输路径损耗大,供电有限,这与卫星质量和发射成本密切相关。第三,使用的星载器件和技术必须非常可靠和强大,因为在设备进入轨道后维修/更换的机会非常小。然而,最近在发电效率以及射频和数字处理组件的能源效率方面取得的进展已经允许增强板载处理能力,这可以实现创新的通信技术,例如灵活的路由/信道化、波束成形、自由空间光学信号再生。此外,空间强化的软件定义无线电可以实现星载特定波形处理,该处理可以在卫星生命周期内进行升级。最后,低廉的发射成本和传送带制造允许部署更具风险/创新性的方法,同时跟上通信技术的最新发展。

（3）星间激光链路:激光链路可极大增强数据的传输速率,在外层空间由于节点间视距的传输概率极大,故激光链路可良好地适配地外节点间通信场景。目前运行的铱星网络和部署中的 OneWeb 卫星的星间链路主要使用无线电微波链路,而无须使用地球表面的中继站。当大洋中部或两极等地不具备地面转发站时,星间链路可发挥极大作用。除此以外,卫星信号直接在两点之间传输数据,数据包不通过地面站和地面网络中继,故使用卫星间链路可以减少延时。

星间激光链路面临的挑战是能够准确地指向光束并将其聚焦在以每小时数千公里的速度飞行的接收卫星上。每颗卫星至少需要四个激光通信模块才能与轨道上位于其前后的卫星以及两侧的卫星建立网络。在未来,可能会加入第五个向下指向的激光模块,以在轨道星座和地面网络之间提供补充高速通信。

（4）星载计算能力:边缘计算的主要思想是将计算资源嵌入网络边缘,即靠近客户端。与云计算相比,资源响应具有较低的延时和带宽成本。防止数据传输到云端也可以降低隐私和安全风险。然而目前,在卫星网络尤其是低轨卫星网络上进行实际工程部署仍面临一些挑战。例如,连接到 LEO 星座中卫星的服务器以高速绕地球运行。一颗高度为 550 km 的卫星必须保持 27 000 km/h 的速度才能维持其轨道形态。因此,静态地面站设备必须频繁更换通信服务卫星;除此以外,由于非地球静止卫星的特性,卫星在全球范围内也是均匀分布的。这意味着每个地面站在任何时候都可以访问或多或少相同数量的同等装备的卫星。然而,需求在全球范围内当然不是同质的。与用户较少的农村地区或海洋相比,城市地区的用户密度更高,这增加了资源需求。

（5）高通量卫星与小卫星:与传统的 FSS、BSS 和 MSS 卫星系统相比,高通量卫星能够提供巨大的吞吐量。与以前的系统相比,HTS 系统架构的根本区别为使用多个"点波束"来覆盖所需的服务区域。这些点波束带来了双重好处,一方面,卫星提供更高的发射/接收增益,由于其具备方向性,更窄的波束会导致更高的功率（发射和接收）,因此可以使用更小的用户终端并允许使用更高阶的调制,从而实现每单位轨道频谱的更高数据传输率。另一方面,当多个点波束覆盖所需的服务区域时,多个波束可以复用相同的频段和极化,从而提高卫星系统在分配给系统的给定频段的容量。

小卫星是指质量和尺寸较小的卫星。小卫星可以减少运载火箭的巨大经济成本和与建造相关的成本。小型卫星,尤其是数量众多的卫星,在某些用途（例如收集科学数据和无线电中继）方面可能比数量更少、更大的卫星更有用。建造小型卫星的技术挑战可能包括缺乏足够的电力储存或足够推进系统的空间。

2.5　星地融合信息网络研究进展

近年来,随着 5G/6G 通信网络的不断演进发展,星地融合信息网络在学术界与产业界得到了广泛的关注。与此同时,星地融合网络中的相关通信标准也正在逐步推进研究。目前,学术领域的星地融合网络研究主要集中在空口体制、接入与切换、路由与传输、网络资源分配等方面,产业界与标准界主要面向需求、架构与用例等,对协同网络进行了初步研究。值得一提的是,一些商业航天公司率先进行新型星座构建并提前进行预商用,极大地推动了该领域的学术与先导性的研究热情。

2.5.1　接入与切换研究进展

本节对目前星地融合网络中的接入与切换研究进行简述。

1. 接入机制的研究进展

目前卫星地面融合网络中的接入机制研究重点集中在物联网节点的接入等方面。在物联网通信中设计 MAC 协议至关重要,物联网地面接入节点低复杂性、海量物联网设备产生网络不均匀流量的需求驱动卫星地面融合网络中接入研究的蓬勃发展。如图 2-5 所示,目前存在两大类相关 MAC 协议:基于固定的接入协议以及基于随机访问的协议。

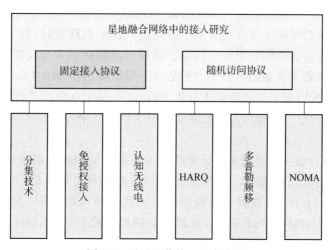

图 2-5　星地网络接入研究分类

1) 基于固定分配

此类协议确保网络中的每个设备在时间、频率或两者上都有单独的资源用于数据传输,因此可以避免数据包的冲突。固定分配的卫星接入控制方案按照一定规则采用统一集中调配的手段对需要服务的用户节点进行资源切分,这样做可以使多用户避免接入冲突。其中包括:TDMA(Time Division Multiple Access)、CDMA(Code Division Multiple Access)、FDMA(Frequency Division Multiple Access)、混合型多址接入方式等固定多址方式。当前使用基于固定分配协议的物联网技术是 NB-IoT。具体地,在 NB-IOT 网络在下行链路传输中使用 OFDMA,而上行链路基于 SC-FDMA。在 OFDMA(SC-FDMA)系统中,分配给用户的时频资源是不同的。因此,即使在多个节点同时传输的情况下,也不会发生数据包冲突。为了实现这种时频分离,应该提前告知用户用于数据传输的资源。

基于 OFDMA（SC-FDMA）的系统需要严格的同步，以保持时间和频率上的正交性，以避免信道间干扰。在星地信息融合网络中，卫星信道具有较高的 RTT 延迟和增加的多普勒效应，特别是在 LEO 网络中，此类系统的 MAC 层设计面临重大挑战。

2）基于随机访问

采用基于竞争的分布式接入控制多址方式情况下，用户在接入前可以通过协议流程获取当前时刻的信道接入状态，根据不同的随机接入算法，待接入的各用户进行竞争接入流程。基于随机访问的接入方式以 ALOHA 协议为核心、随后又发展出基于载波监听/冲突避免方式，特别地，由于卫星网络具备动态广域覆盖的特性，研究者通过改进 IEEE802.11 无线局域网 MAC 协议开发出适配卫星特点的接入方式。

基于 RA 的协议是目前物联网卫星通信所采用较多的解决方案，因为该系列协议与物联网设备的流量需求特征较匹配。卫星回程链路传统上使用的需求分配多址（DAMA）协议在低占空比、短的数据包的稀疏物联网流量下性能表现并不良好。在 RA 协议的情况下，设备使用相同的通道传输数据而无须事先协调。但由于 RA 中资源的分配是随机的，可能同时会有很多设备占用时频资源进行数据传输，从而导致数据包冲突。最具代表性和最著名的 RA 协议是 Aloha 协议。当节点有一些数据要传输时，如果未从网络接收到确认 ACK，设备将进入睡眠状态并在随机时间后再次尝试重新传输相同的数据包。尽管该协议简单明了并且在非常小的流量需求下表现良好，但卫星信道中增加的传播延时亦会产生潜在的网络稳定性问题。通过卫星物联网 RA 技术的比较研究表明，目前在频谱和能源效率方面最具吸引力的是增强型扩频 ALOHA（E-SSA）、竞争解决分集 ALOHA（CRDSA）和异步竞争解决分集 ALOHA（ACRDA）。

在接入相关研究中，目前涉及的技术主要分为以下几个方面。

（1）分集技术

在接入网侧，目前部分研究采用分集技术为海量卫星物联节点进行赋能。通过传递多个相同的信号内容，分集技术可使接收端信号的正确率大大提升。星地融合网络接入网侧主要使用空间分集，该方案由地面终端的天线阵列和超密集 LEO 卫星部署实现。然而，与传统地面 MIMO 不同，在 Ka 波段等高频段直接利用 MIMO 存在一定困难，因为在密集卫星节点的通信网络中视距（LoS）链路主导着卫星—地面通信，导致 MIMO 信道矩阵秩不足。因此星地融合信息网络海量接入使用分集方案主要从两方面进行改进。

① 多颗 LEO 卫星作为多路输入：指位于不同轨道的多颗卫星与配备阵列天线的地面终端进行通信。在卫星超密集拓扑的支持下，空间分集技术可为地面终端的多链接奠定基础。该方案的一个重要问题来自不同卫星高度引起的不同传播延时。地面终端会异步接收来自多颗卫星的信号。目前可在接收端采用匹配滤波器来检测延时偏移。然后可以将过滤后的数据发送到时序校准器，以通过信号转换器进行进一步处理。

② 每个 LEO 卫星的多个点波束作为分集输入：为了利用卫星侧空间域资源，可通过多波束天线生成多个点波束。按照 SpaceX 公司的部署方案，每颗卫星上独立部署一系列点波束，每个点波束的服务区域是完全可控的，并且不会与其他点波束重叠。为了在这些点波束之间实现有效的频率重用，需采用相关方案约束波束投射扩展行为。由于地球表面的曲率，每个点波束覆盖的服务区域的大小会增加，从而引起波束间的干扰。为了实

际解决这个问题,可以通过设置天线开关来避免这种波束宽度变化,这样可以在某些转向角下减少干扰[8]。

（2）认知无线电

在 CR 系统中,未授权用户（即二级用户）感知授权用户（即一级用户）的未占用频谱,并以机会接入的方式与他们共享以应对频谱稀缺问题。作为一种灵活的频谱接入技术,CR 可以很好地适应星地融合网络[9],使 LEO 卫星系统充当辅助系统,与地面和/或地球同步系统（即主系统）和谐共存。

（3）免授权接入

现有的卫星通信 RA 方案[10-12]比较适配静态链路和充足接入资源的场景。然而,在 LEO 卫星物联网中,由于 LEO 卫星的移动性,星地链路会迅速变化,来自物联网设备的海量连接可能导致接入资源短缺。因此,现有的卫星通信 RA 方案无法与 LEO 卫星物联网相匹配。虽然 GF-RA 方案可以提高频谱效率并降低传输延迟,但现有 GF-RA 方案[13]中的联合用户活动检测 UAD 和信道估计 CE 算法是为瑞利信道设计的,而不是星地链路通道。在瑞利信道模型中,传播中的视线（LoS）分量可以忽略不计,而散射分量占主导地位。而对于星地信道来说,应同时考虑 LoS 分量和散射分量。除此以外,IoT 网络的流量需求是以一定的概率和短数据包被间歇性激活,激活的物联网设备执行随机访问以进行零星的数据传输。传统的卫星通信 RA 方案主要基于时隙 ALOHA 协议[14]。

面对物联网中的大规模连接和快速变化的星地链路,免授权 RA（GF-RA）方案因其频谱效率和低访问延时而成为首选。在 GF-RA 方案中,激活的设备共享相同的接入资源并直接传输其数据包（连同导频序列）,无须向卫星接收器申请授权。这样可以减少信令开销,提高物联网设备短数据包的传输效率。受这些优势的启发,基于空间分集的 GF-RA 方案被提出用于卫星物联网[15]。然而,卫星接收器的一项关键任务,即联合用户活动检测（UAD）和信道估计（CE）,可通过将 TSL 粗略建模为擦除冲突信道而被绕过。为了解决这个联合 UAD 和 CE 问题,一个典型的解决方案是将这个任务表述为压缩感知（CS）问题。可将来自不同设备的导频序列作为该 CS 问题的感知矩阵,并针对不同的系统模型提出了近似消息传递（AMP）算法。

（4）HARQ

无线信道是时变和容易出错的,因为衰落、加性噪声和干扰,导致接收器接收数据包丢失。目前网络使用混合自动重传请求（HARQ）方案来补偿链路自适应错误。卫星与地面接收器之间的信道条件由于其传输距离远、移动速度快等固有特性,与传统无线通信系统相比更加苛刻。因此,如何在如此具有挑战性的信道上确保可靠的数据传输和无缝覆盖仍然是一个值得研究的问题。

到目前为止,已经提出了一些工作来处理应用于星地网络系统的 HARQ 方案。文献[16]中提出了一种 HARQ 方案,以在卫星信道上提供高系统吞吐量和高系统可靠性。在文献[17]中,提出了两种 HARQ 方案,称为混合返回和混合选择性重复,用于广播信道（例如卫星广播链路）上的点对多点通信。在文献[18]中,提出并研究了一种卫星多址协议,它结合了扩展时隙 ALOHA 协议、码分多址和 HARQ 差错控制和重传方案的特点。文献[19]的作者研究了混合地面卫星网络的传输控制协议增强性能,并获得了适用于可靠 ARQ 和传输控制协议拆分的链路层的端到端吞吐量的表达式。在多输入多输出星地网络[20]中,通过使用拉普拉斯变换在 ARQ 和 HARQ 方案中进行可靠的数据传输,导出了平均传输次数的封闭表达式。

在卫星地面融合信息网络场景中实现 HARQ 方案存在一些固有的挑战,例如长距离传输产生的路径损耗、地面接收机复杂的周围环境导致的小范围衰落以及地面接收机的随机分布等。除此以外,考虑地面接收器的随机性,亦有研究人员采用随机几何[21],针对广义时隙 ALOHA(GSA)、重复时间分集(RTD)和一般增量冗余(IR)三种混合自动重复请求(HARQ)方案的中断性能和分集增益分别进行研究。

(5)多普勒频移

全球物联网的背景下,LEO 轨道部署卫星节点将十分方便组网,因为它们的延迟和传播信号损失较小,对于低复杂性、低功耗和廉价的物联网设备而言,链路预算至关重要。然而,虽然这会减轻 GEO 轨道大延迟的问题,但也会导致多普勒频移增加。这种特殊的物理现象是由于 LEO 卫星相对于地球上的用户高速移动而产生的。多普勒频移可细分为两个因素:卫星点波束中参考点或用户(例如点波束中心)经历的相互多普勒频移,以及由用户在卫星点波束内的位置变化引起的差分多普勒频移[22]。

文献[23]提出了一种自适应多普勒补偿方案,该方案使用用户终端和卫星的位置信息,以及用于减少预测误差的加权因子。此外,在文献[24]中,针对 LEO 巨型星座上的 LTE/5G 中的卫星位置估计和多普勒频移补偿提出了基于 GNSS 的解决方案。类似地,在文献[25]中提出了一种多普勒估计器,将圆形 LEO 轨道的可预测多普勒特征与正交频分复用(OFDM)系统中的循环前缀(CP)结构相结合。文献[26]和文献[27]中介绍了利用 CP 中引入的冗余来补偿 OFDM 的多普勒频移的其他估计器,并显示了在加性高斯白噪声(AWGN)信道中的有希望的结果。

考虑到实际应用情况,如果应用在网关中,所有上述技术都能够减轻相互多普勒频移。如果应用在用户侧,上述应用则能够减轻差分多普勒频移。尽管如此,虽然在网关处目前已有足够的能力来承受算法的复杂性,但对用户来说却并非如此。在用户端为差分多普勒补偿添加额外的算法意味着便宜和低复杂度的设备,因此在用户侧实际应用上述算法的流程设计值得研究。

(6)NOMA

非正交多址(NOMA)是满足海量链接需求的一种有效方法[28]。到目前为止,从提高频谱效率和用户公平性的角度来看,已证实使用 NOMA 具有更好的性能增益[29]。文献[30]的作者通过将 NOMA 的概念扩展到协作通信。卫星网络有望成为地面通信系统的补充角色,因为它能够提供广阔的覆盖范围和较短的部署时间[31]。因此,将 NOMA 技术应用于卫星通信将是进一步拓展天地一体化应用的一条有希望的途径。为了评估 NOMA 卫星网络的性能,文献[32]作者研究了地面用户的中断概率,而没有考虑顺序统计条件下多个用户中任何一个的中断概率性能。从实际场景来看,SIC 过程存在潜在的具体问题,即错误传播和复杂度缩放,这将导致解码过程中的错误。因此,重要的是要考虑到这些来自不完美连续干扰(ipSIC)的不良影响[33]。目前关 ipSIC 的地面用户的中断行为尚未得到很好的评估。此外,将 NOMA 与地面卫星系统集成以充分利用其特性和优势已被广泛研究[34-39]。在文献[34]中研究了 NOMA 辅助的地面卫星网络中的能效优化。作者提出了一种迭代的 UE 关联、子信道和功率分配方法,显著提高了系统吞吐量。文献[35]考虑了基于多波束的 NOMA 卫星物联网(IoT)网络中的波束形成优化。而文献[36]和文献[37]则专注 NOMA 地面卫星系统的波束成形设计和资源优化。文献[38]的作者研究了用户关联和功率优化问题,获得了功率解的封闭式表达式,并将其带入所提出的用户关联方案以获得全局优化解。此外,文献[39]中考虑了基于卫星的 NOMA 物联网网络中的资源分配问题,其中优化问题被建模为 Lyapunov 框架,作者提出了粒子群算法来解决联合优化问题。重点研究了基于非正交多址(NOMA)的综合地面卫星网络的下行链路传输,其中基于 NOMA 的地面网络和卫星共同为地面用户提供覆盖,同时对整个带宽进行复用。文献[40]研究了基于 NOMA 的 ISTN 与中继选择和不完善的连续干扰消除(SIC)的性能。特别是,在所考虑的系统中使用部分中继选择(PRS)方案以达到系统性能和复杂性的平衡。

2. 切换技术研究现状

低地球轨道(LEO)卫星作为未来数据通信网络的重要组成部分,可提供较低的端到端延时和高效的频谱利用。然而,由于低轨卫星移动速度很快,使用 LEO 星座的持续通信会经历频繁地切换操作。LEO 卫星系统的移动性与蜂窝无线电系统非常相似,但 LEO 卫星系统具备自己的特点。在这两个系统中,小区和移动主机之间的相对位置不断变化,需要实现快速移动主机的小区间通信接续。然而,卫星系统与传统地面无线通信的移动性管理过程存在一定差异,传统地面无线通信系统的切换过程中蜂窝小区固定,用户主机处于移动状态。与蜂窝系统相比,LEO 卫星系统的蜂窝尺寸更大。在设计 LEO 卫星系统中的移动性管理方案时,带宽和功率也是需要考虑的一些限制因素。然而,与移动设备的移动不易预测的地面蜂窝移动系统不同,在 LEO 卫星系统中,可以预测卫星的移动,因此选择下一个服务卫星相对简单。在任何时候,都可以获得卫星星座的实际场情况,这有助于在端点之间的通信路径中选择卫星,以避免不必要的切换。

如图 2-6 所示,当前切换方案可分为链路层和网络层切换方案两种。正在进行的连接转移调换到新的点波束或卫星以完成持续的过程称为链路层切换。进一步地,链路层切换方案分为三类:即卫星切换方案、点波束切换方案和星间链路(ISL)切换方案。卫星切换是指切换卫星之间的连接,而点波束切换涉及切换点波束之间的连接。ISL 切换是由于卫星连接模式的变化而发生的。网络层切换方案根据连接传输策略进行分类。对于使用卫星作为 IP 节点的基于 IP 的数据通信,需要进行网络层切换。具有互联网协议(IP)连接的终端(卫星或用户)可能需要在移动时更改其 IP 地址,从而经历网络层切换。当卫星或用户由于卫星覆盖区域的变化或用户的移动性而需要将其正在进行的连接迁移到新的 IP 地址时,也需要进行网络层切换。由于卫星的快速移动,地球上的主机经常受到新的卫星足迹或点波束的影响。卫星足迹或波束的变化需要促使在数据通信期间更改终端主机的 IP 地址。目前主要采用两个连接级服务质量(QoS)标准来评估不同链路层切换方案的性能。

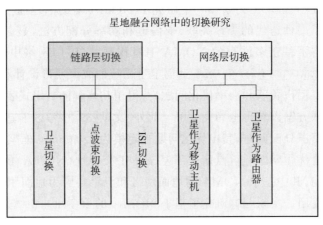

图 2-6　星地融合网络切换研究分类

(1) 呼叫阻塞概率(Pb):定义为切换过程中所接收的新呼叫被阻塞的概率。

(2) 强制终止概率(Pf):切换期间掉线的切换呼叫的概率。

在不同的切换方案中存在 Pb 和 Pf 之间的权衡。可以通过对新呼叫和切换呼叫的不同处理来给予优先级,以减少切换呼叫阻塞。

链路层切换方面首先介绍卫星切换方案。未来卫星网络必定是多层多轨道大规模密集卫星星座,地球上同一片区域的上空同时有不同层不同轨道的多颗卫星节点进行覆盖,因此用户可以在切换期间在多个卫星之间进行选择。根据切换卫星的选择标准,可以将切换方案分为不同的类别。具体准则如下。

(1) 最长服务时间:选择提供最长服务周期的卫星,从而最大限度地减少切换次数,从而实现低 Pf。

(2) 最大空闲信道数:选择空闲信道数最大的卫星,从而实现卫星间呼叫的均匀分布。

(3) 最小距离:选择最近的卫星以避免链路故障。

(4) 可见时间(VT):选择剩余相互可见时间最长的卫星。

(5) 容量(C):选择具有相互可见性的负载最少的卫星。

(6) 仰角(EA):为用户终端选择仰角最高的卫星。

(7) 早期信道释放的可见时间(VT/ECR):选择剩余相互可见时间最长的卫星。

为了保障切换的连续性,通常情况下连续服务卫星以星地无线信道的质量、空间尺度的度量选基准。但是实际情况下使用这些标准进行卫星选择的 LEO 卫星系统可能经常由于局部障碍而无法选择正确的卫星。因此,目前卫星切换的标准依旧值得研究。

在卫星切换方案的基础上,进一步考虑波束间切换方案。卫星在地球表面所投射的服务区一般是一个圆形区域。为了进一步提升无线资源的使用效率,卫星节点的服务投影区被划分为更小的区域。如果同一颗卫星下的点波束不相邻,那么这两个区域可以使用相同的频率来提高频率利用率,这些点波束在地理上分开以限制干扰。在这种架构下,持续通信将需要设计点波束之间的接续切换流程。点波束切换,顾名思义,是由于波束空间位置变换引起的星地链路中断接续的过程。当前情况下低轨卫星节点的点波束覆盖的区域相对较小,卫星轨道运行速度较快,因此点波束切换是低轨卫星星座中需要重点考虑的切换类型。与高卫星速度相比,可以认为用户移动性可以忽略不计。卫星轨道的可预测性以及点波束构型的确定性在点波束切换过程中可极大提升最优切换策略的搜索速度。在用户需要进行点波束切换时,很有可能准备接续的点波束中可用资源已经告罄,这种情况下用户进行的呼叫通信过程应该被丢弃或阻塞。如果能够保证交接,确保通话顺畅,则切换成功。与此同时,合适的资源管理由于决定信道资源的可用性也在切换进程中显得尤为重要。因此针对切换请求等相关问题,一方面需要考虑波束资源的合理分配,另一方面需要考虑切换过程中的接续保障。针对上述问题考查当前存在的研究,可将其分为以下几类。

基于 FCA(固定信道分配)的切换方案:在 FCA 方案中,为每个小区分配固定数量的信道。根据频率重用距离,将一组信道永久分配给每个小区。当对于该用户来说存在可分配的信道资源时,那么切换完成时信道资源就分配给该用户。如果此时所有信道都被占用,呼叫会被阻塞。由于固定的预定义通道分布,FCA 方案具有非常简单的实现。但是当区域内多流量变化较大时,这种切换方式的实现将变得十分复杂,因为需要复杂的网络规划来在预期高流量速率时为小区分配更多容量。在采用 FCA 方案的 LEO 卫星系统中,预计的流量负载会随时间和地点而变化,而 FCA 方案则不会,导致资源利用率低下。

基于 DCA(动态信道分配)的切换方案:在 DCA 方案中,分配给特定小区的信道数量可能会有所不同,具体取决于网络流量,其中信道资源放置在资源池中。当小区收到用户请求需要信道进行业务响应时,小区以信道重用距离为基准在信道备选池中进行信道选择。在小区使用信道期间,该信道会从公共资源池中移除。当呼叫终止时,信道被转移到中央池以供将来重用。基于 DCA 的方案提供了应对不同小区中的流量变化和过载情况的方案。DCA 方案的这种适应性使其成为蜂窝网络中的基本信道分配策略。在相同条件下,与基于 FCA 的方案相比,DCA 中的 Pb 和 Pf 均得到降低。

基于 ADCA 的切换方案:自适应动态信道分配(ADCA)是 DCA 方案的扩展版本。在切换过程中自适应动态信道分配方案使用保护信道保障用户业务响应性能。在该过程中,保护信道和用于业务的信道之间存在折中关系。如果保护信道过多,那么在信道分配方案中由于可用信道数目较少会造成新的呼叫阻塞,但是保护信道若配置不足,当用户需要在较长时间段内使用信道进行服务的时候,切换呼叫就会产生阻塞过程。因此,ADCA方案中一般会实时感知当前的负载情况,同时兼顾用户的地理位置进行自适应调整,确定保护信道的最优数目。

星地网络的网络层切换是指当端到端星地通信节点中的一个由于节点移动性而产生IP 地址改变时,需要将现有连接迁移到新 IP 地址的过程。在此呼叫转移过程中可以使用三种不同的方案。

(1)硬切换方案:在这些方案中,在下一个链路建立之前释放当前链路。

(2)软切换方案:在软切换方案中,在下一个链路连接建立之前保持当前链路连接。

(3)信令分集方案:在信令分集方案中,信令侧的信息同时使用新、旧链路进行交互,而用户数据在切换期间仅仅使用旧链路[47]。

目前存在两种需要网络层切换的场景。

（1）卫星作为路由器：随着卫星的移动，通信的固定/移动主机会受到新的卫星足迹或投影点波束的影响。在这种情况下，为了保障用户业务的流畅服务，当星地通信信道链路转移变化时，就需要进行网络层切换。

（2）卫星作为移动主机：这种情况下，卫星可作为需要与地面站交换数据的所有用户设备的通信汇聚端点。为了完成信息汇聚，卫星与一个地面站的 IP 地址绑定，在移动过程中，卫星应保持与地面站的持续连接。当卫星的足迹正在从一个地面站移动到另一个时，需要进行网络层切换。因此，当信息流从网络层切换到另一个地面站时，就必须更改卫星的 IP 地址。

2.5.2　星地融合网络传输与路由研究进展

卫星通信网络主要由三部分组成：地球同步地球轨道（GEO）卫星、中地球轨道（MEO）卫星以及近地轨道（LEO）卫星。其中，由于 GEO 卫星和 MEO 卫星的信息传输延时较长，实时通信难以实现。相比之下，由于低轨道卫星具备发射相对容易、星地连接性能优异、信道延时较短，已成为卫星通信的主要方式之一。随着卫星间链路（ISL）和轨道间链路（IOL）可靠性的提高，通过 ISL 和 IOL，由多个低轨卫星组成的卫星星座提供通信服务的 LEO 卫星网络已成为主流。目前，典型的 LEO 卫星星座是以铱星系统代表的极地轨道卫星星座和由 Walker 系统为代表的倾斜轨道卫星星座。

路由技术一直是卫星网络特别是大规模低轨卫星系统的研究热点之一。由于卫星的运动，卫星网络具有动态拓扑性。因此，在这种环境中路由是一个具有挑战性的问题。近年来，针对低轨卫星网络的路由算法得到了发展。其中大多数都是在假定面向连接的网络结构的情况下开发的。动态路由问题由一个离散时间网络模型来解决。在每个等长间隔中，卫星网络被视为具有固定拓扑，以便可以执行最佳链路分配。根据路由产生的机制，路由方法可以分为集中式路由与分布式路由。其中集中式路由一般是由地面控制中心或者高轨道卫星集中计算路由表，卫星存储计算好的路由表，在数据包到达的时候只需要透明转发，而分布式路由则需要在卫星上进行计算，单个卫星或几个卫星为一簇在接收到数据包后独立计算路由并做出决策。

1. 卫星互联网路由技术研究方向

相较地面网络，卫星网络具有它的特殊性，卫星网络拓扑变化速度快，卫星上计算、存储能力弱，且发射的卫星很难维护和升级。因此，不能直接将地面通信网所利用的路由策略直接应用于卫星网络中。

卫星互联网路由策略优化研究方向通常都是以其中一个或者多个性能为优化对象，而这些性能的评估与经常用到的 QoS（Quality of Service）相关。动态、复杂的卫星移动性和频繁的星地链路切换为低轨巨型星座造成了新的网络 QoS 瓶颈。另外，数据业务类型不同，系统对 QoS 中的丢包率方面的需求情况也会有所不同，例如语音数据的传输业务过程中对于数据分组丢失率的需求往往就低于语音的传输业务。另外，由于卫星互联网的日益庞大,将需要越来越多的星上处理的时间。因此,为了减小卫星网中信息传输延迟,已经有了很多针对低延迟卫星网路由问题的研究工作。

Dijkstra 算法是解决单源最短路径问题的典型方法。一些工作利用 Dijkstra 基于卫星网络时间演化图模型的算法来优化卫星间路由。EDCA(Efficient Distributed Coverage-Aware)算法为每个时间间隔构建一个拓扑图,以找到最小化路由成本的路由路径,算法用于预测当流量通过更高轨道的卫星时跳过的低轨卫星的数量,更好地调节了低轨卫星的数量并延长其寿命,从而大大提高长期可持续性。对于注重卫星搜索数据传播延迟的最小值和路径选择的静态路由策略而言,由于卫星网络业务量和业务类型持续增加,数据端丢失率较高,排队延时相对长,而卫星网络动态路由机制 QSDR(Queue State Based Dynamical Routing)提出,采用卫星实时排队状态路由模型来逐步优化与调整已预先进行计算与配置设计好的动态路由,一定程度上降低了排队延迟,从而提高数据分组传输效率。

考虑到卫星互联网的特殊性,发射的卫星很难维护和升级,卫星网络具有时变性等特点,卫星网络极其容易遭到破坏。正因如此,提升卫星互联网的抗毁能力,保持网络维持稳健也成了当下卫星网络在路由方面的关键内容。一种基于备用节点的分布式卫星网络方法[49]可以建立主路径并确定主节点,同时建立备用节点集和更多备用路径。如果节点在主路径中出现故障,它可以通过备用路径传输数据包。该方法大大提高了端到端传输的可靠性,并且提高了分布式卫星网络的鲁棒性和抗破坏能力。当路由方案面临大量未知的链路中断、突发拥塞等诸多会进一步影响系统稳健性的复杂因素时,就意味着需要更多智能的抗干扰路由方案。异构卫星互联网的抗干扰路由方案,把路由抗干扰策略建模成分层抗干扰 Stackelberg 博弈[55],得到的开销更小,抗干扰性更强。

卫星互联网因其卫星节点高速移动的特点,当其运行于人口密度分布不均匀的地区时,网络资源流量的分配极不均匀,从而容易造成节点排队拥塞问题,负载均衡对提高通信质量有很重要的意义。基于分段路由的负载均衡路由算法[50]改善了由布置在有限区域内的网关引起的网络拥塞。该算法动态划分轻负荷区和重负荷区,预平衡最小生成树是轻负荷区路由的基础,而重负荷区路由是指基于拥塞指数的最小权重路径。该算法平均相对吞吐量和最大链路利用率都得到了显著提高,并且随着规模的扩大,延迟几乎没有增加,且具有更好的负载平衡性能。

2. 卫星通信网络路由技术发展现状

与传统路由技术相比较,卫星网络路由算法因受各方面因素制约而与前一种路由技术存在较大不同:拓扑结构动态变化、链路的切换较为频繁、路由的有效连接时间短、传输延时比较长;考虑到发射的卫星很难维护和升级,卫星网络的抗毁性尤为重要,某一网络节点宕机不能对整个网络产生大的影响;卫星网络业务类型繁多,需要综合业务分布与网络负载设计合理且动态调整的传输控制策略,满足用户对不同业务类型的需求。

IP 技术日新月异,如今人们渐渐了解了在卫星网络系统架构上是如何基于无连接的路由协议方法,来完成数据的快速传输。卫星网络架构可包括同一高度的卫星节点星座网络以及不同高度协同的多层异构卫星网络。单层卫星网络通常只是由单个星座中的众卫星连接而成,多层卫星系统架构往往由不同高度的异构网络协作组成,粗略划分多层网络星座可将其分为 LEO、MEO 和 GEO 卫星层。卫星通信网系统结构如图 2-7 所示。

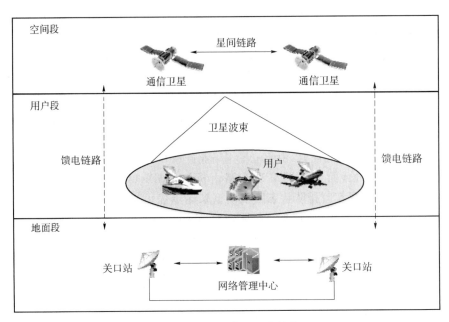

图 2-7　卫星通信网系统结构

（1）单层卫星网络路由

单层星座系统空间段卫星布设在同一轨道高度上。单层星座卫星互联网结构如图 2-8 所示。每颗星通常都装备有星间链路，完成本卫星与邻轨卫星之间的通信。同时还存在一些链路用于卫星网络与地面网络进行通信。比如通过馈电链路以及用户链路连接卫星与关口站和用户站。

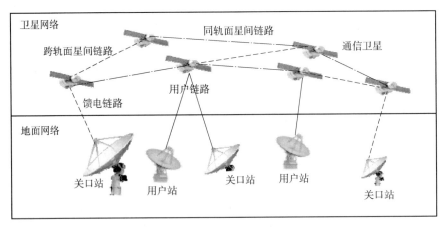

图 2-8　单层星座卫星互联网结构

基于虚拟拓扑的路由算法。基于多 QoS 需求和卫星能量消耗的路由算法。这种路由算法根据卫星的能量消耗和队列状态获得路径评估函数。然后，通过路径评估函数和遗传算法建模，使每个卫星能够调整流量，实现网络负载平衡。

以覆盖域划分为依据的路由算法。此路由算法设计的主要思想是首先把卫星可投影覆盖到的地球表面划分粒度较小的网格,之后逐步在这些小的网格内分发配置不同但不变的逻辑地址。

以数据驱动为依据的路由算法。该路由算法仅在有数据包的条件下更新路由,不存在数据包传送的情况不更新路由,网络流量一般时路由算法性能比一般路由算法要好,但网络流量大时会因为经常更新拓扑导致性能下降。

(2)多层卫星网络路由

多层卫星网络已被提出作为下一代星地融合网络中天基部分的重要实现参考架构。多层异构卫星网络各层次间存在着多种的组合方式[51],典型的多层卫星网络是由低地球轨道星座和中地球轨道星座组成。多层卫星网络由多种类型的链路构成。星间链路连接每个星座内的每个卫星,并形成网状或环形拓扑;不同层中的卫星通过多层卫星网络中的层间链路连接;地面用户通过馈电链路与卫星相连,使星地网络间能够相互通信。这些多个网络的集成提供了各种优势,包括网络容量的增强、可用路径的增加、分层网络管理的可能性等。多层星座卫星互联网结构如图 2-9 所示。

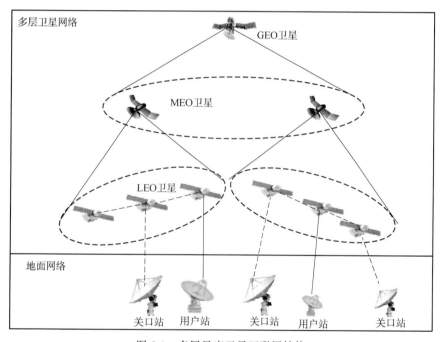

图 2-9 多层星座卫星互联网结构

在国外,已有很多学者对多层卫星网络作过研究。韩国汉阳大学的学者 J. Lee 提出了一种新的宽带卫星网络拓扑设计,即 SoS 网络(Satellite over Satellite),该网络是一种多层卫星网络,包括中地球轨道星座与低地球轨道星座两部分,低地球轨道星座用于上传全网链路状态信息,中地球轨道星座负责整个网络拓扑路由表的计算和发放。同时提出了一种分层卫星路由协议,它是针对 SoS 网络中长距离多媒体业务的自适应路由协议。Hiroki Nishiyama 提出了适用于多层卫星网络的负载均衡路由算法[52],对数据包丢失率和流量公平分配等方面具有一定的性能优化,但是没有解决掉开销问题。

在过去几年,我国多所高校以及研究院均对多层卫星网路由技术进行了研究。清华大学基于时隙划分的思想,研究出了一种动态分层分布式 QoS 路由协议,并提出了一种自适应带宽约束最小延迟路径算法,利用由延迟和带宽组成的 QoS 度量信息高效地计算路由表。哈尔滨工业大学研究了一种改进的容迟网络路由算法[55],结合卫星网络的特点,从分布式路由、路由更新策略和基于标签的动态存储方案三个方面进行改进。中科院软件所采用了改进的 A-Star 算法[56],按需计算最优路径,保证最优路径并避免断开节点,减少了搜索面积和计算成本。

2.5.3　资源分配研究进展

在过去的几年中,在学术界的长期努力工作下,MEC 与星地网络的融合得到了部分理论性的研究。然而,实际工程中由于有限的有效载荷、存储和通信能力,传统卫星通常没有或很少有板载处理能力。随着卫星制造和部署技术的快速发展,目前已有相关板载使用 FPGA 和 Ka 波段相控阵天线对星上载荷的可重构性进行赋能,如今,卫星可以为用户提供低成本、低延迟、广覆盖和高吞吐的服务。在此过程中,可以适当将边缘计算技术引入卫星通信计算系统,以进一步提高卫星通信 QoS。

计算资源:计算资源的引入扩展了星地融合网络资源管理的维度和复杂性。根据 3GPP TR38.811 所提的框架下,边缘计算服务器可以部署在卫星和网关中。边缘计算服务器部署在卫星中可极大减少馈线链路和回程链路的流量。然而,卫星的计算能力和能量是有限的,将计算密集型应用卸载到卫星上可能会进一步加剧卫星的能耗和硬件复杂性。因此在卫星地面网络 QoS 和部署成本之间会有一个折中。如果将边缘计算服务器部署在网关中,充足的能源供应和方便的维护将通过远程陆地卸载(RTO)以低成本显著提高 SCN 的计算能力,同时可以减少回程链路的流量。

具体地,为了提高星地网络的 QoS,部分学者已经提出了卫星 MEC 的框架,并研究了卫星 MEC 的不同实现方案。与支持云的星地融合信息网络框架相比,在卫星和网关中部署边缘计算服务器可以减少馈线和回程链路的流量,并为 UT 提供广泛的计算能力,这将减少传输延迟[57]。此外,采用动态网络虚拟化技术,可有效整合星地网络资源。星地融合网络中卫星亦可用作中继管道赋能传输,相关研究集中在车联网和卫星网络的集成方面,其中引入了卫星网络来为车辆提供无缝的可访问性,并允许车辆通过卫星卸载他们的任务。其中,引入卫星以协助驾驶带有边缘计算服务器的无人驾驶飞行器(UAV)来完成卸载任务。目前研究集中在卫星网络的用户关联和卸载决策问题,用户可以将他们的任务卸载到 HAP 和带有边缘计算服务器的卫星上,对计算和通信资源进行分配。目前实际应用中应考虑在用户节点、卫星和多个关口站不均匀分布的情况下,需要综合考虑馈电链路和服务链路的通信资源,如何有效在节点不均匀分布的星地融合网络场景中分配多维资源是一个挑战。

功率分配:现有的功率分配研究仍主要集中在容量提升上。具体地,功率控制研究分别在一定 QoS 的要求下进行功率控制、调配协同减轻同频段的卫星上下行链路干扰、减轻卫星波束和地面小区之间的组件间干扰、优化上下行链路吞吐量等方面进行了探讨。与此同时,功率分配研究结合星地融合网络场景中的因素进行联合优化调度,相关工作集中在集中处理系统成本,卫星移动性,信道接入机制等方面。

能源效率:能源效率对于 HSTN 也非常重要,因为卫星的有效载荷与相关能耗有限。目前该领域研究处于初步状态。主要集中在用于认知卫星车载网络的功率分配方案等方面。特别地,在延迟和干扰约束下考虑认知星地融合网络节能的功率分配策略具有十分重要的意义。

频谱共享和载波分配:为了缓解频谱稀缺问题,考虑频谱共享策略,解决卫星链路和地面链路之间相互干扰的问题在通信服务中十分重要。目前相关研究主要集中在以下几种方案:首先可将数据库方法应用于 Ka 频段的频谱共享。其次可仅考虑大规模 CSI 完成频谱共享策略。最后,基于非理想频谱感知,可以使用分布式资源分配算法完成共享策略设计。特别地,对于星地融合网络场景需要充分考虑下行链路和上行链路传输,卫星下行链路的联合波束成形和载波分配方法,以及卫星上行链路的联合功率、载波和带宽分配方法十分值得研究。

缓存分配:针对缓存资源,传统卫星地面融合网络主要研究集中在以信息为中心的网络(ICN)。一方面,ICN 网络节点中对文件进行分布式缓存;另一方面,网络内的文件命中后传输过程按名称进行路由。在这种情况下,ICN 解决了基于 IP 的网络中的传输效率问题。同时,ICN 通过明确区分位置和身份,从根本上将信息与其来源分离。通过采用发布/订阅通信模型,它可以为高移动性场景提供支持,这自然会导致在高动态网络中的适用性,尤其是 STIN。除此以外,借助卫星的广域覆盖以及其广播组播特性,星上缓存极大提升了广域用户同质需求的传输效率。

2.5.4 标准化进展

随着卫星地面融合网络应用场景的需求与技术的不断成熟,卫星地面融合网络标准化也逐步在相关标准化组织中进行推进。目前主要研究卫星地面融合网络的标准化组织包括 3GPP、ITU 和 ETSI 等,在本节将围绕标准化研究进展展开介绍。

1. 3GPP

3GPP(Third Generation Partnership Project,第三代合作伙伴计划)是一个成立于 1998 年 12 月的标准化组织。在 TS22.261 中,3GPP 主要研究了 5G 的系统新功能和市场需求,以及满足上述需求所必需的性能指标和基本功能需求,同时研究中把卫星接入技术纳为 5G 的基本接入技术之一。3GPP 中有关天地融合卫星通信相关标准的研究主要在 TR38.811、TR38.821 和 TR22.822 中开展,各个标准讨论的主要研究内容如表 2-2 所示。

表 2-2 TR38.811、TR38.821 和 TR22.822 的研究方向

标准名称	研究方向
TR38.811	提出面向非地面网络的 5G 新空口标准
TR38.821	在 TR38.811 标准的基础上,重点关注 5G 中使用的卫星接入
TR22.822	研究卫星网络接入,对已有服务更新,进一步研究基于 5G 的接入

TR38.811 是 3GPP 提出的新的 5G 非地面网络的标准。本标准定义了非地面网络(NTN,Non-Terrestrial Networks)的作用、业务特性、网络结构、部署方案和信道模型。在 TR38.811 的基础上,TR38.821 在 5G 中强调卫星接入。该标准考查了 NTN 架构对 5G 物理层的影响,还考查了无线接入网络框架和相关接口协议。TR22.822[60]标准主要包括卫星网络接入,通过对 5G 卫星网络应用分析,可以对现有业务更新并计划对 5G 卫星网络接入的进一步研究。

为了最大限度地减少 5G NR 中支持 NTN 的新接口和协议需求,3GPP 提出了四种 NTN 架构选项。分别是通过透明卫星为 UE 提供服务的接入网、通过透明卫星为 RNs 提供服务的接入网络、通过再生卫星为 UE 提供服务的接入网、通过再生卫星为 RNs 提供服务的接入网。NTN 架构的要素包括用户设备(UE)、RNs、透明或再生卫星以及网关。表 2-3 说明了四种网络架构下这些元素的特性。

表 2-3 四种 NTN 架构中不同元素的特点

架构名称	通过透明卫星为 UE 提供服务的接入网	通过透明卫星为 RNs 提供服务的接入网络	通过再生卫星为 UE 提供服务的接入网	通过再生卫星为 RNs 提供服务的接入网
终端特征	直接访问卫星	通过 RNs 访问卫星	直接访问卫星	通过 RNs 访问卫星
卫星特征	远程无线电头	远程无线电头	处理全部或部分接入网络协议	处理全部或部分接入网络协议
网关特征	进程访问和核心网络协议	进程访问和核心网络协议	处理核心网络协议	处理核心网络协议

这四种体系结构主要有以下特点。首先,由于接入侧固有的特点,如卫星平台功率有限、传播延迟大、卫星间频繁切换(主要指低轨卫星星座),综合系统在用户管理方面与地面网络有着显著的不同。其次,卫星的高速运动,特别是在低轨卫星情况下,导致网络拓扑结构的快速变化。这种特性以及地面 UE 的不同分布进一步导致了显著变化的业务负载。

2. ITU

ITU(International Telecommunications Union,国际电信联盟)是国际负责信息和通信技术的联合国机构。它是联合国组织下专门负责信息通信的卫星轨道资源。ITU 的四个下属机构是无线电通信部(ITU-R)、电信标准化部(ITU-T)和电信发展部(ITU-D)。

目前学术界主要的在卫星无线接入技术方面的所应进行研究探讨的研究领域仍然是基于ITU-RM.[NGAT_SAT]标准的研究,包括5G卫星网络需求、应用场景、关键技术及核心问题。ITU-R M.[NGAT_SAT]标准列出了应用场景:包括中继协作、小区流量回程、卫星移动通信及混合多播场景。卫星可以为偏远地区提供卫星中继到站服务,以应对地面通信设施无法成功使用的问题。卫星不仅可以为固定的无线塔、接入点和云,还能够为移动的飞机、火车、轮船和其他车辆等用户提供稳定高速的无线通信服务。同时卫星还能够为地面宽带提供补充的多播服务,内容包括视频、高清电视等类型。

以上ITU所提的标准总结如表2-4所示。

表2-4 ITU相关标准的研究方向

标准名称	研究方向
ITU-RM.2176-1	给出了IMT-Advanced卫星无线接口的愿景和要求
ITU-R M.2047-0	给出了IMT-Advanced卫星无线电接口的详细指标
ITU-RM.2279	给出了包括IMT-Advanced卫星无线电接口在内的IMT-Advanced的评估、寻求共识和决定进程取得的成果
ITU-R M.2083	定义了卫星通信与下一代通信技术结合需解决的核心问题
ITU-RM.[NGAT_SAT]	给出了对5G卫星网络的需求、应用场景、关键技术和核心问题等内容的研究

3. ETSI

欧洲电信标准化协会主要负责商讨并形成世界通信行业所需要遵循的通信。该组织是被称为欧洲标准化协会CEN(Comité Européen de Normalisation)及欧洲邮电主管部门CEPT(Confederation of European Posts and Telecommunication)所共同认可的标准制定部门。

DVB(Digital Video Broadcasting,数字视频广播)是由"DVB Project"维护的一系列为国际所承认的数字电视公开标准,为促进卫星地面融合网络的发展,适应时代发展的需要,制定了DVB-SMATV(数字卫星共用天线电视广播系统标准)以及用于指导卫星交互通信系统设计的DVB-RCS(数字电视广播—通过卫星返回通道)系列标准,并且对基于DVB-RCS的DSNG(数字卫星新闻采集)的物理层协议进行了规定。ETSI制定的星地融合相关标准以及标准内容如表2-5所示。

表2-5 ETSI制定的星地融合相关标准以及标准内容

标准名称	标准内容
EN 301 790《DVB,卫星分配系统的交互信道》	DVB-RCS系列标准的核心标准,规定了交互通信系统的系统模型、工作原理和对通信链路的具体要求
EN 301 428《SES,甚小孔径终端,发送、接收及发送、接收地球站》 EN 301 427《SES,基于11/12/14 GHz频段的低速率卫星移动地球站(机载移动地球站除外)》	针对卫星交互通信系统中地面系统的标准

标准名称	标准内容
TR 103 124《SES，卫星地球站及系统，卫星与地面网络融合》 TR 103 166《SES，卫星地球站及系统，卫星应急通信，基于卫星的应急通信单元》	规定了卫星与地面网络的融合、系统测量、交互通信中回传链路的数据封装、卫星通信在应急通信中应用、地球站中的相关设备、地球站的电磁兼容性

ESTI 所讨论并制定推出的标准目前在全世界被通信界所遵循，目前我国卫星主要集中在卫星广播业务（BSS）和卫星固定通信业务（FSS）的应用方面。我国在卫星通信研究方面还需不断进行推进，ETSI 的相关标准凝聚了各个国家在卫星通信的研究成果，对于我国开展卫星通信应用活动具有重要的借鉴意义。

4. CCSDS

CCSDS 是空间数据系统咨询委员会（Consultative Committee for Space Data Systems）的简称。经过了 30 多年的艰辛探索及发展，CCSDS 标准已经在实践中逐步发展形成及建立起了我国自己的一套空间数据传送通信体系标准。ISO/TC 20/SC 13 认可将 CCSDS 国际标准草案的一个最终的标准技术文档被作为 DIS 稿被提交，因此，大部分的国家承认CCSDS 的标准草案并已被正式接纳成为一个正式 ISO 的国际标准。

目前我国通信系统已经广泛应用在执行遥测 IRIG 标准下以固定帧格式为面向用户的单个数据做静态的管理，针对各种有不同业务应用和需求类型信道的用户，可通过对多个虚拟用户的信道做静态管理的方法来实现用户对其多个虚拟信道资源静态的数据进行的实时或动态分配[58]。历经最初对载波系统的遥测过程，在我国民用航天卫星测控与通信部分中，测控通信数据和高速通信有效载荷采用两种不同的模式来传输，多以 PCM 格式的波形传输测控通信数据，以 CCSDS 波形的模式传输高速通信有效载荷。目前，在构建我国首批北斗卫星全球系统及移动宽带通信网一期工程研究中，卫星内各卫星目标载荷设备之间均已按基于 TCP/IP 协议的有线互联网协议接入的技术方法，实现了网络的互连及通信功能；在星间和星地按基于 CCSDS 协议的无线网络的接入技术方式，实现了网络之间互连与通信功能[59]。

2.5.5 先导性项目进展

1. 国外卫星地面融合网络主要项目发展

随着近年来卫星通信与地面 5G 的融合迎来发展热潮，除了卫星地面融合网络相关标准的制定，卫星地面融合网络的国外研究项目也在不断地深入推进。

（1）5GPPP 项目

5GPPP 是欧盟委员会和欧洲 ICT 行业（ICT 制造商、电信运营商、服务提供商、中小企业和研究机构）在频率规划和国际标准化上展开的国际合作。在 5GPPP 众多研究项目中，SaT5G 是围绕 5G 系统中卫星与地面网络融合而展开的专项项目，主要有 AVA（英国卫星运营商,Avanti Communications)、SES(欧洲卫星全球公司,SES Global)、萨里大学等负责项目中各项内容的开展。

SaT5G 项目主要目的时先导性的验证卫星灵活便捷适配 5G 网络的可能应用场景,加速产业推进,增加卫星工业的市场机会,挖掘产业潜力。为争取尽快地实现了预期应用目标,SaT5G 还确定了将卫星融入了 5G 系统的 4 个关键卫星使用的技术情形和 6 项主要关键的技术,如图 2-10 所示。

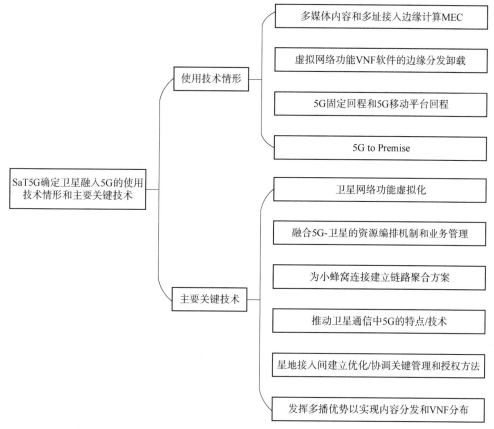

图 2-10 SaT5G 确定卫星融入 5G 的使用技术情形和主要关键技术

迄今为止,SaT5G 项目取得了一些可喜的研究成果,例如 AVA(英国卫星运营商,Avanti Communications)等项目成员推动了 3GPP 中 TR38.811 等多项卫星与 5G 融合的标准化报告[60]。

(2) SANSA 项目

SANSA (Shared Access Terrestrial-Satellite Backhaul Network enabled by Smart Antennas,支持智能天线的共享地面-卫星回程网络)为"地平线 2020 项目"所支持下的另一个课题,由 CTTC(加泰隆尼亚通信技研究中心)、卢森堡大学等组织牵头发起。SANSA 项目的主要工作旨在为运营商运营的大容量移动通信业务系统网络中的移动通信回程链路系统网络提供一套整体解决方案,同时通过进一步增加运营商其现有移动通信回程网络容量等来达到满足运营商对未来业务量的需求。除此之外,SANSA 项目的目的是如何能以一种效益更加大的方法去提升回程网络抗毁性,并且它同样也是一个可以被用来去帮助在高密度网络的地区及或是在极低密度网络的区域来简化移动网络的部署。

SANSA 分别研究提出包括了卫星 5G 网络融合、自动组织地面网络融合及智能动态频谱交换共享技术方案等多个核心关键技术业务特性,以满足上述的三项技术的要求。同时提出了包含以下几项重点研究内容:采取更低开销的天线波束成形技术方案来有效帮助卫星解决干扰管理问题和网络拓扑系统的再分配协调的管理问题;将智能动态的无线卫星频谱资源优化管理新技术方案成功应用于混合的星地网络技术中来;提出了采用分布式数据库系统进行分布式辅助数据处理的卫星无线卫星共享频谱技术理论;提出建立一套可快速实现多用户互访和操作共享的、自组织的多负载均衡路由算法和模型框架;提出建立基于能量高效自动分配系统的多业务量自动均衡路由算法体系;开发一种基于地面分布网络的无线卫星多播波束成形新技术等等。

(3) SatNEx IV 项目

SatNEx IV 是由 21Net Ltd、2operate 等组织牵头对下一代卫星中继、无人飞行器自组网、小卫星群智网络以及卫星接入等展开研究的项目,研究内容主要涉及卫星电信系统、网络和欧洲航天局的研发计划中的技术以及后续行动的协议;探测和初步评估地面电信技术以及空间电信应用;促进欧洲/加拿大工业界和研究机构在电信研究课题上的合作。SatNEx IV 对于星地融合网络的研究计划如图 2-11 所示。

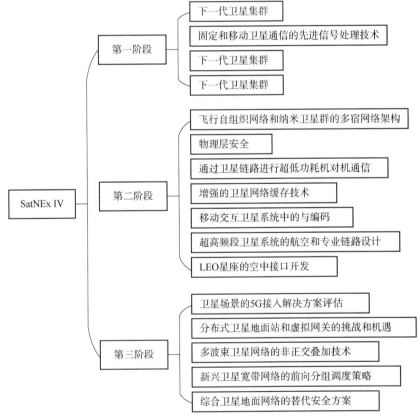

图 2-11　SatNEx IV 对于星地融合网络的研究计划

从 2019 年开始,SatNEx IV 项目还准备处理以下工作:超低功率密度单向/双向物联网卫星通信、物理层安全性增强、卫星 NOMA 技术、卫星系统优化的大规模深度学习、5G 及以上卫星通信的创新网络解决方案还有卫星上的大型多天线等。

(4) DUMBO 项目

DUMBO (Digital Ubiquitous Mobile Broadband OLSR) 项目是由泰国、法国、日本三国研究机构于 2006 年发起的用于探索紧急情况下移动无线网络部署的研究。紧急网络是可以在紧急情况下部署的网络,例如在自然灾害发生后进行的救援操作。它不依赖固定的电信基础设施,因此可以在相对较短的时间内建立起来。2006 年,项目组进行了一次纯 OLSR DUMBO I 实验,成功进行了涉及两次模拟实验,实验模拟自然灾害情况下两个深林站点间链接的通信节点和 IPStar VSAT 卫星作为曼谷总部节点之间的通信过程。进一步,DUMBO II 假设传统的通信基础设施已经部分恢复,且网络用户具备有限访问 Internet 的能力。在该阶段,MANET(Mobile Ad Hoc Network,无线自组织网络)网络被用作紧急网络来扩展超出固定基础设施的网络连接。卫星地面融合网络国外的研究项目对比如表 2-6 所示。

表 2-6 卫星地面融合网络国外的研究项目对比

项目	发起组织	研究计划	研究目标
5GPPP (SaT5G)	欧盟委员会和欧洲 ICT 行业	阶段一进行基础研究和愿景建立 阶段二进行系统优化并预标准化 阶段三进行规模试验并初期标准化	提供方案促进加速 5G 的部署
SANSA	CTTC、卢森堡大学等组织	提出卫星回程链路无缝融入地面网络、基于业务需求的网络拓扑自配置、卫星地面网络频谱共享技术	为未来大容量通信系统的回程链路提供解决方案,增加移动回程网络容量来满足未来业务量需求
SatNEx IV	21Net Ltd,2operate 等组织	共三个阶段,完成卫星电信系统、网络和欧洲航天局的研发计划中的技术等	探索新兴研究领域探明研发渠道
DUMBO	intERLab(Thailand), INRIA(France), WIDE Project(Japan)	阶段一实现了纯 OLSR 的 DUMBO I 实验 阶段二提供了 Internet 连接的 MANET,以提供具有会话连接性的移动接入网络的全球到达服务	在没有固定网络基础设施的环境中使用 Ad-hoc 网络,探索紧急情况下异构网络的运行

2. 国内卫星地面融合网络主要项目发展

(1) 北斗卫星导航系统

北斗卫星导航系统是我国独立自主发展建设使用的一个卫星导航通信系统,由两个独立的部分共同组成:一个是自 2000 年就开始建设运作使用的第一代北斗定位系统(区域实验系统,已于 2012 年到期停止运作);另一个是已经开始使用面向全球服务的全球卫星导航服务系统。北斗卫星导航具有导航与报文通信能力,但是其对于通信业务的支持较弱,仅支持单次最高 14 000 bit 的短报文通信,故不是本节讨论的重点。

（2）虹云工程

虹云工程是中国航天科工负责集团进行开发的低轨卫星网络工程项目,卫星星座节点由 156 颗卫星组成,拟为用户提供商业宽带服务,在全球无缝覆盖的基础上满足物联网和 IP 网络的需求。

"虹云计划"的目的是形成一个均匀的网络,为地面网络到不了的地方提供网络服务,为地面网络已经覆盖的地方进行补充。虹云工程卫星的首星工程现在已经很顺利地完成并成功预定发射,这一切又再次标示着今后加速我国新一代超低轨宽带地面通信体系与新一代卫星系统网络的建设步伐也迈出了更具深远意义的一步。这不仅是我国发射的首颗低轨宽带通信技术应用验证型卫星,同时这亦会是目前为止中国境内首次可以将毫米波相控阵通信技术能够直接地应用于低轨宽带领域之中的新一代宽带网络通信型应用卫星,能够做到真正可以利用动态波束传输网络技术实现这样一种信息更加丰富业务更加灵活和便捷高效的新型业务模式,后续几年也会陆续开始以此类卫星应用试验研究为重要研究实践基础,计划开展一系列低轨天基互联网通信关键测试技术。

（3）鸿雁工程

中国航天科技集团有限公司鸿雁星座系统由 300 颗的低地球轨道小卫星网络及全球数据业务处理中心网络组成,具有全天候、全时段的实时数据双向交互通信业务能力,并且卫星在多种复杂恶劣地形条件影响下也同样可以保持稳定工作,可为用户全天候提供卫星全球实时数据双向通信系统和全球综合业务信息服务。

目前鸿雁星座处于初步研制阶段,但先导卫星的发射标志着鸿雁星座建设已经拥有实质性进展。根据目前现有的公开资料显示,卫星将首先进行适配频段上的关键技术测试验证与性能测试,而后开展后续工作深化低轨卫星组网,为中国鸿雁星座全球低轨区域移动通信系统项目后续任务的成功开发并运行使用奠定科学基础。

（4）天地一体化重大工程

天地一体化信息网络项目是由中国电子科技集团有限公司提出并牵头论证实施的战略性基础设施。该项目按照当前国家信息化"天基组网,地网跨代,天地互联"国家工程建设体系的规划整体思路,以地面网络为基础、空间网络为网络重点和延伸,覆盖服务太空、空中、陆地、海洋,为推进天基、陆基、海基各类用户活动提供更有力的信息保障。

在天地一体化网络构建中,天基骨干网络构建的基本体系架构建设是贯穿其发展重点。天基骨干网系统主要由地球同步轨道卫星组成,天基接入网由低轨卫星和浮空平台等组成,地基节点网一般则要由与多个卫星地面设施互联通信的卫星地基骨干节点群(信息港)组成。国内卫星地面融合网络主要项目对比如表 2-7 所示。

表 2-7　国内卫星地面融合网络主要项目对比

项目	卫星、轨道特征	项目特征	研究现状
北斗卫星导航系统	北斗二号 25 颗；北斗三号 35 颗；根据功能的不同，北斗导航卫星的运行轨道主要分为三种：地球静止轨道（GEO）、倾斜地球同步轨道（IGSO）和中圆地球轨道（MEO）	位置导航，通信短报文，实时跟踪	截至 2020 年 3 月 9 日，已成功发射第 54 颗北斗导航卫星
鸿雁工程	324 颗卫星，轨道高度为 1 100 km	通信星座，其信号直接供手机使用	鸿雁星座首颗试验星已经发射升空
虹云工程	156 颗卫星，轨道高度为 1 000 km	星座没达到互联网天基 WiFi 的程度，需要特定设备接收信号后被用户使用	虹云工程首星已经成功发射
天地一体化项目	低轨接入网轨道高度为 800～1 100 km	不仅是简单的建设通信卫星，更是一个全面的战略计划	正在进行天基骨干网、天基接入网和地基节点网的建设

2.5.6　星地融合网络系统建模仿真系统进展

1. 星地融合网络系统建模仿真发展现状

目前常用卫星网路由算法仿真系统主要有 OPNET、NS3 以及 GaliLEO 等。

（1）OPNET

OPNET 为麻省理工学院所研发，软件产生于 20 世纪 80 年代，是一个网络性能验证所需要使用的经典平台。它主要面向广大科研工作者、网络研究员、大型企业、国家政府和高校等，能够实现对网络平台的仿真运行、性能测试和维护管理。该软件是目前最常用的网络实验仿真软件之一，它能够实现复杂网络的搭建仿真，预测其性能优劣。其中核心是平台软件中 Modeler 的构建，目前该软件主要集中适配于平台原型搭建、协议验证，性能曲线仿真等。其优势有以下几个方面。

① 逐级系统模型建立机制。OPNET 采用网络（network）、进程（process）、节点（node）三层结构面向各种不同规模功能模块的定制化需求开展功能实现过程。不同进程勾连成为具备各种功能的模块，各种模块通过时间推进保障设备的正常建模，并最后相互关联成为网络。

② 有限状态机（简称 FSM）程序编写机制。该软件可以灵活地对系统进行编程，采用 C/C++语言对事件和协议功能等进行仿真编程，同时可以利用 VC 进行单步调试，方便用户对功能进行程序顺利运行的验证以及错误的检测。

③ 多尺度多维度的数据统计方法。平台中预置了不同类型的统计测度，除此之外还可以定制化所需统计指标，按需在实现代码中插入对应句柄进行结果输出。然后可以通

过图像或者文字对统计的数据进行呈现,并且还可以打印数据,方便用户更好地分析数据。

④ 全面支持协议编程。由于很多的网络协议比较成熟,不需要额外改动,因此OPNET 本身就自带很多的网络协议模型,以供用户使用。软件支持多种函数集,考虑到用户的个人需求,方便用户进行二次开发。

（2）NS3

NS3 是一个离散事件网络模拟器,可公开用于研究、开发和使用。NS3 仿真核心架构和通信模型是用 C＋＋实现的,提供了 Python 语言绑定,也可以使用 Python 语言编写脚本。NS3 内核模块定义了 NS3 的核心功能,包括随机变量(Random Variables)的产生、追踪(Tracing)、智能指针(Smart Pointers)、日志(Logging)、事件调度(Event Scheduler)、属性(Attribute)、回调(Callbacks)和时间记录(Time Arithmetic)。

NS3 的主要特点如下:

① 可以快速搭建出完整有效的仿真系统内核,它有其显著的可文档化,易于快速维护和使用,实现了对从模拟配置到数据跟踪收集处理和仿真分析等整个模拟软件工作流的过程。

② NS3 的无线网络的仿真研究的核心部分是支持了对各种 IP 网络模型和多种非 IP 网络模型的实时仿真与研究,大部分用户都会侧重于实时进行对无线/IP 协议的仿真模拟,其中也会包括 WiFi、WiMAX 或 LTE 模型,以及为基于多种 IP 模型设计的应用程序提供的多类静态协议或动态路由协议,如 OLSR 和 AODV。

③ 提供了实时调度器,辅助了许多与真实环境进行实时交互操作的很多"循环模拟"的操作。比如,用户可以在某一台现实存在的网络设备主机服务器上发射和接收一个由NS3 生成的数据包,而这同时意味着 NS3 本身又是可以直接被用来作为构建另一个虚拟设备互连系统的框架。

（3）GaliLEO

GaliLEO 是为了实现 COST253 项目研发的仿真平台[61],主要用于低轨卫星、中轨卫星、太阳轨道卫星等系统的网络连接方法验证。GaliLEO 吸收了多种网络仿真软件的结构优点,是网络仿真中的集大成者,可以对动态变化的低轨卫星网络进行网络性能仿真验证。该平台剔除了不友好编程方式,使用面向对象的 Java 进行网络功能的定制化实现,简单易行且对编程人员友好,相关代码完全开源,这是其不断演化适配时代的原因。GaliLEO 适配于不同层协议流程的仿真验证,虽然该平台环境友好,但是由于平台的开发周期不长,功能仍需补充完善。

（4）OpenSAND

OpenSAND 是一种用于模拟卫星通信系统的工具。它为性能评估和创新接入和网络技术验证提供了一种合适且简单的方法。其将真实设备与真实应用程序互连的能力提供了极好的演示手段。OpenSAND 提供了一种简单灵活的方式来模拟卫星通信系统。OpenSAND 卫星网络仿真试验台的目标如下:

① 提供能够验证接入和网络创新功能的研究和工程工具;

② 为绩效评估提供测量点和分析工具;

③ 确保与真实地面网络和应用程序互连以进行演示。

OpenSAND平台可以被视为高度可配置的黑匣子,在每个终端和网关上提供卫星网络访问。用户只需在网关和/或终端后面插入工作站和服务器,并通过卫星网络进行测试。OpenSAND为性能评估、创新接入和网络技术验证提供了一种合适且简单的方法。为真实设备与真实应用程序互连提供了极好的演示手段。由于其模块化设计和实现,OpenSAND卫星仿真平台能够以真实灵活的方式仿真完整的 DVB-RCS2-DVB-S2 系统。该试验台支持用于接入或网状卫星系统的透明和再生卫星。

2. 高低轨卫星与 5G 协同组网试验系统

低轨卫星通信系统因其全天候立体网络覆盖的优势,成为全球移动网络覆盖的重要组成部分;同时低轨卫星全球组网初期卫星较少,高轨卫星可以作为其有效补充。高低轨卫星与地面 5G 融合组网,将有效发挥卫星和地面 5G 网络的优势,快速延伸拓展 5G 的覆盖,降低网络部署运维。

北京邮电大学研究团队联合银河航天等单位于 2021 年 11 月在北京海淀区搭建了我国首套高低轨卫星与 5G 融合组网试验系统。通过该系统,验证了 5G 蜂窝与卫星网络体制融合技术、高低轨协同传输、多级边缘计算以及多层次核心网等关键技术。经过验证,该融合组网系统适合目前我国卫星部署发展现状,可以有效提升组网效率,支撑新型业务场景快速部署和应用。

1) 组网架构

如图 2-12 所示为高低轨卫星网络与 5G 组网试验系统架构。地面 5G 网络的 5G 基站一方面与本地核心网相连,另一方面基站与高低轨融合终端相连,5G 基站与卫星节点均可配置 MEC 边缘服务器,在信关站落地后接入远端核心网。通过高低轨卫星网络和地面 5G 网络用户亦可获取远端核心网的内容。

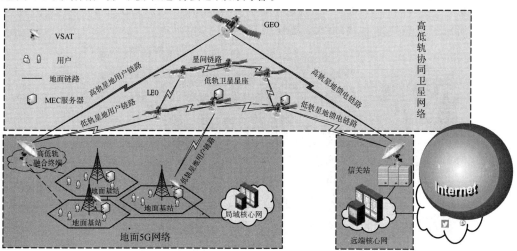

图 2-12 高低轨卫星网络组网试验系统架构

2）关键技术

（1）高低轨卫星协同传输

不同网络需求的 QoS 不同，因此对延时带宽等指标的要求亦不相同，高低轨协同网络可以有效地适配网络中的各种需求。其中高轨卫星容量大但延迟也大，低轨卫星延迟小但星上资源较少，移动性较高，因此两种不同高度的卫星网络进行协同处理可以弹性适配地面用户节点的各种维度指标的需求。

（2）5G 与卫星网络融合技术

将地面 5G 蜂窝网络与高低轨卫星网络融合在一起，利用卫星立体覆盖优势为 5G 网络提供数据回传，并对端到端组网相关参数进行自适应配置，开展任务的自适应卸载和调度技术研发，提升组网和传输效率。

（3）多级边缘计算技术

在 5G 边缘侧和远端信关站分别提供边缘智能计算能力，形成多级边缘智能计算方式；网络针对不同用户按需提供不同层级的边缘计算服务能力，优化网络功能的灵活部署。

（4）多层次核心网技术

分别针对高低轨和 5G 传输差异、网络异构等特征，开展多层次融合核心网技术研发，形成以用户为中心的核心网架构。

3）互联方案

互联验证方案采用 1 个低轨抛物面终端连接专网，1 个高轨抛物面终端连接专网，信关站交换，实现低时延高速通信。最大通信速率≥300 Mbit/s，低轨通信延时 30 ms，高轨通信延时 600 ms，单次试验覆盖时长为 5～8 min，每周有 2～3 次试验机会满足条件。其中，低轨终端接口为标准局域网接口（100M/1 000M Ethernet）

进行互联试验的低轨相关设备/系统包括 2 台低轨抛物面终端和北京信关站，如下图 2-13 所示。低轨终端和高轨终端实物照片如图 2-14 所示。

图 2-13　低轨终端和北京信关站实物照片

图 2-14 低轨终端和高轨终端实物照片

平台验证系统包括手机终端用户、5G 基站、MEC 平台、近端核心网、高低轨试验卫星、远端核心网、融合网络互联互通系统平台等部分,节点之间采用五类线以及路由器进行连接,搭建一个包括地面 5G 网络以及高低轨卫星网络的融合信息系统,并对系统进行参数配置和链路管理。高低轨卫星与 5G 网络融合组网系统测试连接图如图 2-15 所示。

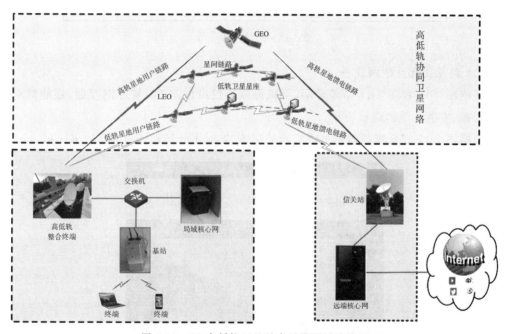

图 2-15 5G 高低轨卫星融合系统测试连接图

4) 测试用例

测试一:对北京海淀区上庄信关站连接的 5G 远端核心网和通过卫星回传连接的基站进行延时测试,具体采用 ping 的方式;利用 iperf 量化测试吞吐量指标,为后续的场景的验证做准备。

测试二:手机终端通过基站与核心网能请求互联网的资源和核心网的资源。

测试结果如下:

(1)测试网络延时

根据手机 ping 5G 核心网的结果,北京海淀区上庄信关站连接的 5G 核心网和通过卫星连接的基站互通,延时约为 600 ms,如图 2-16 所示。

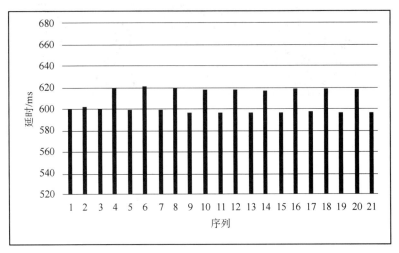

图 2-16　测试一结果图

(2)终端访问互联网业务

根据图 2-16 和图 2-17 结果显示,手机终端不仅可以与 5G 核心网互通,还能请求互联网资源,实现上网和观看视频。

根据图 2-17 观看视频时右上方显示的速度,实时下行链路速度是 952 KB/s。

图 2-17　终端访问互联网业务结果图

5）发展展望

面向未来,高低轨卫星融合试验系统前景光明,具体用例主要有以下几个方面。

（1）卫星直播与存储分发

目前通过电视、网络等多种方式人们可以观看高清直播,清晰、流畅的超高清直播画面会给观众带来视觉盛宴。党的十九大明确提出,要建设网络强国、数字中国、智慧社会。随着互联网、信息化的高速发展以及对社会各领域的渗透影响,新技术也越来越多地被应用于党建工作的方方面面,除 5G、4K 技术以外,VR、AI 等技术以及小程序也被广泛应用。高低轨协同的卫星网络能够赋能网络直播,视频存储分发等应用,通过充分发挥卫星节点广覆盖的优势,通过一次组播分发完成广域热点文件请求。尤其在边远地区,可配置卫星便携站与过顶卫星进行交互,从而满足适配用户的业务。

（2）海岛边防

由于许多卫星协同工作,重访时间可以大大缩短。例如,海岛战场图像可以被地面指挥官请求和接收并用于实时决策。结合数据融合和人工智能的新功能,可大幅缩短反应时间。高低轨融合系统可以收集地球上任何位置的图像。协同星座将能够为地球上的任何位置提供持续的互联网接入。这种无处不在、持续不断的覆盖对军事应用至关重要,如作战云和军队数字化。

（3）M2M

基于卫星的网络连接在一系列终端使用市场中建立机对机通信的接收度和普及度不断提高,这将推动未来几年全球卫星 M2M 连接的强劲增长。例如,卫星 M2M 广泛应用于货运和公共交通部门,用于自动跟踪/监控移动车辆、跟踪/监控运输中的物流资产、协调/管理远程车队等,几乎不需要人工干预。多年来,M2M 卫星在军事/国防领域也得到了广泛应用,用于广泛的应用,包括跟踪作战资产;实现无人区域的安全和监控等。卫星M2M 还被广泛用于信息交换、工作数字化和自动化、过程环境或资本设备的远程监控,以及工业领域的机器控制等应用,尤其是那些具有远程或无人工作环境的应用,如石油和天然气、采矿、公用事业等。企业和政府组织也在使用卫星 M2M 远程监控和跟踪跨地理区域固定地点的大量资产和设备,而不需要或不需要人工干预。M2M 卫星还广泛用于各种终端应用领域的遥测和科学监测应用。

本 章 小 结

本章在深入分析全球立体融合组网的技术要求以及面临的挑战的基础上,针对典型融合信息网络中典型低轨卫星网络进行简述,而后探究星地信息融合网络发展现状与发展需求,重点对网络宏观情况进行阐述,同时梳理了星地融合信息网络的市场驱动与技术驱动。整理了目前接入切换、路由传输、资源分配等领域的进展,而后结合实际目前发展状况对 3GPP、ITU、ETSI 以及 CCSDS 的标准化产业标准进行总结,同时展示了实际工程以及先导性项目,如 SaTis5 等。最后本章从星地融合信息网络中的仿真发展现状与协同组网实验等方面对该网络实验仿真进展进行阐述。

本章参考文献

[1] Iridium Communications Inc. History of Iridium Master Slides [Z].Iridium Communications Inc.2021.

[2] 吴建军,程宇新,梁庆林,等,第二代铱星系统(Iridium Next)及其搭载应用概况 [C]//第六届卫星通信新业务新技术学术年会论文集,2010.

[3] 郑碧月,胡金泉,王小骏.全球星卫星移动通信系统及其发展现状[J].山东电子, 2002(3):1-3.

[4] Hara T. ORBCOMM low Earth orbit mobile satellite communication system[C]. Tactical Communications Conference. IEEE,1994.

[5] Stojce Dimov Ice. Orbcomm Ground Segment for Mobile Satellite Communications [C]. International Siberian Con-ference on Control and Communications SIBCON,2011.

[6] 刘旭光,钱志升,周继航,等."星链"卫星系统及国内卫星互联网星座发展思考[J]. 通信技术,2022,55(2):197-204.

[7] SpaceX.SpaceX mission [EB/OL]. (2020-7-5)[2022-9-15]. https://www.spacex. com/mission.

[8] Uhm C Y,Kim S N,Jung K H,et al. The performance analysis of UWB system for the HD multimedia communication in a home network[C]// Computational Science & Its Applications-iccsa, International Conference, Glasgow, Uk, May. DBLP,2006.

[9] Di B,Song L,Li Y,et al. Ultra-Dense LEO:Integration of Satellite Access Networks into 5G and Beyond[J]. IEEE Wireless Communications,2019,26(2):62-69.

[10] Liva G. Graph-Based Analysis and Optimization of Contention Resolution Diversity Slotted ALOHA[J]. IEEE Transactions on Communications,2011,59(2):477-487.

[11] Casini E,Gaudenzi R D,Herrero O R. Contention Resolution Diversity Slotted ALOHA (CRDSA):An Enhanced Random Access Schemefor Satellite Access Packet Networks[J]. IEEE Transactions on Wireless Communications,2007,6 (4):1408-1419.

[12] Kawamoto,Y,Nishiyama,et al. Effective Data Collection Via Satellite-Routed Sensor System (SRSS) to Realize Global-Scaled Internet of Things[J]. IEEE Sensors Journal,2013,13(10):3645-3654.

[13] Hannak G, Mayer M, Jung A, et al. Joint channel estimation and activity detection for multiuser communication systems[C]// IEEE Int. Conf. Commun. (ICC) Workshop, Jun. 2015.

[14] Sanctis M De, Cianca E, Araniti G, et al. Satellite communications supporting Internet of remote things[J]. IEEE Internet Things J, (3)1:113-123, Feb, 2012.

[15] Kassab R, Simeone O, Munari A, et al. Space Diversity-Based Grant-Free Random Access for Critical and Non-Critical IoT Services [EB/OL]. [2020-9-15]. https://arxiv.org/abs/1909.10283v2.

[16] Shu L, Yu P. A Hybrid ARQ Scheme with Parity Retransmission for Error Control of Satellite Channels[J]. IEEE Trans Communications, 1982, 30(7): 1701-1719.

[17] Deng R H. Hybrid ARQ schemes for point-to-multipoint communication over nonstationary broadcast channels[J]. IEEE Transactions on Communications, 1993, 41(9):1379-1387.

[18] Gonzalez O A, Kohno R. A spread slotted CDMA/ALOHA system with hybrid ARQ for satellite multiple access [J]. IEEE Journal on Selected Areas in Communications, 2002, 18(1):123-131.

[19] Jing, Zhu, Sumit, et al. Performance modelling of TCP enhancements in terrestrial-satellite hybrid networks[J]. IEEE/ACM Transactions on Networking, 2006, 14(4): 753-766.

[20] Jiao J, Hu Y, Zhang Q, et al. Performance Modeling of LTP-HARQ Schemes Over OSTBC-MIMO Channels for Hybrid Satellite Terrestrial Networks[J]. IEEE Access, 2018, 6:5256-5268.

[21] Ye J, Tian Y, Alouini M S, et al. On HARQ Schemes in Satellite-Terrestrial Transmissions[J]. IEEE Transactions on Wireless Communications, 2020, PP (99).

[22] 3GPP. Frequency Compensation in NTN, document 3GPP RP-1813362, TSG RAN WG1 Meeting 95[R], Spokane, USA, Nov. 2018.

[23] You M-H, Lee S-P, Han Y. Adaptive compensation method using the prediction algorithm for the Doppler frequency shift in the LEO mobile satellite communication system[J]. ETRI J, 2000, (22)4:32-39.

[24] Guidotti A, Vanelli-Coralli A, Foggi T, et al. LTE-based Satellite Communications in LEO Mega-Constellations[J].2017.

[25] Lin J, Hou Z, Zhou Y, et al. Map Estimation Based on Doppler Characterization in Broadband and Mobile LEO Satellite Communications[C]// 2016 IEEE 83rd Vehicular Technology Conference (VTC Spring). IEEE, 2016.

[26] Beek J-J van de,Sandell M.Borjesson P O ML estimation of time and frequency offset in OFDM systems[J]. IEEE Trans. Signal Process.,1997,(45)7: 1800-1805.

[27] Blcskei H. Blind estimation of symbol timing and carrier frequency offset in wireless OFDM systems[C]// IEEE. IEEE,2001:988-999.

[28] Liu Yet al. Non-orthogonal multiple access for 5G and beyond[J]. Proceedings of the IEEE,2017,(105)12:2347-2381,

[29] Ding Z,Yang Z,Fan P,et al. On the Performance of Non-Orthogonal Multiple Access in 5G Systems with Randomly Deployed Users[J]. Signal Processing Letters,IEEE,2014,21(12):1501-1505.

[30] Ding Z,Peng M,Poor H V. Cooperative non-orthogonal multiple access in 5G systems[J]. IEEE Commun. Lett.,2015,(19)8:1462- 1465.

[31] Cioni S,Gaudenzi R D,Oscar D,et al. On the Satellite Role in the Era of 5G Massive Machine Type Communications[J]. IEEE Network,2018,32(5):54-61.

[32] Yan X,Xiao H,Wang C X,et al. Performance Analysis of NOMA-Based Land Mobile Satellite Networks[J]. IEEE Access,2018,6:31327-31339.

[33] Yue X,Qin Z,Liu Y,et al. A Unified Framework for Non-Orthogonal Multiple Access[J]. IEEE Transactions on Communications,2018,PP(99):1-1.

[34] Wang L,Zhang H,Wu Y,et al. Resource Allocation for NOMA Based Space-Terrestrial Satellite Networks [J]. IEEE transactions on wireless communications,2021(20-2).

[35] Chu J,Chen X,Zhong C,et al. Robust design for NOMAbased multibeam LEO satellite Internet of Thing[J].IEEE Internet Things J,2021,(8)3:959-1970.

[36] Lin Z,Lin M,Wang J B,et al. Joint Beamforming and Power Allocation for Satellite-Terrestrial Integrated Networks With Non-Orthogonal Multiple Access [J]. IEEE Journal of Selected Topics in Signal Processing,2019:657-670.

[37] Zhu Y,Delamotte T,Knopp A. Geographical NOMA-Beamforming in Multi-Beam Satellite-Based Internet of Things[C]// GLOBECOM 2019 - 2019 IEEE Global Communications Conference. IEEE,2019.

[38] Wang K,Liu Y,Ding Z,et al. User Association and Power Allocation for Multi-Cell Non-Orthogonal Multiple Access Networks[J]. IEEE,2019(11).

[39] Jiao J,Sun Y,Wu S,et al. Network utility maximization resource allocation for NOMA in satellite-based Internet of Things[J]. IEEE Internet Things J,2020, (7)4:3230-3242.

[40] Shuai H,Guo K,An K,et al. NOMA-Based Integrated Satellite Terrestrial Networks With Relay Selection and Imperfect SIC[J]. IEEE Access,2021,(9):111346-111357.

[41] Akyildiz I,Uzunalioglu F,Bender M D. Handover Management in Low Earth Orbit (LEO) Satellite Networks[J]. Mobile Networks and Applications,1999, (4)4:301-10.

[42] Papapetrou E,Pavlidou F N. QoS Handover Management in LEO/MEO Satellite Systems[J]. Wireless Personal Communications,2003,24(2):189-204.

[43] Boedhihartono P. and Maral G. Evaluation of the Guaranteed Handover Algorithm in Satellite Constellations RequiringMutual Visibility[J]. Int'l. J. Satellite Commun. and Net,2003,21(2):163-82.

[44] Akyildiz L F,Mcnair J. Mobility management in current and future communications networks[J]. IEEE Network the Magazine of Global Internetworking,1998,12(4): 39-49.

[45] Farserotu,J,Prasad,et al. A survey of future broadband multimedia satellite systems,issues and trends[J]. IEEE Commun. Mag.2000,38(6):128-133.

[46] Werner M,Delucchi C. ATM-based routing in LEO/MEO satellite networks with intersatellite links[J]. Selected Areas in Communications IEEE Journal on, 1997,15(1):69-82.

[47] PAN T,HUANG T,LI X C,et al. OPSPF:orbit prediction shortest path first routing for resilient LEO satellite networks[C]//2019 IEEE International Conference on Communications. Piscataway:IEEE Press,2019:1-6.

[48] LI D N,MAO X F,YU J,et al. A destruction-resistant dynamic routing algorithm for LEO/MEO satellite networks[C]//The Fourth International Conference on Computer and Information Technology. Piscataway:IEEE Press,2004:522-527.

[49] LI D N,WANG X,MENG Y. A destruction-resistant routing algorithm in low earth orbit satellite networks[C]//2007 International Conference on Wireless Communications,Networking and Mobile Computing. Piscataway:IEEE Press, 2007:1841-1844.

[50] LI H Z,ZHANG H T,QIAO L,et al. Queue state based dynamical routing for non-geostationary satellite networks[C]//2018 IEEE 32nd International Conference on Advanced Information Networking and Applications. Piscataway: IEEE Press,2018:1-8.

[51] LIU H Y,SUN F C. Routing for predictable multi-layered satellite networks[J]. Science China Information Sciences,2013,56(11):1-18.

[52] Nishiyama H,Tada Y,Kato N,et al. Toward Optimized Traffic Distribution for Efficient Network Capacity Utilization in Two-Layered Satellite Networks[J]. IEEE Transactions on Vehicular Technology,2013,62(62):1303-1313.

[53] HAN C,LIU A J,HUO L Y,et al. Anti-jamming routing for Internet of satellites:a reinforcement learning approach[C]//ICASSP 2020-2020 IEEE International Conference on Acoustics,Speech and Signal Processing. Piscataway:IEEE Press,2020: 2877-2881.

[54] 易先清,冯明月,赵阳,等.一种基于 GEO/MEO 星层组网的卫星网络抗毁路由研究[J].计算机科学,2007,34(8):74-82.

[55] 杨力,杨校春,潘成胜.一种 GEO/LEO 双层卫星网络路由算法及仿真研究[J].宇航学报,2012,33(10):1445-1452.

[56] Ji X,Liu L,Zhao P,et al. A-Star algorithm based on-demand routing protocol for hierarchical LEO/MEO satellite networks[C]// IEEE International Conference on Big Data. IEEE,2015:1545-1549.

[57] Zhang S,Cui G,Long Y,et al. Joint Computing and Communication Resource Allocation for Satellite Communication Networks with Edge Computing[J]. China Communications,2021.

[58] 宋永淳. CCSDS 在遥测系统中的应用[J].遥测遥控,2012,33(3):6-10.

[59] 钟涛,易先清,侯振伟,等. 基于 CCSDS 的北斗全球卫星导航系统信息传输接入模型研究[C].//第五届中国卫星导航学术年会,2014:1-6.

[60] 3GPP. 3GPP TR 22.822 V16.0.0,Study on using Satellite Access in 5G[EB/OL]. 2019[2022-9-15]. https://portal. 3gpp. org/desktopmodules/Specifications/ SpecificationDetails.aspx? specificationId=3372

[61] Celandroni Nedo,Ferro Erina,Potortì Francesco and Franck Laurent. GaliLEO:a simulation tool for traffic on LEO satellite constellations. Presentation of the architecture[EB/OL]. (1999-6)[2022-9-15] https://www. researchgate. net/ publication/2645329_GaliLEO_a_simulation_tool_for_traffic_on_LEO_satellite_ constellations_ Presentation _ of _ the _ architectureGalileo. http://solarsystem. nasa.gov/galileo/.

第3章
星地融合信息网络的关键技术

卫星通信与地面通信网络的融合从而构建全球无缝覆盖的星地融合信息网络,这一趋势作为未来下一代网络技术发展的重要方向得到业界广泛认可,成为当前学术界和产业界研究的热点。本章面向星地融合信息网络的发展,重点阐述近年来推进该领域的新兴关键技术。考虑到目前地面网络发展新技术层出不穷,本章侧重于卫星网络中的部分赋能技术,探讨这些技术如何对星上网络产生影响,进而实现全球立体覆盖组网的通信需求。表 3-1 中总结了本章所提到的关键技术与其特点。

表 3-1   星地融合信息网络中的部分关键技术

卫星星座设计	影响卫星运行的服务时长以及服务覆盖。主要涉及轨道动力学、设计要素、评估方法等
卫星物联 IoT	赋能广域覆盖感知、缓解密集区域数据回传压力。主要分为卫星直连 IoT 与卫星非直连 IoT
星载计算	增强星上处理能力,卫星上业务多样性提供保障。目前主要有星上 CPU,星上 FPGA,星上 CPU 等
小卫星与高通量卫星	适配不同需求的新兴卫星类型。针对不同的应用场景,可选用不同的卫星。小卫星成本低廉,适合试验或短期任务;高通量卫星具备阵列天线,利用点波束可极大提升系统容量
星上路由	地面信关站部署受限情况下的星上数据高效传输方法。包括集中式路由、分布式路由以及混合式路由方案
星上波束赋形	增加卫星服务覆盖的灵活性、提升卫星吞吐
多波束与跳波束	利用空间与频率复用方法,提升星上频谱利用率以及吞吐,灵活适配所辖范围内用户需求
星地软件定义网络与服务功能链	突破异构网络物理隔离限制,共享网络资源,高效统一编排模式,针对任务灵活配置网络功能部署
星上网元灵活部署	利用虚拟化技术,根据需求部署不同的网元功能,适配弹性网络架构
星地协同计算	使用边缘计算技术,结合人工智能理论,在网络中适配不同类型计算任务,提升网络资源利用率
星上储能	为卫星提供运行所需能耗,保障星上功能有效运行。主要涉及航天器轨道平均功率、电池容量与太阳能电池板配置等

3.1 卫星星座设计

卫星星座设计的研究是卫星技术学科中的基本课题,特别是大规模低轨卫星座系统。在卫星星座设计中,了解轨道动力学将为解决诸如轨道类型及其对给定应用的适用性、轨道稳定、轨道校正和站点保持、发射要求和各种轨道的典型发射轨迹、地球覆盖等问题提供坚实的基础。

3.1.1 卫星轨道动力学

人造卫星的运动受两种力的支配。其中一个是由于地球的万有引力而指向地球中心的向心力,另一个是从地球向外作用的离心力。这里可以看出,离心力是在圆周运动过程中,运动物体施加在它围绕运动的另一个物体上的力。在卫星绕地球运行的情况下,卫星会施加离心力。引起圆周运动的力是向心力。与卫星速度成直角指向地球中心的向心力将直线运动转换为圆形或椭圆形运动,具体取决于卫星速度。向心力进一步导致相应的加速度,称为向心加速度,因为它会导致卫星速度矢量的方向发生变化。离心力只是卫星在与向心力相反的方向上施加的反作用力。这两种力可以用牛顿万有引力定律和牛顿第二运动定律来解释,如下文所述。

根据牛顿万有引力定律,节点自身产生的引力对周围其他质量节点产生吸引,其中引力的数值大小与产生引力关系的两质量节点的数值乘积成正比,与两个节点之间距离的平方成反比。

$F = \dfrac{Gm_1m_2}{r^2}$,其中 m_1 与 m_2 为两物体质量,r 为两物体之间距离,$G = 6.67 \times 10^{-11}$ m³/kg·s² 为常数。

质量为 m_1 的节点吸引质量为 m_2 的节点的力等于质量为 m_2 的节点吸引质量为 m_1 的节点的力,这些力的大小相等但方向相反。然而,这两个节点所经历的加速度,即每单位质量的力,将取决于它们的质量。质量越大,加速度越小。此处假设一个均匀的球形物质的整个质量都集中在它的中心。

根据牛顿第二运动定律,力等于质量和加速度的乘积。如图 3-1 所示,在卫星绕地球运行的情况下,如果轨道速度为 v,则卫星在距地球中心 r 距离处所经历的加速度(称为向心加速度)将为 v^2/r。

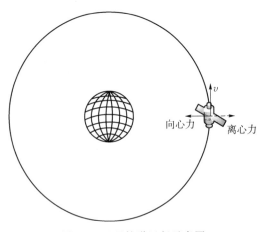

图 3-1　卫星轨道运行示意图

如果卫星的质量是 m，它会受到 mv^2/r 的反作用力。这是从地球中心向外指向的离心力，对于卫星而言，其大小等于重力。如果卫星以匀速 v 绕地球运行，当卫星轨道是圆形轨道时就是这种情况，则将上述两个力相等将导致轨道速度 v 的表达式如下：

$$\frac{Gm_1 m_2}{r^2} = \frac{m_2 v^2}{r} \tag{3-1}$$

式中，$v = \sqrt{\dfrac{Gm_1}{r}} = \sqrt{\dfrac{\mu}{r}}$，$m_1$ 为地球质量，m_2 为卫星质量，$\mu = Gm_1 = 3.986 \times 10^5 \text{ km}^3/\text{s}^2$；卫星轨道周期为 $T = \dfrac{2\pi r^{3/2}}{\sqrt{\mu}}$。

在椭圆轨道的情况下，控制卫星运动的力是相同的。椭圆轨道上距地球中心距离为 d 的任意一点的速度由式(3-2)给出

$$v = \sqrt{\mu \left(\frac{2}{d} - \frac{1}{a} \right)} \tag{3-2}$$

式中，a 为椭圆轨道半长轴。其运动周期为 $T = \dfrac{2\pi a^{3/2}}{\sqrt{\mu}}$。

卫星在高度 H 处的重力加速度 g_H 与 H 的平方成反比。它在地球表面的值是 g_o，大约为 9.8 m/s^2。R 是地球的半径，H 是轨道高度，均以千米为单位。其中 $g_H = g_o [R/(R+H)]^2$。

以切向速度 V 在圆形轨道上飞行的航天器会经历离心径向加速度 $a_r = V^2/(R+H)$。如果航天器要在一个稳定的轨道上，重力加速度必须等于离心加速度。求解 V，得到以下等式。

$$V = R(g_o)^{0.5}[1/(R+H)]^{0.5} = 631.34 \times (6\,378.18 + H)^{-0.5} \text{ km/s} \tag{3-3}$$

轨道周期 P 可以通过将轨道周长 $C = 2\pi(R+H)$ 除以轨道速度来获得。以分钟为单位的 P 如下所示。$P = 0.000\,165\,87 \times (P+H)^{1.5}$

对于 600 km 高度的航天器，这些关系总结在表 3-2 中。

表 3-2　运行在 600 km 海拔高度航天器的相关运动参数

运动参数	符号表达	量纲	参量值
地球半径	R	km	6 378.137
运行高度	H	km	600
地表重力加速度	$g_H \mid_{H=0}$	m/s^2	9.797 919
海拔 H 的重力加速度	$g_H = g_o [R/(R+H)]^2$	m/s^2	8.185 4
周期 $= P$(min)	$P = 0.000\,165\,87 \times (P+H)^{1.5}$	min	96.689 00
轨道情况，C	$C = 2\pi(R+H)$	km	43 844.93
轨道速度，V_H	$V_H = C/(P \times 60)$	km/s	7.557 7
半径加速度，a_r	$a_r = (V_H)^2/(R+H)$	m/s^2	8.185 4

3.1.2 星座设计要素

（1）主要指标因素

① 覆盖：当多个航天器在给定高度的轨道上等距分布时，它们的覆盖范围可能在相邻航天器之间存在间隙，或者它们的覆盖范围可能重叠。如果每个轨道层有 9 个卫星，那么在低至 400 km 的轨道高度上，相邻卫星地面所覆盖的范围将刚好接触。每个轨道层只有 8 个航天器，轨道高度必须提高到大约 540 km 才能达到相同的结果。重叠量决定了实现连续覆盖的条带宽度。例如，在 Orbcomm 星座中，在 825 km 的轨道高度，Orbcomm 每轨道面使用 6~8 个航天器。铱星在 781 km 的高度飞行，每个轨道使用 11 个卫星节点，实现了连续覆盖的足够重叠，这是连续语音通信任务所需要的。相比之下，Orbcomm 是一个存储转发系统，不需要重叠覆盖。平面之间的重叠（或覆盖间隙）也取决于纬度。例如，对于极地轨道星座，每个平面中的每个卫星都覆盖极地区域。在某个纬度以上，相邻平面开始重叠。在同一纬度以下，将存在覆盖空白。

② 运载设计：星座由许多卫星节点组成。重要的是让每个节点在同一高度和倾角的平面上。出于这个原因，如果可能的话，一个轨道面上的所有卫星节点，包括在轨备件，都应该在同一个运载火箭上发射。

③ 最大偏离天底角：某些任务（例如成像）要求限制偏离天底角。例如，如果要在 600 km 高度的星座以大于（例如）30°的视角对目标进行成像，则航天器偏离天底角不应超过 52.3°。这对应距卫星下点 843 km 的最大地面范围。虽然地平线在 2 631 km 之外，但可用于成像的最大范围可能要小得多。

④ 星座通信：对于某些任务，间歇性的航天器对地通信就足够了。存储转发数字通信系统 Orbcomm 就是一个例子。成像卫星系统也可以仅通过其图像的航天器到地面通信来运行。然而，设计用于从航天器连续访问和进入航天器的系统必须使用地面站通信中继、GEO 卫星中继（如 TDRS）或卫星间链路（如 Iridium）。

（2）轨道六根数

单轨道的设计与六根数有关，轨道六根数是描述航天器在空间中的位置速度的一组参数。

如图 3-2 所示，在二体问题中，轨道根数（orbital elements）是描述物体运动轨迹的简便形式。三维空间中，唯一确定物体轨迹需要六个参数，如位置矢量和速度矢量（均为三维）可共同确定物体轨迹。此外，用六个轨道根数也可描述它。通常的轨道六根数指的是：半长轴、离心率、轨道倾角、近心点辐角、升交点经度和真异常角。经过三角函数运算，它们能表示出物体所处特定位置和速度。

半长轴（semi major axis）是描述圆锥轨道尺度的参数，离心率（eccentricity）用来衡量轨道的扁曲程度。其标量形式是轨道六根数之一。它可以是标量，也可以是矢量。轨道倾角（inclination）是描述轨道平面相对于参考平面倾斜程度的参数。

近心点辐角（argument of periapsis）用来衡量近心点与参考平面的位置关系。升交点经度（longitude of ascending node）用来衡量轨道平面相对于 x 轴的位置。

真异常角（true anomaly）用来衡量物体在轨道焦线的相对位置。

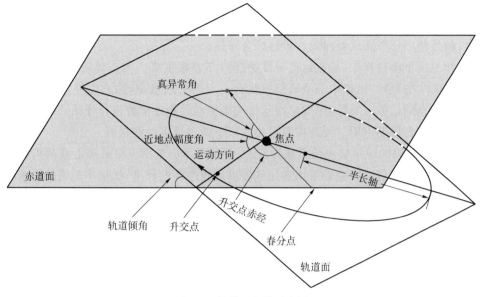

图 3-2　轨道六根数示意图

3.1.3　星座设计评估方法

在卫星星座设计阶段,建立一个全面的卫星星座性能评估体系,可在设计卫星星座的过程中及时评价其各项参数指标,便于星座设计的参数调整。

为了对所设计的卫星星座通信能力进行全面考量,首先应考虑所设计卫星星座的覆盖率,以评价星座运行与维持能力。传统覆盖率分析采用静态分析方案,以特征点的统计概率特性反应相关性能。除此以外,静态分析方案还使用覆盖间隙,响应时长等指标作为星座的评估优化目标。由此可见,静态分析方案指示仿真星座与目标节点之间的可见性,其对于空间与地面之间信息传输任务的完成具有很强的指示意义。基于静态的评价指标主要有:覆盖时长,即整个仿真周期内任务各次覆盖时间段的总和。覆盖百分比,即任务总覆盖时间长与设定观测周期的比值。覆盖间隙,即任务连续两次被覆盖的时间间隔。尽管静态分析方案可以提供卫星星座的覆盖能力,但在实际星座运行过程中观测仰角与侧摆角等参数也会影响卫星星座的通信运行能力。由于同一个时段下卫星的任务需求不同,各个任务对卫星的资源竞争也需要进行有效评估,这种面向用户任务的动态性在卫星星座评估过程中更加重要。因此还需要考查动态评价指标,动态能力评估体系主要包括[2]:是否可以进行方案验证,任务完成情况,资源使用率以及星座能够提供的时效性。

在方案验证方面,首先要保障调度方案的正确性,其次应该保障调度方案的完备性。在任务完成情况方面,主要包括用户的任务完成率,任务完成所能够带来的收益,以及最多可完成任务数目。对于网络中的资源利用情况,主要考虑单星占用率,卫星平均资源占用率等。最后,卫星星座应该针对业务满足时效性,这里主要指使用该星座的任务平均响应时长、任务最大响应时长以及各个任务的延时等。动态任务完成率与星座最多可完成任务数量是通过任务规划方法评估动态星座性能的重要指标。特别地,对于延时敏感任务可以额外使用任务完成得时效性进行综合评估。

设计卫星星座过程中,星座运行与维护能力亦非常重要。太空环境中由于宇宙射线以及太空微尘的影响,星座中卫星通信板载有一定的失效概率,除此以外,摄动影响也会造成卫星节点通信能力下降,因此星座运行与维护的鲁棒性需要进行评估,以说明卫星星座服务状态是否依旧可用。为此应着重关注以下两个覆盖性能指标。

(1) 性能下降时卫星星座的覆盖性能:当卫星星座中个别卫星的星上载荷损坏时,需考量由此造成的覆盖性能差额与用户任务需求之间的匹配程度,如果不能满足需求,那么需对当前设计的卫星星座进行调整。

(2) 受摄下卫星星座的覆盖性能:卫星星座参数构建的星座轨道形状直接影响卫星星座运行的维护需求与构型状态。卫星在太空运行过程中,会受到非理想球形引力、大气阻力、月球引力等摄动因素,从而造成覆盖性能与理想情况下理论分析结果不同,需要重新考虑星座覆盖时间的持续以满足任务需求的时长。

在实际工程应用中,上述因素需要同时进行考虑,梳理其相互的制约因素,对重要因素进行解耦,并对参数进行反复迭代,才可以获得适配用户需求的星座设计参数。

3.1.4 物联网卫星星座

物联网(IoT)及智慧物联网(AIoT)借助互联网的传输体系,采用传感器节点之间进行交互实现面向特定对象的区域信息感知。万物互联旨在通过将各种不同传感器(压敏传感、热敏传感、光敏传感等装置)连接到突破空时限制的立体网络中,实现感知、分析、控制、监管、运维于一体的功能实现。物联网节点可通过控制单元进行规律的自发通信,感知的数据通过处理后可进一步进行分析,指导后续特点功能实现,因此物联成为下一代信息通信网中的重要组成部分。物联网应用将包括电子健康、家庭自动化和老年人援助等个人需求以及智能电网、商业管理、环境监测和智能城市等工业需求中。利用卫星网络提供物联网服务将是未来星地融合网络中的重要应用之一。典型的基于 LEO 卫星星座的物联网应用场景可分为两组:①延迟容忍应用(DTA)(例如,监测和预测应用);②延迟敏感应用(DSA)(例如,增强型监控和数据采集(SCADA)和军事应用)。

DTA 的概念是延迟容忍网络(DTN)的一部分,它是一种新型的通信结构,用于在网络中提供自动存储和转发数据通信服务。一般来说,这些应用具有频繁和长时间的临时断开以及长传播延迟的共同特征。水监测的目的是确保水的质量不受人类活动的影响,确保人类安全不受自然灾害的影响。水监测的主要类别包括温度监测、潮汐监测、污染监测等。卫星的使用对于远程水监测(例如湿地和海洋)是不可替代的,而地面系统无法实现。

目前,基于卫星的监测仍然是遥感方式,包括卫星图像、星载卫星传感器和星载合成孔径雷达(SAR)系统。这些传统技术的局限性如下。

（1）天气影响：上述两种传感技术，尤其是卫星图像光学传感，都受到天气条件的影响。雾、云将导致卫星图像不准确。同时，在比较时间表上选定的数据时，不同的天气条件将消除可比性。

（2）间接结果：专家需要分析传感结果，以获得潜在信息。这种间接方法将增加使用分析算法的难度，同时降低分析效率。

（3）系统成本：通常，遥感卫星是为特定目的而设计的。因此，为了收集不同类型的信息，系统需要发射具备对应传感参数的卫星，这必然会增加建设和运营成本。

针对遥感的上述缺点，基于 LEO 星座的物联网系统可以通过不同类型的传感器获取直接的监测信息，为水资源监测提供一种可替代的解决方案。在这种解决方案中，低轨卫星只起到通信平台的作用，可以大幅降低单颗卫星的成本。此外，LEO 星座可以确保比单个遥感卫星更频繁地收集数据，以提高预测和预报的准确性。

DSA 是与 DTA 有严格要求（即更低的延迟和更高的可靠性）的完全不同的场景。其中，智能电网和作战物联网（IoBT）分别是民用和军用的典型应用场景。例如，目前的电网采用数据采集与监视控制系统（Supervisory Control And Data Acquisition，SCADA）方案，通过缓慢的中央网络实现变电站的远程监控和自动控制。然而，智能电网的新概念要求电网能够对电网动态做出反应。目前，智能电网元件开始在行业内应用，现有的有线/无线通信网络可以支持城市/郊区的智能电网。除了人口稠密的地区，对于在偏远地区实施智能电网，包括海上风电场和沙漠中的太阳能系统，基于 LEO 星座的物联网系统可以提供一个可行且经济高效的解决方案。

现代战争主要以信息化战争的形式进行，美国军队提出了网络中心战（NCW）的概念。NCW 的关键在于，事物可以相互沟通，更好地为参与战争的人类服务。类似地，在战争中使用的智能设备被称为 IoBT（Internet of Battlefield things）。在战争中，由于敌人的行动，地面接入系统会很脆弱，因此基于卫星的接入系统具有重要意义。然而，由于不同的原因，GEO 卫星无法满足 IoBT 的安全要求：

（1）地球同步轨道卫星对地面相对静止，这使得它很容易被敌人定位和封锁。

（2）GEO 卫星波束覆盖范围广，易于信号跟踪。一旦特征参数被捕获，使用欺骗干扰或相干干扰将显著提高干扰水平。

由于地球同步轨道卫星在 IoBT 中的上述缺点，基于 LEO 星座的系统成为一个更好的选择。同时，在 IoBT 区域，由于对延迟的严格要求，无人作战机器人和无人机等 DSA 只能由基于 LEO 星座的网络来满足。

如前所述，基于低轨星座的物联网系统是对地面系统的有力补充，旨在覆盖地面系统无法到达的偏远或极端地区。因此，应考虑两个系统之间的兼容性，以生成集成的物联网网络。因此，兼容性仍然是一个有待研究的领域。

兼容性方面包括以下几个方面，如 MAC 协议、网络体系结构和联合服务模式。在文献研究中，基于卫星的物联网系统 MAC 协议的研究主要集中在多个终端部署和任意生成传输请求的情况下的随机接入（RA）上。

3.1.5　高通量卫星星座

与地球静止卫星相比,LEO HTS(Low Earth Orbit High Throughput Satellite)星座能够将信号延迟减少多达五倍,可提供更高的吞吐量。一旦全面运行,这些低轨卫星将与地面网络集成,为家庭和工作场所的固定无线互联网接入技术提供替代方案。

高通量卫星星座通常需要卫星网络为用户提供高带宽服务,因此宽带卫星网络是高通量卫星星座的主要体现形式,目前宽带低轨星座逐渐成为研究关注焦点。针对宽带低轨星座,结合实际情况,需要重点考虑以下约束条件:

(1) 由于不同国家的政策不同,所需传输内容不同,因此在本国境内需满足设置地面站的条件;

(2) 面向全域覆盖组网,卫星星座设计需要满足无缝覆盖;

(3) 应设计相关传输方案以满足高速运动用户的需求。

为了满足上述需求,一般星座构型设计使用极地轨道,这样可以很好地满足无缝覆盖需求。与此同时,地面站应尽量设计为高仰角的卫星通信模式,尽管低仰角卫星可使卫星的覆盖范围增大,但高通量卫星需要使用卫星波束,低仰角卫星会使波束地面投影过大,增加了设计的复杂度,因此可以借助成本较低的卫星通信载荷,使用高仰角卫星系统,发射多颗卫星,满足系统鲁棒性的同时提升传输效率。在目前已有的商业卫星星座中,可看出已经使用了高仰角卫星方案,以 OneWeb 卫星为例,该系统的卫星波束所需天线孔径为 0.18 m,3 dB 带宽为 8.64°,单颗卫星覆盖面积的半角至少为 32.7°[3]。

在星座架构方面,用户链路可使用 Ku 和/或 Ka 波段进行高吞吐量场景;然而,为了更高的可用性和更小的终端用户设备,还建议卫星和 UTs 同时支持 L 波段和 S 波段操作。网关链路可以使用 Ku/Ka/V/Q 频段;存在卫星间链路时,可使用射频或激光链路。卫星网关通过三个选项连接:地面链路;现有的低轨卫星星座;或者地球同步轨道卫星系统。IP 核心网络类似于经典的 4G 长期演进(LTE)网络,边界网关充当 LTE 核心网络的分组数据网络网关(PGW)。与 4G LTE 核心网络对应的其他元件包括订阅服务器(相当于家庭订阅服务器)、管理服务器(相当于移动管理实体[MME])和安全服务器(相当于认证中心)。尽管服务网关未明确显示,但它预计将是卫星网关和/或 PGW 的一部分。

不同位置的网关直接或通过星间链路 ISL 与在轨 LEO 卫星连接(来自偏远海洋和极地地区的流量确保通过 ISL 路由到其中一个网关)。由于 ISL 的信道容量有限,它的使用需要额外的费用,而且只能为少数用户保留,这些用户无法看到与网关直接连接的轨道卫星。因此,仔细选择网关位置,可以最小化 ISL 使用的可能性。

3.1.6　混合组网星座

运行在各种不同轨道上的卫星由于功能不同且具备不同特点,因此将其进行关联构造混合组网星座十分有必要。

由于低轨卫星相对其他卫星其轨道高度较低,因此为了满足广域覆盖的需求,就不得不发射密集的卫星节点形成低轨大规模密集组网卫星星座。随着低轨星座规模的扩增一些问题也值得考虑[4]：

节点的密集意味着传输历经的卫星跳数增多，这就要求卫星在进行路由交换时要尽可能地减少传输延时，这样通常情况下是比较难实现的。一方面，这是由于卫星星座庞大造成的；另一方面，低轨卫星运动速度较快，拓扑变化较大，频繁的改变星座组网的拓扑构型会造成星间链路的切换。因此一味地增加低轨卫星节点数目并不能大力提升卫星星座的通信效率，需要进行多层次多轨道的卫星组网，充分发挥各层次卫星不同的功能，达到卫星网络的有机协同融合。

传统高轨卫星单星覆盖能力强，星载功能多，同时其可相对地球位置固定，但是高轨卫星距离远，通信延时较长。将高轨卫星与低轨卫星进行融合组网，设计多层高低轨混合组网卫星星座，使两者的优点进行结合。高轨卫星主要目标为针对下层所覆盖的低轨卫星，对其进行控制，计算并分发低轨卫星所需要的路由、对低轨卫星节点进行异常检测等功能，低轨卫星则面向地面或空中的用户，为其完成接入或中继通信服务。混合多层卫星组网在尽可能不增加卫星节点开销的情况下完成对地通信的广域覆盖，这种卫星组网架构拓扑鲁棒性强，亦可降低网络传输的路由开销。同时可在低轨卫星之间部署星间链路，通过星间链路的部署，形成卫星网络的互联，这样可弱化地面站的部署，这种优点适合我国在海外难设地面站的情况[5]。由于低轨卫星与高轨卫星功能区分明显，因此也不会增加过多的延时。综上所述，多层卫星混合组网可以发挥不同卫星轨道网络的优势，是未来卫星网络中较为重要的网络架构形式。

3.2 卫星物联网 Sat-IoT

随着科技发展，6G 网络要求物联网在为传统通信网络带来优势的同时，将服务覆盖进一步拓展到由于技术和/或经济原因通常不可达的地理区域，以提供无处不在的网络覆盖。目前电信提供商和企业正在寻找基于物联网的集成全球覆盖解决方案。

在无蜂窝连接偏远地区，许多不同行业[如交通（海事、公路、铁路、航空）、车队管理、物流、太阳能、石油和天然气开采、海上监控、公用事业智能、计量、农业、环境监测、采矿]需要上行数据量较小的网络服务，针对上述行业需求的特点，物联网成为适配上述场景的关键技术，然而物联网的运维管控以及数据回传需要回程网络支撑，因此，可以考虑将卫星网络建设成为回程网络，与现有物联网地面网络进行融合。卫星可在物联网中发挥特殊而重要的作用，赋能陆地网络中不可用或遥不可及的偏远地理区域。

卫星服务提供商已提出利用卫星为传感器网关提供回程网络功能[6]。为此，其引入了远程物联网[7]的范式，称为无处不在的万物互联[6]，以描述利用卫星通信作为物联网系统的经济有效解决方案的概念。进一步地，网络运营可以考虑其他类型的非地面网络（NTN），这些包括无人驾驶飞行器（UAV）、无人机、高空平台和飞艇。以上空间信息网络需要对网段之间的互通进行复杂的管理，以将消息传递到预期的目的地[8]。除了用于通信之外，卫星通常用于遥感地球和空间物理参数，并配备各种传感器（例如，用于大气监测），因此它们本身即为"特殊"的物联网节点。

如图 3-3 所示,机器类型设备(Machine-Type Device,MTD)和物联网服务之间的端到端连接由不同的网络实体组成。主要实体包括机器类型设备,其位于偏远地区,用于感知环境信息并且上报;支持物联网的卫星,形成一个覆盖地球上偏远地区的星座,用于对收集的信息进行实时处理或者实时回传;物联网网关或汇聚节点在需要和可用时可以部署在广域大规模 MTD 集群附近,目的是收集 MTD 生成的上行链路消息并将其发送到卫星星座,以及将从卫星接收到的下行链路消息转发给 MTD;地面站,部署在地球的不同位置,用于收集物联网支持卫星收集的聚合消息,并为它们提供要转发到 MTD 的下行链路消息。

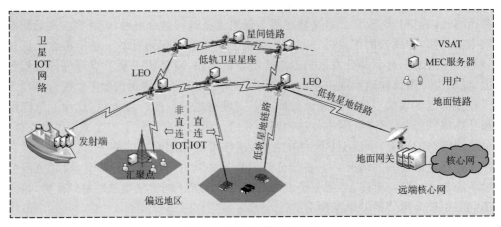

图 3-3　卫星物联网场景图

由以上场景图可看出,为了完成服务,首先需要对(地面)MTD 和服务物联网支持的卫星之间建立无线链路连接。总结目前研究中已有的架构,如图 3-3 所示,可分为两种配置方法方案[7,9],即:

- 非直连卫星 IoT(也称为物联网回程),其中 MTD 与(地面)物联网网关进行通信,而后者又具有通往物联网的双向链路以支持卫星。在间接模式下,可以利用现有协议,但部署区域受限于地面物联网网关的覆盖范围。
- 直连卫星 IoT(也称为直接访问),服务物联网网关部署在卫星上。在缺乏基础设施部署或 MTD 密度低的情况下,从 MTD 直接访问卫星是一种更具吸引力的解决方案。目前工业界正在开展相关研究。

从发展趋势上看,近年来不断有研究提出边缘计算与卫星物联网相结合的架构,边缘计算允许在传输之前或在中间阶段(例如网关或无线电接入点)对收集的数据进行本地预处理。更高级的范式允许边缘节点结合从其他传感器收集的数据对数据进行预处理。最近的相关研究工作表明,将边缘计算范式引入卫星领域逐渐得到关注。在太空中,卫星作为物联网节点的管道运行;数据从地面传感器收集、存储并在覆盖范围内传回到地面站。从卫星的角度来看,在这条管道上集成边缘计算有两种选择:一种为在本地或者汇聚节点进行处理计算,另一种为在回传过程中星上直接利用算力进行处理。传统卫星是针对特定应用设计和优化的,因此是高度定制的。因此,接受 MEC 范式的前提是进行范式转变。对于适应卫星的 MEC 框架,人们必须重新考虑卫星节点和地面站的作用,考虑到有限的星上资源和通信特定特性。可在卫星上部署一组更轻的功能单元,将控制和编排留在地面站。在文献[10]中探讨了在轨道上动态加载软件以及提供与云协调的服务的可能性,其中作者建议采用标准化的硬件平台与容错可扩展的卫星操作系统相结合,以便将卫星演进成为边缘计算节点。

目前卫星物联网使用的典型潜在场景有:(1)智慧电网;(2)环境监控以及(3)应急管理等。

(1)智慧电网

电网的建设理念来源于低碳社会的构建,旨在使电力网络通过适配策略以及应对措施为网络(发电/送电/配电/耗电)中的突发事件进行响应。该能力可有效降低发电,送电以及配电过程中的能量损耗,提升能量效率,同时可大幅提升高负载需求下电力响应的稳健性。

为了实现智慧电网的构建,需要给电力网络的不同区域提供近实时的双向信息流,目前电力网络适配的智能量表,自动监控系统以及能源管理系统已经就绪,其中各部分系统之间的通信系统快速响应会影响电力网络能耗开销,因此卫星在地面电力网络各部分通信中提升工作效率。具体体现为:海上风场/沙漠太阳能电厂以及偏远地区发电设施有效监控管理;由于目前10%的电力需求应用需要99.999 9%的高可靠运维,卫星可为广域电力交互通信提供高可靠备选链路;偏远地区变电站的监控与自动控制等。

当前,变电站的远程监管与自动控制与主要由监控与数据获取系统(Supervisory Control and Data Acquisition,SCADA)完成,该系统包括远程终端单元(Remote Terminal Unit,RTU),智能电子设备,上位服务器以及人机交互接口界面。系统服务器周期性的获取电网中的操作以及状态信息。通常情况下获取的数据速率较低,且传感节点多处于偏远地区,尤其对于分布广泛的乡村区域的配电网络来说,卫星物联可以提供低成本的高效服务[11]。

事实上,卫星网络在边远地区的油气管道以及能源探测领域已经有所应用,传统的卫星网络在广域边远低速率的物联监控区域能够提供良好的服务质量。但是随着能源电力网络的发展,低速的卫星网络对于广域情况的即时感知已经不再适用,快速的电力资源感知可为电力控制提供更为精确的问题预测能力,从而及时有效的避免可能出现的问题。众所周知,广域感知依赖于大范围海量异构传感器节点,为了实时地感知电力网络的各种状态,传感网络应在每秒上报20~60次的采集数据,因此对于部署在广域边远区域的电力网络来说,低轨卫星可充分发挥自身广域覆盖与低延时的特点,赋能未来电力网络。可行性研究表明,服务于不同流量特性的IP低轨卫星可满足智慧电网的带宽需求、可用性需求以及延时需求[12]。

(2)环境监控

在过去的几十年里,人类和野生动物的健康受到了严重威胁。环境监测的目的旨在提高环境质量,卫星的使用对于室外环境监测非常重要。环境监测是主要指探测以下破坏性现象:如山体滑坡、雪崩、森林火灾、火山爆发、洪水、地震。此类事件需要快速检测并需要由控制者进行快速干预。此外,环境监测还包括对空气和水污染、野生动物位置和活动的连续测量。

无线传感器网络（Wireless Sensor Network，WSN）非常适合此类 IoRT 应用，例如长期环境监测[13]。然而，环境监测对 WSN 的选择提出了更为严格的要求：一方面，无线传感器网络的节点数量多、成本极低、易于部署、维护成本低、电池续航时间长（可能使用太阳能）。网络中的节点可以是高度移动的（即监测野生动物）；另一方面，由于部分服务不需要实时操作，因此对通信延时的要求相当宽松，另一部分服务需要进行快速感知与回传，对延时要求较高。在这个框架中，卫星可以发挥关键作用，因为它们可以覆盖广阔的区域，卫星终端也可以在无需安装复杂庞大的系统。事实上，当前 L 波段的 M2M 卫星系统允许移动应用，例如野生动物监测，其中传感器连接到可能在非常大的区域上移动的动物。虽然这种低数据速率和延时松弛的应用场景对于基于卫星的解决方案来说似乎非常"容易"，但也出现了其他挑战。例如，在大多数应用中，使用非常节能的协议，尤其是MAC 协议尤为重要的。此外，MAC 算法必须考虑非常可变的拓扑结构和传感器节点的数量，并且节点的数量可能非常高。最后，监控系统的运行成本应保持在较低水平。因此，虽然当前的 M2M 卫星系统可能支持大多数应用，但需要更有效地使用卫星资源并对其进行适当的访问（通过特定的多址方案）。

（3）应急管理

地震、火灾、洪水、爆炸和恐怖袭击等灾难可能需要急救人员（First Responders，FR）干预的危机情况。为了帮助急救人员有效管理危机，亟需开发了紧急响应信息系统（Emergency Response Information Systems，ERIS），旨在提供增强的态势感知、自动化决策和快速响应[14]。即使现有的地面网络基础设施已经可以对灾难现场与外部网络（危机中心、带有应急计划的数据库、医院等）提供帮助，但事故现场的通信基础设施通常仅部分可用或已经被完全被破坏。在这种情况下，确保无线电通信以有效组织救援行动至关重要。对于这种缺乏通信手段的解决方案是将自组织无线网络部署的事件区域设定为事件区域网络（IAN），即激活自形成的临时网络基础设施进行通信交互控制回传信息，同时勾连目标区域，以支持不同公共安全之间的个人和本地通信响应用户（消防队、警察、医务人员等）。在这种情况下，IAN 可以替换受损的本地地面网络基础设施，当连接到卫星网络时，可以提供与远程危机中心的通信。这可以保证标准通信的连续性（例如与危机中心的语音通信），并允许交换与特定情况相关的数据，例如关于 FR 位置的数据、警报消息、电子地图，以支持 FR 在灾区提供服务。

3.3　星载在轨计算

卫星网络的敏捷灵活性是在 5G 以及未来 6G 网络环境中使用卫星的主要需求之一。实现这一目标的关键方法是提升星上板载的处理能力。

根据卫星的有效载荷，可将其工作方式分为三种不同的体系结构类别：弯管（Bentpipe）、数字透明（Transparent）以及再生处理（Regenerative）。弯管结构是经典的卫星结构，因为它提供了最低复杂度的基本通信功能。它接收信号，将其放大，转换为相应的下行频率，再使用功率放大器将其放大，以将信号下行至地面。由于信号在卫星内部不受影响,所有更高层(如网络和连接)功能都必须通过复杂的网关来解决,这些网关提供了与地面系统的必要连接,但可配置性较低。这种载荷结构主要用于广播系统,但也用于通信固定网关到波束连通性足够的地方。通过为路由目的节点添加额外的交换机,可在这些系统中引入部分灵活性。

数字透明处理器用于卫星,以引入更高级别的灵活性。该架构在信号传输路径中添加了一个处理器,用于过滤和切换/路由信号至所需波束。它不会重新生成信号,因此也可以用于模拟信号。对于不同的应用程序,该架构可能有许多不同的实现。如果需要大量通道,ASIC 结构可能是资源效率最高的实现形式。这种架构在信号处理能力(如滤波和路由)方面带来了很多额外的灵活性。但其比弯管结构更复杂,也更耗电。

再生处理器架构增加了额外的功能,因为接收信号可以再生,因此在整个链路预算内可以实现一些额外的增益。该架构与数字透明载荷架构非常相似,但其提供了不同或额外的信号处理功能。为了充分利用这种架构,可能需要解调和解码以及调制和编码。解调和解码的好处在于链路预算中的额外增益,因为信号中的所有失真和损伤都可通过该方式消除。再生板载还能够处理不同的终端尺寸和卫星上不同的接收功率,因此具有不同的信噪比(SNR)。信号再生后,这些信号可以很容易地发送地面站或其他用户终端。

近年来,随着硬件与板载能力的增强,具备较强能力的 CPU、FPGA、GPU 等模块正在或已经研制,也越来越多地应用到卫星在轨计算中。

3.3.1 星上 GPU

图形处理单元(GPU)是一种适配于高计算消耗业务的电路处理芯片,该芯片可对内存进行高速操作与处理,实现对图像帧的处理,加速其内容的显示。目前此类芯片主要应用在计算机视觉与高清图像处理等方面。对于并行处理大数据块的算法,它们的高度并行结构使它们比通用中央处理器(CPU)更高效。在个人计算机中,GPU 可以部署在显卡上,也可以嵌入在主板上。在某些 CPU 中,它们嵌入在 CPU 芯片上。GPU 和协处理器的内核比 CPU 小。在传统的 CPU 中,指令在访问内存的设备中连续执行,以获取任务所需的每一条数据。在 GPU 中,一个计算任务被分解成几个类似的子任务,这些子任务可以独立处理,完成后,其结果被合并。处理器的管道顺序类似于装配线,它包含一组串行连接的处理元素,任务工作量被划分为更小的子任务。任务的每个步骤都必须按顺序执行,以使产品符合规格。在核心逻辑中,这个过程与时钟周期配对。对于每个时钟周期,在管道中的任何阶段都会完成一个子任务。这允许多条指令按顺序进入管道。虽然它不会减少单个数据指令的处理时间,但在处理该数据时会增加系统的吞吐量。

在航空航天领域,制造商正试图减少星上嵌入式计算机板载的数量。因此,并行处理板开始在这些卫星节点中发挥作用。第一颗包含用于图像压缩的 GPU 的观测卫星是 COROT。COROT 是法国国家航天局(CNES)发起的宇宙观测项目,旨在完成探测绕其他恒星运行的系外行星和探索恒星内部的任务。在标准 CPU 处理中,图像投影和配准速度非常慢。这可能会延迟使用图像在位置重要的地方做出时敏的决定。海军研究实验室(NRL)开展了开发飞机检测系统的工作,该系统使用 GPU 处理高速视频以实时识别目标。

目前星上 GPU 用于处理对星观测、对地观测,激动目标识别等任务,对其进行预处理或处理。Ibeos 公司的 EDGE Payload Processor 是一个耐辐射、高性能和灵活的芯片[15]。EDGE 的架构是围绕高度并行的图形处理单元(GPU)技术构建的。板卡提供192 核 GPU 作为其主要计算引擎,采用耐辐射架构,提供在轨道上的计算。EDGE 使新一代的高性能、低成本在轨处理成为可能,并适合大多数航天器。其质量约为 400 g,典型操作功率小于 25 W,最大时钟速度为 2 GHz,计算吞吐超过 300 GFLOPS,辐射承受能力为 30 kRad。

使用边缘有效载荷处理器的潜在任务应用包括:图像处理、比较、采集和处理射频信号处理用于近距离和远程对接的计算机视觉软件定义的无线电和信道化合成孔径雷达(SAR)的数据处理、数据打包和压缩。

3.3.2 星上 FPGA

FPGA 代表可编程门阵列。它是一种集成电路,用户可以在制造后为特定用途对其进行编程。现代 FPGA 包含通过可编程互连连接的自适应逻辑模块(ALM)和逻辑元件(LE)。这些模块创建了一个逻辑门的物理阵列,可以定制这些逻辑门来执行特定的计算任务。这使得它们与其他类型的微控制器或中央处理器(CPU)非常不同,后者的配置由制造商设置和密封,不能修改。

FPGA 由连接在一起的逻辑模块构成。每个模块由一个可编程查找表组成,该表用于控制每个单元所包含的元素,并执行组成单元的元素的逻辑功能。除了查找表,每个单元还包含级联加法器。除此之外,板载还包含寄存器(用于执行最简单存储功能的逻辑元件)和多路复用器(开关元件)。

星载计算系统的 FPGA 板载一般是双冗余的、基于 FPGA 的 OBC 适用于信号/图像处理系统、人工智能(AI)和机器学习(ML)以及星座管理等空间应用。

目前较为典型的星上板载 FPGA 产品为 Telos 系列[16]。该板载适配信号/图像处理系统 AI 和机器学习星座管理中所需的可靠性,通过对 OrbAstro flight 软件或Linux 平台提供的数据和逻辑进行三模冗余(TMR)和错误检测与纠正电路(EDAC),提高了容错性和单粒子翻转(SEU)保护,以加速基于 Xilinx Ultrascale+MPSOC 的应用程序开发,该系统具有 ARM cortex A53 和 R5 64 位处理核心,与LPDDR4 存储器相结合,机械和电气接口可通过外部码头定制;与 PC-104 CubeSat标准兼容,支持计算机视觉(CV)和人工神经网络(ANN)。FPGA 信号处理块(FPGA DSP blocks)根据板载能力可部署 1.9 k~21.3 k 个模块,其中包含的 DSP 模块包含用于实现数字滤波器应用的输入移位寄存器,包括 FIR 滤波器和 IIR 滤波器,并且可以完成乘法器功能。

3.3.3　星上 CPU

由于卫星下行链路带宽瓶颈和功率限制,对低功耗、高性能、能减少通信数据量的星载有效载荷数据处理的需求也在不断增长。CPU 是计算机设备的核心,其负责对计算机指令进行逻辑操作并对计算机接收或生成的数据进行计算处理,由于中央处理器是可编程逻辑器件,因此可以对其进行定制化编程以达到相关功能的目的。星上中央处理器主要需要考虑的因素有以下几点。

（1）工作温度范围:子系统（通过主动或被动热控制）将卫星温度保持在特定范围内。如果微控制器能在该温度范围内正常工作,它就可以用于卫星。现有微控制器的平均工作温度为 $-40 \sim 80$ ℃。

（2）通信端口和协议:由于处理器需要与各种传感器和其他处理器交互,因此处理器具有足够数量的通信端口和协议至关重要。具有多个 UART 通道的微控制器优于仅具有一个 UART 通道的微控制器。类似地,具有 UART、SPI 和 I2C 通道的微控制器将优于仅具有 UART 通道的微控制器。其中,通用异步收发器（UART）用于发送或接收串行数据。PC 使用 UART 进行通信,该接口主要用于调试。串行外围接口（SPI）是一种同步、全双工串行通信接口规范。它使用主从结构进行通信。此接口通过使用单个从属选择（SS）线路进行选择,支持多个从属设备。I2C 总线使用双向串行时钟线（SCL）和串行数据线（SDL）,由于其双线性质,只能进行半双工通信。它是一种多主、多从、分组交换、单端串行计算机总线。数据和时钟是从主机发送的。控制器局域网（CAN）是一个平衡（差分）双线接口。该总线使用 NRZ 编码,以确保消息的紧凑性,使转换次数最少,同时确保对外部干扰具有较高的恢复能力。SpaceWire 总线提供双向串行互连,使用一对单向线路构建可扩展的并行系统。IEEE 1355 定义了物理和数据链路层。电气接口指定为标准晶体管逻辑（TTL）。

（3）粒子辐射:一般来说,在计算领域,推动处理器技术向前发展的主要方法是减少特征尺寸和提高时钟频率。目前制造商让晶体管越来越小,从 240 nm 到 65 nm,再到 14 nm,再到现代智能手机中的 7 nm 设计。晶体管越小,开关所需的电压越低。这就是为什么功能尺寸较大的旧处理器大多不受辐射的影响,或者说,不受所谓的单事件翻转（Single Event Upsets,SEU）的影响的原因。通常地面上粒子撞击产生的电压太低,无法真正影响足够大的计算机的运行。但当面向太空的芯片以特征尺寸减小,将更多晶体管封装到芯片上时,宇宙钟这些粒子产生的电压就足以引发麻烦。

现代处理器频率可以在短时间内达到 5 GHz 的指标。时钟频率决定处理器在给定时间内可以经历多少个处理周期。辐射的问题在于粒子撞击只会在一个非常短暂的时间内（称为锁存窗口）损坏存储在 CPU 内存（如一级或二级缓存）中的数据。这意味着每秒带电粒子造成损害的机会有限。在 386SX 这样的低时钟处理器中,这个数字相对较低。

但当时钟速度提高时,每秒锁定窗口的数量也会增加,这使得处理器更容易受到辐射的影响。因此抗辐射处理器的时钟几乎总是比商用处理器低。

目前较为先进的星上 CPU 相关处理产品为 Xiphos system 公司生产的 Q8JS 处理器[17]。该产品包括由大量可编程逻辑资源支持的多核 CPU 和广泛的硬件接口,包括每秒千兆位的接口。具备四核 1.2 GHz 的 ARM Cortex-A53 以及双核 500 MHz 的 ARM Cortex-R5。

3.4　小卫星与高通量卫星

小卫星具有严格的成本和进度限制,通常与单一任务目标相结合以降低复杂性。如图 3-4 所示,根据重量小卫星可划分为:其中皮卫星(0.1～1 kg)、纳米卫星(1～10 kg)、微型卫星(11～100 kg)和小型卫星或中小型卫星 (101～1 000 kg)[18]。

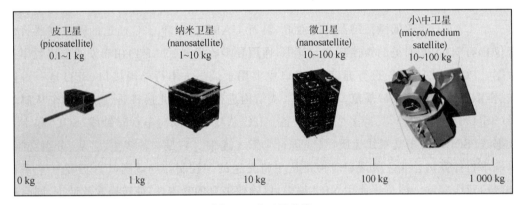

图 3-4　小卫星分类

其中最著名的纳米卫星标准为立方体卫星标准(CubeSat)。CubeSat 可以有各种尺寸,但它们都基于标准的 CubeSat 单元,即一个 10 cm×10 cm×10 cm 的立方体结构,质量在 1 到 1.33 kg 之间,这个单位被称为 1U。最早的六颗 CubeSat 于 2003 年 6 月 30 日在俄罗斯 Eurockot 上发射。经过十多年,CubeSat 在大学实验室中悄然成熟,近年来该卫星逐渐吸引航天机构的注意,事实表明基于 CubeSat 的任务可靠性可以通过适当的改进来提高工程应用能力。当前许多最初 CubeSat 的设计限制(最显著的是尺寸、可用功率和下行链路带宽)已经不复存在。几年之后,模块化单元将会成倍增加,更大的纳米卫星目前已经较常见(1.5U、2U、3U 或 6U)。现今,Cubesat 已进行了重新定义。当前的 CubeSat 设计规范定义了 1 U、1.5 U、2 U、3 U 和 3 U+ 以及 6 U 外形尺寸的包络(参见 CubeSat Design Specification Rev. 13 或 6 U CubeSat Design Specification in[19]),并且 12 U 和 16 U 的标准化正在进行中,尽管一些公司已经制定了高达 27 U 的标准[20]。另一方面,较小的皮卫星,即所谓的 PocketQubes,大约是 CubeSat 的 1/8,也已开展标准化进程[21]。

基于 CubeSat 标准的纳米卫星开发保证了研发成本,该卫星可适配广泛的发射方式和太空火箭的多样性。CubeSat 标准化开辟了使用商业电子部件的可能性以及众多技术供应商的选择,因此与其他类型的卫星相比,CubeSat 工程和开发项目的成本大大降低。

目前美国是皮卫星和纳米卫星领域最大的参与者之一。皮卫星和纳米卫星中有一半以上的卫星的目标任务持续时间未知,但对于已知的皮卫星和纳米卫星,它们的目标任务持续时间从几天到五年不等,其平均任务持续时间约为八个月,这表明大多数皮和纳米卫星的建造寿命相对较短。Cubesat 的典型结构如图 3-5 所示[22,23]。

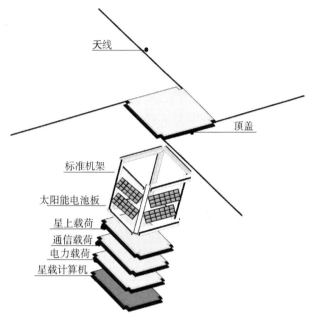

图 3-5　Cubesat 结构

电源供电:为了延长小卫的服务寿命,大约四分之三的微型和纳米卫星都配备了太阳能电池。砷化镓(GaAs)太阳能电池使用最多,因为它们提供高达 30% 的非常高的转换效率。近年来随着能量转化率的提高,微微卫星和纳米卫星中也使用硅太阳能电池。目前只有少量小卫星有可展开的太阳能电池板,所有其他有太阳能电池板的卫星都安装在机身上。在这种情况下,结构的大小限制着太阳能电池板的面积。

姿态和轨道确定与控制:几乎 40% 的皮卫星和纳米卫星具有主动姿态控制,而同样数量的卫星通过磁性材料具有被动控制系统。剩余卫星根本没有任何姿态控制,让卫星在太空中自由翻滚。目前小卫星上最常用的传感器是太阳传感器和磁力计。

通信:大多数皮和超小型卫星的下行链路频率在 UHF 频段,并以数字调制形式传输其数据。典型的数据速率在 1 200～9 600 bit/s 之间,但也大于 80 kbit/s 的更高速率。除此以外小卫星还使用 VHF 频段和 S 频段(有时作为辅助下行链路频率)。VHF 限制了实际数据速率(9 600 bit/s),而在 S 波段上使用高达 256 kbit/s 的高数据速率。

如表 3-3 所示,目前已经发射的 Cubesat 卫星总结如表 3-3 所示[24]。

表 3-3　近年发射的 Cubesat 卫星

组织	已发射数目	首次发射时间	尺寸参数	用途	技术描述
Planet Labs	355	2013 年	3 U	地球观测	29 MP 传感器;3.7 m 地面分辨率;从 475 km 高度拍摄 24.6 km × 16.4 km 的区域
Spire	103	2013 年	3 U	天气、AIS、ADS-B、地震	测量在通过大气层后接收 GPS 信号变化,以计算温度、压力和湿度的精确参数
GeoOptics	7	2016 年	6 U	天气	使用 GPS 无线电掩星数据获取天气情况
Swarmtechnology	7	2018 年	0.25 U、1 U	IoT/M2M	世界上最小的双向通信卫星
Fleet Space	4	2018 年	3 U、12 U、1.5 U	IoT/M2M	主星座可能具有 12 U CubeSats
Sky and Space Global	3	2017 年	8 U、6 U、3 U	IoT/M2M 通信服务(语音、数据和 M2M)	计划使用卫星间链路
Kepler Communications	2	2018 年	6 U、3 U	IoT/M2M, Internet IoT/M2M 数据通信网络	基于数据量的月费。希望达到 1~40 Mbit/s 的速率
国电高科	2	2018 年	6 U	IoT/M2M	提供可靠和经济的卫星物联网服务和行业解决方案
AISTech	2	2018 年	2 U、6 U	IoT/M2M、ADS-B、AIS、红外成像	双向通信、热成像探测森林火灾、航空跟踪(ADS-B)
Commsat	7	2018 年	6 U、3 U	IoT/M2M	AIS Ladybeetle 1 is 100 kg 和 3 个 6 U 的 CubeSats 和 3 个 3 U 的卫星

　　目前尽管工业界与学术界对小卫星研究发展做出了很多卓越贡献,当前小卫星通信发展依旧存在较多挑战:(1)目前较大的卫星可以配备足够的燃料对其本体进行控制推进,而小卫星由于其质量受限,能够携带的燃料并不多,即使可以携带少量压缩燃料,这些燃料可维持推进控制的周期也较短,因此需要大力发展电力推进或者新型燃料的研发,保障小卫星通信系统的推进控制。(2)电池电量也是小卫星通信系统值得关注的问题,无

线电转发高频信号需要电源的支撑,小型卫星的蓄电池与太阳能帆板都比较小,因此需要特别关注该问题。(3)尽管科学界提出了一些适配于小卫星的小型化天线阵列以及激光对准接收器,目前工程缺乏有效实践支撑,需要额外对暴露在外太空中的上述器件进行辐射下的性能测试。由此可见,小卫星的发展依旧充满机遇与挑战。

与此同时,近年来卫星通信技术的进步亦促进新的"高通量卫星"(HTS)发展,该系统提供的吞吐量显著增加。这些卫星支持不同的用户需求和用例,从"连接未连接"到为行业、中小企业和所有最终用户提供安全和弹性的通信。目前重要高通量卫星总结如表 3-4 所示[25]。

表 3-4　近年设计的高通量卫星相关参数

系统	公司	卫星数	质量/kg	吞吐量/(Tbit/s)	轨道
OneWeb	OneWeb	648	175～200	7	LEO
O3b mPower	SES	7+	1 200	9+	MEO
信威	信威	30	135	—	LEO
Starlink	SpaceX	4 425	400	～10	LEO

HTS 系统代表了新一代卫星通信系统,与传统的固定、广播和移动卫星服务(FSS、BSS 和 MSS)相比,该卫星架构能够提供巨大的吞吐量。HTS 系统架构的一个根本区别是使用多个"点波束"而不是宽波束来覆盖所需的服务区域,这带来了双重好处[26]。

(1)更高的发射/接收增益:由于其更高的方向性和更高的增益,更窄的波束导致功率(发射和接收)的增加,因此可以使用更小的用户终端并允许使用更高阶的调制,实现每单位轨道频谱具备更高数据传输率。

(2)频率复用:当一个所需的服务区域被多个点波束覆盖时,多个波束可以复用相同的频段和极化,从而提高卫星系统在分配给系统的给定频段的容量。

目前许多 HTS 系统已被送入轨道,并且已经提供了 Gbit/s 级别的容量。它们的通信频谱可以部署在几个频段,但通常使用 Ku 频段和 Ka 频段。系统频段的选择对整体体验具有重要影响。

首先,Ka 频段可实现更窄的波束,因此卫星天线增益更高,链路预算得到改善,因此给定天线尺寸的吞吐量更高。对于给定所需的最终用户天线增益,Ka 波段导致用户终端天线更小,或者对于给定的最终用户天线尺寸,增益更大,因此射频链路预算更好。其次,更好的链路预算允许使用更高阶的调制和编码方案,从而实现更高的频谱效率、更高的吞吐量和更具成本效益的 Mbit/s。最后,Ka 频段可实现更多频率重用,因此由于部署的波束通常较小,系统容量更大。这也允许制造商提供定制化、优化的覆盖范围。

高通量卫星由于众多技术创新而发生了巨大的发展,例如:

卫星功率增强:通过使用更高效的太阳能电池阵列(系统的效率接近 30%,而标准硅电池的效率约为 12%)、锂离子电池、掌握热控制、使用电力推进(等离子)等。星上从 20 世纪 10 年代初期的几千瓦功率发展到目前的功率超过 20 千瓦。

改进的有效载荷技术：能够赋形大量波束的多波束天线（单颗卫星上最多 100 个）、轻质量的反射器、更多的板载电子集成和处理能力、射频组件的尺寸和质量[例如单片微波集成电路（MMIC）、高功率放大器效率的提高、Ka 波段射频组件的可用性等]。

增强的数字通信技术：更加先进的数字调制和更高效的信道编码技术（Turbo 码、低密度奇偶校验（LDPC）等）、自适应调制和编码技术的实施（例如 DVB-S2X 标准）、改进的多路访问技术等。

TCP 加速技术：通过利用诸如 TCP 欺骗、窗口缩放和使用替代拥塞避免机制等技术来提高卫星通信网络的性能。

与以前的系统相比，HTS 系统架构的一个根本区别是使用多个"点波束"来覆盖所需的服务区域，而不是宽波束。这些点波束带来了双重好处，一方面，卫星具备更高的发射/接收增益。由于天线的增益与其波束宽度成反比，因此更窄的波束导致功率增加（发射和接收），因此可以使用更小的用户终端天线。更大的可用功率还允许使用更高阶的调制和编码方案（MODCOD）。这些较高的 MODCOD 提供"高频谱效率"，定义为每单位使用频带的传输比特率。频谱效率越高，使用的每单位轨道频谱的数据传输率就越高。另一方面，可进行频率复用，HTS 系统利用航天器天线的高方向性来定位点波束足迹，允许多个波束复用相同的频率。如果波束分离得足够远，则使用窄分离波束的频率重用因子在理论上等于波束的数量。然而，给定区域的连续覆盖需要波束重叠，这意味着在相邻波束中使用不同的频率和极化以避免干扰。

未来的 HTS 系统将影响卫星通信行业。近年来，HTS 系统通过以更实惠的成本实现更高的容量，从而改变了卫星通信行业，未来几年还将推出几个进一步的 HTS 计划。这些未来的 HTS 系统将进一步扩大足迹，显著增加可用总容量，并加速向更实惠和更高容量的趋势，以有效和高效地满足卫星数据传输的需求。主要包括以下两点：

（1）总体而言，在大多数客户使用地点，几乎所有时间，使用较高频带所带来的 C/N_0 改进都超过了大气损失和系统噪声带来的任何不利因素。这为许多位置的高频 Ka 系统提供了频谱性能优势。即使在这种情况下，通常也会使用其他缓解策略（例如上行链路功率控制、自适应编码和调制以及多样化网关站点）来提高链路性能并使情况对最终用户有效透明。因此，未来 HTS 系统的潜在用户应考虑 Ka 波段系统更高的整体频谱效率，以及该频段在大多数情况下的普遍更高性能，并仔细考虑驱动参数与其实际用例的相关性和部署站点。

（2）Ka 频段中更大的频谱可用性和与更窄的波束相结合，使卫星运营商能够以通常更具竞争力的价格在这些频率上提出更多容量。

3.5 星 上 路 由

路由是跨网络从源端到目的端地址信息流动的行为；在此过程中，通常会遇到至少一个中间节点。路由可被视为选择发送数据包路径的过程。路由协议使用相关指标来评估数据包传输的最佳路径：例如路径带宽、可靠性、延迟、该路径上的当前负载等，路由算法使用收到的包头中的相关信息确定信息传输所需要经过的最优路径。在计算最优路径之前,需要进行路由表的初始化过程,而后在系统运行的过程中要实时进行路由表的维护与更新。

路由表中主要填充下一跳地址,旨在将目的地/下一跳的地方告诉路由器,路由器逐步地通过将数据包发送到到达最终目的地途中的"下一跳"的特定节点来完成选择到达特定目的地的最佳路径。当路由器收到传入的数据包时,它会检查目标地址并尝试将此地址与下一跳相关联。某些路由算法允许路由器根据不同指标的最佳情况为单个目的地选择多个备选"下一跳"。

相比地面网络路由,卫星网络的拓扑结构随着时间和空间的不断变化,一个卫星网络经过一长串网络拓扑的拓扑切片。拓扑切片对应卫星网络在特定时刻的拓扑。当添加新的星间链路(ISL)或破坏现有的 ISL 时,就会形成一个新的拓扑切片。每个拓扑切片具有各自的生命周期,包括开始和结束时间。这些拓扑切片之间的路由是一项较复杂的任务,因为 ISL 会因为时间推移不断添加以及中断。路由的好坏将直接影响整个网络的性能和通信质量。不同的服务有不同的服务质量 QoS,例如,文件传输关注丢包率,而语音传输关注延迟和抖动。

根据卫星网络系统的结构,卫星网络路由可分为以下三个部分。

(1)边界路由:星地网络需要考虑卫星网络与地面网络信息交互的过程,因此需要开发卫星网络和地面网络边界路由协议,实现地面网络和卫星网络的融合。该协议可以实现地面网络和卫星网络之间的无缝互操作。卫星—地面路由协议应运行在每个地面自治系统(AS,Autonomous System)的地面信关站上。它针对全网进行路由广播,同时发现更优路径,与陆地网络中的边界网关协议(BGP)发挥相同的作用。

(2)接入路由:又称 UDL 路由,一般根据 UDL 生存时间、延时和信号强度,负责为地面移动用户和地面基站寻找接入卫星。

(3)星间路由:当数据包上传到接入卫星时,星间路由负责寻找从接入卫星到输出卫星的一条或多条路径,以满足一定的 QoS 要求。

边界路由的问题发生在卫星网络和地面网络的集成中。卫星网络系统可以被视为具有不同地址机制的独立 AS 系统。为减轻卫星网络的负担,地面网关应作为卫星网络的边界网关,负责网络地址的转换。因此,传统地面网络的外部网关协议,如 BGP 协议,可用于卫星网络和地面网络之间的路由。由于内外部参数不同,卫星和地面网络的融合难度很大。

接入路由实现相对容易。接入路由兼顾卫星节点过顶时间与无线链路的信号强度,为地面移动用户或地面基站寻找接口卫星。通常情况选择覆盖时间最长的 LEO 卫星作为接口卫星,这样做的好处是减少了 UDL 链路切换和协议开销。根据 UDL 的信号强度选择 LEO 卫星作为地面基站的接口卫星。具有最强 UDL 信号的卫星通常是离地面基站最近且距基站仰角最大的卫星。该选择方法计算简单,可以保证当前的通信质量。

星间路由指源节点与目的节点均在卫星星座中的卫星路由技术。针对星间路由主要分为集中式路由算法与分布式路由算法。传统的路由算法为集中式路由算法,为了描述当前的网络状态,集中式路由算法应经常收集节点和相关链接的状态。集中式路由算法在很大程度上依赖于这个过程的频率和准确性,而这又取决于所收集信息的变化率。常用方法是利用网络动态并定期评估每个 ISL 中的传播延迟,将其视为路由计算过程中要最小化的度量。研究通常采用某种集中式算法对网络整体进行规划。例如在文献[27]中,提出了一种面向基于 ATM 的 LEO/MEO 网络的集中式路由方案,该方案依赖于 Dijkstra 最短路径算法计算任意点对点卫星之间的最佳路径。Werner 通过引入启发式度量来扩展该方案,计算文献[28]中每个 ISL 的成本。所提的指标根据链路相对于地球表面的位置评估 ISL 的持久性以及预期的传入流量。概率路由协议[29]代表了一种类似的方法。该协议考虑了 ISL 的传播延迟和连接性,以便最大限度地减少由于构成路径的 ISL 之一中断而发生的重新路由尝试的次数。

考虑到卫星的运动是确定性的,到目前为止上述方法工程实现的复杂度较低。但是,此类方案的设计均不考虑业务的流量大小。为了弥补上述缺点,Mohorcic 等人提出了一种集中式路由协议,该协议也基于文献[30]中的 Dijkstra 算法。该协议使用了一个成本度量,该度量同时考虑了传播和排队延迟测量。

上述所有算法都使用主动路由计算,这将涉及高开销问题,并且该方法还深受网络规模和连通性的影响。到目前为止,所有方法的目标系统都仅涉及一个由数十到数百颗卫星组成的天体网络,这引起了部分学者对路由协议的可行性和开销要求的怀疑。此外,考虑到相邻卫星(通常是 4~8 个 ISL)的连通性,保持开销较低的传输任务方案可能会受到质疑。总开销也受更新频率的影响,这取决于协议交换信息的速率。例如,对于流量自适应协议,应选择路由表更新间隔来捕获流量变化,这会导致开销增加。在 LEO 卫星系统的情况下,甚至每条链路的传播延迟都会迅速变化。尽管大约秒级的更新间隔提供了对传播延迟变化适配,但当需要对与流量相关的指标(即排队延迟)的适应时,定期更新可能会导致高开销。事实上,到目前为止,关于评估卫星系统中提出的路由算法的相关开销的统一方法还很少。

集中式路由算法的另一个主要缺点源于它们的集中实现方式。将计算的负担交给一个点会带来一些重大问题,例如可靠性降低,时效性不强等。此外,收集路由信息和分发路由决策所涉及的延迟会降低网络性能。为此存在另一种分布式路由方案,该方案独立地路由每个 IP 数据包并且不会产生信令开销。尽管如此,为了避免拥塞的链路,应引入队列等相关阈值,超过该阈值数据包会偏离拥塞较少的路由。分布式路由提出的策略的关键概念是消除在高度连接和大型网络(如 LEO 星座)中定期路由计算的需要,以最小化路由开销。此外,主动方法对算法准确性有影响,因为它们只能在特定时间间隔内为每个源—目的地对提供最佳路径的估计。这种估计依赖于上次计算中收集的有关网络状态数据,信息网络状态变化越频繁,路由算法的性能就越差。

3.6　星上波束赋形

波束赋形技术使用多天线相控阵,借助电磁波原理中的干涉技术达到空间定向发送信号的目的。此技术在信号发送端与接收端均可进行使用。

低地球轨道(LEO)和中地球轨道(MEO)卫星星座数量的增加,以及专用地面站向卫星通信服务的转变,推动了卫星和地面终端天线需求的进步和变化。地面终端现在可灵活跟踪多颗卫星,而卫星天线系统正在进行革新,以实现高通量卫星(HTS)的目标。

波束成形卫星系统通常使用直接辐射阵列(例如 Spaceway)或从孔径反射的辐射元件(例如 TerreStar 和 LightSquared)。这两种类型的波束形成器都可以由数字波束形成处理器进行实现。这些系统使用一组连接到数字处理器的辐射或接收天线,然后根据需要调整信号以执行波束成形。波束形成器可以在需要的地方移动波束、带宽和功率。波束成形系统中的功率也可以根据需要在覆盖区域周围移动,这种功率分配的灵活性取决于航天器有效载荷和天线架构。

目前数字波束赋形在卫星天线阵列中研究得较为广泛。数字波束赋形是一种使用数字信号处理(DSP)技术改变天线阵列辐射方向图的方法,该技术不需要额外的模拟硬件来操纵馈送到各个天线元件的信号的相位或振幅。这样,DBF(Digital Beamforming)天线系统中所需的射频硬件是发射/接收(T/R)模块(TRM)、射频前端(RFFE)以及可能的频率转换硬件。使用 DBF 控制天线辐射方向图可以有效地创建"智能"天线,其性能可以通过软件改进或适应新的要求,并具有波束形成天线阵列的所有固有优点。此外,DBF系统可以采用各种自动化技术,这些技术可以减轻干扰,为特定用户优先分配波束和吞吐量,并且可以远程重新编程,而无须改装或修改现有硬件。

DBF 是控制天线阵列的模拟波束形成或混合波束形成方法的替代策略。模拟波束成型(ABF)是传统的波束形成方法,它使用模拟/射频移相器和振幅调整,通过可变衰减器或可变增益放大器完成。混合波束形成使用信号中的一些数字处理组件,通常一些DSP 功能用于基带处理和频率转换,然后发送到模拟移相器和幅度调整硬件。而 DBF 系统不再需要模拟硬件,它主要使用低噪声放大器、功率放大器(PA)、限制器/输入保护、天线滤波器、阻抗匹配、双工循环器/隔离器/开关以及互连。此外,DSP 技术可以通过 DBF通信链路实现,该链路可以无视射频硬件中的损伤并提高性能,这种方法甚至可以增强射频硬件性能,但会降低通信系统的使用寿命。

考虑到射频硬件对环境条件的敏感性,在传统的空间应用或任务型卫星中使用非空间级射频硬件是不可行的,因此,在新的卫星系统中目前主要使用更紧凑、可重新编程的数字硬件取代射频硬件。LEO 和 MEO 卫星星座的实时卫星跟踪是一项极端的工程挑战,尤其是当目标是将用户地面站硬件的成本降至最低时。因此,用于地面站硬件的DBF 系统和天线阵列可实现近瞬时跟踪,而无须大型、昂贵且可能不可靠的机械跟踪硬件以及重型抛物面天线碟。虽然对地面站硬件的要求通常没有空间硬件那么严格,但使用 DBF 系统仍将减少地面站硬件的尺寸、重量,甚至可能降低成本,并提供更好的用户体验。

3.7 多波束与跳波束

与地面蜂窝网络类似,提供宽带 IP 服务的卫星系统正在从单波束向多波束的架构转变,架构中的多波束通常在 Ka 频段运行。多波束卫星的有效载荷配备了多个馈源,以便信息以一定的频率重用模式同时发送到地面上的不同点波束中。这样的配置可以在分离的波束中有效地提升带宽利用率。但是,朝向某个波束的发射信号通过其天线旁瓣部分地辐射到相应的相邻波束。尽管相邻波束的接收功率水平较小,但周围产生的干扰会累积,因此通信链路会遭受可实现的信干噪比(SINR)的下降,这取决于频率复用方案和用户终端位置。

卫星的波束投影允许以不同的速率分别向地面发送不同的信息流,并结合自适应编码和调制(ACM)以匹配底层信道条件。然而,在多个点波束上重复使用频率会在相邻波束之间产生同信道干扰。实际上,由于无法完全隔离点波束,因此需要精心设计它们之间的重叠,从而控制载波与同信道干扰比 C/I。

为了应对这种系统内干扰,卫星运营商和制造商试图将相邻波束的频带分开,以减轻干扰。通常频带被分为四个子频带,因此相邻波束具有不相交的频带。除此以外,基于发射机的干扰抑制方案(预编码技术)被研究者广泛使用。

预编码的作用是"还原"多波束干扰信号,以便接收器可以执行单用户检测,同时保持高 SINR。这样,与正交传输相比,可以利用通过更高频率重用获得的额外频谱,并且可以提供更大的系统容量。然而为了实现预编码过程,接收器需要向发射器提供高质量的信道报告。对于星上多波束来说,这是实现预编码的一个挑战。除了难以在发射机处获取最新的信道状态信息外,工程标准中 DVB-S2X 由于使用多播其码字(帧)中包含用于寻址多个用户终端的数据位,即一个给定的码字总是需要由多个接收器解码。这种现象导致提供的频谱效率降低,因为具有最低 SINR 的用户终端通过 ACM 确定速率分配。所以 在同一帧中寻址多个用户会增加预编码复杂性,因为需要为单个码字考虑不同的空间签名。属于同一波束的不同用户会有不同的信道向量,导致预编码性能差。这是多波束预编码抑制干扰的另一个挑战。除了提出的多波束卫星系统中的预编码问题外,最重要的一个问题是馈线链路带宽瓶颈。多数文献中关于多波束预编码的一个常见假设是无限带宽的馈线链路。实际上由于馈线链路频谱有限,考虑到系统中的所有点光束都由单个信关站提供服务是不切实际的,因此,对于大型卫星系统,为了提供多波束服务,馈电链路下的多信关站应该被考虑在内。

跳波束是一种卫星传输波束资源在用户之间及时共享的技术。与传统的 TDM 不同,跳波束信息传输发生在指向目的地的定向波束内。显然,可以在卫星中安装几个这样的发射机。首先,它允许通过波束之间的空间隔离实现频率重用,从而增加系统容量。其次,与多波束体制不同,跳波束体制仅将辐射的射频功率集中在需要的地方来有效提升卫星功率的利用率。

一般而言,跳波束体制比动态带宽分配和灵活的功率分配能够提供更高的吞吐量,并且更好地满足流量需求。跳波束的灵活性仅受限于波束可以提供的最大容量。而由于波束可以在两种偏振状态复用整个频段,因此跳波束体制具有更大的潜力。

尽管跳波束体制存在上述优点,系统还存在一些技术挑战:

(1)卫星终端需要在前向链路中接收突发传输,而目前用于 GEO 和 LEO 卫星的终端大多设计都是连续接收模式(即前向链路固定且持续在线)。

（2）波束跳跃会引入额外的延迟，并且在某些情况下会引入延迟抖动。

（3）有效载荷应该能够将传输切换到正确的波束，并根据有效载荷架构与网关同步，因此应正确规划带宽和功率，同时设计跳波束资源的点亮策略以优化这些资源的利用并有效地满足所需的需求。

3.8　星地软件定义网络与服务功能链

3.8.1　软件定义网络

软件定义网络和网络虚拟化（NFV）技术被定位为提高卫星和地面系统的核心使能技术[30]。软件定义网络 SDN 已经在地面网络中得到了广泛应用和发展，并取得了一定的成效。而基于 SDN 的卫星网络的发展才刚刚开始[31]。本质上，SDN 将只转发数据包的数据平面和控制平面分离开来，控制平面是网络的集中管理层。在这种情况下，它简化了复杂和异构基础设施的连接，架构具有全局网络视图和一定的中央控制能力。这改善了卫星之间的协作和异构空间系统的兼容性。

与传统的地面 SDN 网络类似，软件定义的卫星地面网络可以分为三个功能平面：数据平面、控制平面和管理平面。通常，数据平面由卫星和地面交换机组成，只需执行基于流的数据包转发。管理平面包括网络应用程序、服务接口和网络状态管理。在这一层中需要监控不同的网络特征。控制平面由位于地面站和地面网络中的控制器组成，这些控制器集中了所有网络智能，并对路由、切换和资源分配等执行网络控制。

卫星地面软件定义网络中两个重要的功能是：资源管理以及路由功能。

资源管理：基于 SDN 的灵活卫星资源管理可推进典型的卫星宽带接入服务，使用户能够以灵活和弹性的方式动态请求和获取带宽和 QoS[33]。该方案可优化网络资源的利用率，还可以实时执行网络配置和调整。此外，卫星和地面接入网络的资源可以进行联合分配。也就是说，广域网（WAN）、5G 网络和卫星网络等网络资源在网络之间分配是即时灵活的，特定的服务提供时间段内各种网络资源可以进行联合。这个过程可以动态地提供不同 QoS 的服务[34]。

这种基于 SDN 的卫星和地面网络的灵活联合需要高效的流量控制。流量控制的主要目标是最小化功耗、最大化平均网络利用率、提供优化的负载平衡和其他通用流量优化技术。其中负载均衡方案是最早的解决方法。它在充分考虑网络负载、链路条件和服务器容量的情况下，在可用路径/网络链路和可用服务器之间分配流量。在这种情况下，负载均衡服务缓解了网络拥塞，避免了瓶颈情况，简化了网络服务在网络中的放置，为网络整体利用率和网络服务器提供了更大的灵活性。因此，在需要动态扩展的大型集成系统中，流量优化对于大型服务提供商尤为重要。最近的工作表明，优化配置规则可以提高网络效率。在所有类型的网络中，流量控制都是一个关键问题，因此，在基于 SDN 的综合卫星地面网络的背景下，该领域内容尤为重要。

路由机制:在任何网络中,路由始终是最基本、最重要的功能,其首要任务是保证数据包的端到端传输。为了实现这一目标,路由方案是根据网络特征输入定义数据包从一点流向另一点的路径。高效、智能的路由协议应该能够为各种网络条件提供灵活的调整。网络参与者的多样性、网络拓扑的复杂性和动态性对基于 SDN 的星地综合网络中的自适应路由机制提出了挑战,星地网络中需要实现同一域内和不同网络域之间的互联。在传统的综合卫星地面网络中,不同协议的互操作性是主要问题之一,而在 SDN 模式下,整个系统的规则是相同的,系统的组件遵循相同的指令,这已经消除了这个问题。

在这种系统中,路由机制需要着重考虑的方面包括处理频繁变化的网络拓扑,以及保证各种服务的 QoS 要求[35]。大规模、高度动态的拓扑变化导致网络节点和控制节点动态变化(如卫星和地面终端的相对高速),这带来了更多的困难。

卫星和地面网络拓扑结构变化很难保持稳定。静态路由显然不适合这种大延迟网络,而动态路由则相当消耗资源。此外,对网络身份的指控在此类网络中也很重要。在基于 SDN 的系统架构中,显示网络状况的控制消息需要跨不同的平面传递,这会增加控制层面的开销。因此,在灵活性和控制成本之间进行权衡的方案对于基于 SDN 的综合网络至关重要[36]。其次,当考虑到服务质量(QoS)时,路由机制是根据 QoS 参数和链路质量来选择最佳路由的。在路径选择算法中可以使用不同的度量(例如延迟、丢失率、抖动和吞吐量),以实现特定目标下的高水平服务满意度。例如,不同的服务应用(例如语音呼叫、数据传输和视频流)需要不同方面和级别的服务质量(例如短延迟、高带宽和高安全性)。而在卫星地面网络中,考虑到网络特性(如 GEO 卫星提供长延迟和全球范围的传输,LEO 卫星可以为互联网浏览提供低延迟,但成本高昂,而地面链路保证了低延迟和可能的高带宽),如何开发这种全面的应用感知路由机制,以实现综合网络的最佳利用至关重要[37]。

软件定义的星地融合网络 SDN 在灵活性和可扩展性、安全性等方面可极大地发挥作用。灵活性和可扩展性:网络虚拟化技术是为了降低卫星网络运营商的成本,使得功能升级和更换快捷方便且灵活。虚拟化应用于物理网络基础设施,抽象网络服务以创建一个灵活的传输容量池。从本质上讲,卫星地面网络中的网络虚拟化包括基础设施虚拟化和资源虚拟化,资源的虚拟化就是对大量可用资源进行抽象和共享。网络功能的虚拟化使基于 SDN 的体系结构能够集中升级和维护,而不是在基础设施上逐一操作[38]。例如,在网络虚拟化范例中,PEP(性能增强代理)将不再作为专用的 middelbox 实现,而是可以在不同设备上运行的软件中实现。这样,PEP 功能可以专用于通信上下文[例如专用于 ST(卫星终端)]并且可以根据应用需求(安全性、移动性、性能等)进行调谐。这样,如果 ST 从一个卫星 hub 切换到另一个卫星 hub,其专用虚拟 PEP 将迁移到新集线器,并将继续执行适当的 TCP 优化[2]。目前,控制器组成的模块化和灵活性仍在持续进行研究。借助虚拟化技术,SDN 有可能以更高的效率促进网络应用程序和服务的部署和管理。然而,迄今为止,SDN 技术主要针对基于基础设施的网络。在卫星地面网络中,传统的集中式控制机制无法适应大规模且大幅增加的业务需求。作为 SDN 技术的核心设计,控制平面的体系结构对集成系统的灵活性和可扩展性至关重要。

安全是每个网络中均会考虑的基本问题。在这种基于软件定义的星地异构网络中，隐私和安全也是需要着重考虑的内容。与传统网络相比，高度可编程性使得 SDN 中线程的潜在威胁要严重得多。基于 SDN 的安全性研究尚处于起步阶段。因此，安全性是此类网络的首要任务之一，未来的研究还需要付出更多的努力。基于 SDN 的综合卫星地面网络在安全方面可能面临的挑战如下。首先，需要识别伪造或伪造数据平面上的数据流量，这些数据流量可用于攻击转发设备和控制器，控制器瘫痪后，攻击者可用于重新编程整个网络，授予攻击者对网络的控制权；缺乏用补救的可信任资源，可能会影响调查并阻止网络恢复到安全状态。其次，跨异构网络协调安全策略至关重要。需要跨域边界转换安全权限的机制来无缝高效地实施统一的联邦安全策略。

由于传统星地网的控制平面和数据平面是垂直集成的，因此其复杂且难以管理。SDN 通过控制和数据平面的解耦为解决这个问题创造了机会。网络的全局视图逻辑上集中在控制平面上，数据平面上的数据包传递是高效的。SDN 为网络带来了灵活性，使部署和管理不同类型的网络变得更容易。

3.8.2　服务功能链

在如此大规模的星地动态网络中协调异构物理资源是非常具有挑战性的。尽管目前网络架构使用软件定义网络（SDN）和网络功能虚拟化（NFV）技术来管理从物理基础设施中提取虚拟资源，实现卫星和地面网络之间的协调仍然需要区分服务，并灵活地将网络资源与服务需求相匹配。

欧洲电信标准协会（ETSI）提出 NFV 体系结构将网络功能虚拟化，并支持动态灵活地选择服务功能。在 ETSI NFV 体系结构中，定义了由多个网络功能组成的网络功能转发图（VNF-FG）来描述网络服务（NS）。IETF 服务功能链（SFC，Service Function Chain）工作组还在 RFC 7665 中提出了 SFC 体系结构。服务功能链定义了一个网络服务功能有序集提供端到端的网络服务。RFC 7498 描述了该小组旨在解决的问题，包括拓扑依赖性、配置复杂性、服务策略的应用、有限的端到端服务可见性等。为了进一步拓展灵活性，网络服务头（NSH）的协议可将服务与拓扑分离。

具体地，SFC 可被定义为一系列中间盒（middlebox），给定流以预定的顺序遍历这些中间盒。可以将 SFC 的请求抽象为有向拓扑。SFC 请求的示例如图 3-6 所示。SFC 由一个服务终端、一个用户和一组 VNF 组成，这些 VNF 按预定义的顺序通过虚拟网络链接连接。通常，VNF 是指网络中的中间盒服务，例如深度数据包检测（DPI）、防火墙和网关。在图 3-6 中，两个椭圆分别代表服务终端和用户，矩形代表 VNF，VNF 通过定向虚拟网络链接连接。

图 3-6　SFC 请求示例图

SFC 里面的几个主要概念有以下几点。

(1) SFC Classifier:识别网络流量,并将其分配到不同的 SFC。Classifier 可以运行在任意设备上,并且一条 SFC 中可以有多个 Classifier,通常情况下,Classifier 存在于 SFC 的头结点。SFC Classifier 还将给网络流量包加上 SFC 识别符。具体地说,它会在网络包里加上一个 SFC Header,也就是说它会改变包的结构。这个 Header 包含一个 SFC 的唯一识别 ID。

(2) SFI(Service Function Instance):一个 Service Function 的实例,可以是个进程,也可以就是一个 Server。最近很火的 NFV 也可以认为是一个 SFI(2017-4-09 纠正,SFI 对应的应该是 NFV 中的 VNF 概念)。

(3) SFF(Service Function Forwarder):提供服务层的转发。SFF 接收带有 SFC Header 的网络包,利用 SFC Header,将网络包转发给相应的 SFI。在某些场合,SFF 也可以不基于 SFC Header,例如基于五元组。

(4) SF Proxy:任何不能理解 SFC 的设备,在 SFC 中都必须配合 proxy 使用。因为传统的 SF 设备没有 SFC 的概念,proxy 将会把网络包中的 SFC Header 去掉,并把原始的数据包转发给传统的 SF 设备,当网络包处理完之后,proxy 还将负责把 SFC Header 加回到网络包中,并发回到 SFC 中。

网络中不同的应用如交叉口交通调度、卫星导航、地球监测、远程驾驶等,可以通过服务功能链进行识别。通过资源虚拟化,来自不同网段的异构物理资源[例如卫星、高空平台(HAP)、无人机(UAV)、基站(BSs)等]被抽象为统一的虚拟资源池。然后,通过 NFV 管理,灵活地调配虚拟资源以支持各种虚拟网络功能(VNF),这些虚拟网络功能按照指定的顺序编排以组成服务功能链。目前网络面临主要挑战是 SFC 规划问题[39]:如何将 VNF 放入适当的物理网络节点? 虚拟链路映射问题:如何在 VNF 之间路由数据流?

SFC 在星地网络部署是影响 NFV 性能的关键技术之一。需要在星地融合网络服务终端和用户之间找到一条满足请求资源约束的路径,以便在底层异构且具备不同网络资源的物理网络中部署 VNF 和虚拟网络链路。部署 VNF 需要节点一定的 CPU 资源,部署虚拟网络链路会消耗星地链路的带宽资源。不同的路径选择会导致不同的端到端延迟。因此,在高动态的卫星网络中部署路径的选择会影响 SFC 的性能。在 SFC 部署过程中,需要同时考虑很多指标,比如资源消耗、端到端延时、负载均衡等。随着网络规模的扩大和 SFC 请求的增加,确保 SFC 成功部署是一个相当大的挑战。

SFC 将会是实现星地融合网络的一种很灵活方式。由云服务运营商提供各种各样的服务功能,由 SDN 管理 SFC,将服务功能加入到网络流量路径中,即能实现网络服务。

3.9　星上网元功能的灵活部署

随着软件定义网络与网络功能虚拟化等技术的不断发展,传统通信网络中的核心网服务功能正在向以服务为中心的目标进行演进。核心网中的网元功能部署正以实现网络运营高效、便捷、灵活为导向,实现新网络对新业务的灵活适配。通过软硬件解耦,抽象网元功能共性部分,将功能进行抽象成为不同网元子模块,可以更好地根据全局的上下文,满足业务的多样性与差异化需求。

网元虚拟化与灵活部署在星地融合网络中可根据业务与用户的不同需求对网络能力进行伸缩。具体地,LEO 卫星可以更多承担接入和边缘核心网的角色。星地融合网络的核心网是分布式的,由部署在非地面网络节点的边缘核心网和部署在地面节点的云核心网两部分组成,边缘核心网和云核心网通过算力调度实现边云协作。针对不同业务场景,星上网元灵活部署可有如下三种形式[39]。

(1) 如图 3-7 所示,从文献[39]可知,除了像 3GPP 定义的那样,无线接入 gNB 可以放置在星上使卫星具备地面终端接入功能以外,核心网的部分功能也可以按照需要进行前移至星上。为了适配低轨卫星快速移动的切换需求,接入移动性管理网元、与之适配的会话管理功能网元以及用户面功能网元均可配置部署在低轨卫星上。根据不同的用户需求,卫星节点可形成专网,亦可仅仅作为接入节点将延时容忍的用户请求回传给核心网,这将大大提升卫星网络服务的灵活适配。

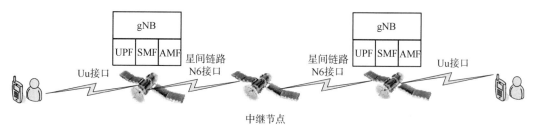

图 3-7　移动通信场景下的星地融合网络网元部署

(2) 用户面功能网元可赋能星上板载部署移动边缘计算功能模块。如图 3-8 所示,海量物联感知节点将周围环境的数据进行上传,虽然节点数据量不大,但由于广域范围内数据节点很多,传统卫星收到数据后需要将数据进行回传,这将占用宝贵的回传链路或星间链路的带宽,移动边缘计算技术可就近处理数据而仅仅返回结果,这将大大缩减节点所请求的服务响应速度。

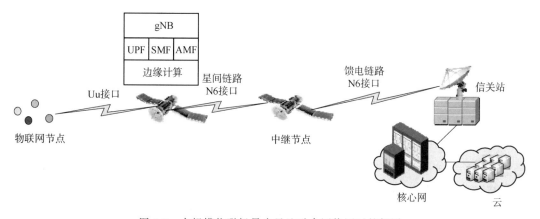

图 3-8　大规模物联场景中星地融合网络网元的部署

（3）对于高速移动用户服务场景，需要进行高低轨卫星协同。如图 3-9 所示，可将集中式单元（CU）部署在高轨卫星上，在其下辖范围内的所有低轨卫星均部署分布式单元（DU）。众所周知，在地面 CU-DU 分离架构中，用户节点在同一个 CU 下的 DU 间完成切换的信令开销较少，与之类似，在星下高速移动的列车或飞机在低轨卫星之间切换时，各个低轨卫星上部署 CU 的同一个高轨卫星不需要考虑切换带来的数据中断。除此以外，高轨卫星还可以辅助处理低轨卫星上超载的任务，减轻海量密集任务造成的回程链路拥堵。

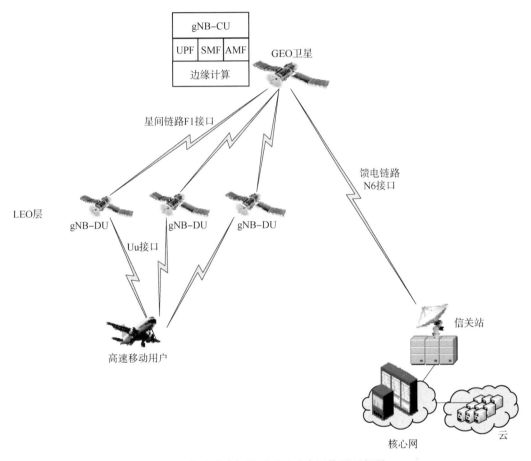

图 3-9　高速移动场景下星地融合网络网元部署

3.10　星地协同计算

近年来，卫星技术在制造、点波束天线、激光传输等方面取得了长足的进步，使低地球轨道（LEO）卫星更加经济、小型化和高通量化，促进了星地网络的融合进程。与此同时，星地融合信息网络也面临着用户对更高服务质量（QoS）需求指数级飞速增长的挑战。尽管云计算的出现缓解了海量计算密集型业务请求的压力，当前网络中数据的突发会造成不可预见的延时,即使没有突发流量请求,随机的延时抖动对于延时敏感的计算任务依旧影响很大[41]。为此,多接入移动边缘计算技术通过沉降资源到密集业务请求的用户侧,可以减少任务的响应延时,降低传统通信过程中的能耗使用[42]。

作为支持移动通信的重要补充,高速星地融合网络也可以受益于 MEC 的优势,此种计算形式称为卫星移动边缘计算(SMEC)。由于这些年来卫星和蜂窝网络是分开发展的,星地融合的边缘计算网络应该将双方的通信、存储、计算能力协同成为一个能够互操作的协同系统,而不仅仅是考虑两张网络的松耦合连接。网络控制端根据接入网络的用户决策、这些用户的计算的存储分发需求的执行节点。这些节点可根据不同类型的计算任务进行任务切分、任务迁移、任务聚合。为此,笔者团队提出了星地双边缘计算网络架构,如图 3-10 所示,为星地双边缘计算网络架构图[43]。

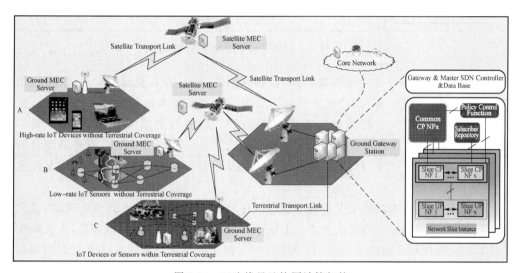

图 3-10　双边缘星地协同计算架构

所提出的星地双边缘计算网络架构与其他混合网络的主要区别在于卫星和地面网络的通信、存储和处理能力的深度集成,主要由以下网络设备支持。

地面 MEC 服务器:MEC 服务器部署在蜂窝基站和地面卫星站。它提供地面边缘智能管理来感知环境和上下文,收集流量,缓存本地流行文件和处理数据。

卫星 MEC 服务器:MEC 服务器也被配备为机载卫星有效载荷。提供卫星边缘智能管理,感知全球流量格局和网络状况,缓存全球热门文件,处理数据。

地面网关站:众多卫星、地面站和基站通过地面网关站将流量从接入网路由到核心网络。它是一个中央 SDN 控制器,用于拆分控制和数据平面流量并进行全局管理,例如存储分配和回程资源分配。关于网络特征的数据库也部署在其中。

为了部署该网络架构,可从通信节点获取的数据进行模型训练而后部署在双边缘卫星—地面网络中运行。此外,双边缘通信网络中可进行学习推理,以应用从数据训练的模型,之后的学习结果也可对网络资源分配优化、协同计算进行指导。有了上述网络设备,在地面 MEC 服务器和卫星 MEC 服务器的合作下,所提出的系统有望提高网络性能,具有以下潜力,如图 3-11 所示。

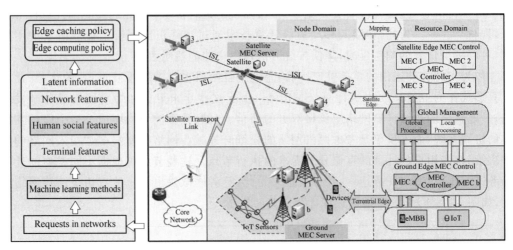

图 3-11　智能赋能的星地双边缘计算网络系统

（1）系统的协同学习用于设备，特别是物联网传感器，容易受到大气、功率限制和信道变化的影响，本地地面 MEC 服务器可以立即收集动态和本地信息并及时处理。它学习系统中设备信息、人类行为和本地网络状况的特征，并报告给卫星 MEC 服务器。然后，基于地面网关站协调器收集到的多个地面本地学习结果，卫星 MEC 服务器综合考虑 BS 社会关系、群组用户行为、流量等所有大尺度因素来实现协同学习。大波动、文件流行度、网络负载和能源成本。

例如，定期收集的森林火灾预警信息可以在地面边缘 MEC 服务器中处理，在我们的架构下，只有有用的紧急情况信息才会上报给卫星。因此可以及时处理报告，大大减少信号成本和交通拥堵。此外，卫星边缘 MEC 服务器可以收集来自附近几个地面站和基站的报告，以便更好地决定火灾的蔓延和整体灾难状况。

（2）可编程端到端网络切片在所提出架构的双边缘 MEC 智能管理方案中，CU 和 DU 基于 SDN 技术进行拆分，分别部署在地面和卫星 MEC 服务器上。地面 MEC 服务器实现本地网络管理，如动态资源分配、本地数据处理、能量采集与管理、缓存策略等。卫星 MEC 服务器实现负载均衡、接入和移动管理、大规模数据处理和挖掘以及安全、网络资源分配、节能和开关管理。在主从 SDN 控制器的控制下，所提出的架构是一个可编程的端到端网络，可从地面和卫星 MEC 服务器中的资源重新配置到核心网络。

（3）高效协作和灵活服务本地边缘资源分配在地面 MEC 服务器中进行，包括无线电块资源、计算资源和存储资源。全局边缘资源是大规模计算、存储和回程资源。由于综合网络资源分布在地面和卫星 MEC 服务器上，基于 NFV 技术的网络可以采用基础设施共享、云存储可视化、分布式计算和并行处理。

这样，可以利用包括通信、存储和计算在内的资源在多域接入节点和多服务提供商上提供定制服务。此外，可以在 MEC 服务器中使用数据处理，例如传输层识别（TLI）和深度包检测（DPI）方法。结果可以通过应用接口（API）应用到 SDN 控制器，作为网络资源分配和管理的战略基础。在高效协作的情况下，可以以低延迟和更高的 QoS 支持各种服务。

3.11　星上储能

卫星的储能系统是一个相对整体质量而言较重且价格昂贵的子系统。它通常是航天器重量的 25％和成本的 25％[43]。事实上,由于地面发起服务的不确定性,星上设计储能经常被低估,导致星上的电力不足以支持卫星任务捷变的要求。目前星上储能的主要考虑因素如下。

(1) 航天器轨道平均功率:包括卫星的所有电子组件以及每个组件所需的电压和电流,以确定每个航天器运行模式下每个组件的消耗功率。

(2) 电池容量与总线电压:根据无太阳照射期间航天器所消耗的功率(和最大照射持续时间),确定电池容量要求。

(3) 太阳能电池板配置:太阳能电池板配置中主要考虑每个电池板相对于航天器轴的方向和面积。此外,确定如何收起和释放每个面板亦很重要。上述因素影响计算航天器绕轨道运动时每个面板产生的瞬时功率。特别需要注意,只有对所有 Beta 角(太阳线和轨道平面)遍历才能够确定最小航天器轨道平均功率是多少,之后应确保生成的最小航天器轨道平均功率等于或大于所需的门限值。

3.11.1　航天器轨道平均功率

航天器在轨运行期间,器件的平均消耗会决定后续电池容量以及太阳能电板的配置情况,过大的电池容量会增加发射成本,而过小的电池容量不足以满足昂贵器件的功能需求,因此轨道平均功率预算尤为重要。由于在轨卫星多种多样,不同卫星平均轨道功率不同,因此不存在描述该参数的统一指标,本节以具备典型功能的卫星为例,说明该指标的考查方法。

典型三轴稳定卫星星上具备用于确定姿态的星跟踪器、功能传感器件、功能处理载荷、下行链路通信发射机、上行链路处理系统、命令和数据处理计算机。存在三种运行模式。

(1) 空闲模式:没有通信或任务执行,但所有系统都在低功耗模式下运行。在此模式下,命令接收器为监听命令以便激活相应功能。

(2) 工作模式:功能传感和处理计算机被激活,但无下行链路通信。

(3) 通信模式:下行链路与地面站进行交互的命令。

可看出上述三种模式所需器件功能不同,故平均能耗不同。

在进行轨道平均功率计算时,需要考量轨道周期内不同模式的工作时长以及每个对应组件的功耗。特别地,需要注意三种模式中每种模式下的 DC/DC 转换器效率,航天器轨道平均功率应满足不同模式下器件工作所要求的最大值。

3.11.2　电池容量

电池容量通常决定星上工作的时长,该容量可进行计算预估,例如,考虑卫星无日照时的运行模式,设卫星将在每个轨道上经历最多约 35 分钟的无太阳光照时间,在此期间它必须由电池供电。已知卫星工作空闲模式下时功率为 18.622 W,那么无日照时使用的电池能量为[43]:

空闲功率×最大无日照时间/60 min＝18.622×35/60＝10.868 WH。

同时假设典型的电池输出与输入效率为 85%。即需要 100/85＝1.176 倍的电池容量才能提供所需的电池输出瓦时能量。在上面的示例中,电池容量需要提高到12.780 WH。目前电池容量主要考虑预期任务和电池寿命。由于在低地球轨道(LEO)中,星通常每天绕地球运行 15 次。因此,电池每年将被充放电约 5 000 次。电池的使用寿命取决于平均放电深度(DOD),DOD 越小,电池寿命越长。通常情况下如前所述,太空环境以及用户任务影响因素多变,因此,必须提供的电池容量是支持无日照运行所需的许多倍。此外,应提供额外的电池容量余量,以补偿电池温度下降、太阳能电池容量和任务突变造成的影响。

21 世纪初期,卫星电池都是镍镉电池。密封铅酸电池仅仅用于一些需要在低温下对电池进行充电和放电的航天器。最近,锂离子电池已成功用于航天器。以星上提供150 W 时为例,表 3-5 中比较了航天器中使用的不同类型电池的特性[43]。

表 3-5　典型星载电池类型与相关参数

电池种类	铅酸电池	镍镉电池	镍氢电池	锂电池
伏特/单元	2.0	1.2	1.2	3.6
瓦时/千克 (能量密度)	30～50	45～80	60～120	150～250
充电温度(摄氏度)	−20～+50	0～+45	0～+45	0～+45
放电温度(摄氏度)	−20～+50	−20～65	−20～60	−20～60
150 W 时的质量	3.75 kg	2.5 kg	2.1 kg	0.8 kg

在卫星中使用镍镉电池已经积累大量的经验和数据。然而,在过去的几年里,大部分卫星已经改用锂离子电池,因为它们的能量密度大,低温充放电性能好。

3.11.3　太阳能供电配置

目前星上主要存在有三种类型的太阳能电池阵列配置。

第一种为固定太阳能电池,该类型电池安装到电池基板,然后将基板安装到卫星上。这种类型的太阳能阵列配置很简单,由于其角度固定但产生的轨道平均功率(OAP)通常只是已安装太阳能电池所能提供功率的一小部分。

第二种为可展开电池板的太阳能阵列,其可产生的功率更大,因为可以在卫星运行的过程中适配将面板角度进行调整使整体与太阳照射成直角。但是,这样的阵列更复杂,需要考虑部署和面板释放机制。

第三种为固定旋转面板,面板通过连续旋转(围绕一个或两个轴)来优化安装的太阳能电池的使用,以使面板保持垂直入射太阳的方向。大多数地球静止航天器使用这种旋转面板。

在一个轨道上作为时间函数产生的电力可以通过使卫星以真实异常点绕地球步进来计算(将航天器在其轨道上的位置步进一圈)。在每一圈中,都会计算从太阳到航天器的向量,然后计算该向量与面板法线向量之间的点积,点积乘以每个面板的峰值输出并相加得到总输出功率,因此航天器产生的功率是真实异常(时间)的函数,然后可以计算 OAP。

太阳能电池技术正在迅速提高太阳能电池的效率。在 20 世纪 90 年代,锗电池的效率仅为 15％ 左右。如今,Spectrolab Ultra Triple Junction 生产的砷化镓电池的效率约为 28.3％。太阳照明密度为 135.3 mW/cm²,典型的 40 mm × 70 mm 电池在 28 ℃ 时产生约 1 W 的输出。在最大功率下,电池电压为 2.350 V,电池电流为 425 mA。裸电池的重量为 84 mg/cm²,盖玻片的重量要相对重一些[43]。

本 章 小 结

作为 6G 网络的组成部分,星地融合信息网络需面向业务需求,不断提升连接能力以及系统容量。这种未来通信的融合趋势发展离不开关键技术的驱动。随着通信技术的不断发展,材料技术的深入研究,各种适配场景通信能力的新方法新材料可为星地融合信息网络进一步赋能。本章重点阐述近年来星地融合信息网络中驱动网络性能提升的新技术,分别从星座设计、星载计算、星上 IoT、小卫星与高通量卫星、星上路由、波束赋形、软件定义网络与服务功能链、星上储能等方面进行分述,在介绍近年来星地融合信息网络中新技术的同时,描述目前网络中技术应用的新进展,进一步对星地融合信息网络与 6G 网络融合提供技术使能思路。

本章参考文献

[1] 陈晓宇,王茂才,戴光明,等.卫星星座性能评估体系的设计与实现[J].计算机应用与软件,2015,32(11):44-48+61.

[2] Xu J,Zhang G. Design and Transmission Performance Analysis of Satellite Constellation for Broadband LEO Constellation Satellite Communication System Based On High Elevation Angle[J]. IOP Conference Series:Materials Science and Engineering,2018,452:042092.

[3] 阎凯. 双层卫星网络星座设计及用户接入算法研究[D].哈尔滨工业大学,2014.

[4] 孙超然,丁晓进,张更新. 高低轨卫星混合组网方案探讨[C]//.第十五届卫星通信学术年会论文集,2019:12-18.

[5] Palattella M R,Accettura N. Enabling Internet of Everything Everywhere:LPWAN with Satellite Backhaul[C]// 2018 Global Information Infrastructure and Networking Symposium (GIIS). 2018.

[6] Sanctis M De,Cianca E,Araniti G,et al.Satellite communications supporting Internet of Remote Things[J]. IEEE Internet Things J,2016,PP(113):3-1.

[7] Bacco M,Boero L,Cassara P,et al. IoT Applications and Services in Space Information Networks[J]. IEEE Wireless Communications,2019,26(2):31-37.

[8] CEPT Electron. Commun. Committee. ECC Report:M2M/IoT operation via satellite [EB/OL]. (2020-2) [2022-9-15]. https://www. ecodocdb. dk/download/4b0b3ac9-94db/ECCReport 305.pdf.

[9] Wang Y,Yang J,Guo X,et al. Satellite Edge Computing for the Internet of Things in Aerospace.[J].Sensors,2019,19(20):4375.

[10] Beardow P,Barber J A,Owen R,et al. The application of satellite communications technology to the protection of the rural distribution networks[C]// Developments in Power System Protection,1993.Fifth International Conference on. IET,1993.

[11] Yang Q,Laurenson D I,Barria J A. On the Use of LEO Satellite Constellation for Active Network Management in Power Distribution Networks [J]. IEEE Transactions on Smart Grid,2012,3(3):1371-1381.

[12] Lazarescu M. Design of a WSN Platform for Long-Term Environmental Monitoring for IoT Applications [J]. IEEE Journal on Emerging and Selected Topics in Circuits and Systems,2013,3(1):44-54.

[13] Yang L,Yang S H,Plotnick L. How the internet of things technology enhances emergency response operations [J]. Technological Forecasting and Social Change,2013,80(9):1854-1867.

[14] Satsearch B.V. EDGE-X Payload Processor [EB/OL]. (2021-9-9) [2022-9-15]. https://satsearch.co/products/ibeos-edge-x-payload-processor#rfi.

[15] Satsearch B.V. Telos series [EB/OL]. (2021-9-26) [2022-9-15].https://satsearch.co/products/orbastro-telos-60-series.

[16] Satsearch B.V. Xiphos system. A Guide to Advanced Data Processing and AI for Satellite Missions [EB/OL]. (2021-12-28) [2022-9-15]. https://satsearch.co/suppliers/xiphos.

[17] Spaceworks Enterprises Inc. Nano/Microsatellite market forecast,9th ed. 2019 [EB/OL]. (2019) [2022-9-15]. https://www. spaceworks. aero/wp-content/uploads/Nano-Microsatellite-Market-Forecast-9th-Edition-2019.pdf.

[18] CubeSat. CubeSat Developer Resources [EB/OL]. (2022-2) [2022-9-15]. http://www.cubesat.org/resources/.

[19] Planetary Systems Corporation. PAYLOAD SPECIFICATION FOR 3U，6U，12U AND 27U [EB/OL]．(2016-8) [2022-9-15]. http：//www.planetarysystemscorp.com/ web/wp-content/uploads/2016/08/2002367D-Payload-Spec-for-3U-6U-12U-27U.pdf.

[20] Alba Orbital，TUDelft，and Gauss Team. The PocketQube Standard [EB/OL]． (2018-6-7) [2022-9-15].https：//dataverse.nl/api/access/datafile/11680.

[21] Alen space. A Basic Guide to Nanosatellites [EB/OL]. [2022-9-15].https：//alen. space/basic-guide-nanosatellites/♯clave.

[22] Bouwmeester J，Guo J. Survey of worldwide pico- and nanosatellite missions， distributions and subsystem technology[J]. Acta Astronautica，2010，67(7-8)： 854-862.

[23] Camps A. Nanosatellites and Applications to Commercial and Scientific Missions [M].2019.

[24] Yue G，Fan G，Saleh J H. Review of High Throughput Satellites：Market Disruptions， Affordability-Throughput Map，and the Cost Per Bit/Second Decision Tree[J]. IEEE Aerospace and Electronic Systems Magazine，2019，34(5).

[25] Little Arthur D. High Throughput Satellites：Delivering future capacity needs [EB/OL]．[2022-9-15]. https：//www. adlittle. com/en/insights/viewpoints/ high-throughput-satellites-delivering-future-capacity-needs.

[26] Werner，M. A dynamic routing concept for ATM-based satellite personal communication networks[J]. Selected Areas in Communications IEEE Journal on，1997，15(8)：1636-1648.

[27] Werner M，Delucchi C. ATM-based routing in LEO/MEO satellite networks with intersatellite links[J]. Selected Areas in Communications IEEE Journal on，1997， 15(1)：69-82.

[28] Uzunaliogˇlu H，Akyildiz I F，MD Bender. A routing algorithm for connection-oriented Low Earth Orbit (LEO) satellite networks with dynamic connectivity [J]. Wireless Networks，2000，6(3)：181-190.

[29] Mohorcic M，Svigelj A，Kandus G. Performance evaluation of adaptive routing algorithms in packet-switched intersatellite link networks [J]. International Journal of Satellite Communications，2002，20(2)：97-120.

[30] Ali S T，Sivaraman V，Radford A，et al. A Survey of Securing Networks Using Software Defined Networking[J]. Reliability，IEEE Transactions on，2015，64 (3)：1086-1097.

[31] Yang X N，Xu J L，Lou C Y. Software-Defined Satellite：A New Concept for Space Information System[C]// International Conference on Instrumentation. IEEE，2012.

[32] Rossi T，MD Sanctis，Cianca E，et al. Future space-based communications infrastructures based on High Throughput Satellites and Software Defined Networking[C]// IEEE International Symposium on Systems Engineering. IEEE，2015.

[33] Maheshwarappa M R,Bowyer M,Bridges C P. Software Defined Radio（SDR） architecture to support multi-satellite communications［C］// IEEE Aerospace Conference. IEEE,2015.

[34] Zang J,Gu R,Han L,et al. Demonstration of BGP Interworking in Hybrid SPTN/IP Networks［C］// Asia Communications & Photonics Conference. 2015.

[35] Zhu T,Zhao B,Yu W,et al. Software Defined Satellite Networks：Benefits and Challenges［C］// ComComAP 2014. IEEE,2014.

[36] Yang,Bowei,Yue,et al. Seamless Handover in Software-Defined Satellite Networking ［J］. IEEE communications letters：A publication of the IEEE Communications Society,2016.

[37] Riffel F,Gould R. Satellite ground station virtualization：Secure sharing of ground stations using software defined networking［C］// Systems Conference. IEEE,2016.

[38] Wang G,Zhou S,Zhang S,et al. SFC-Based Service Provisioning for Reconfigurable Space-Air-Ground Integrated Networks ［J］. IEEE Journal on Selected Areas in Communications,2020,PP(99)：1-1.

[39] 王静贤,张景,魏肖,等.卫星 5G 融合网络架构与关键技术研究［J］.无线电通信技术,2021,47(5)：528-534.

[40] Zhang W,Zhang Z,Chao H C. Cooperative Fog Computing for Dealing with Big Data in the Internet of Vehicles：Architecture and Hierarchical Resource Management［J］,IEEE Commun. Mag.,2017,(55)12：60-67.

[41] Mao Y,You C,Zhang J,et al. A Survey on Mobile Edge Computing：The Communication Perspective［J］. IEEE Communications Surveys & Tutorials,2017,PP(99)：1-1.

[42] Zhang J,Zhang X,Wang P,et al. Double-Edge Intelligent Integrated Satellite Terrestrial Networks［J］. 中国通信：英文版,2020,17(9)：19.

[43] Sebestyen G,Fujikawa S,Galassi N,et al. Low Earth Orbit Satellite Design ［M］.2018.

第 4 章

星地融合信息网络体系架构

星地融合信息网络是 6G 移动通信网络发展的重要趋势。通过卫星网络与地面网络的集成,可以建立无缝覆盖的全球通信网络,能够满足各地用户多样化的服务需求,提供响应性的用户体验。在本章中,首先从星地融合信息网络组成架构出发,依次介绍天基网络、地基网络以及空基网络;然后分析了星地融合信息网络的演进路线,将融合演进划分为初期、中期和远期三个阶段。随后重点关注 SDN(软件定义网络,Software Defined Network)/NFV(网络功能虚拟化,Network Functions Virtualization)、SDN/ICN(信息中心网络,Content Distribution Network)、CR(认知无线电,Cognitive Radio)、MEC(移动边缘计算,Mobile Edge Computing)等新兴关键技术在卫星地面融合信息网络体系架构中的融合与应用,给出了适应于星地融合信息网络的体系架构。最后从随遇接入、自适应组网、星上能耗以及链路安全等多个方面说明星地融合信息网络架构发展所面临的挑战。

4.1　星地融合信息网络组成

6G 将在 5G 发展的基础上,进一步升级和扩展,达到更高的性能指标,服务于一切互联,充分支持无处不在的智能生活和产业智能移动社会的发展[2]。6G 应该是一个无处不在、覆盖范围更广、更深的集成网络,包括地面通信、卫星通信、短距离设备对设备通信等。采用智能移动性管理技术的 6G,可在空域、陆地、海洋等各种环境下提供服务,实现全球普遍存在的移动宽带通信系统。

根据星间组网、天地互联的思路,星地融合信息网络以地基网络为基础,将天基网络作为延伸,空基网络在天地之间衔接和补充,实现太空、天空、陆地、海洋等自然空间的全体覆盖,满足各类用户的各种业务需求。星地融合信息网络体系架构如图 4-1 所示。

天基网络主要包括低地球轨道、中地球轨道和高地球轨道卫星,通过卫星的密集部署,为偏远地区提供无线覆盖。空基网络主要在低频、微波和毫米波波段工作,通过密集使用飞行基站(BSs),如无人机(UAV)和浮动基站,如高空平台[3],采用先进的通信网络、信息服务共享和协同应用等关键技术,为紧急事件或偏远山区提供更灵活和可靠的连接。

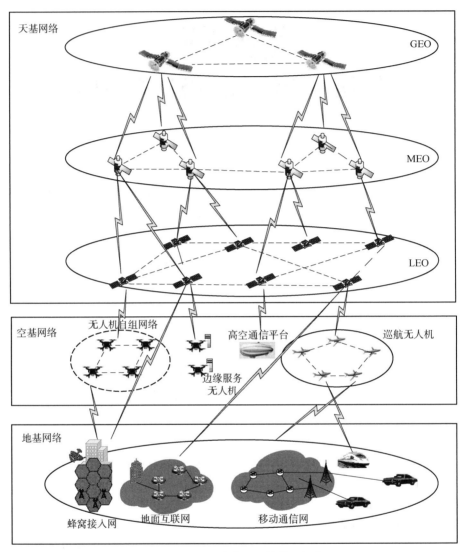

图 4-1　星地融合信息网络体系架构

地基网络的主要组成部分是地面互联网和移动通信网,是目前提供无线覆盖的主要方式。与天基网络相比,地面网络具有稳定的拓扑结构,虽然通信终端如手机、车辆等是移动的,但是通信链路仍是比较稳定的。

4.1.1　天基网络

天基网络是由运行在不同轨道面上的卫星星座系统组成,卫星星座系统具有数据接收、数据处理和数据转发等功能。通过微波和激光等技术连接用户接入链路、星间链路以及馈电链路[4]。随着通信业务需求的日益增加,天基网络系统已成为未来无线通信系统发展的主流方向之一。

卫星网络在空间信息网络中占据着至关重要的地位,高、中、低轨卫星协同空中设备,与地面网络相辅相成,构成了广域覆盖的大型网络。卫星网络中存在着大量不同的节点类型,这些节点之间存在着很大的链路差异性和异构性。空间节点的高速运动导致网络具有高动态性[5]。对卫星网络架构而言,它主要包括地面控制部分、用户设备以及空间段,如图 4-2 所示。

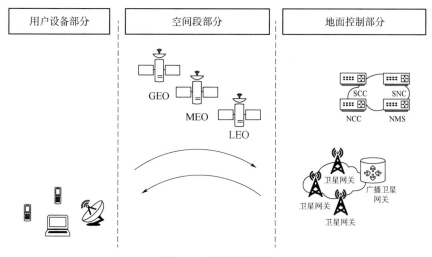

图 4-2　卫星网络结构

(1) 地面控制部分:地面部分包括控制卫星及卫星网关与卫星终端(ST,Satellite Terminals)通信所需的全部必要元素。这些元素可以分为两类:数据元素和控制元素。

数据元素包括宽带网关以及卫星网关。宽带网关主要连接卫星骨干网和服务供应商网络,通过卫星网关连接到不同的空间段上的终端,并与地面网络进行通信。卫星网关是处理通过空间段与终端之间的通信的设备。网关通过卫星波束为 ST 提供服务。在一些实施例中,每个卫星系统都有自己的网关。

控制元素包括卫星监控中心(SCC,the Satellite Control Center)、网络监控中心(SNC,the Control)和网络监控系统(NCC,the Nagement System)。SCC 负责卫星定位与健康监测任务,SNC 负责分配有效载荷来对卫星网络进行控制。控制卫星与地面核心网之间的通信,核心网提供卫星连接,核心网络的功能,例如数据的发送、接收、转发以及身份验证等,都通过卫星连接来实现,因此具有很强的移动性。

(2) 用户设备部分:主要是与卫星网关进行通信的卫星终端(ST)。ST 包含两个无线电模块:一个无线电模块用于对信号进行调制,并将调制后的信号发送到返回链路上的空间段;另一个无线电模块用于接收来自前向链路上的空间段的信号。

(3) 空间段部分:由运行在不同轨道平面的一颗或多颗卫星组成。按照轨道高度可划分为:

① 近地球卫星(LEO,Low Earth Orbit Satellite)一般运行在低于 1 000 km 的轨道上,比传统通信卫星的高度低很多,可以大大降低信号传播造成的延迟,通常在 30 ms 左右[6]。LEO 星不仅具有低成本、小型化的特点,同时,LEO 的传播损耗要小得多。但其覆盖范围也比较小,需要多颗卫星组成大型卫星星座才能完成全球覆盖。

② 中轨卫星(MEO,Middle Earth Orbit Satellite)轨道离地球表面 1 000 km～20 000 km。其单星可覆盖地球 12%～38% 表面积,MEO 卫星发射成本相对较低,且有更强的高纬度区域覆盖能力。但其覆盖面积相比 GEO 卫星要小很多,实现全球覆盖至少需要十几颗到几十颗 MEO 卫星才能完成。

③ 高轨卫星(GEO,Geostationary Orbit Satellite)操作轨道离地球表面大于 20 000 km,相比其他两种卫星,GEO 卫星具有广域覆盖、对地相对静止特性以及稳定的卫星层间链路(ILL,Inter-Layer Link)。一颗 GEO 卫星能够覆盖大约 42% 的地球面积,除极地地区之外,使用 3～4 颗卫星基本就可以完成全球覆盖。但是,因为 GEO 卫星轨道高度较高,导致数据在传输时产生的延迟较大,因此 GEO 卫星适用于传统的卫星广播业务。

上文讲述了卫星通信网络的架构,结合卫星通信网络通常的服务,可以将卫星的服务分为两类。卫星可以仅作为接入网,也可以作为接入网及核心网对用户进行服务,如图 4-3 所示。

(1) 卫星仅作为接入网,如图 4-3(a)所示,卫星接收来自用户的信息并转发至网关,通过网关接入作为核心网的地面网络,从而转发给接收端。

(2) 卫星作为接入网及核心网,如图 4-3(b)所示,通过卫星接收到的用户信息通过星间链路在卫星通信网络中进行传输转发,从而直接或再通过地面核心网(通过网关接入)转发至接收端。

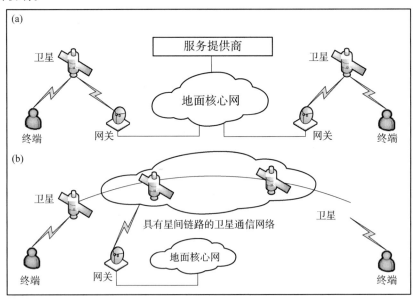

图 4-3　卫星作为接入网(a)、卫星作为接入网＋核心网(b)

除了根据卫星在通信网络中承担的角色进行分类之外,根据卫星对载荷的承载方式不同,还可以将卫星通信网络架构进行划分:

(1) 图 4-4(a)为透明转发的承载方式,不允许信号在卫星处再生,这种传输方式最大的优势在于可以在地面处选择任意格式的信号结构,故可以适用于新的传输协议。

(2) 图 4-4(b)为具有星上处理能力的承载方式,基于该方式可以构建可操纵波束天线的卫星传输网络,由于卫星具有信号的可再生能力,因此地面天线及发射功率可以更小,这对于移动终端来说具有重要意义。但是这种方式需要选择特定的协议类型,复杂的负载结构需要保证系统具有较高的稳定性。透明转发与星上处理的承载方式特征对比如表 4-1 所示。

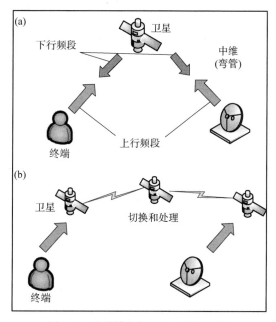

图 4-4　透明转发与星上处理架构图

表 4-1　透明转发与星上处理的承载方式特征对比

	透明转发—图 4.3（a）	星上处理—图 4.3（b）
优点	地面收发端可修改信号结构,不约束已有传输协议,适用性强	卫星处信号具有可再生能力,终端可采用较小的天线和发射功率
缺点	星上信号不可再生,对终端的发射功率要求较高	只适用于既定传输协议,且需要保证系统稳固,不利于更新换代和新技术的应用

4.1.2　空基网络

空基网络主要包括高空平台（HAPS,High Altitude Platform Station）和无人机（UAV,Unmanned Aerial Vehicle）。

（1）HAPS 是一种准静止空中平台，在距地球表面 17～22 km 的平流层运行，是一种新的替代方案，以成本效益高的方式，提供多种电信服务[7]。与地面基站相比，HAPS 可以覆盖更大的区域，提供高信号到达角的通畅连接，并提供快速部署和较少的时间和空间约束的灵活性[8]。与卫星系统相比，HAPS 具有以下优点：由于避免空间发射，实现和部署成本低得多，升级、修复和重新部署的可能性，传播距离更短，对应较高的信号强度和较低的延迟[9]。

（2）UAV 是一种不载人飞行器，它利用无线电遥控设备和自备的程序控制装置操纵。与载人飞机相比，它的体积更小，制作成本低，使用简单。除此之外，UAV 本身具有一定的机动性，并且灵活性很高，能够在公共安全场景下实现快速通信。按照飞行高度可以分为高 UAV 平台和低空 UAV 平台。高空 UAV 的覆盖范围更广，能接入无线链路的机会更大。相比较而言，高空 UAV 平台能够覆盖更广的范围，能够给用户提供更多的无线链路接入机会。与 HAP 相比，UAV 部署在离地面更近的地方，这使得其具有更好的信道增益和更低的路径损耗。此外，由于无线功率传输的最新成就，无人机也可以作为移动和自动无线充电器加以利用[10]。

4.1.3　地基网络

地基网络包括地面互联网、移动通信网、信关站、核心网等基础设施。网络资源由核心网统一调度和规划。

1. 5G 基站

4G 无线接入网采用两级结构，包括基带处理单元（BBU，Building Base band Unit）和射频拉远单元（RRU，Radio Remote Unit）。5G 基站支持 5G 新空口，采用三级结构，包括集中单元（CU，Centralized Unit）、分布单元（DU，Distributed Unit）和有源天线单元（AAU，Active Antenna Unit）。将原 BBU 划分为 CU、DU 两部分。CU 设备主要处理实时性要求不高的协议栈功能，如 PDCP（Packet Data Convergence Protocol，数据汇聚协议）和 RRC（Radio Resource Control，无线资源控制）；DU 设备主要处理实时性要求高的协议栈功能，如 RLC（Radio Link Control，无线链路控制）、MAC（Medium Access Control，介质访问控制）和 PHY-H（Physical Layer-High，高层物理层）等[11]。BBU 的部分物理层处理功能和原 RRU 合并为 AAU，主要包含 PHY-L（Physical Layer-low，底层物理层）和 RF（Radio Frequency，射频）。

2. 卫星地面站

现阶段数字通信越来越普及，空间信息传输与处理技术也在飞速发展，早期设备单一的地面站已无法满足信息传输的需求，数字化通信对卫星地面站的要求更高，在工作范围方面需要进一步地扩大，在业务能力方面需要进一步地提高。卫星地面站的系统设备包括室外与室内两大部分，如图 4-5 中的（a）、（b）所示[12]。

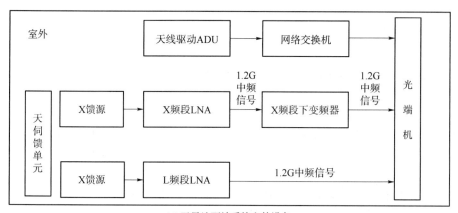

(a) 卫星地面站系统室外设备

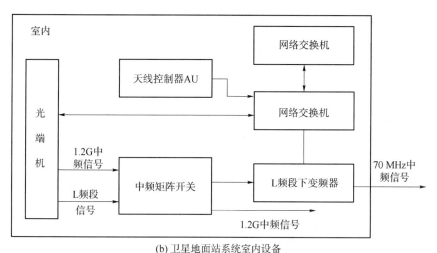

(b) 卫星地面站系统室内设备

图 4-5 卫星地面站系统设备

4.2 星地融合网络演进路线

在非地面网络(NTN,Non-Terrestrial Networks)中,3GPP 将卫星网络也包含其中。在 R15 中,明确提出 5G 系统需要支持卫星接入。在 R16 中,提出 NR 支持 NTN,并对其进行 SI 立项,输出 TR 38.821。TR 38.821 提出三种支持卫星接入的 5G 系统架构,分别是透明接入、DU 上星和 NR 上星。在 R17 中,分析了卫星接入对核心网的影响,并针对该问题提出解决方案,输出 TR 23.737 对问题及解决方案进行分析评估,并输出标准 TS 23.501,包含相关的成熟研究结果。R18 主要研究卫星与 5G 融合增强特性的相关问题,包括卫星接入多链接、星上边缘计算、核心网上星等方向,进一步深入地推动卫星与 5G 系统的融合。

4.2.1 典型架构

星地融合网络有多种形式的架构,在不同的架构中卫星实现的功能也不同[13],主要有以下架构特征:

(1)卫星与 5G 网络分离,只提供回传功能;

(2)卫星工作在透明转发模式,将 5G 基站的射频单元部署在卫星上;

(3)5G 基站的 CU、DU 功能分开部署,CU 功能部署在地面上,DU 功能部署在卫星上;

(4)卫星具有完整的 5G 基站功能,可以实现星上控制和转发;

(5)卫星同时具备 5G 基站和部分核心网功能。

1. 支持卫星接入的 5G 网络架构模型

卫星有两种工作模式:透明转发模式和再生模式。在使用 5G NR 接入时,两种工作模式都可以。支撑多种卫星接入的 5G 网络架构模型如图 4-6 所示。

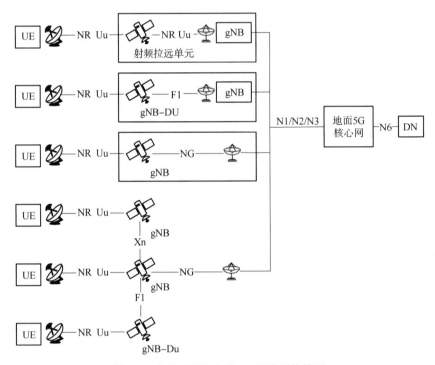

图 4-6 支持卫星接入的 5G 网络架构模型

在透明转模式下,卫星上仅部署 5G 基站的射频单元,通过射频拉远单元将接收到的无线信号进行转发,不涉及数据处理。

在再生模式下,卫星上部署了部分或全部基站功能,卫星可以以两种形式接入 5G 系统。第一种,当卫星以 gNB-DU 形式接入,通过 F1 接口 gNB-CU 建立连接,F1 接口由馈电链路承载。第二种,当卫星以 gNB 形式接入,通过支持 N1/N2/N3 的接口与 5G 系统建立连接,接口同样由馈电链路承载。卫星间的通信通过 F1 接口或者 Xn 接口来实现,此时通过星间链路来承载 F1 接口和 Xn 接口。

卫星接入对 5G 核心网架构不造成影响,但是卫星通信本身存在高移动性、宽波束、高延时等特点,因此 5G 核心网也需要进一步地增强,主要体现在以下几个方面:

(1) 移动性管理技术增强;

(2) QoS 控制和策略控制增强,支持高延时通信;

(3) 控制平面协议增强,适配高传输延时要求。

2. 支持卫星回传的 5G 网络架构模型

一方面,卫星上资源稀缺,天基网络的构建成本更高,自主构建与 5G 系统融合的星座系统是地面移动网络运营商面临的一大难题。因此,需要在有限的卫星及其他传输资源的条件下,将地面固定基站和移动基站进行有效的联合部署。使用卫星网络作为回传[14]是解决星地融合组网的一种办法。

另一方面,除了建设卫星网络外,地面信关站的部署也存在问题,地面信关站不能保证与所有卫星基站相连,还需要通过卫星间的星间链路实现回传,连接地面核心网。因此,在现有的条件下,如何选择合适的方式实现卫星网络与 5G 网络的有效结合就显得尤为重要了。

卫星提供回传的场景可分为以下 6 种:

(1) 利用单颗 GEO 卫星完成 gNB 与 5G 核心网的连接;

(2) 利用单颗 NGSO 卫星完成 gNB 与 5G 核心网的连接;

(3) 利用多颗具有星间链路的 NGSO 卫星完成 gNB 与 5G 核心网的连接;

(4) 利用 LEO、MEO、GEO 多层卫星完成 gNB 与 5G 核心网的连接;

(5) 协同卫星和地面网络完成 gNB 与 5G 核心网的连接;

(6) 利用卫星完成移动 gNB 与 5G 核心网的连接。

支持卫星回传的 5G 网络架构模型如图 4-7 所示。

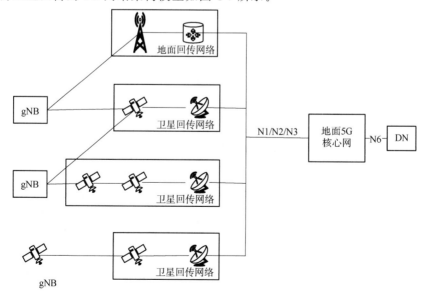

图 4-7　支持卫星回传的 5G 网络架构模型

在卫星提供回传时,传输特性会受到回传网络延时、带宽等因素的影响,与 5G 网络存在很大的差异,所以 5G 网络中的一些协议和功能在卫星网络中不适用。为了确保网络能够提供高质量的服务,在支持卫星回传的 5G 系统仍需要在协议和控制方面进行增强,以便于适配高延时通信。

4.2.2 典型场景

3GPP 中设定了四种非地面网络(NTN)部署典型场景 $D_1 \sim D_4$,具有不同的参数设定,本节概括了常见的几种应用场景。

场景 D_1:同步轨道卫星作为中继节点

依据基于地球同步轨道卫星通信系统的中继节点间接接入方式。支持 eMBB 场景下的多连接、固定蜂窝连接、移动蜂窝连接、网络稳健性、Trunking、EDGE 网络交付、移动蜂窝混合连接、直接到节点多播/广播的用例。地球同步轨道卫星高度为 35 786 km,所选通信频率在 Ka 频段,其中上行频率约为 20 GHz,下行频率约为 30 GHz。该场景中地球同步轨道卫星通信系统作为服务中继节点的接入网络,并通过弯管式透明转发承载接入地面基站的载荷。在该场景中,采用作为中继节点的超小孔径终端,通常被固定或安装在移动平台上,实现 100% 户外覆盖,移动速度可达 1 000 km/h。

场景 D_2:同步轨道卫星作为接入网

依据基于地球同步轨道卫星通信系统的直接访问,支持 eMBB 场景下的区域公共安全、广域公共安全、移动广播、广域物联网服务等用例。地球同步轨道卫星高度为 35 786 km,所选通信频率在 S 频段,上下行频率约为 2 GHz。该场景中地球同步轨道卫星通信系统作为接入网,并通过弯管式透明转发承载接入地面基站的载荷。在该场景中,采用满足 3GPP 第三级别的终端类型,实现 100% 户外覆盖,移动速度可达 1 000 km/h。

场景 D_3:非同步轨道卫星作为接入节点并承担部分基站功能

依据基于非地球同步轨道卫星通信系统的直接访问。支持 eMBB 场景下的区域公共安全广域物联网服务的用例。卫星轨道高度在 600 km 左右的非地球同步轨道,所选通信频率在 S 频段,上下行频率约为 2 GHz。该场景中非地球同步轨道卫星通信系统作为接入网,且卫星具有全部或者部分 gNB 功能。在该场景中,采用满足 3GPP 第三级别的终端类型,实现 100% 户外覆盖,移动速度可达 1 000 km/h。

场景 D_4:非同步轨道卫星作为中继节点并承担部分基站功能

依据基于非地球同步轨道卫星通信系统的直接访问。支持 eMBB 场景下的多归属、固定小区连接、移动小区连接、网络恢复、集群、移动小区混合连接等用例。卫星轨道高度在 600 km 左右的非地球同步轨道,所选通信频率在 Ka 频段,其中上行频率约为 20 GHz,下行频率约为 30 GHz。该场景中非地球同步轨道卫星通信系统作为接入网,并且卫星具有全部或者部分 gNB 功能。在该场景中,采用作为中继节点的超小孔径终端,通常被固定或安装在移动平台上。实现 100% 户外覆盖,移动速度可达 1 000 km/h。

4.2.3 融合网络的演进路线

1. 演进阶段分析

卫星网络与 5G 网络相互独立,两者使用不同的组网架构和协议体制,在技术方面也存在一定差异。这就导致了卫星与 5G 网络不能很好地兼容,现有的融合应用场景对目前的卫星通信网络提出了新的挑战。随着未来移动通信技术向万物智连方向发展,卫星与 5G 融合已成为必然趋势。卫星与 5G 网络的融合演进可划分为初期、中期和远期三个阶段[15]。演进初期主要是 5G 网络与卫星网络互联互通;演进中期主要是将卫星网络作为 5G 的接入网络;演进远期主要是将 5G 部分网络上星。

2. 不同演进阶段的网络架构

(1)演进初期架构如图 4-8 所示。卫星终端需要与 5G 终端业务互通,传输语音、数据和消息等。卫星网络与 5G 网络之间通过互通网关实现鉴权认证,完成不同网络之间的身份验证。

其次,在通信协议方面,卫星网络大多采用私有协议,互通网关与卫星网络通信时,采用卫星网络协议。互通网关可以忽略不同网络之间的差异性,在不同网络协议之间能够相互转换,减少了对卫星进行改造的成本,能够较快实现两种网络之间业务的互通。

根据 3GPP[16]规定,互通网关通过 N6 接口与 5G 核心网连接,完成互通网关与 5G 核心网之间的数据业务传输。互通网关通过 Mx 和 Mb 接口与 IP 多媒体子系统(IMS,IP Multimedia Subsystem)建立连接,以实现传输语音和 IP 短消息业务。

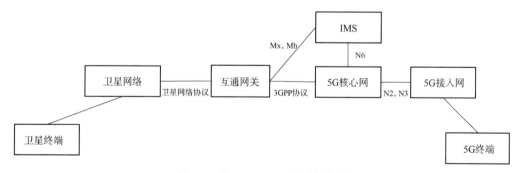

图 4-8　演进初期阶段组网架构图

(2)演进中期架构如图 4-9 所示。演进中期主要是将卫星网络作为 5G 的接入网络,两者基于 SBA 的 5G 核心网来统一进行接入。对于通信终端来说,如果支持多链接,则可以在卫星和地面基站中进行选择接入,然后与 5G 核心网进行通信,这样使得 5G 业务可以不断更新。

针对非 3GPP 接入,网关提供非 3GPP 互通功能和非 3GPP 网关功能。前者适用于位于卫星网络非信任域内的接入,后者根据 3GPP 标准对接口进行转换,然后将位于卫星网络信任域内的接入 5G 核心网。

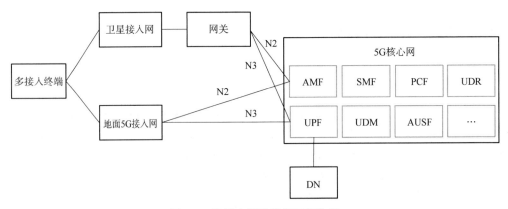

图 4-9　演进中期阶段组网架构图

接口的转换会带来一定的开销,同时增加接入管理的复杂度。针对上述问题,结合 3GPP 标准的演进,提出将 gNB(next Generation Node B,下一代无线基站)上星。N2 和 N3 接口都遵循 3GPP 标准,通过 NTN 网关与 5G 核心网建立连接。

(3) 演进远期架构如图 4-10 所示。演进远期主要是 5G 部分网络上星。通过将 5G 核心网部分上星,卫星网络就能处理一定的数据;通过将边缘计算平台上星,卫星网络可以处理边缘计算业务,不仅可以降低通信延时,也能够保证业务的安全。

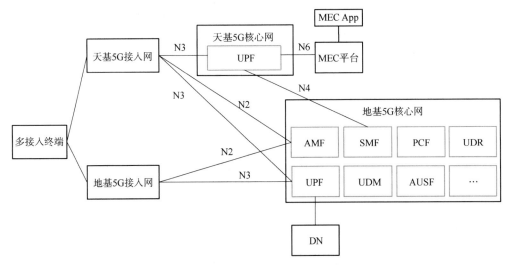

图 4-10　演进远期阶段组网架构图

N2 接口连接天基 5G 接入网和地基 5G 核心网,N3 接口按照地基 5G 核心网的指示,传输本地用户面数据路由到天基 5G 核心网。N4 接口连接天基 5G 核心网和地基 5G 核心网,接收并处理 N4 会话管理指令,N6 接口连接天基 5G 核心网的用户面功能(UPF, User Plane Function)网元和天基 MEC 平台,完成星上本地用户面数据的路由转发和处理。

天基和地基的 5G 接入网由地基 5G 核心网统一管理和控制,天基和地基 5G 核心网一起对用户面数据进行管理,完成就近分流和处理。但由于卫星通信本身具体高延迟、高误码率以及高丢包率的特性,同时卫星载荷具有一定的限制,软件定义技术也未完全发展成熟,上星仍需轻量化,对需要上星的网元和平台进行定制增强。

4.3 星地融合信息网络架构

星地融合网络是在地面通信网络的基础上,延伸到空间网络中,覆盖海陆空等各种自然空间,可以为众多用户提供信息保障,将人类网络空间带入一个新的高度。随着全球向信息化时代发展,星地融合网络的重要性越来越明显。因此,对星地融合网络进行深入研究具有重要意义,也是对现有网络体系概念的补充和完善。目前,国际上已有许多国家进行了相关的研究工作并已取得一定的成绩。我国作为航天大国,在星地融合方面起步较晚,但发展迅速。星地融合技术架构和标准规范按照"天基组网,开放互联,天地一体,技术跨越"的思路,由互联网、移动通信网和天基信息网构成。

纵观国际星地融合网络发展历程,网络架构形态大体分为如下三种类型。

(1)天星地网。作为星地融合网络中最早出现的一种网络形态,天空中卫星节点间无星间链路并且无互联组网,而是由布设于世界各地的地面关口站和地面网络相互连接,形成"天星地网"体系,能够在全球范围内提供信息服务,其建设和维护费用昂贵,复杂度和抗毁性强。天星地网为当前广泛使用的网络结构,天基卫星之间没有组网,通过地基网络完成卫星互联,由全球分布地面站来实现系统的全球服务能力,对系统灵活度有一定限制,同时也限制了网络资源和通信速率。但是星上设备相对简单,具有较低的技术复杂度和易于升级维护等特点。

(2)天基网络。在这种网络形态下,不依赖于地面网络,天基网络是星地融合网络中的第二类网络,其只通过卫星之间的星间链路互相连接构建"天基网络",就可以为用户提供面向世界的信息服务。

(3)天网地网。这种网络形式中卫星节点互相连接组网、地上关口站的节点亦互相连接,而天网和地网互相连接、互相融合,共同构成天地一体的网络,即"天网地网"。它是一种全新的信息传输模式,能够实现全球范围内对地面和空间资源的有效利用和管理。随着科学技术发展水平不断提高,这一新型通信技术将越来越多地被应用到社会生产生活中去。目前,全世界有二十多个国家都在进行这方面的研究。

移动通信从 3G/4G 开始就已经有了自己独立的卫星网络和地面网络,但缺乏技术集成卫星网络和地面网络。现在,移动通信已经发展到了软件定义时代,使用通用的规则以及开源代码就能完成网络、数据、计算等功能。

卫星网络由于自身固有的特性(如地理位置不确定、覆盖范围受限),传统的组网模式已经无法满足未来业务需求,因此需要通过新的技术手段解决这些问题。云计算技术就是其中之一。随着虚拟化技术的快速发展,使得卫星能够成为空中基站的一部分。扁平化的管理使得卫星网络不管是作为信息管道还是射频前端、处理节点,在架构方面都能很好地融合地面网络。同时,基于 ISN、CR 以及 MEC 等技术,对缓存资源、频谱资源进行有效调度和配置,使得卫星网络、地面网络能够更加有效地融合。

4.3.1 星地 SDN / NFV 网络

1. 软件定义网络(SDN)

软件定义网络是一种新型网络创新架构,是实现网络虚拟化的一种途径[17],目前,该技术已被广泛应用于各种网络场景中。SDN 的核心思想是将控制平面与数据平面分离。在网络设备中,主要使用 OpenFlow 技术来实现分离。通过分离控制平面与数据平面,能够更加灵活地控制网络流量,简化网络管理,提高网络的资源利用率[18,19]。

SDN 的核心是分离控制平面和数据平面。在控制层,采用逻辑中心化、可编程的控制器来管理全局网络信息,更利于管理配置网络和部署新协议等;在数据层,交换机只承担数据转发功能,实现对数据包和流量的处理。控制、数据平面的分离,开放的南北向和东西向接口,开放可编程性,开放的通信协议,让 SDN 区别于传统的封闭的网络设备,降低了网络管理的复杂性[20]。

SDN 架构包括控制层、应用层和基础设施层,如图 4-11 所示。

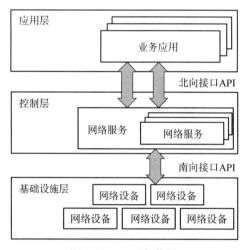

图 4-11　SDN 架构图

(1)控制层:是 SDN 控制器管理网络的基础设施,以获取和维护不同类型的网络状态、拓扑细节、统计等信息。网络供应商和开源社区在自己的 SDN 控制器中实现服务,并向应用层公开 API 接口。

(2)基础设施层:由各类网络设备构成,包括网络交换机、路由器等,底层物理网络由控制层进行控制管理。

(3)应用层:该层对于开发者来说是开放区域,例如网络的可视化(拓扑结构、网络状态、网络统计等)。

2. 网络功能虚拟化(NFV)

NFV 是一种设计、部署和管理网络服务的新方法,它已经引起了工业界和学术界的极大关注。它将网络功能和物理设备的解耦,实现网络功能的灵活部署和管理,并提供可重构的服务[21]。在网络结构没有变化的前提下,通过 NFV 能自适应组装基于 SDN 的网络功能,提供更加灵活的网络服务。虚拟化技术实现硬件解耦,无须安装专门硬件设备,使用集中服务器,在一定程度上降低资本支出(CAPEX)和运营支出(OPEX)。

2012 年,欧洲电信标准协会(ETSI,EuropeanTelecommunication Standards Institute)提出了 NFV 标准体系结构的相关定义。2013 年,正式定义了 NFV 体系架构,主要分为 NFV 基础设施、虚拟化网络功能和 NFV 管理编排系统三个部分。如图 4-12 所示。

(1)NFV 基础设施。它将整个网络划分成一系列相互关联且独立的功能实体,主要包括网络所需的硬件资源和软件资源。硬件资源主要计算、存储和专用硬件等,软件资源主要指存储以及网络资源、虚拟的计算,一般通过虚拟机(VM,Virtual Machine)来体现。通常情况下在数据中心或者私有混合云之间连接不同资源设备。在硬件资源上方是虚拟化层,包括虚拟节点以及连接 VNF 虚拟节点的虚拟链路。通过虚拟化层,硬件资源为 VNF 提供处理、存储和连接功能,软硬件资源是 SFC 进行实例化的必需资源。

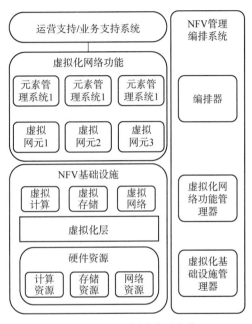

图 4-12 NFV 标准体系架构

(2)虚拟化网络功能(VNF)。VNF 一般运行在基础设施层上,许多功能不同的 VNF 组成在一起,形成不同的虚拟化网络功能实例,实例可以在不同的虚拟机中运行实现。元素管理系统主要是分配 VNF 创建、运行所需资源,运行时对其进行监控,保证其高质量、高安全地运行。除此之外,网络管理系统和 VNF 之间也是通过元素管理系统完成连接,能够在服务提供商的环境中,提供支持运营所需要的一些基本网络信息。供应商在部署时,由业务支持系统协同运营支持系统,对各种端到端电信服务进行管理。

(3)NFV 管理编排系统。NFV MANO 包括三个部分:虚拟化网络功能管理器、虚拟化基础设施(VIM)管理器和编排器。在构成服务时,不同组件之间需要相互交换信息,而这些信息存储在数据存储库。NFV 管理模块就负责相关库、接口的管理和维护,保证 VNF 的正常运行。编排器负责管理和为 VNF 提供端到端的网络服务,网络功能是具有一定的生命周期的,VNF 管理器会根据用户的需求来规划整个系统的生命周期。不同的服务场景下可以存在多个 VNF 管理器,一个 VNF 管理器可负责一个或多个 VNF。虚拟化基础架构管理器主要在 VNF 之间进行协调,从而合理地使用底层存储和计算等网络资源。

3. SDN、NFV 与融合网络

为实现卫星地面链路的协作传输,系统架构应具备对所承载数据流进行细粒度控制的能力。其中,通过最佳的链路资源分配进行数据流传输至关重要,路由策略应与已部署的应用程序进行无缝衔接。如今,可以通过各种技术的复杂结合实现以上控制,例如基于策略的路由 PBR、多链路协议 MLPPP、SCTP 和流量识别机制等。但是,这些技术无法为在不同链路上分派的数据流提供细粒度的控制级别,而静态的转发规则会导致动态性的缺乏,不能适应链路状态和应用数据流的不断变化。近些年来 SDN、NFV 架构的发展引起了广泛关注,这两种技术的特性决定了它们在卫星地面网络融合中具有重要意义。

SDN 架构的灵活感知、控制特性使其在卫星地面融合网络中的多链路协作传输的场景中可以扮演重要角色。首先,SDN 架构可以实现当前协议和技术无法有效实现的控制级别。其次,由于数据包转发是基于数据包报头上的匹配规则决定的,因此可以在第 3 层或更低层实现运行异构网络之间的聚合。

在实际网络中,NFV 在各个网络节点部署通用资源,利用 NFV 管理模块的资源管理和分配功能,虚拟化出各类网络设备,各类分布在地面和卫星网络中的 SDN 使能的网络设备实现全局信息获取、策略制定和控制实现。NFV 技术是实现星地融合网络资源灵活分配的基石,而 SDN 技术在此基础上提供细粒度的监测控制。

图 4-13 给出一个分层控制体系结构的示例。

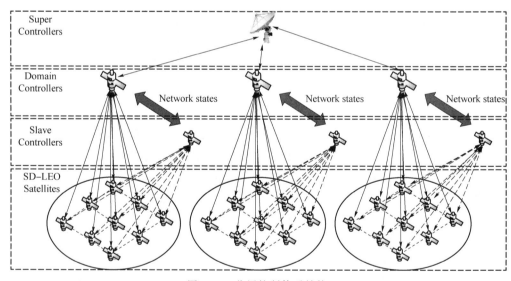

图 4-13　分层控制体系结构

GEO 卫星覆盖范围广,广播通信能力强,寿命较长,计算能力高。无须切换链路,即可与地面站保持稳定连接。因此,GEO 卫星被指定为域控制器。根据 GEO 卫星的覆盖范围,将低轨道卫星划分为不同的域。GEO 卫星可以通过广播链路完全访问其覆盖范围内的所有低地球轨道卫星,并负责管理这些低地球轨道卫星。近地轨道卫星数量的增加给地球同步轨道卫星带来了巨大的控制工作量。需要部署更多的 GEO 卫星来控制和管

理 LEO 卫星。而 GEO 卫星轨道有限,不能完全覆盖极地地区。因此,一些 LEO 卫星作为从控制器被部署来解决上述问题。NCC/NMC 具有较高的计算能力和丰富的存储能力,负责对在轨卫星通信性能的监测和控制。NCC/NMC 位于地面,易于更新和升级。因此,NCC/NMC 适合作为唯一的超级控制器,便于整个网络的控制。

GEO 卫星接收流设置请求的异步消息,并通过广播控制消息来修改其覆盖范围内的 SD-LEO 卫星的状态。国家通信中心利用 SD-LEO 卫星,并通过 GEO 卫星管理整个网络的功能。用控制器通过卫星间链路向各种应用程序分发控制消息,它们不需要网络范围内的状态。这样,就建立了一个具有全局知识的逻辑集中控制平面。它极大地减少了 GEO 卫星广播引起的干扰和控制器与交换机之间的信号延时,并平衡了控制负载。

4.3.2　星地信息中心网络

1. 信息中心网络(ICN)

当前互联网架构在移动支持、流量管理或内容交付方面的效率低下以及提出的工作方案或补丁的复杂性,这些都逐步导致了互联网的骨化,无法满足用户新的需求。这些效率低下的根源在于,当前互联网的以主机为中心的通信模式与互联网的主要使用方式不匹配,即终端用户交换信息或访问服务独立于信息所在的设备或提供服务的设备。在这种压力下,许多研究计划已经开始研究信息中心网络(ICN)作为未来互联网的基本范式。ICN 架构通过与位置无关的命名,将数据(服务)与存储(提供)数据的实际设备解耦。

在架构设计层面上,ICN 架构不像在当前的互联网中那样,为通过通信链路连接的终端主机分配唯一的地址,而是为信息对象(内容)分配唯一的名称,并利用发布—订阅模型进行信息传输。通过使用发布—订阅通信模式,ICN 将信息的权力从发送者转移到接收方。

ICN 体系架构的核心是包括内容的命名、路由与转发、内容的缓存、移动性支持以及缓存节点安全性[23]。

(1)内容的命名。ICN 体系架构使用 What 模型,直接使用内容名字就可以完成信息的传输,不再需要额外提供源、目的地址,这使得网络层基础服务透明化,在为上层应用提供服务时,内容分发更加灵活。不同的命名结构、不同的名字语义会有不同的解析方式,网络也会获得不同的内容。因此,在设计 ICN 方案时,最核心的设计部分就是对内容的命名。

(2)信息中心网络路由与转发。ICN 在设计时,内容路由的设计方案主要有两种:耦合路由方案和解耦路由方案。

① 耦合路由方案。在耦合路由方案中,选择的路径通常与内容请求路径相反,内容数据沿着反向路径传输。在每一个缓存节点上,网络安装了转发表项,能够直接解析出内容的请求,然后将其转发至内容源,同时在网络中也会洪泛内容提供者的相关信息。一方面,在 ICN 网络中采用耦合路由方案,通常会对命名机制层次化,内容名称与 IP 网络架

构是相互兼容的,具有一定的可聚合性,并不要求较高的转发性能。另一方面,这种方式不需要专门设置一个全局系统来维护转发表项,各个缓存节点记录各自的转发状态,维护各自的转发表项,网络具有很强的可扩展性,所以,在现有的 IP 网络设施基础上再进行增量部署会更加容易实施。

② 解耦路由方案。在解耦路由方案中,可能由完全不同的路径来往完成内容数据和内容请求。在解耦路由的环境下,通常基于树形的层次结构构建网络,完成路由查询。因此,在网络中发布新的通告信息时,通告信息由每个缓存节点依次向各自子树层传输,保证所有缓存节点的转发表项都会更新。与耦合路由方案相比,可以在一定程度上减少洪泛导致的信号开销。但是,层次化的树形结构也使得网络的可扩展性降低。每个缓存节点都要单独保存节点子树的信息,随着层数的不断增加,缓存节点的转发表项也越来越大。除此之外,使用解耦路由方案时,ICN 网络通常会使用平面化的命名机制,与聚合路由方案相比,内容名称的可聚合性很差,当转发表项越来越大时,存在可扩展性的问题。

(3)信息中心网络内容的缓存。通过对信息对象的位置独立命名,ICN 架构可以无缝地支持网络内缓存。在这个意义上说,网络元件不会看到不透明的 IP 包,仅能访问可以缓存并随后交付给请求者的内容片段,而不管原始信息发布者是否仍然可访问(信息发布者和请求者之间的时间解耦)。此外,通过命名信息对象的单个数据块或数据包,缓存可以以细粒度执行缓存,允许更有效地利用缓冲区和多个网络路径进行内容传递。

(4)信息中心网络移动性支持。ICN 体系结构采用一个接收器驱动的信息请求模型,与当前的互联网模式不同的是,该模型中的节点只接收其所请求或订阅的信息,发送者完全控制可以发送的数据。此外,ICN 的请求模型和内容传输从发送到接收是无连接的,这不同于 TCP 面向连接的端到端控制。上述两个功能使得当手机改变位置(网络连接点)时,可以对没有收到的信息对象重新发出请求。除了移动性之外,还支持延迟/中断容忍操作,而不需要移动 IP 等烦琐的解决方案。

(5)信息中心网络节点安全性。IP 网络架构可以扩展网络协议,能够保证通信链路的安全,而 ICN 网络在设计时,就已经设置了校验机制,通过加密来保证内容的保密与完整。通常情况下,将加密的信息添加到内容数据包中,内容消费者根据加密信息可以验证数据提供者的身份,保证收到的请求内容是正确的,网络中的中间缓存节点也可以验证信息。通过鉴权加密,能够保证消费者的隐私,防止 IP 网络地址泄露造成安全问题。

2. ICN 与融合网络

从社会经济角度来看,ICN-PSI 体系结构的主要特征是可取的,因为它支持实现不同功能的模块和实体之间的明确界限。这种明确的边界对于解决争端[24],即综合卫星/地面网络中不同利益攸关方之间的利益冲突是很重要的。图 4-14 为 ICN 混合广播 IPTV 场景。通过 ICN 架构的能力来解决卫星网络的重要问题[25]。

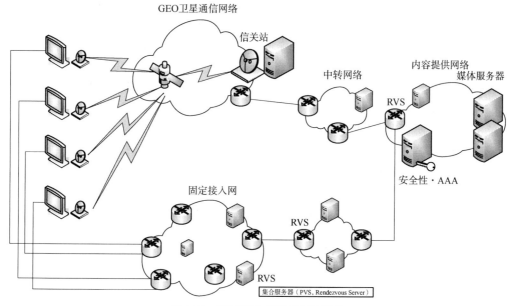

图 4-14 ICN 混合广播 IPTV 场景

（1）移动性支持

ICN 的接收器驱动和无连接信息请求模型，除了终端站的移动性外，还可以在网络拓扑变化的情况下方便移动性，例如在 LEO 卫星星座的情况下，避免了复杂的星间路由控制协议和切换[26]。

与 ICN 架构本身支持的接收者移动性不同，对发布者（源）移动性的支持需要更新路由或名称解析表。与地面网络相比，卫星网络的广泛覆盖和本地广播能力可以大大减少这种更新的开销和延迟。特别是在 CCN 网络中，信息请求是基于 FIB 表进行路由的。在发布者迁移的情况下，FIB 表需要更新。另外，在名称解析、拓扑控制和转发分离的 ICN 体系结构中，例如在 PSIRP/PURSUIT 体系结构中，发布者的移动可能会导致：

① 路由表的变化，如果发布者位置的变化导致不同路径的优化或优选；

② 在转发表的变化，以确保正在进行的连接持续连接。此外，如果发布者的移动性导致不同服务器可以提供的内容发生变化，则需要更新基于解析表的信息请求和发布匹配。

（2）网络缓存

对网络内缓存的无缝支持可以通过在用户请求之前将内容缓存到靠近用户的地方，从而帮助减少卫星链接的长传播延迟带来的负面影响。在这个方向上，可以利用卫星网络的广域覆盖和本地广播同时更新多个缓存，没有额外的成本和低延迟。此外，更细的粒度和对缓存的普遍支持以及通过命名内容实现的内容感知，可以更有效地利用缓存，如果缓存位于卫星上，这一点尤其重要。

（3）分辨率和数据传输的不同程度的耦合

名称解析（或集合）和数据传输的解耦允许不同的实体实现其中的每一种功能。从社会经济的角度来看,这可能是可取的,因为它有助于在体系结构级别定义实现不同功能的模块和实体之间的清晰边界。为了解决"纷争",即互联网中不同利益相关者之间的利益冲突,这种清晰的界限是很重要的。名称解析和数据传输的解耦还可以促进对相同数据传输基础设施上多个命名系统的支持,或将基础设施与不同的命名系统集成。这对卫星网络来说是很重要的,迄今为止卫星网络主要用于录像和电视广播。名称解析涉及控制流量(信息请求)的交换。名称解析和数据传输的耦合导致数据遵循与信息请求所遵循的路径相反的路径。信息请求和数据路径之间的这种耦合可以帮助纯本地机制利用路径上的缓存。另外,解耦名称解析和数据传输允许使用不同的路径来控制流量和传输数据。这可能有利于卫星网络与地面网络的集成,因为卫星网络通常具有高传播延迟:信息请求(控制流量)可以利用低延迟地面链路,而数据传输可以利用广泛覆盖和高容量的卫星链路。例如,视频流可以在卫星链路上执行,而视频回放控制可以通过地面网络发送。

4.3.3 星地多级智能边缘网络

1. 智能边缘网络

目前 5G 网络借助多接入边缘计算技术(MEC,Multi access Edge Computing),将资源下沉至贴近用户的边缘侧,与云计算或雾计算服务器协同,节约能耗的同时减少不同业务响应延时,并提升用户数据隐私的安全性,形成面向业务类型的"端—边—云"的多级处理架构。然而,面向下一代网络提出的愿景中,人与人、人与物之间的通信交互体验变得更加真实的需求,通信覆盖服务区域仍应不断扩展,以适配典型业务广地域无缝连接的需要[1]。

上述需求势必要求运营商部署更多物联感知节点与通信处理设备,也将会进一步促进相关宽带业务与物联业务的发展。高清视频监控与海量物联器件的密集部署后,物联终端侧将会有 ZB 级别的流量数据需要进行承载。海量负载驱动通信网络系统中的边缘侧与新兴技术例如人工智能、大数据等共同形成智能边缘网络,提高网络的服务效率。边缘智能网络可与人工智能中的机器学习算法协作,充分挖掘应用网络边缘产生海量数据的内在信息,梳理内在联系,赋能边缘网络资源优化分配机制;同时边缘智能网络减小数据回传所需的回程链路带宽开销,降低计算密集型任务对云端服务器造成的压力。根据不同的计算任务需求,可仅仅在边缘内推断,在云端进行模型训练;亦可进行云边协同模型推断,将算力需求较高的模型训练放置能力较强的云端;甚至可构建分布式计算结构,对于算力需求较小且实时性要求较高的任务仅仅使用边缘算力网络,利用分布式并行计算方法,提升计算密集型业务的快速稳健处理能力。而后,算力节点与物理约束空间内周围节点进行交互建模,训练适用于本地的最优模型。

2. 低轨卫星智能边缘计算网络需求

低轨卫星网络作为构建泛在无缝服务网络中的重要组成部分,逐渐成为重要研究领域并得到关注。针对 6G 通信峰会中提出的 6G 网络愿景需求,结合低轨卫星的网络结构与该网络中多域智联相关业务的特点可知,在广域数据智能精准感知,星上密集型业务快速处理,以及宽带业务文件高效分发等多任务并发场景下具有多接入边缘智能计算需求。表 4-2 列举低轨卫星智能边缘计算网络相关典型业务的需求分析,其中:用户链路上行带宽保障指用户到卫星通信链路的带宽条件要求,用户链路下行带宽保障指卫星节点到用户通信链路的带宽条件要求;馈电链路上行带宽保障指地面信关到卫星节点的通信链路带宽条件要求,馈电链路下行带宽保障指卫星节点到地面信关的通信链路带宽条件要求;算力要求指业务对星上算力的能力需求;存储要求指业务对星上存储能力的需求;弹性与扩展性指业务需求是否需要卫星星座进行任务节点扩展,协同完成任务;移动性指业务是否需要支撑高速运行用户节点的连接;能效需求指业务是否受星上节点能耗约束,对于无业务需求时是否考虑与地面基站类似的休眠机制;最后,安全性指通信链路是否需要进行加密,保障用户信息的隐私性。

表 4-2　低轨卫星智能边缘计算网络相关典型业务需求分析

低轨卫星智能边缘计算 网络典型业务需求	广域数据智能 精准感知	星上密集型业务 快速处理	宽带业务文件 高效分发
用户链路上行带宽保障	较高	较高	低
用户链路下行带宽保障	低	低	较高
馈电链路上行带宽保障	低	低	较高
馈电链路下行带宽保障	较高	较高	低
算力要求	高	高	较高
存储要求	较低	较低	较高
弹性与扩展	较高	高	较高
移动性	较低	较高	较高
能效	较高	较高	较高
安全性	较高	较高	较高

3. 低轨智能多接入边缘计算网络架构

低轨卫星智能多接入边缘计算网络为在低轨卫星星座节点板载上部署 MEC 服务功能模块的通信架构体系。在图 4-15 中,低轨卫星星座的每个节点上均可按需部署 MEC 服务载荷,星间链路为点对点通量较高的激光链路,星地链路采用高频 Ka/Ku 或 Q/V 波段进行通信,可根据信道状况进行自适应编码调制。

该网络旨在充分利用卫星节点板载资源,使用虚拟化技术与地面边缘服务节点或云服务集群兼容并协同运作,充分利用网络边缘所采集的海量数据,借助人工智能概念,通过使用机器学习算法挖掘星地融合网络中所隐藏的知识训练模型,并利用训练出的差异化模型推断赋能优化低轨边缘网络资源均衡机制,构建可自主运行的低轨卫星智能多接入边缘计算体系。低轨智能多接入边缘计算星座与地面节点、地面云服务集群协同处理广域感知类决策计算任务;或与地面云服务器协作处理星上计算密集型高清图像目标识别,异常检测等任务;还可智能自适应缓存最热请求文件的高码率版本,通过星上计算转码后,满足服务区内适配用户的需求。尽管边缘计算赋能的卫星节点算力存储得到增强,考虑到星上物理空间与能耗等因素,与地面服务器相比,星上资源依旧有限,智能计算星座可与地面云服务器集群协同部署人工智能算法优化网络资源配置,并为用户提供人工智能服务。

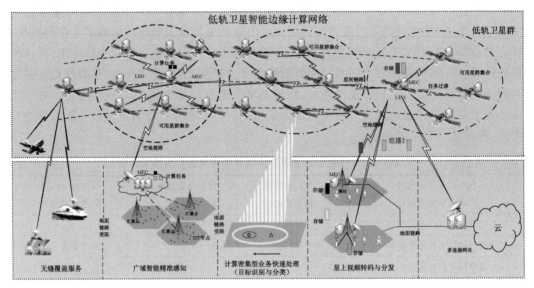

图 4-15 低轨卫星智能边缘计算网络架构

综上所述,该低轨智能多接入边缘计算网络架构具备如下特点:

(1)多级协同处理。低轨卫星多接入边缘智能网络可与部署在地面的通信基础设施(基站或信关站)、其他星座中的卫星节点以及地面云服务集群构成多级协同智能处理体系,针对用户类型,考虑不同请求业务特点,以边缘计算节点当前处理能力、缓存资源、剩余存储空间、卫星边缘节点过顶服务时长以及各节点之间的通信带宽资源为约束,通过机器学习算法为网络可用资源智能匹配待计算任务,提高服务效率。对于海量物联节点,考虑到其储能少且上行发射功率较小,可在地面部署信号上行发射能力较强的汇聚站收集并上传传感信息,汇聚站亦可部署少量计算资源对数据进行预处理。对于星上计算密集型业务,可考虑与地面云服务集群进行协同工作。对于宽带视频文件分发业务,可充分利用地面基站边缘服务能力,与星上计算边缘计算能力进行最优协同。

(2)网络功能虚拟化。星上智能多接入边缘计算网络充分利用 VNF 技术,对不同星群以及星座的卫星星上板载资源等基础设施进行虚拟化处理,提高不同节点上资源的通用性,并实现星上功能可编程化。为了便于不同计算任务的适配,在此基础上通过 VIM进行虚拟化网络资源管理,通过虚拟机或者容器的形式,在星上系统中形成网络虚拟化功能。之后针对不同定制化任务,组织不同的网络虚拟化功能进行响应。

(3)自主在轨分布式计算决策。从控制角度出发,低轨卫星智能多接入边缘计算网络中星上载荷具备自主运行能力,即使无地面中心控制,星上也可通过智能算法进行决策控制与管理维护,可在轨处进行数据处理并在轨自主执行共同任务。为了提高系统的抗毁能力,在低轨卫星星座中还应选定备用控制卫星,对控制节点卫星进行周期性监测,当星群中控制卫星节点宕机时,备用卫星启动控制监管功能,维护系统运行。从业务分发以及计算响应角度出发,该架构具备动态分布式并行计算能力。分布式控制节点对需求进行分析后,根据业务计算任务类型进行分类,如果任务结构为串行,则考虑在可用卫星节点集中选定卫星节点与地面云协同接力对任务进行顺序计算。如果任务结构为并行,则星上控制节点根据任务选取可用卫星节点并对任务进行分发并行计算,如果计算任务较大可与其他卫星控制节点进行交互卸载,或与地面云集群进行协同卸载。

(4) 灵活智能适配。智能算法赋能的多接入边缘计算网络主要体现两部分内容[23]:借助低轨卫星多接入边缘计算算力的人工智能应用以及借助人工智能优化配置的低轨卫星多接入边缘计算网络。

① 借助低轨卫星多接入边缘计算算力的人工智能应用对于部署 MEC 资源的低轨卫星边缘侧,可考虑选取适合的轻量神经网络学习模型,在保持模型可用精度的情况下采用模型压缩、条件计算等方法减少模型的深度。训练时可采用联邦训练的方法,缓解卫星边缘节点的计算压力,使用训练模型进行推理时,可对模型进行切分并行处理或采用推理提前退出等方案,使卫星可用节点快速协作完成推理任务。

② 借助人工智能优化配置的低轨卫星多接入边缘计算网络低轨卫星边缘计算网络可借助人工智能算法优化本网络的资源配置方案,辅助星上以及星间资源调度自主性决策,实现智能时敏的分布式控制。由于低轨卫星边缘网络节点高速移动,星地链路的信道状况时变,地面产生的数据亦较复杂动态多样性,机器学习算法可应用于星地链路信号调制与编码策略(MCS,Modulation and Coding Scheme)以及低轨卫星网络无线资源管理(RRM,Radio Resource management)分配领域;对于不同的计算任务需求,可利用机器学习中各类算法优化算力分配方法,在保障延时的前提下对计算任务部署进行最优卸载。同时智能学习算法可自适应分析区域内用户缓存请求与时空之间的关系,通过线下训练模型,卫星边缘节点保留用户数据向算力星群或云集群回传梯度或权重,更新模型后推送热度文件并对原存储内文件进行复写,最大限度满足用户请求,提升文件命中率。

聚焦于低轨卫星多接入智能边缘计算网络场景,充分考虑该网络拓扑的动态变化以及可用网络资源等因素,该网络架构运行工作流程有以下两种模式:

(1) 边缘—边缘协同模式。训练以及推理均在低轨卫星星群内部完成,该模式依赖于星上板载能力的提升。在训练过程中可采用局部最优或精确度稍低的模型降低算力负载的压力。

(2) 边缘—云集群协同模式。根据卫星侧节点集资源可用状况与环境因素、网络状态、用户行为等约束条件,对于延时容忍较高的任务,系统可在云计算集群进行模型训练,对模型不同层进行切分后,按需分别部署于地面汇聚节点、卫星边缘节点以及地面云计算集群处,以完成推断。对于延时容忍较低的任务可完全在低轨卫星边缘网络进行推断,但此时需要更多星座或星群中的资源节点参与推断任务,以满足网络对任务响应的需要。

具体地,针对网络中不同类型的业务需求,所提网络架构对业务处理流程不同。主要分为两类:计算型业务请求主要来源于地面或星上,其任务对星地上行链路或馈电链路带宽要求较高。计算任务到达低轨天基网络后,首先,控制侧按照星座节点的运行轨迹与接入边缘网络的卫星,指定任务可用的卫星节点星群集合;其次,接入节点根据计算任务延时容忍约束,考量链路状态同时兼顾可用卫星备选集合中的星上资源,根据最优策略对任务进行分发;再次,剩余待计算的任务可卸载至远端地面云服务集群利用较强算力进行适配协同处理;最后,智能计算完成后,任务结果返回给用户端,该用户请求业务过程中将相关模型可留在云集群或星上模型库中,为以后类似服务需求进行智能推理决策调度使用。

对于宽带视频类业务,首先,需根据卫星下辖的广域范围内历史数据记录充分挖掘其隐含的内在规律,根据所采集的数据进行模型训练,分析用户所请求的差异化文件与地理区域、一天中时段的关系;其次,将所需可转码的缓存文件与可用轻量化模型预先推送至卫星边缘;最后,卫星根据区域内用户请求与周围可选卫星边缘节点进行转码计算并组播分发,同时卫星对边缘缓存轻量化学习模型进行推断并周期性更新模型参数。

4.4 星地融合网络架构面临的挑战

4.4.1 随遇接入

在空间低轨卫星网络中,需要实现全球无缝覆盖。为达到这一目标,全球用户通常覆盖在双星或多颗卫星下。有新的呼叫请求时,地面控制中需要获得卫星的接入坐标,计算卫星接入相关的仰角、信号强度等参数,综合多种因素选择更适合的卫星为用户接入,需要在保证用户 QoS 的同时,兼顾卫星的资源利用率。这就涉及卫星接入的选择问题[27]。

星地融合网络在随机访问设备方面主要有以下两点:

(1)传输覆盖范围受限。传输位置分散,传输信道的条件也不尽相同,所以在接收用户设备发出的随机信号时,无法保证每次都能成功。

(2)接入设备不同。天基网络和地基网络接入点不同,所以需要统一管理接入设备。如何设计有效的接入机制是目前面临的挑战之一。

除此之外,网络的接入资源分配也很不均衡,接入设备网络环境的高度多态性和资源与服务的多维异构性,导致不同的接入参数产生不同的通信效果。所以接入的设计很大程度上影响整个网络的资源利用率以及用户体验。

4.4.2 自适应组网

星地融合网络是任务驱动聚集的弱连接网络,星上拓扑具备时变高动态特性,地面用户行为亦十分复杂,其状态具有不确定性。

首先,低轨卫星运行轨道周期相对较短,其运行速度快,星间拓扑变化迅速,对目标地域或空域服务时间短,计算任务响应过程涉及迁移以及部分卸载问题,任务接入卫星与结果返回卫星大概率非同一卫星,需要考虑如何针对业务解决最长服务星链问题;其次,卫星网络中业务请求是随用户、事件等因素"动态变化"的,不同时刻的星座节点资源状态亦处于动态变化的状态,静态资源配置的网络规划并不能适配动态需求,对于自主运行的低轨智能多接入卫星网络,需要解决长时间失配动态特性的资源优化配置策略。

因此,需要研究星地融合组网方法,在时空动态变化时,网络节点能根据不同场景实现自适应组网,同时也需要兼顾可扩展性,以适应复杂的业务场景。

4.4.3　星上能耗

尽管低轨卫星板载能力不断提高,卫星节点的资源依旧受限。单一僵化的资源配置策略将导致任务需求与星上剩余可用资源失配,降低网络资源利用效率。

首先,星上通信、存储及计算能耗来源于太阳能供电板所转化的电能,除去星载设备待机所需能耗,功能模块工作时长应与所分配的任务进行匹配,其功能模块功耗应满足不同类型卫星的能耗约束。其次,相比地面,考虑到星上算力以及缓存能力依旧有限,同时分布式计算策略要求对任务进行并行响应。具体来讲,计算任务适配分割、分割任务最优分配、缓存文件最优存储以及缓存文件分布存储等均为值得关注的技术挑战,利用人工智能系列算法优化星群或星座任务部署策略,协同任务处理具有必要性。

4.4.4　链路安全

星地融合网络包含多种网元,集合了卫星、星地链路、地面蜂窝网络等,成了各类军事以及民用应用系统,不同节点使用的运营商可能不同,所以需要考虑不同运营商之间开放和共享的问题,需要确保大量的敏感数据和资源的安全性、可靠性、实时性。然而,由于开放的电磁环境、移动节点、动态拓扑结构以及多样的协同算法融合,很难做到利用卫星地面融合网络提供高安全级别的通信,以有效地抵抗干扰、消息篡改、恶意攻击和其他安全问题。此外,因为卫星覆盖范围广且具有开放特性,在数据传输过程中,经由卫星网络进行传输时容易受到窃听。需要解决的安全问题主要包括以下三个方面。

(1) IP 协议安全:在卫星地面融合网络通信中,在传输层或 IP 层协议引入其他技术来改善整体网络性能,例如,通过 TCP 增强协议提高 TCP 性能,端到端连接的分割使得通信系统很容易遭受窥探和欺骗。此外,PEP 机制和 IPSec 协议的耦合以及基于 IPSec 协议实现适配的切换、安全路由等问题都亟待解决。

(2) 链路安全:对于 MEO 和 GEO 卫星,通过加密操作添加的延迟可能会妨碍在融合网络的实时通信特性。为缓解这一问题,数据流可以在单个卫星或地面链路进行加密,可以满足安全要求。此外,根据通信的安全性要求,进行不同级别的安全保护。

(3) 干扰:星地融合网络包含各类型的无线链路,各链路之间容易受到干扰。由于融合网络的广域特性,很难找到有效的抗干扰方法,需要结合工程实践设计高效的抑制干扰策略。

4.4.5 传输体制

多普勒频移是星地融合网络通信中不可避免会出现的问题。对于地面通信系统来说,通信终端的位置是不断变化的;对于卫星通信系统来说,除了终端在移动之外,卫星本身也在不停地高速移动,相比地面通信系统,卫星通信系统中多普勒频移造成的问题更加严重。除此之外,卫星系统的频谱资源非常稀缺,功率也受到很大的限制,频谱资源管理和干扰也是星地融合网络面临的重大挑战,而卫星自身的移动特性也会影响无线链路的数据传输延时,因此为了确保与上行链路数据传输的同步,定时提前也需逐步地完善,从而需要良好的设计传输机制来克服上述问题。

4.4.6 移动性管理

卫星一直处于高速运动状态,因此要实现位置更新和越区切换要比地面蜂窝网络难得多。在实现位置更新时,将地球划分为不同的区域,终端设备的信息由地面信关站进行收集,当该区域处于卫星波束覆盖范围时,由地面信关站把所有的数据传给卫星,用户可以进行注册入网服务。而卫星在不断运动,当该区域不位于卫星波束覆盖范围之内时,该区域的数据就会被丢弃,卫星波束会覆盖新的区域,卫星接收新区域内相关的终端信息,对现有位置信息进行更新。

在星地融合系统中,主要是卫星与卫星的切换以及卫星与地面 5G 网络的切换。卫星在高速移动时,卫星波束对某一区域的覆盖时长只有十几分钟,如果卫星具有多个波束,覆盖时长就会更短。所以在波束覆盖时长即将结束时,需要考虑卫星间或者波束间的切换,来保证服务不会中断。相比卫星系统,5G 系统更为复杂,需要考虑卫星的架构、切换准备、时间同步等多方面的因素,因为移动性管理也是星地融合网络面临的重大挑战。

4.4.7 网络管理架构

星地融合网络异构资源丰富,其架构需要具有一定的可重构性。引入基于人工智能的按需移动性管理架构和基于群组特征的移动性管理架构可以实现移动可预测和群组移动;引入轻量级的边缘计算平台能够缓解卫星能力受限的问题,适应复杂多样的应用场景;引入高动态智能端到端网络切片管理架构和多域网络协同编排技术,实现切片周期的智能管理。多方面技术的进步与更新实现对边缘计算、切片资源和移动性的统一管理,提高异构组网的管理效率。

4.4.8 频率管理

随着技术的发展,用户业务的需要也在不断增加,现有频谱资源越来越少。对于星地融合通信系统而言,如果使用传统的频率硬性分割,会降低系统的传输效率。所以需要统一管理网络频谱资源,利用空间多次传输网络信号的特点以及卫星波束的差异性,研究适用于星地融合通信系统的软频率复用。通过干扰预测,降低小区的边缘干扰,提高传输效率[28]。结合频谱共享和干扰管理,提高频谱资源利用率。

本 章 小 结

本章从星地融合网络组成出发,介绍了天基网络、空基网络和地基网络。然后介绍了卫星地面融合网络演进路线,分析了一些典型架构和典型的应用场景。然后讲解了融合网络中几种具有前景的新兴技术:SDN/NFV、ICN、MEC,并给出了相应的星地融合网络架构。最后,总结了卫星地面融合网络面临的挑战,给出前沿研究中的应用探索和需要解决的问题,带来更多的思考。

本章参考文献

[1] 王鹏,张佳鑫,张兴,等.低轨卫星智能多接入边缘计算网络:需求、架构、机遇与挑战[J].移动通信,2021,45(5):35-46.

[2] Chen S,Liang Y-C,Sun S,et al. Vision,requirements,and technology trend of 6g: How to tackle the challenges of system coverage, capacity, user data-rate and movement speed[J]. IEEE Wireless Communications,2020,(27)2:218-228.

[3] Liu J,Shi Y,Fadlullah Z M,et al. Space-air-ground integrated network:A survey[J]. IEEE Commun. Surveys Tut,2018,4(20):2714-2741.

[4] 王静贤,张景,魏肖,等.卫星 5G 融合网络架构与关键技术研究[J].无线电通信技术,2021,47(5):528-534.

[5] 段玲. 空间信息网络中的网络切片技术研究[D].成都:电子科技大学,2021.

[6] 唐清清,李斌.面向空天地一体化网络的移动边缘计算技术[J].无线电通信技术,2021,47(1):27-35.

[7] Karapantazis S.Pavlidou F-N. The role of high altitude platforms in beyond 3G networks[J] IEEE Commun. Mag,2005,6(12):33-41.

[8] Jiang W,Cao H,Wiemeler M,et al. Achieving high reliability in aerial-terrestrial networks:Opportunistic space-time coding[C]// Proc. IEEE Eur. Conf. Netw. Commun. (EUCNC). Bologne,Italy:IEEE,2014:1-5.

[9] Mohammed A,Pavlidou F-N,Mohorcic M. The role of high-altitude platforms (HAPs) in the global wireless connectivity[J]. Proc. IEEE,2011,(99)11:1939-1953.

[10] Su C,Ye F,Wang L-C,et al. UAV-assisted wireless charging for energy-constrained IoT devices using dynamic matching[J]. IEEE Internet Things J,2020,6(7):4789-4800.

[11] 王洪梅,崔明.5G 无线网络 CU/DU 部署方案探讨[J].中国新通信,2019,21(16):122-123.

[12] 田可.卫星地面站系统设备故障预测与诊断技术研究[D].成都:电子科技大学,2021.

[13] 王胡成,徐晖,孙韶辉.融合卫星通信的 5G 网络技术研究[J].无线电通信技术,2021,47(5):535-542.

[14] KONSTANTINOS L,ALEXANDER G,RAY S,et al.Use Cases and Scenarios of 5G Integrated Satellite-terrestrial Networks for Enhanced Mobile Broadband: The SaT5G Approach[J]. International Journal of Satellite Communications and Networking,2019,37 (2):91－112.

[15] 尼凌飞,胡博,王辰,等.5G 与卫星网络融合演进研究[J].移动通信,2022,46(01):51-57＋66.

[16] 3GPP. 3GPP TS 23.501 V17.1.1:System architecture for the 5G System（5GS）[S]. 2021.

[17] Kreutz D,Ramos F,Veríssimo P E,et al. Software-defifined networking:A comprehensive survey[J]. Proc. IEEE,2015,1(103):14-76.

[18] Pfaff B,et al,OpenFlow switch specification v1. 3.0[R],Open Netw. Found, Menlo Park,CA,USA,Tech. Rep. ONF TS-006,2012.

[19] Nunes B A A,Mendonca M,Nguyen X-N. Obraczka K,and Turletti T. A survey of software-defined networking:Past, present, and future ofprogrammable networks[J]. IEEE Commun. Surveys Tuts,2014,3(16):1617-1634.

[20] 梁婷婷. 基于 SDN/NFV 的网络切片算法研究与仿真[D].桂林:桂林电子科技大学,2021.

[21] Han B,Gopalakrishnan V,Ji L,et al. Network function virtualization:Challenges and opportunities for innovations[J]. IEEE Commun. Mag,2015,2(53):90-97.

[22] 黄豪球. 信息中心网络缓存性能优化机制[D].北京:北京邮电大学,2017.

[23] Clark D D,Wroclawski J,Sollins W R,et al. Tussles in Cyberspace:Defining Tomorrow's Internet[J]. IEEE/ACM Transactions on Networking, 2005,3 (13):462-475.

[24] Liolis K P,et al. Satellite-Terrestrial Integration Scenarios for Future Information-Centric Networks[C].//30th AIAA International Communications Satellite System Conference (ICSSC). Ottawa,CANADA:AIAA,2012:24-27.

[25] Siris V A,Ververidis C N,Polyzos G C,et al. Information-Centric Networking (ICN) architectures for integration of satellites into the Future Internet[C]// 2012 IEEE First AESS European Conference on Satellite Telecommunications (ESTEL),2012:1-6.

［26］ Wang X,Han Y,Leung V C M,et al. Convergence of Edge Computing and Deep Learning：A Comprehensive Survey［J］. IEEE Communications Surveys & Tutorials,2020,22(99):869-904.

［27］ 彭映晗. 空间低轨卫星网络智能化接入与资源分配机制研究［D］.北京：北京邮电大学,2020.DOI:10.26969/d.cnki.gbydu.2020.002008.

［28］ PARK J M,OH D S,PARK D C. Coexistence of mobilesatellite service system with mobile service system in shared frequency bands[J]. IEEE Transactions on Consumer Electronics,2009,55(3):1051-1055.

［29］ YAN S,CAO X Y,LIU Z L,et al. Interference management in 6G space and terrestrial integrated networks：challenges and approaches[J]. IEEE Intelligent and Converged Networks,2020,1(3):271-280.

第 5 章

卫星地面融合信息网络的星地链路

在卫星地面融合信息网络中,星地链路是指卫星与地面节点之间进行无线电波通信的链路。从信号的传输方向来看,星地链路可以分为馈电链路和用户链路;其中,卫星与地面信关站之间的通信链路称为馈电链路,卫星与用户终端之间的通信链路称为用户链路。本节主要介绍了卫星地面融合信息网络中星地链路特征,阐述了无线电波传播特性,分析了信号在星地链路传输过程中受到的损耗和衰落影响,并分别描述了大尺度衰落和小尺度衰落对信号的影响,并给出了链路预算方程。另外,本节还介绍了卫星移动信道模型,包括窄带概率统计模型和宽带概率统计模型,为信道特性的仿真研究打下了基础。

5.1 星地融合网络无线电波传播特性

在本节中,将对无线电波频率的定义方法、频段划分、传播方式和传播模型以及电离层和对流层的传播特性进行介绍。

5.1.1 无线电波频率

1. 无线电频率的定义方法

无线电波在人类社会中的运用广泛,包括地面移动通信、无线电广播、卫星业务等,无线电波即在自由空间中射频频段内传播的电磁波,具有相当宽的带宽。但是,在无线通信中实际定义和使用的频段在 3 000 GHz 以下,目前使用的高频频段也只在几十吉赫兹,因此,无线电频谱是一种有限且宝贵的资源。

无线电波的传播原理为空间中某点场强震荡激发出的相邻点处振动,达到行进的效果。无线电波的传播速度只与所在传播介质的电磁特性有关,真空中无线电波的传播速度等于光在真空中的传播速度,约为 3×10^8 m/s,以 c 代指这一传播速度,此时无线电波的频率与波长的关系可以表示为

$$\lambda = \frac{c}{f} \tag{5-1}$$

式中，λ 和 f 分别为无线电波的波长和频率。

如表 5-1 所示，3 000 GHz 以下的无线电频谱可以分为 14 个频段[1]，为了简化表示，除了通用的 Hz(赫兹)这一单位外，还有如下的常用范围：当频率在 3 000 kHz 以下(包括 3 000 kHz)，常以 kHz(千赫兹)表示；在 3 MHz 以上至 3 000 MHz(包括 3 000 MHz)，常以 MHz(兆赫兹)表示；在 3 GHz 以上至 3 000 GHz(包括 3 000 GHz)，常以 GHz(吉赫兹)表示。

表 5-1　无线电频谱划分

带号	频带名称	频率范围	波段名称	波长范围
−1	至低频(TLF)	0.03~0.3 Hz	至长波	1 000~10 000 Mm(兆米)
0	至低频(TLF)	0.3~3 Hz	至长波	100~1 000 Mm(兆米)
1	极低频(ELF)	3~30 Hz	极长波	10~100 Mm(兆米)
2	超低频(SLF)	30~300 Hz	超长波	1~10 Mm(兆米)
3	特低频(ULF)	300~3 000 Hz	特长波	100~1 000 km
4	甚低频(VLF)	3 kHz~30 kHz	甚长波	10~100 km
5	低频(LF)	30 kHz~300 kHz	长波	1~10 km
6	中频(MF)	300 kHz~3 000 kHz	中波	100~1 000 m
7	高频(HF)	3 MHz~30 MHz	短波	10~100 m
8	甚高频(VHF)	30 MHz~300 MHz	米波	1~10 m
9	特高频(UHF)	300 MHz~3 000 MHz	分米波	1~10 dm
10	超高频(SHF)	3 GHz~30 GHz	厘米波	1~10 cm
11	极高频(EHF)	30 GHz~300 GHz	毫米波	1~10 mm
12	至高频(THF)	300 GHz~3 000 GHz	亚毫米波	0.1~1 mm

2. 卫星移动通信系统的工作频段

在卫星通信系统中，工作频率是在进行链路分析与设计中的一个重要考虑因素，不同波段的无线电波具有不同的传播特性，受到的链路损耗和大气影响程度也不同。常用的频率划分使用字母型频段标记[1]，卫星通信业务频段划分方法如表 5-2 所示。

表 5-2　卫星通信常用业务的频段范围

字母代码	频率大致范围/GHz	字母代码	频率大致范围/GHz
L	1~2	Ku	12~18
S	2~4	Ka	26~40
C	4~8	Q	31~50
X	8~12	V	50~80

除此之外,表 5-3 对已开展的一些卫星星座工作频段进行了总结,可见,低轨卫星星座通信系统普遍采用 Ka 频段,这也是对地静止卫星星座通信系统常用频段,该频段具有频谱资源丰富的优点;同时,该频段也存在受雨衰、对流层影响严重等特点。

表 5-3 典型的卫星通信系统的频段举例

卫星通信系统	频段	卫星通信系统	频段
Iridium	L/Ka	O3b	Ka/Q/V
OneWeb	Ku/Ka/V	Kepler	Ku/Ka
StarLink	Ku/Ka/V	虹云	Ka
TeleSat	Ka/V	银河 Galaxy	Ka/Q/V

5.1.2 无线电波传播模型和方式

无线电波传播预测是进行通信规划的基础之一,因此需要准确的传播预测模型,从而在给定的条件下,基于当前环境,计算出接收信号的场强,然后进行下一步的系统设计。

1. 无线电波传播模型

由于无线通信环境的复杂多变性,对实际环境中信号的场强是难以进行准确计算的。在通信工程中,可以根据大量的实地测试,对具有不同特点的自然地形地貌和人造环境,如准平坦地形、不规则地形、郊区、市区等,从统计测量数据的角度出发,找到传播损耗与频率、传播距离、天线高度的关系,对不同地形与传播环境下的无线电波传播损耗进行校正,建立合适的无线传播模型,以贴合实际传播情况。以下介绍两种典型的无线传播模型:Okumura(奥村)模型和 Hata 模型。

Okumura 模型是由 Y.Okumura 在日本东京的郊区实测整理而成,在测试时考虑了传播距离、频率、天线高度、环境等因素,使用不同取值进行一系列广泛测量,最后将结果绘制为曲线图表,并以东京郊区这种准平坦地区下的测量作为基准,总结得到这一经验传播预测模型,可以利用校正因子对不同传播环境下电波的场强进行预测,使用十分广泛。在 Okumura 模型中,路径损耗可以表示为

$$L = \mathrm{PL_F} + A_{\mathrm{m}}(f,d) - G_{\mathrm{RX}} - G_{\mathrm{TX}} \tag{5-2}$$

式中,$\mathrm{PL_F}$ 为自由空间路径损耗,f 为频率,d 为距离,$A_{\mathrm{m}}(f,d)$ 为参考情况下的路径损耗,G_{RX} 和 G_{TX} 分别为接收天线增益和发射天线增益。

Hata 模型将 Okumura 模型扩展到各种传播环境,根据其中的曲线图表,归纳出一个路径损耗经验公式:

$$L = 69.55 + 26.16\lg f - 13.82\lg h_{\mathrm{TX}} - a(h_{\mathrm{RX}}) + (44.9 - 6.55\lg h_{\mathrm{TX}})\lg d \tag{5-3}$$

式中,h_{TX} 是发射天线的高度,$a(h_{\mathrm{RX}})$ 是与接收天线相关的修正因子,与覆盖范围有关。

Hata 模型与 Okumura 模型预测结果相近,两者的一大区别在于,Hata 模型无须通过查表获得该环境下特定的修正因子,只需带入公式计算获得结果。值得注意的是,以上

两种模型适用于移动通信场景中无线电波传播的分析，Hata 模型也是移动通信中最常用的无线电波传播模型。

2. 无线电波传播方式

发射机发出的无线电波会经由多种不同的路径到达接收机，可以由直射、反射、绕射、散射这四种形式概括，如图 5-1 所示。

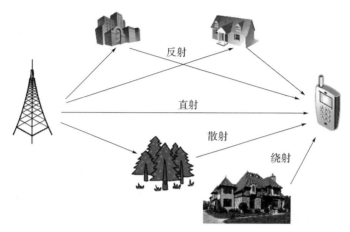

图 5-1　电波传播示意图

直射波是从发射机直接到达接收机的电波，在发射端和接收端之间没有任何遮挡这种理想传播条件下，电波直射传播，能量不会被障碍物吸收，这是最高效的无线信号传播方式。如果无线电波传播在自由空间，就可以视作直射波传播情况。

反射波是指在传播过程中遇到尺寸比自身波长大得多的物体时，无线电波在界面上发生反射而出现的电波，如传播在建筑物、墙壁表面等。可以用反射系数表征传播界面的反射特性，例如，当入射波在镜面内传播时，会发生全反射，入射波与反射波振幅相同，而相位相差 $180°$，此时反射系数为 -1。

绕射波是指当传播路径被尖锐边缘阻挡时，无线电波绕过障碍物向前继续传播而出现的电波。实际上，无线电波在行进过程中波前所有的点，都能够产生次级波，进而组合形成新的波前，这就是惠更斯-菲涅尔原理，并且，新的波前能够出现在障碍物的背面，实现绕射传播。

当无线电波入射到尺寸小于波长且单位体积内数量巨大的障碍物时，就会发生散射，能量散布于所有方向。这类障碍物一般是粗糙表面、小物体或其他不规则物体，比如树叶、灯柱等。对于入射角为 θ 的电波，为了衡量其入射表面粗糙程度，可以将物体表面平整度定义为

$$h_c = \frac{\lambda}{8\sin\theta} \tag{5-4}$$

式中，λ 为波长。当 h_c 小于入射表面最大凸起高度时，认为电波入射后会发生散射，反之，则认为电波入射后发生反射。

从发射机发出的无线电波经过直射、反射、绕射、散射多种传播路径,叠加在一起,最后到达接收机,这一传播过程是复杂且不可预测的。

5.1.3 电离层传播特性

电离层距离地面 70～500 km,是地球大气层中的准中性等离子体区域,对电波传播有抑制和辅助作用。高层大气分子或原子中的电子由于受到太阳高能电磁辐射、宇宙射线激励的作用,发生部分电离现象,产生大量的自由电子和离子,这一部分电离区域即为电离层。

1. 电离层的变化和规律

考查电离层的特性主要用电子浓度进行表征,即单位体积内的自由电子个数。电离层的电子密度随高度的变化情况与不同高度的大气密度、大气成分、太阳辐射通量等有关,表现为不均匀分布,但是在垂直方向上,电离层呈现分层结构,可以分为 D(60～90 km)、E(90～140 km)、F(>140 km)层,在白天,F 层又可以分为 F_1、F_2 两层。

不过,垂直分层结构是对电离层状态的一种理想描述,除了这一垂直高度外,电离层还会随地理空间、日夜、季节、太阳周期等变化,具体的表现是一种规则性变化,同时,电离层还存在突发 E 层、电离层暴、突然电离层骚扰等不规则变化。以下对每种变化进行具体介绍。

规则变化主要是由于各种原因引起的太阳辐射能量变化,从而导致的电离层电子密度变化。具体来说,日夜变化与当日太阳照射程度有关,日出后太阳照射程度增加,电离层电子密度随之开始增长,而在太阳西沉后随之减少;季节变化与不同季节太阳照射程度有关,除 F_2 层外,太阳照射程度高的夏季,电子密度一般大于太阳照射程度低的冬季;周期变化与太阳黑子数的 11 年周期有关,太阳黑子数目越多,太阳辐射能量越强;空间上地理位置的不同也会引起电离层特性变化,例如在赤道附近,太阳光照射强于南北极,所以电子密度也会强于南北极。

除了规则变化外,电离层还会发生突发的、随机的、不规则的急剧变化,这些不规则的变化可能会导致通信中断,例如突发 E 层、电离层暴、突然电离层骚扰。电离层出现突发 E 层,电波入射到该层后其中部分能量会被反射,甚至遭到全反射,引发"遮蔽"现象。突发 E 层多发生于中纬度的夏季,尤其是远东地区。电离层暴通常还会伴随磁暴,在 F_2 层表现最明显,使该层临界频率大幅度降低,导致较高频率的无线电波无法返回地面而引起通信中断。突然电离层骚扰是由于太阳耀斑的强辐射而引起的异常,如 D 层电子密度大幅增大,使得通过该层的信号遭到强烈吸收,严重时会导致通信中断。

2. 电离层闪烁

电离层闪烁是由于电离层的随机性和不规则性,对经过其中的无线电波带来相位和幅度的快速波动现象,会影响卫星链路信号质量[3]。电离层闪烁是频率低于 3 GHz 信号在跨层卫星链路上最严重的干扰之一,10 GHz 频率的信号偶尔也会观察到该现象。一般来说,在频率低于 6 GHz 的情况下研究电离层闪烁。

根据 3GPP 38.811[4]，可以以振幅闪烁指数 S_4 和相位闪烁指数 σ_φ 表征电离层闪烁，计算：

$$S_4 = \left(\frac{\langle I^2 \rangle - \langle I \rangle^2}{\langle I \rangle^2} \right)^{\frac{1}{2}} \tag{5-5}$$

$$\sigma_\varphi = \sqrt{\langle \varphi^2 \rangle - \langle \varphi \rangle^2} \tag{5-6}$$

式中，I 是强度，与信号振幅的平方成比例，φ 是载波相位，$\langle - \rangle$ 运算符表示平均值，通常是 60 s 的范围。基于以上两个指标，可以将电离层闪烁等级分为三种状态，如表 5-4 所示。

表 5-4　电离层闪烁等级

闪烁等级	振幅闪烁	相位闪烁
弱	$S_4 < 0.3$	$\sigma_\varphi < 0.25 \sim 0.3$
中等	$0.3 \leqslant S_4 \leqslant 0.6$	$0.25 \sim 0.3 \leqslant \sigma_\varphi \leqslant 0.5 \sim 0.7$
强	$S_4 > 0.6$	$\sigma_\varphi > 0.5 \sim 0.7$

电离层闪烁的程度取决于地理位置、当日的时间、所处的季节、太阳和地磁活动情况。通常来说，在低纬度地区日落后一段时间内，总能观察到强烈的闪烁；而在中纬度地区很少遇到；在高纬度地区，则是总会观测到中等至强水平的闪烁。另外，虽然在高纬度和低纬度地区能同样观察到振幅闪烁和相位闪烁，但是两者的指数 S_4 和 σ_φ 相关性不同，通常来说，在高纬度地区，相位闪烁占主导地位，在低纬度地区，振幅闪烁占主导地位。

3GPP 38.811 中参考了 ITU-R P.531[5] 中的方法，基于千兆赫兹模型计算电离层闪烁损耗，该模型适用于赤道南北 20°区域，而不适用于高纬度地区。

5.1.4　对流层传播特性

对流层位于大气层的最低层，是与地球表面最接近的一层大气，平均高度是地表以上 0～12 km，对流活动频繁发生。对流层密度最大，所集中的空气质量几乎占全部大气质量的四分之三，几乎所有的云、雨、雾、雪等自然天气现象都发生在该层。

1. 大气吸收

大气吸收是指大气中的各种成分对电磁波的吸收作用，由该现象引起的衰减主要取决于频率、通信仰角、水蒸气密度和海拔高度，在频率低于 10 GHz 时通常可以忽略大气吸收损耗。但是，当仰角低于 10°时，3GPP 协议建议对频率高于 1 GHz 的电波计算大气吸收损耗。3GPP 38.811 协议中参考 ITU-R P.676[6] 建议书中提出的大气损耗建模方法，在该模型中所有用户高度为 0，温度、干气压、水蒸气密度和水蒸气分压对应于全球年平均参考大气，具体计算公式如下：

$$\mathrm{PL_A}(\alpha, f) = \frac{A_{\mathrm{zenith}}(f)}{\sin(\alpha)} \tag{5-7}$$

式中，α 为仰角，f 为频率，$A_{\mathrm{zenith}}(f)$ 为与频率相关的天顶方向衰减，具体数值参照 ITU-R P.676。

2. 云雨雾衰落

云雨雾衰落是指雨雾降水和云层对电波产生的吸收衰减和散射衰减[7]，对于低于6 GHz频率的信号，可以忽略其影响，但是对于频率在 Ka 及以上波段的信号，将受到严重的影响。通常，在系统级仿真中仅考虑晴朗的天气条件，如确需计算时，需要综合考虑仰角、当地降雨量、海拔、卫星的工作频率以及到地面的距离等因素，利用 ITU－R P.618[8]建议书中的云雨衰减模型，实现对降雨引起的衰减的预测。

3. 去极化效应

电波在传播过程中由于各种原因极化面发生旋转，发射机发出的两个相互正交极化的电波到达接收机后不完全正交，这就是去极化现象，表征为信号极化状态的变化。去极化效应会引起同极化衰减，降低信号功率，还会引起交叉极化通道之间的干扰。

为了描述去极化效应，通常采用交叉极化鉴别率或交叉极化隔离度这两个参数[9]。前者是发射机发射一个极化信号时，接收点场同极化电平与交叉极化的功率之比；后者是两个互相正交极化的信号以相同的电平发送后，接收点场的同极化功率与交叉极化功率之比。

4. 对流层闪烁

类似于电离层闪烁现象，对流层闪烁是无线信号经过对流层而出现相位和振幅快速波动的现象[10]。与之不同的是，对流层闪烁对信号的影响与载频有关，载频越高，影响越大，尤其在 10 GHz 以上，随着空气温度、水蒸气含量和大气压力的变化，电波折射率会产生突然变化，导致信号的显著波动。一般来说，在频率高于 6 GHz 的情况下研究对流层闪烁。

对流层闪烁的幅度取决于沿传播路径的折射率变化的幅度和结构，当频率和路径长度的增大时，闪烁幅度随之增加，当天线波束宽度减小时，闪烁幅度降低。参考 ITU-R P.618 建议书中的模型，可以预测由对流层闪烁引起的衰落。

5.2　星地融合信息网络星地链路衰落和延时特性

无线电波在通信链路中传播时所受到的衰落是指其经过反射、折射、散射等非视距路径时而带来的衰减和损耗，可以分为大尺度衰落和小尺度衰落[11]。其中，大尺度衰落又分为路径损耗和阴影效应，小尺度衰落又分为由多径效应引起的衰落和由多普勒效应引起的衰落，本节对星地融合信息网络中星地链路的衰落特性和时延特性进行了分析和介绍，并给出了链路预算方程。

5.2.1　LOS 概率与空间路径损耗

1. 仰角通信

卫星通信中的仰角是指地面站所在处的地平线与卫星之间的夹角，用以描述卫星在某一时刻与地面站的位置关系，如图 5-2 所示，其中 α 为仰角。

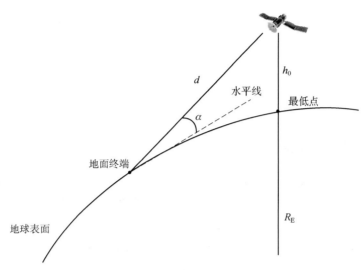

图 5-2　卫星和地面终端之间的倾斜范围

　　每个地面站都存在一个最小仰角,这是地面站可以与卫星进行通信的最小角度,当地面站与上空的卫星大于最小仰角时,可以建立与卫星的通信链路。通常,用户终端的最小仰角大于 $10°$,信关站的最小仰角大于 $5°$。最小仰角也被称为根据终端最小仰角和卫星轨道高度可以还计算出卫星的覆盖范围。

2. LOS 与 NLOS

　　通常,卫星通信中无线电波的传播条件可以分为非视距(NLOS,Non Line Of Sight)和视距(LOS,Line Of Sight)两种。视距条件是指,信号在发射天线和接收天线之间能够在相互"看见"的距离内无遮蔽、无障碍地直射传播。相反,如果不满足这一条件,发射天线和接收天线之间存在影响信号传播的障碍物,就会引起反射、衍射和散射等现象,导致视距路径减少,并出现大量非视距传播路径,信号强度明显下降。

　　在卫星通信中是否存在 LOS 路径对传播损耗的计算影响很大,通常采用 LOS 概率进行评估,该值取决于地面站的环境和仰角,表 5-5 给出了仰角在 $10°\sim90°$ 范围内不同场景下星地链路的 LOS 概率[12]。

表 5-5　LOS 概率

仰角	密集城市场景	城市场景	郊区和农村场景
$10°$	28.2%	24.6%	78.2%
$20°$	33.1%	38.6%	86.9%
$30°$	39.8%	49.3%	91.9%
$40°$	46.8%	61.3%	92.9%
$50°$	53.7%	72.6%	93.5%
$60°$	61.2%	80.5%	94.0%

仰角	密集城市场景	城市场景	郊区和农村场景
70°	73.8%	91.9%	94.9%
80°	82.0%	96.8%	95.2%
90°	98.1%	99.2%	99.8%

3. 空间路径损耗模型

为了预测 LOS 环境下接收信号的强度，常采用自由空间传播模型。电波在自由空间内传播时为直射，不会产生反射、绕射和散射，但由于辐射能量的扩散，仍会产生能量衰减。当使用全向天线，若发射天线的发射功率为 P_t（单位：W）、增益为 G_t，接收天线的增益为 G_r，那么距离发射天线 d（单位：m）处接收信号的功率为

$$P_r = \frac{P_t G_t G_r \lambda^2}{(4\pi)^2 d^2} \tag{5-8}$$

式中，λ 为波长。当天线增益为 0 dB，即 $G_t = G_r = 1$ 时，接收信号功率为

$$P_r = P_t \left(\frac{\lambda}{4\pi d}\right)^2 \tag{5-9}$$

可见，接收功率会随着距离 d 呈现指数衰减，由式（5-9）得到自由空间传播损耗（FSPL，Free Space Path Loss）：

$$FSPL = \frac{P_t}{P_r} = \left(\frac{4\pi d}{\lambda}\right)^2 \tag{5-10}$$

以 dB 计，得到：

$$FSPL(d, f_c) = 10\lg\left(\frac{4\pi d}{\lambda}\right)^2 = 32.45 + 20\lg(f_c) + 20\lg(d) \tag{5-11}$$

式中，f_c 为电波工作频率，单位为 GHz。

在星地链路中，地面终端与卫星的直线距离 d 可以由通信仰角 α 和卫星到地面的高度 h_0 获得，参考图 5-2 所示场景，该距离 d 为

$$d = \sqrt{R_E^2 \sin^2\alpha + h_0^2 + 2h_0 R_E} - R_E \sin\alpha \tag{5-12}$$

式中，R_E 为地球半径。

5.2.2 大尺度衰落

1. 阴影效应

阴影效应是由于通信信号发送过程被遮挡，接收区域产生场强较弱的半盲区，形成电磁场阴影，从而引起的接收点场强中值起伏变化。阴影衰落（SF，Shadow Fading）可以建模为均值为 0 标准差为 σ_{SF}^2 的对数正态分布，由正态分布生成的随机数来表示，例如：

$SF \sim N(0, \sigma_{SF}^2)$。对数正态分布如式 5-13 所示,$z$ 是传播信号幅度,r 为接收信号的幅度,单位是分贝(dB)。

$$p(r) = \frac{1}{z\sqrt{2\pi\sigma_{SF}^2}} \exp\left(-\frac{\ln z}{2\sigma_{SF}^2}\right) \tag{5-13}$$

2. 路径损耗

卫星与非地面网络(NTN,Non Terrestrial Network)终端之间的信号路径经历了多个阶段的传播和衰减。路径损耗(PL)由四个部分组成:

$$PL = PL_b + PL_g + PL_s + PL_e \tag{5-14}$$

各符号含义如表 5-6 所示。

表 5-6　路径损耗符号及含义

路径损耗符号	路径损耗含义
PL	总路径损耗
PL_b	基本传播路径损耗
PL_g	由于大气气体引起的衰减
PL_s	电离层或对流层闪烁引起的衰减
PL_e	穿透建筑物时的损耗

星地融合网络的基本路径损耗 PL_b 主要受传输距离 d(单位:m)和频率 f_c(单位:GHz)等因素影响,主要体现为信号的自由空间传播损耗、阴影衰落和杂波损耗(CL,Clutter Loss),可表示为

$$PL_b = FSPL(d, f_c) + SF + CL(\alpha, f_c) \tag{5-15}$$

式中,$FSPL(d, f_c)$ 的表达式已在 5.2.13 节介绍,SF 是由正态分布生成的随机数表示的阴影衰落损耗,已在本节介绍,而 CL 是地面周围物体和建筑物引起的功率损耗,具体取决于通信仰角 α、载频 f_c 和所处环境。当用户终端 UE(User Equipment)处于 LOS 状态时,可以忽略不计杂波损耗,在式(5-15)将 CL 设置为 0 dB。

表 5-7 至表 5-9 给出了在参考仰角情况下不同场景的 σ_{SF}^2 和 CL 值,用户在特定情况下应采用与其仰角 α 最接近的参考仰角所对应的值。

表 5-7　密集城市场景的阴影衰落和杂波损耗

仰角	S 频段			Ka 频段		
	LOS	NLOS		LOS	NLOS	
	σ_{SF}(dB)	σ_{SF}(dB)	CL(dB)	σ_{SF}(dB)	σ_{SF}(dB)	CL(dB)
10°	3.5	15.5	34.3	2.9	17.1	44.3
20°	3.4	13.9	30.9	2.4	17.1	39.9
30°	2.9	12.4	29.0	2.7	15.6	37.5
40°	3.0	11.7	27.7	2.4	14.6	35.8

仰角	S 频段			Ka 频段		
	LOS	NLOS		LOS	NLOS	
	σ_{SF}(dB)	σ_{SF}(dB)	CL(dB)	σ_{SF}(dB)	σ_{SF}(dB)	CL(dB)
50°	3.1	10.6	26.8	2.4	14.2	34.6
60°	2.7	10.5	26.2	2.7	12.6	33.8
70°	2.5	10.1	25.8	2.6	12.1	33.3
80°	2.3	9.2	25.5	2.8	12.3	33.0
90°	1.2	9.2	25.5	0.6	12.3	32.9

表 5-8　城市场景的阴影衰落和杂波损耗

仰角	S 频段			Ka 频段		
	LOS	NLOS		LOS	NLOS	
	σ_{SF}(dB)	σ_{SF}(dB)	CL(dB)	σ_{SF}(dB)	σ_{SF}(dB)	CL(dB)
10°	4	6	34.3	4	6	44.3
20°	4	6	30.9	4	6	39.9
30°	4	6	29.0	4	6	37.5
40°	4	6	27.7	4	6	35.8
50°	4	6	26.8	4	6	34.6
60°	4	6	26.2	4	6	33.8
70°	4	6	25.8	4	6	33.3
80°	4	6	25.5	4	6	33.0
90°	4	6	25.5	4	6	32.9

表 5-9　郊区和农村场景的阴影衰落和杂波损耗

仰角	S 频段			Ka 频段		
	LOS	NLOS		LOS	NLOS	
	σ_{SF}(dB)	σ_{SF}(dB)	CL(dB)	σ_{SF}(dB)	σ_{SF}(dB)	CL(dB)
10°	1.79	8.93	19.52	1.9	10.7	29.5
20°	1.14	9.08	18.17	1.6	10.0	24.6
30°	1.14	8.78	18.42	1.9	11.2	21.9
40°	0.92	10.25	18.28	2.3	11.6	20.0
50°	1.42	10.56	18.63	2.7	11.8	18.7
60°	1.56	10.74	17.68	3.1	10.8	17.8
70°	0.85	10.17	16.50	3.0	10.8	17.2
80°	0.72	11.52	16.30	3.6	10.8	16.9
90°	0.72	11.52	16.30	0.4	10.8	16.8

5.2.3 多径效应与频率选择性衰落

1. 多径效应

卫星在向地面发射信号时,很多物体会对信号传播产生阻碍,产生非视距的传播路径,信号在这些不同的路径经过折射、绕射、散射等方式到达接收端叠加时,不同的分量之间相位、幅度和时延都有不同,因此得到的信号相较原来的发射信号,幅度和相位都会产生快速抖动而失真,导致信号的衰落,降低通信质量,这就是多径效应。

2. 多径传播与多径衰落模型

在星地融合信息网络通信场景中,由于地面接收环境中障碍物分布密集程度不同,产生多径的数目及衰落程度也不同,需要考查的多径衰落主要是在地面接收端附近。经过不同路径的到达信号具有不同的能量和到达时间,其中,为了衡量各种接收端收到信号的时间差,定义时延扩展 τ,表征先至无线电与最末无线电信号分量中可分离多路径的到达时间差。除此之外,还可以用相关带宽 B_c 表征不同频率之间多径信号幅度和相位的相关性以及受到的衰落程度,其大小取决于时延扩展,两者之间的关系为

$$B_c \approx \frac{1}{\tau} \tag{5-16}$$

频率在相关带宽范围内的多径信号具有固定的增益和线性相位,信号间具有很强的幅度与相位相关性。根据频率与衰落之间的关系,可以将多径引起的衰落分为频率性选择衰落和平坦衰落。当 B_c 小于信号带宽 W 时,传输信号经历的衰落为频率选择性衰落,信道对具有不同频率的信号分量有不同的随机响应,产生不同程度的衰落,引起信号的失真;相反,当 B_c 大于信号带宽 W 时,传输信号经历的衰落为平坦衰落,信道对具有不同频率的信号分量有着一致的响应,信号不失真。

对多径信号进行统计分析,在不同的散射环境可以对其包络统计特性进行不同的建模。当收发端之间存在大量统计独立的非直射路径,而不存在直射路径时,信号的包络服从 Rayleigh 分布,而当收发端之间存在不仅存在非直射的多径,也存在直射路径时,信号的包络被视为遵循 Rice 分布[13]。

假设原始信号 $s(t)$ 为

$$s(t) = \cos(\omega_c t + \varphi_c) \tag{5-17}$$

则经过 Rice 信道后的接收信号 $r(t)$ 可以表示为

$$r(t) = c_0 \cos(\omega_c t + \varphi_c + \Delta\omega_0 t) + \sum_{n=1}^{N} c_n \cos(\omega_c t + \varphi_c + \phi_n + \Delta\omega_n t) \tag{5-18}$$

式中,第一部分为直射分量,第二部分为多径分量,$\Delta\omega_n$ 和 ϕ_n 分别为第 n 条多径路径的多普勒相位分量和相位偏移。

对 $r(t)$ 的进行计算后,得到 Rice 分布的概率密度表达式:

$$f_r(r) = \frac{r}{2\pi\sigma^2}\exp\left(-\frac{r^2+c_0^2}{2\sigma^2}\right)\int_{-\pi}^{\pi}\exp\left(\frac{rc_0}{\sigma^2}\cos\theta\right)\mathrm{d}\theta \qquad (5\text{-}19)$$

式中，σ^2 是多径平均功率。已知第一类零阶贝塞尔函数的表达式为

$$J_0(x) = \frac{1}{2\pi}\int_{-\pi}^{\pi}\exp(x\cos\theta)\mathrm{d}\theta \qquad (5\text{-}20)$$

所以，Rice 的概率密度函数可以简化为

$$f_r(r) = \frac{r}{\sigma^2}\exp\left(-\frac{r^2+c_0^2}{2\sigma^2}\right)J_0\left(\frac{rc_0}{\sigma^2}\right) \qquad (5\text{-}21)$$

另外，多径衰落程度还可以由 Rice 因子 K 表示，表达式为

$$K = \frac{z^2}{2\sigma^2} \qquad (5\text{-}22)$$

式中，z 表示直射分量功率。

令直射分量幅度系数 $c_0 = 0$，可以得到 Rayleigh 分布概率密度：

$$f_r(r) = \frac{r}{\sigma^2}\exp\left(-\frac{r^2}{2\sigma^2}\right), r \geqslant 0 \qquad (5\text{-}23)$$

另外，Nakagami-m 分布是一种广义的 Rayleigh 分布[14]，是通过曲线拟合达到的一种近似于现实的分布。

若信号包络 r 服从 Nakagami-m 分布，则其概率密度函数为

$$f_n(r) = \frac{2m^m r^{2m-1}}{\Omega^m \Gamma(m)}\exp\left(-\frac{mr^2}{\Omega}\right) \qquad (5\text{-}24)$$

式中，$\Gamma(\cdot)$ 为 Gamma 函数，$\Omega = E(r^2)$ 为信号的平均功率，衰落因子 m 的表达式为

$$m = \frac{\Omega^2}{E[(r^2-\Omega)^2]} \qquad (5\text{-}25)$$

通过调整 m，可以描述衰落程度不同的各种衰落程度信道，m 越小，表示信道多径带来的衰落程度越严重。当 $m=1$ 时，Nakagami-m 分布成为 Rayleigh 分布，m 也可以通过和 K 因子之间的关系，实现和 Rice 分布的近似衰落模型情况的效果，m 和 K 因子之间的关系为

$$m = \frac{(K+1)^2}{2K+1} \qquad (5\text{-}26)$$

5.2.4 多普勒效应与时间选择性衰落

1. 多普勒效应

低轨卫星高速移动与此同时地面用户节点亦可能存在位置偏移，这样物理上卫星发射信号会产生多普勒效应现象，具体表现为多普勒频移和多普勒扩展两种表现形式。多普勒频移是由于接收器、发射器两者的运动而引起的信号频率的移动，多普勒扩展是由多

径效应带来的频谱扩展。另外,多普勒频移随时间的变化速度被称为多普勒变化率。多普勒频移和多普勒变化率取决于卫星、UE 的速度和载波频率。

图 5-3 所示为卫星通信系统的基本几何结构。UE 从卫星接收的信号频率除了受到卫星运动的影响之外,还受 UE 本身运动的影响。并且,由于卫星和 UE 都是相对地球移动的,因此它们各自的影响可以通过代数方式相加。

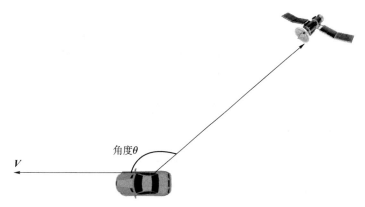

图 5-3　卫星通信系统的基本几何结构

当发射机或接收器的相对速度与光速之间的比率可以忽略不计时,可以采用非相对论方法计算多普勒频移和多普勒变化率。例如,对于速度为 0.277 km/s 的终端,该比率为 0.277/300 000＝0.000 09,而对于轨道速度为 7.5 km/s 的非地球同步轨道卫星,该比率为 0.000 025。

假设卫星工作载波频率为 f_c,与 UE 之间相对速度为 $\boldsymbol{V}$,则多普勒频移计算公式为

$$\Delta f = \frac{f_c \cdot \boldsymbol{V}}{c} \cos \theta \tag{5-27}$$

式中,c 为光速,θ 是移动设备(发射机或接收机)的速度矢量与 UE 和卫星之间信号传播方向的夹角。由该式可得,当发射机离开接收机时,Δf 为负,当发射机向接收机移动时,Δf 为正。

多普勒频移变化率是多普勒频移随时间的变化速度,也就是多普勒频移函数对时间的导数。

2. 高动态多普勒与多普勒频移的影响

对于对地静止卫星,多普勒频移主要由 UE 运动引起,而对于非对地静止卫星,大尺度下引发的多普勒频移程度会远高于小尺度位移引发的多普勒频移。另外,如果接收器被放置在飞机或高铁上,则会因其自身速度而产生额外的多普勒频移。

图 5-4 所示为非地球静止卫星通信系统的运动模型以评估 UE 的最大多普勒频移。

如图 5-4 所示,图中的 S 为卫星,假设卫星

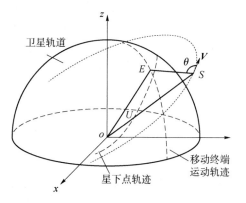

图 5-4　卫星与地面站几何示意图

的速度矢量为 **V**。为计算该场景下最大多普勒频移,首先需要计算位于地面上的移动终端 E 的多普勒频移,然后求出最大值。

影响多普勒频移的因素之一是矢量 **SE** 与卫星速度矢量 **V** 之间的角度,设其为 θ。假设卫星的高度为 h,地球半径为 R,载波频率为 F_c,由卫星运动引起的多普勒频移值 F_d 用公式表示为

$$F_d = \frac{F_c}{c} \times \mathbf{V} \times \cos\theta = \frac{F_c}{c} \times \mathbf{V} \times \frac{\sin u}{\sqrt{1 + \gamma^2 - 2\gamma\cos u}} \tag{5-28}$$

式中,u 是 **OE** 和 **OS** 之间的角度,**OE** 是地球中心和地球上的点之间的矢量,**OS** 是地球中心和卫星之间的矢量。角度 u 随卫星运动而变化,计算式为

$$u(t) = \frac{V * t}{R + h} \tag{5-29}$$

另外,式(5-27)中 γ 的计算公式如下:

$$\gamma = \frac{R + h}{R} \tag{5-30}$$

表 5-10 所示为不同场景下多普勒频移和多普勒变化率的变化情况。

表 5-10 不同海拔高度的卫星多普勒频移和频移变化总结

频率/GHz	最大多普勒频移	多普勒频移比例	最大多普勒频移变化率	
2	+/−48 kHz	0.002 4 %	−544 Hz/s	海拔高度
20	+/−480 kHz	0.002 4 %	−5.44 kHz/s	600 km 的
30	+/−720 kHz	0.002 4 %	−8.16 kHz/s	LEO
2	+/−40 kHz	0.002 %	−180 Hz/s	海拔高度
20	+/−400 kHz	0.002 %	−1.8 kHz/s	1 500 km
30	+/−600 kHz	0.002 %	−2.7 kHz/s	的 LEO
2	+/−15 kHz	0.000 75 %	−6 Hz/s	海拔高度
20	+/−150 kHz	0.000 75 %	−60 Hz/s	10 000 km
30	+/−225 kHz	0.000 75 %	−90 Hz/s	的 MEO

3. 多普勒扩展

运动的接收器和发射器均会产生多普勒频移下的失真频率,无线电波在地面终端附近因经历障碍物而多径传播,而每条路径到达接收端时具有不同的多普勒频移,所以叠加后导致频谱在频域上的展宽,这就是多普勒扩展现象。

在这些具有不同多普勒频移的径中,都具有不同的频率偏移量,将其中最大的偏移量记为最大多普勒频移 f_d。除此之外,还可以用则相干时间 T_c 表征信道特性保持恒定的最大时间差范围,在该时间范围内到达接收端的同一信号不同分量,衰落特性相似,接收机能够认为是同一信号。相干时间的大小取决于最大多普勒频移,两者之间的关系为

$$T_c \approx \frac{1}{f_d} \tag{5-31}$$

根据信号传输时间与衰落特性之间的关系,可以将衰落分为时间选择性衰落和平坦衰落。当 T_c 小于单位传输符号的持续时间时,信号的相关性就不好,传输的信息会存在

电平上的衰落,这样的衰落为时间选择性衰落;相反,当 T_c 大于单位传输符号的持续时间时,传输的信息会存在电平的衰落,这样的衰落为平坦衰落。多普勒扩展会造成传输信号的时间选择性衰落,使得系统解调性能恶化。

4. 多普勒功率谱密度

多普勒功率谱是信道特性中的一个重要统计量,用于描述受到多径效应和多普勒频移的多径信号在频域上的功率衰减和频谱展宽。多普勒功率谱的形状能够反映信号衰落的快慢,功率谱越宽,信号衰减得越快,具有不同到达角分布的多径信号,在多普勒功率谱上有不同的形状。常用的多普勒功率谱模型主要包络:Jakes 功率谱、Gaussian 功率谱等[15]。

Jakes 功率谱又被称为 U 形谱、经典谱,适用于接收机所处环境复杂的情况,以描述多径瑞利衰落对应的多普勒功率谱。假设到达接收机的入射波在二维面内服从 $[0,2\pi]$ 的均匀分布,且接收天线为各向同性的全向天线,若入射波的平均功率为 σ_0^2,最大多普勒频移为 f_{max},推导得到 Jakes 功率谱密度表达式为

$$S_{Jakes}(f) = \begin{cases} \dfrac{\sigma_0^2}{\pi f_{max}\sqrt{1-\dfrac{f}{f_{max}}}}, & |f| \leqslant f_{max} \\ 0, & |f| > f_{max} \end{cases} \tag{5-32}$$

同时,对功率谱密度进行傅里叶反变换,可以得到其自相关函数的表达式:

$$r_{Jakes}(\tau) = \sigma_0^2 J_0(2\pi f_{max}\tau) \tag{5-33}$$

式中,$J_0(\cdot)$ 为第一类零阶贝塞尔函数。

在实际信道中,到达角不一定总是均匀分布。例如航空信道中接收到的多径信号中主要部分是一部分强远距离的回波信号,在多普勒功率谱谱线上的表现为高斯分布,这就是 Gaussian 功率谱,用于描述具有直射径且伴有不明显多径信号的情形,其表达式如下:

$$S_{Gaussian}(f) = \begin{cases} \dfrac{\sigma_0^2}{0.707 f_{max}}\sqrt{\dfrac{\ln 2}{\pi}}\, e^{-\ln 2\left(\frac{f}{0.707 f_{max}}\right)^2}, & f \leqslant |0.707 f_{max}| \\ 0 & , f > |0.707 f_{max}| \end{cases} \tag{5-34}$$

式中,$0.707 f_{max}$ 为多普勒最大频移的 3 dB 截止频率,对式(5-34)求傅里叶逆变换可以得到自相关函数为

$$r_{Gaussian}(\tau) = \sigma_0^2 e^{-\left(\pi\frac{0.707 f_{max}}{\sqrt{\ln 2}}\tau\right)^2} \tag{5-35}$$

5.2.5 大传播延时与定时提前

在星地融合网络中,延时是普遍存在的,一般可以分为两种:传输延时和差分延时。以下将介绍这两种延时。

单向传输延时以下行数据为例,根据星上负载类型不同,传输延时的产生存在两种情况。一种情况是从核心网网关途经空中平台(弯管卫星)到达用户设备;另一种是从直接空中或飞行器平台(再生负载)到用户设备。而往返时间(RRT,Round Trip Time)则对应着双向传输延时:从网关途经空中平台到达用户设备(弯管负载)并返回,和从空中或飞行器平台到用户设备并返回。

　　差分延时与两个被选中的点的传输延时的差有关,这两个点是在波束内的某个特定位置,例如可以在星下点(卫星距离地面最近的点)和覆盖范围边缘选择点。所有终端的网关路径可能都相同,但是这只是用来简化计算的。

　　表 5-11 至表 5-14 分别为对地静止卫星和非对地静止卫星在不同路径、不同距离下不同的传播延时和不同点之间的差分延时举例。

表 5-11　GEO 卫星的传播延时

倾斜角度	GEO 卫星		
	路径	距离/km	时间/ms
UE:10°	卫星-UE	40 586	135.286
网关:5°	卫星-网关	41 126.6	137.088
90°	卫星-UE	35 786	119.286
弯管卫星			
单程延时	网关-卫星-UE	81 712.6	272.375
往返延时	网关-卫星-UE-卫星-网关	163 425.3	544.751
再生卫星			
单程延时	卫星-UE	40 586	135.286
往返延时	卫星-UE-卫星	81 172	270.572

表 5-12　不同点之间的差分延时

城市节点	差分延时/ms	城市节点	差分延时/ms
巴黎到马赛	1.722	奥斯陆到特罗索	−3.545
里尔到图卢兹	2.029	奥斯陆到斯瓦尔巴特群岛	−6.555
布雷斯特到史特拉斯堡	0.426	奥斯陆到巴黎	3.487

表 5-13　不同卫星的传播延时

仰角	路径	海拔 600 km 的低轨卫星		海拔 1 500 km 的低轨卫星		海拔 10 000 km 的中轨卫星	
		距离/km	延时/ms	距离/km	延时/ms	距离/km	延时/ms
用户:10°	卫星到用户	1 932.24	6 440	3 647.5	12 158	14 018.16	46.727
网关:5°	卫星到网关	2 329.01	7.763	4 101.6	13.672	14 539.4	48.464
90°	卫星到用户	600	2	1 500	5	10 000	33.333
弯管卫星							
单径延时	网关到卫星用户	4 261.2	14.204	7 749.2	25.83	28 557.6	95.192
往返延时	往返	85 22.5	28.408	15 498.4	51.661	57 115.2	190.38
再生卫星							
单径延时	卫星到用户	1 932.24	6.44	3 647.5	12.16	14 018.16	46.73
往返延时	卫星到用户到卫星	3 864.48	12.88	7 295	24.32	28 036.32	93.45

表 5-14　不同卫星的差分延时

	海拔 600 km 的低轨卫星		海拔 1 500 km 的低轨卫星		海拔 10 000 km 的中轨卫星	
	相对距离	相对延时	相对距离	相对延时	相对距离	相对延时
最低点和覆盖边缘处的差分单径延时		4.44 ms		7.158 ms		13.4 ms
最大延时所占的百分比(弯管)	1 332.2 km	31.26 %	2 147.5 km	27.8 %	4 018.16 km	14.1 %
最大延时所占的百分比(再生卫星)		67 %		58.9 %		28.7 %

另外,对于非对地静止卫星而言,高速运动会带来无线链路传输延时的快速变化,因此需要定时提前机制,动态更新 UE 的各个定时提前,以确保所有上行链路传输在到达基站的时间对齐。

5.2.6　链路预算

链路预算是评价无线通信系统覆盖能力的主要方法,用于进行通信网络规划,通过对系统上下行链路发送端、通信链路、传播环境、接收端中所有增益和衰减的合算,获得一定通信质量下链路所允许的最大传播损耗,由此验证系统设计方案的可行性。其中,上行链路是指信关站和用户终端向卫星传输信息这一方向的链路,下行链路是指卫星向信关站和用户终端传输信息这一方向的链路。

星地链路预算计算方法为,首先分别计算上行和下行链路的载波功率与等效噪声温度比 C/T,或载波功率与噪声功率比 C/N,以及载波功率与干扰功率比 C/I,再求出考虑干扰因素的系统载噪比 $C/(I+N)$ 和系统余量[16]。

在进行计算前,先介绍两个重要参数:EIRP 和 G/T。EIRP 为有效全向辐射功率,单位为 dBW,反映了卫星或地面在某个方向上的辐射功率,衡量了发射系统能力,可由天线发射功率 P_T 与该天线发射增益 G_T 相乘得到,即

$$\text{EIRP} = P_T \times G_T \tag{5-36}$$

式中,G/T 是天线的品质因数,单位为 dB/K,G 代表天线增益,T 代表天线噪声温度,衡量了接收系统能力,G/T 值越大,表明接收系统性能越好。

上行链路 $\dfrac{C}{T_U}$ 和下行链路 $\dfrac{C}{T_D}$ 计算方法如下:

$$\left[\frac{C}{T_U}\right] = [\text{EIRP}_E] - [\text{PL}_U] + \left[\frac{G}{T_S}\right] \tag{5-37}$$

$$\left[\frac{C}{T_D}\right] = [\text{EIRP}_S] - [\text{PL}_D] + \left[\frac{G}{T_E}\right] \tag{5-38}$$

式中,EIRP_E 和 EIRP_S 分别是载波上行和下行发射端 EIRP,PL_U 和 PL_D 分别是总的上

行和下行传输损耗，$\dfrac{G}{T_{\mathrm{S}}}$ 和 $\dfrac{G}{T_{\mathrm{E}}}$ 分别为卫星和信关站或用户终端的接收系统品质因数，计算得到的结果为分贝形式。

获得 C/T 后，可以计算链路 C/N 值，以上行链路为例，计算方法为

$$\left[\frac{C}{N_{\mathrm{U}}}\right]=\left[\frac{C}{T_{\mathrm{U}}}\right]-[k]-[\mathrm{BW_N}]=\left[\frac{C}{T_{\mathrm{U}}}\right]+228.6-[\mathrm{BW_N}] \tag{5-39}$$

式中，k 为玻尔兹曼常数，$[k]=10\log(k)=-228.6\ \mathrm{dBW/K}$，$\mathrm{BW_N}$ 为接收信号带宽。下行链路 C/N 值计算方法类似。

在星地链路中，信号不仅经过放大和衰减，同时还会受到很多干扰的影响，主要有邻星干扰、互调干扰、反极化干扰，综合考虑以上参数，可以计算获得总的 $C/(I+N)$ 值：

$$\begin{cases}\dfrac{1}{C/(I+N)_{\mathrm{total}}}=\dfrac{1}{C/(I+N)_{\mathrm{U}}}+\dfrac{1}{C/(I+N)_{\mathrm{D}}}\\[3mm]\dfrac{1}{C/(I+N)_{\mathrm{U}}}=\dfrac{1}{C/N_{\mathrm{U}}}+\dfrac{1}{C/I_{X\mathrm{pdU}}}+\dfrac{1}{C/I_{A\mathrm{djU}}}\\[3mm]\dfrac{1}{C/(I+N)_{\mathrm{D}}}=\dfrac{1}{C/N_{\mathrm{D}}}+\dfrac{1}{C/I_{X\mathrm{pdD}}}+\dfrac{1}{C/I_{A\mathrm{djD}}}+\dfrac{1}{C/I_{\mathrm{Im}}}\end{cases} \tag{5-40}$$

式中，$C/I_{X\mathrm{pdU}}$ 和 $C/I_{X\mathrm{pdD}}$ 分别为上行载波和下行载波与反极化干扰的比值，$C/I_{A\mathrm{djU}}$ 和 $C/I_{A\mathrm{djD}}$ 分别为上行载波和下行载波与邻星干扰的比值，C/I_{Im} 为下行载波与交调干扰的比值，由于上行链路通常会预留足够的线性回退，因此交调干扰可以只考虑下行链路的部分。式(5-40)中的值均为真数，需要再进行换算得到分贝形式。

在进行链路设计时，需要考虑不同调制编码方式下载波最低要求的 E_{b}/N_0 值，将该值进行换算，可以到了该载波最低要求的 C/N 值，将系统总的载噪比 $C/(I+N)_{\mathrm{total}}$ 与所需 C/N 做差值后，就获得了系统余量。如果余量太低，系统的工作状态不够稳定；如果余量过高，系统的设备成本存在浪费。

另外，由于地面站为固定设施，馈电链路的信道特性较稳定，当卫星为对地静止卫星时，通信终端之间相对静止，通信链路之间的 LOS 路径起主要作用，信号电波的传播相对简单，馈电链路信道特性主要为传播延时和大尺度衰落，当卫星为非对地静止卫星时，由于卫星的移动性，馈电链路信道特性主要为传播延时、自由空间路径损耗以及多普勒频移。而在用户链路中，不仅通信终端之间存在相对运动，受到多普勒效应影响，还有较为严重的多径传播现象，电波的传播更为复杂，其信道特性制约着整个通信系统的总体性能。

5.3　卫星移动信道模型

本章节主要介绍了卫星地面融合网络中的移动信道模型，包括窄带概率统计模型、宽带概率统计模型和多状态概率统计模型。信道相关带宽与用于信息传输的带宽之间的关系将决定信道概率模型时窄带信道模型还是宽带信道模型，其中，窄带信号模型一般使用

非频率选择性信道进行模型的搭建,但是宽带信道建模相对复杂,一般使用描述频率选择性信道进行模型搭建。

5.3.1 卫星移动信道窄带概率统计模型

1. C.Loo 部分阴影模型

1985 年,加拿大学者 C.Loo 根据实测数据推导提出了 C.Loo 模型[17],该模型又被称为部分阴影模型,多用于乡村、郊区等开阔环境,其假设信号经过长时间 LOS 传输,接收信号包括受到阴影衰落的 LOS 分量以及不受阴影衰落的多径分量组成,分别可以用对数正态分布和 Rayleigh 分布来描述。

具体地,接收信号可以表示为

$$r(t) = z(t)s(t) + d(t) = Z(t) + d(t) \tag{5-41}$$

式中,$r(t)$ 是接收信号,$z(t)$ 是 LOS 信号,$s(t)$ 是其受到的阴影衰落,$d(t)$ 是多径信号。

若 LOS 信号包络 Z 保持不变时,接收信号的包络服从 Rice 分布,其概率分布表达式为

$$f_r(r \mid Z) = \frac{r}{b_0} \exp\left(-\frac{r^2 + Z^2}{2b_0}\right) I_0\left(\frac{rZ}{b_0}\right) \tag{5-42}$$

式中,$I_0(\cdot)$ 是第一类零阶修正贝塞尔函数,b_0 是多径平均功率。

另外,阴影衰落服从分布的概率密度分布表达式为

$$f_Z(Z) = \frac{1}{Z\sqrt{2\pi d_0}} \exp\left(-\frac{(\ln Z - \mu)^2}{2d_0}\right) \tag{5-43}$$

由以上两式利用全概率公式可计算出接收信号包络 r 的概率分布:

$$
\begin{aligned}
f_r(r) &= \int_0^\infty f_r(r \mid Z) f_Z(Z) \mathrm{d}Z \\
&= \frac{r}{b_0\sqrt{2\pi d_0}} \int_0^\infty \frac{1}{Z} \exp\left(-\frac{r^2 + Z^2}{2b_0} - \frac{(\ln Z - \mu)^2}{2d_0}\right) \mathrm{d}Z
\end{aligned}
\tag{5-44}
$$

这就是 C.Loo 模型的理论公式。

2. Corazza 全阴影模型

1994 年,Corazza 提出了全阴影模型[18],该模型假设了 LOS 信号和多径信号均受到相同阴影衰落的情况,适用于包括乡村、城市等所有卫星移动通信信道环境。

接收信号可表示为

$$r(t) = [z(t) + d(t)]s(t) = R(t)s(t) \tag{5-45}$$

式中,$r(t)$、$z(t)$、$d(t)$、$s(t)$ 表示的含义与式(5-41)相同。

接收信号包络 r 的概率密度函数为

$$f_r(r) = \int_0^\infty f_r(r \mid s) f_s(s) \mathrm{d}s = \int_0^\infty \frac{1}{s} f_R(r \mid s) f_s(s) \mathrm{d}s \tag{5-46}$$

而 $R(t)$ 服从 Rice 分布，$s(t)$ 服从对数正态分布，所以有

$$f_r(r \mid s) = \frac{1}{s} f_R(r \mid s) = \frac{r}{s^2 \sigma_0^2} \exp\left(-\frac{r^2}{2s^2\sigma_0^2}\right) I_0\left(\frac{rz}{s\sigma_0^2}\right) \tag{5-47}$$

$$f_s(s) = \frac{1}{hs\sigma\sqrt{2\pi}} \exp\left(-\frac{(\ln s - \mu)^2}{2(h\sigma)^2}\right) \tag{5-48}$$

式中，σ_0^2 是 Rice 分布的方差，$h = \dfrac{\ln 10}{20}$，μ 和 σ^2 是对数正态分布的均值和方差。

定义 Rice 因子 k 为

$$k + 1 = \frac{1}{2\sigma_0^2} \tag{5-49}$$

根据全概率公式，可得到接收信号包络 r 的概率分布：

$$f_r(r) = \int_0^\infty f_r(r \mid s) f_s(s) \mathrm{d}s$$

$$= \frac{2(k+1)r}{h\sigma\sqrt{2\pi}} \exp(-k) \int_0^\infty \frac{1}{s} \exp\left(-\frac{(k+1)r^2}{s^2} - \frac{(\ln s - \mu)^2}{2(h\sigma)^2}\right) I_0\left(\frac{2r\sqrt{k(k+1)}}{s}\right) \mathrm{d}s$$

$$\tag{5-50}$$

这就是 Corazza 模型的理论公式，其中的参数 k、μ、σ 都是与传播环境、卫星仰角有关的函数。

3. 其他单状态窄带概率统计模型

除了以上介绍的两种最直观的窄带信道模型外[19]，许多学者还提出了其他的卫星移动信道模型。

如果考虑 Loo 模型中不存在 LOS 分量，只有受到阴影衰落的多径分量，则为 Suzuki 模型[20]。该模型适用于 UE 处于有建筑物遮挡的城市地区，卫星和 UE 之间不存在 LOS 信号，而仅有受到阴影衰落的多径信号。其接收信号可以表示为

$$r(t) = d(t)s(t) \tag{5-51}$$

式中，$r(t)$、$d(t)$、$s(t)$ 表示的含义与式(5-41)相同，$s(t)$ 服从对数正态分布。

除此之外，如果 Loo 模型中的阴影衰落并非服从对数正态分布，而是服从 Nakagami 分布，则构成了 Abdi 模型[21]、如果 Loo 模型中小尺度衰落部分服从的是伽马分布，则是 Yongjun Xie 模型[22]。

5.3.2　卫星移动信道宽带概率统计模型

1. TDL 模型

TDL(Tapped Delay Line)模型又称为抽头延迟线模型[23]，适用于 0.5 GHz 到 100 GHz 频率范围内最大带宽 2 GHz 的地面多径信道，可用于链路级仿真，主要用于研

究反映信道时变特性的多普勒参数和反应信道时延特性的多径参数,应用于卫星移动信道中,主要有 TDL-A、TDL-B、TDL-B、TDL-D 四种。其中前两者为 NLOS 传输的多径信道模拟,后两者为 LOS 传输的多径信道模拟。每种 TDL 模型都可以针对延时按比例缩放,实现所需的均方根延时扩展。

参考图 5-5 的 TDL 模型示意图,TDL 信道模型由一组具有不同衰落系数和不同延时的抽头组成。对于由延时不同的多径分量叠加而成的接收信号,每条多径分量可以对应到 TDL 模型中的一个抽头,而抽头系数就可以表示分量的延时、增益等参数。由于存在 LOS 路径,TDL-C 和 TDL-D 的第一个抽头服从 Rice 分布,并可将 K 因子设为所需值,除此之外,其余每一个抽头都是服从瑞利衰落的。另外,每个抽头的多普勒谱都是 Jakes 谱,而由于卫星运动,还应考虑其所引起的额外多普勒频移。

信道的冲激响应可以表示如下:

$$h(t;\tau)=\sum_{l=0}^{L-1}a_l(t)\mathrm{e}^{\mathrm{j}\theta_l(t)}\delta(\tau-\tau_l)+n(t) \tag{5-52}$$

式中,a_l 是第 l 条径的增益,θ_l 为第 l 条径的相位,τ_l 为第 l 条径的延时。

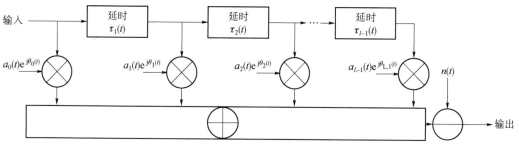

图 5-5　TDL 模型示意图

3GPP TR38.811 协议中给出了仰角 50°下应用于卫星链路信道模拟的相关参数,如表 5-15 所示。

表 5-15　仰角 50°下 TDL 模型参数

TDL-A 模型			
抽头编号	归一化延时	功率/dB	抽头分布
1	0	0	Rayleigh
2	1.081 1	−4.675	Rayleigh
3	2.841 6	−6.482	Rayleigh
TDL-B 模型			
1	0	0	Rayleigh
2	0.724 9	−1.973	Rayleigh
3	0.741 0	−4.332	Rayleigh
4	5.739 2	−11.914	Rayleigh

TDL-C 模型			
1	0	−0.394	LOS path
	0	−10.618	Rayleigh
2	14.812 4	−23.373	Rayleigh
TDL-C 模型第一个抽头遵循 $K=10.221$ dB 的莱斯分布			

TDL-D 模型			
1	0	−0.284	LOS path
	0	−11.991	Rayleigh
2	0.559 6	−9.887	Rayleigh
3	7.334 0	−16.771	Rayleigh
TDL-C 模型第一个抽头遵循 $K=11.707$ dB 的莱斯分布			

2. CDL 模型

虽然通过 TDL 信道可进行一定程度的仿真建模工作,但是其支持的收发端天线数量较少,因此 3GPP 协议中建立了更为复杂的 CDL(Clustered Delay Line)信道模型,又称为簇延迟线模型。该模型适用于 0.5 GHz 到 100 GHz 频率范围内最大带宽 2 GHz 的地面多径信道,可用于链路级仿真,应用于卫星移动信道中,主要有 CDL-A、CDL-B、CDL-B、CDL-D 四种。其中前两者为 NLOS 传输的多径信道模拟,后两者为 LOS 传输的多径信道模拟。

CDL 模型中引入了簇的概念,可以表征更多的波束,簇就是具有相似到达角、离开角和时延的多径集合。除了延时和功率两个参数以外,CDL 模型增加了离开方位角 AOD(Azimuth angle Of Departure)、到达方位角 AOA(Arrival angle of Azimuth)、离开天顶角 ZOD(Zenith angle Of Departure)、到达天顶角 ZOA(Zenith angle Of Arrival),用来表征信道模型的空间特性。这也是 CDL 的特点之一,它是为 3D 通道设计的,能更好地表征空间相关性。CDL 模型不仅可以针对延时缩放,达到所需的均方根延时扩展,还可以按角度缩放,达到所需的角度扩展,对于 LOS 信道,可将 K 设置为所需值。

3GPP TR38.811 协议中给出了仰角 50°下应用于卫星链路信道模拟的相关参数,如表 5-16 和表 5-17 所示。

表 5-16　仰角 50°下 CDL-A 和 CDL-B 模型参数参考

CDL-A 模型						
簇编号	归一化延时	功率/dB	AOD/(°)	AOA/(°)	ZOD/(°)	ZOA/(°)
1	0	0	0	178.8	140	35.6
2	1.081 1	−4.675	0	−115.7	140	22.9
3	2.841 6	−6.482	0	111.5	140	127.4

簇内参数				
参数	cASD/(°)	cASA/(°)	cZSD/(°)	cZSA/(°)	XPR/dB
值	0	15	0	7	10

CDL-B 模型					
簇编号	归一化延时	功率/dB	AOD/(°)	AOA/(°)	ZOD/(°)	ZOA/(°)
1	0	0	0	−174.6	140	42.2
2	0.724 9	−1.973	0	144.9	140	63.4
3	0.741 0	−4.332	0	−119.8	140	89.7
4	5.739 2	−11.914	0	−88.8	140	174.1

簇内参数				
参数	c_{ASD}/(°)	c_{ASA}/(°)	c_{ZSD}/(°)	c_{ZSA}/(°)	XPR/dB
值	0	15	0	7	10

表 5-17　仰角 50°下 CDL-C 和 CDL-D 模型参数参考

簇编号	簇 PAS	归一化延时	功率/dB	AOD/(°)	AOA/(°)	ZOD/(°)	ZOA/(°)
1	Specular(LOS 径)	0	−0.394	0	−180	140	40
	Laplacian	0	−10.618	0	−180	140	40
2	Laplacian	14.812 4	−23.373	0	−75.9	140	87.1

簇内参数				
参数	c_{ASD} in [°]	c_{ASA} in [°]	c_{ZSD} in [°]	c_{ZSA} in [°]	XPR in [dB]
值	0	11	0	7	16

簇编号	簇 PAS	归一化延时	功率/dB	AOD/(°)	AOA/(°)	ZOD/(°)	ZOA/(°)
1	Specular(LOS 径)	0	−0.284	0	−180	140	40
	Laplacian	0	−11.991	0	−180	140	40
2	Laplacian	0.559 6	−9.887	0	−135.4	140	146.2
3	Laplacian	7.334 0	−16.771	0	−121.5	140	136.0

簇内参数				
参数	c_{ASD} in [°]	c_{ASA} in [°]	c_{ZSD} in [°]	c_{ZSA} in [°]	XPR in [dB]
值	0	11	0	7	16

5.3.3　卫星移动信道多状态概率统计模型

1. Lutz 两状态 Markov 模型

1991 年,Lutz 根据接收信号中 LOS 分量的存在与否,将卫星与 UE 之间的信道分为了"好状态"和"坏状态"两种情况,从信号的功率角度建模,提出了 Lutz 两状态信道模型[24],适用于多种移动环境。

在"好状态"信道中,存在 LOS 信号且不存在阴影衰落,用 Rice 分布进行描述,而在"坏状态"信道中,不存在 LOS 信号,而 NLOS 信号受到阴影衰落的影响,Rayleigh-对数正态分布进行描述。两种状态的区分相当明显,可使用 Markov 链描述两种状态之间的转换。假设受到阴影衰落信号时间与发射信号的总时间长相除的结果为 A,那么总体接收信号的 cdf 为

$$f_s(s) = (1-A)f_{\text{Rice}}(s) + f_{\text{R-L}}(s) \tag{5-53}$$

式中,$f_{\text{Rice}}(s)$ 为 Rice 概率分布函数,$f_{\text{R-L}}(s)$ 为 Rayleigh-对数正态概率分布函数。

2. Fontan 三状态 Markov 模型

Fontan 模型[25]在 Lutz 模型的基础上构建,这种模型分别适配直射视距情况、较深阴影衰落情况以及重度遮蔽情况,这三种不同的状态之间可以用 Markov 链实现任意转换,用对数正态分布描述受到阴影衰落的 LOS 分量,用 Rayleigh 分布描述 NLOS 分量。

Fontan 模型实际在 Fontan 模型中每个状态是采用不同参数组合的 C.Loo 模型,并且利用大量实测数据,总结得出各个状态不同的分布参数,可以适用于不同的移动环境和卫星仰角情况,被认为是一种高精确度的信道模型。

3. 其他多状态概率统计模型

在 ITU-R P.681 建议书[26]中,提出了一种双状态准 Markov 模型,包括良好状态(对应于服务水平和轻微阴影条件)和不良状态(对应于严重阴影条件),进行统计描述。状态持续时间用准马尔可夫模型描述。在每个状态内,衰落由 Loo 分布描述,其中接收信号是直接路径信号和漫反射多径信号的总和。

除此之外,国内外许多学者还提出了其他多状态模型,如采用不同概率分布双状态、三状态模型[27]以及更多状态数的四状态模型[28],状态数越多,对信道特性的量化越细致,越贴合实际,但信道参与也越多,仿真更复杂。

本 章 小 结

本章节对卫星地面网络星地链路特性进行了介绍,介绍了星地融合网络中电波传播特性、衰落特性与延时特性这些影响无线电波在卫星链路中传输的多种因素,介绍了链路预算计算方法,给出了研究中常用的几种概率分布及不同特性的相关模型,并在此基础上介绍了星地融合网络中移动信道模型,包括单状态和多状态窄带信道模型以及宽带信道模型。

本章参考文献

[1] 中华人民共和国国务院. 中华人民共和国无线电频率划分规定[J]. 中华人民共和国国务院公报、2018(20):59-59.

[2] 兰峰,彭召琦. 卫星频率轨位资源全球竞争态势与对策思考[J]. 天地一体化信息网络,2021.

[3] 陈阳晔,陈二兵,高晓宏,等. 电离层变化规律及其对电波传播影响分析[J]. 空军预警学院学报,2016,30(4):4.

[4] 3GPP. TR 38.811:Study on 5G New Radio to support non-terrestrial networks:V15.4.0 (Release 15)[R].2020.

[5] ITU. Report ITU-R P.531:Ionospheric propagation data and prediction methods required for the design of satellite networks and systems[R].2019.

[6] ITU. Report ITU-R P.676:Attenuation by atmospheric gases and related effects[R].2019.

[7] Schwarz R T,Knopp A,Lankl B. The channel capacity of MIMO satellite links in a fading environment:A probabilistic analysis. 2009 International Workshop on Satellite and Space Communications. IEEE,2009:78-82.

[8] ITU. Report ITU-R P.618:Propagation data and prediction methods required for the design of Earth-space telecommunication systems[R].2017.

[9] 周治宇,黎红武,田华. 卫星通信系统中降雨的去极化效应估计[J]. 空间电子技术,2014(1):4.

[10] 翁木云,付晓研. Ka 频段卫星信道的衰减特性[J]. 电讯技术,2005,45(5):23-27.

[11] 李雅歌. 低轨互联网卫星载荷关键技术研究[D].西安电子科技大学,2021.DOI:10.27389/d.cnki.gxadu.2021.002310.

[12] 李秋瑾. 基于卫星组网的多普勒频移估计与补偿研究[D].安徽大学,2020.DOI:10.26917/d.cnki.ganhu.2020.001271.

[13] Loo C,Butterworth J S. Land mobile satellite channel measurements and modeling[J]. Proceedings of the IEEE,1998,86(7):1442-1463.

[14] Wu T M,Tzeng S Y. Sum-of-sinusoids-based simulator for Nakagami-m fading channels[C]// Vehicular Technology Conference,2003. VTC 2003-Fall. 2003 IEEE 58th. IEEE,2003.

[15] 郑奭轩. 低轨卫星信道多场景多普勒功率谱建模与硬件实现[D].北京邮电大学,2021.DOI:10.26969/d.cnki.gbydu.2021.002940.

[16] Ya'Acob N,Johari J,Zolkapli M,et al. Link budget calculator system for satellite communication[C]// 2017 International Conference on Electrical,Electronics and System Engineering (ICEESE). IEEE,2017.

[17] Loo C. A statistical model for a land mobile satellite link[J]. IEEE Trans.veh. technol,1985,34(3):122-127.

[18] Corazza G E,Vatalaro F. A statistical model for land mobile satellite channels and its application to nongeostationary orbit systems[J]. Vehicular Technology IEEE Transactions on,1994,43:738-742.

[19] 廖希. S波段陆地移动卫星信道建模与长期预测研究[D].哈尔滨工程大学,2015.

[20] Suzuki H A.Statistical Model for Urban Radio Propogation[J]. IEEE Transactions on Communications,1977,25(7):673-680.

[21] Abdi A,Lau W C,Alouini M S,et al. A new simple model for land mobile satellite channels[J]. IEEE Transactions on Wireless Communications,2003,2(3):519-528.

[22] Xie Y,Fang Y. A general statistical channel model for mobile satellite systems [J]. IEEE Transactions on Vehicular Technology,2000,49(3):744-752.

[23] 3GPP. TR 38.901 Technical Specification Group Radio Access Network; Study on channel model for frequencies from 0.5 to 100 GHz; V16.1.0 (Release 16) [R].2019.

[24] Lutz E,Cygan D,Dippold M,et al. The land mobile satellite communication channel-recording, statistics, and channel model[J]. IEEE Trans. veh. technol, 1991, 40(2): 375-386.

[25] Perez-Fontan F,Vazquez-Castro M A. S-band LMS propagation channel behaviour for different environments, degrees of shadowing and elevation angles[J]. Broadcasting IEEE Transactions on,1998,44(1):40-76.

[26] ITU. Report ITU-R P.681:Propagation data required for the design systems in the land mobile-satellite service [R].2019.

[27] 杨明川. 卫星移动信道衰落特性模拟研究[D].哈尔滨工业大学,2010.

[28] Vucetic B S,Du J. Channel modeling and simulation in satellite mobile communication systems[J]. IEEE Journal on Selected Areas in Communications,2006.

第 6 章

卫星地面融合信息网络的干扰分析

本章从星地融合信息网络的链路特性出发,首先阐述了星地通信链路的工作流程,探讨了通信干扰可能发生的链路阶段;然后从具体的干扰场景分析出发,从系统内、系统外多个方面阐述了干扰发生的机理,并指出干扰对通信质量的影响和评估方式。星地融合信息网络系统内的干扰分析包括波束注视情况下单星上下行干扰以及星间上下行干扰,还有跳波束情况下的干扰等。星地融合网络系统外的干扰包括来自系统外的如大气吸收、电离层闪烁等非系统干扰,与其他卫星系统间的干扰以及与地面通信系统的干扰等。最后,在本章后半部分结合卫星通信技术发展现状,介绍了不同的干扰抑制方法。

6.1 星地融合网络的天线特性

本节首先将对星地融合信息网络中卫星与用户的天线模型进行介绍。

6.1.1 卫星多波束天线

社会信息化的高速发展促进了通信服务需求的快速增长,也推动了通信卫星向大容量高速率方向发展。星载天线作为通信卫星的关键数据传输设备,在多波束成形天线出现来支持个人移动通信以前,经历了从简单天线(标准圆或椭圆波束)、赋形无线(多馈源波束赋形和反射器赋形)的变化。多波束技术具有如下优点:可以实现多频复用,增加通信容量,极为有效地提高卫星向地球的辐射通量密度(EIRP),使广大地面用户均可以采用较小口径的接收天线,从而大大降低了系统和通信成本。

1. 多波束天线类型

多波束天线一般是通过使用同一孔径平面在不同方向上同时生成多个点波束或通过基于对每个点波束使用单独的天线结构在不同方向构建多个点波束来实现的。点波束天线主要由主瓣和旁瓣构成,主瓣辐射特性主要由整个三维空间中天线的增益分布决定。天线增益是指具有相同输入功率的同一空间点上真实天线和理想发射器生成信号的功率密度比,它对输入功率集中辐射的程度进行了定量的描述,可以用来衡量天线朝一个特定方向收发信号的能力。

过去几十年中,卫星通信中使用的多波束天线主要分为三大类:反射式多波束天线、透镜式多波束天线和相控阵式多波束天线[1,19]。

反射面天线是一类通过利用金属反射面原理来自动形成一个沿发射方向预定波束的天线。通常使用喇叭天线阵列作为馈源。存在每束单馈源(SFB)和每束多馈源(MFB)两种成束方案。SFB的点波束是由特定的馈源照射一块反射面后形成的,这种成束方式辐射效率高,相比较而言能在同一时间生成更多的点波束,并且相邻波束间的极化特性好,能够实现收发共用;但是需要多块反射面来完成信号成束与多色复用,而且波束指向性和重构性差,只能生成固定波束。MFB使用的是馈源阵列模式排布,波束形成网络将形成波束所需的振幅激励和相位提供给阵列单元,通过单个反射面可以进行多波束赋形,波束形成灵活可控,能实现可变波束,易于重构;但是波束形成网络设计复杂,更多的馈源也必然需求更大的功率支撑[20]。反射面天线在部分通信卫星上的应用实例如表 6-1 所示。

表 6-1　反射面天线在部分通信卫星上的应用实例

卫星名称	发射年份	天线频段	成束方式	点波束数量
Thuraya-3	2008 年	L	MFB	可变波束 300
SkyTerra-2	2013 年	L	MFB	可变波束 500
DBSD-G1	2008 年	S	MFB	可变波束 250
TeereStar-2	2013 年	S	MFB	可变波束 500
IPSTAR	2005 年	Ku	SFB	固定波束 96
CIEL2	2008 年	Ku	SFB	固定波束 54
WINDS	2008 年	Ku	MFB	固定波束 19
Ka-SAT	2010 年	Ku	SFB	固定波束 82

相控阵天线通过波束赋形网络来向天线阵列和辐射单元传输激励天线所需的振幅数据和相位参数以自动形成天线波束,动态调整振幅和相位就可以改变波束形状、波束扫描,实现对波束间功率资源的分配。可以粗略分为无源网络相控阵和有源网络相控阵系统,如图 6-1 所示。

早期采用的低频段相控阵波束形成网络体积很大,且由于技术不成熟存在很大的损耗,进行通信的成本极高,并不完全适宜作卫星天线;但随着高频段相控阵在卫星通信上的使用和相控雷达技术的高速发展带来的技术积累,相控阵天线已经愈发成为设计卫星的首选选项。在天线带宽、信号处理性能和冗余度等技术指标方面,有源相控阵比一般的无源相控阵性能更好,因此,对于 L/S/X 频段的卫星相控阵天线,大多使用有源相控阵系统。但当前由于有源器件小型化及设计方法还不够成熟,应用于 Ka 及以上频段的相控阵天线设计还是多倾向于采用无源阵系统。相控阵天线在部分通信卫星上的应用实例如表 6-2 所示。

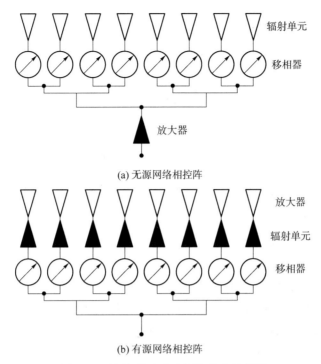

(a) 无源网络相控阵

(b) 有源网络相控阵

图 6-1　无源相控阵和有源相控阵示意图

表 6-2　相控阵天线在部分通信卫星上的应用实例

卫星名称	发射年份	天线频段	有源/无源	点波束数量
Iridium-NEXT	2015 年	L	有源	固定波束 48
Globalstar-2	2010 年	S/L	有源	收发各 16
WGS-5/-6	2013 年	X	有源	收发各 4
Spaceway3	2007 年	Ka	无源	可变波束 784
WINDS	2008 年	Ka	有源	收发各 2

　　透镜式天线是几何光学原理在无线电频率范围的一种应用,利用光学透镜结构把无线电馈源阵列天线所需要辐射出去的各种能量信号汇聚起来,从而形成多个指向、范围不同的元波束。控制各馈源的激励振幅和相位,能使上述提到的元波束合成为具有特定形状的成形波束。但是透镜天线必须携带重量极大的光学器件,导致卫星的发射成本很高;另外,外空高速运动的宇宙尘埃也会对光学器件造成不可逆的磨损,一旦光学器件的精度下降到设计裕度以下,通信可靠性就会受到严重影响。不过随着近年来毫米波通信和亚毫米波通信的呼声越来越大,透镜式天线在甚高频通信上的优越性也越来越得到重视,欧洲航空局(ESA)[2]与阿斯特里厄姆公司(Astrium GmbH)[3]都开展了对透镜式多波束天线的研究,基于透镜聚焦的平面阵列成像体制在原理和结构上相对简单,可以在不引入任何扫描机构的情况下对动态目标实现波束的实时成束。

2. 阵列天线的辐射特性

3GPP 在 TR38.811 中给出了一种反射式单馈源点波束的归一化天线增益方向图函数[4]：

$$L = \begin{cases} \dfrac{2J_1(ka\sin\theta)}{ka\sin\theta}, & \theta \neq 0 \\ 1, & \theta = 0 \end{cases} \tag{6-1}$$

式中，L 表示天线模型的归一化 radio pattern，$J_1(x)$ 为第一类一阶贝塞尔函数，a 表示天线圆孔的半径，$k = 2\dfrac{\pi f}{c}$ 表示波数，f 为工作频率，c 表示真空中的光速，θ 表示从天线主波束的瞄准镜测得的角度。

在本节中所提到的各种多波束天线大都是通过多馈源成阵列形成多波束，阵列天线的辐射特性与单馈源点波束是不同的。

对于阵列天线的方向图，可以从阵元因子和阵列因子两个方面来分别考虑问题。假设天线各部分阵元均无可耦合或均可相互解耦，那么阵元因子函数就是构成阵列天线上每个相对独立天线单元的方向图函数，其性质仅取决于天线阵元因子的形式，而与阵的排列无关。显而易见的是，阵列因子仅取决于阵的拓扑形状、阵元间距、各馈源的幅度和相位，而与阵元的形式无关[16]。因此阵列因子在形式上等同于一个与阵列天线具有相同拓扑和间距的各向同性点源阵列的方向图函数。即阵元因子和阵列因子间相互彼此独立或可完全解耦，并能够分别决定阵列天线的辐射特性的某一个方面[17]。

天线原理中对阵列天线因此有"方向图乘积定理"如下：

$$F_i(\theta, \varphi) = f_i^{\text{element}}(\theta, \varphi) \cdot S_i^{\text{array}}(\theta, \varphi) \tag{6-2}$$

式中，$f_i^{\text{element}}(\theta, \varphi)$ 为阵元因子，$S_i^{\text{array}}(\theta, \varphi)$ 为阵列因子。

方向图乘积定理示意图如图 6-2 所示。

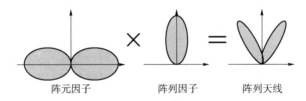

阵元因子　　　　　　阵列因子　　　　　阵列天线

图 6-2　方向图乘积定理示意图

那么对于一个有 N 个阵元的阵列天线，其远场辐射方向图函数为

$$F(\theta, \varphi) = \sum_{i=1}^{N} F_i(\theta, \varphi) \tag{6-3}$$

阵列天线示意图如图 6-3 所示。

接下来以 N 元直线阵为例，对其阵列因子进行推导。N 元直线阵列天线示意图如图 6-4 所示。

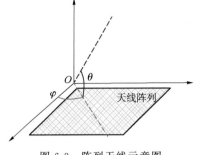

图 6-3 阵列天线示意图

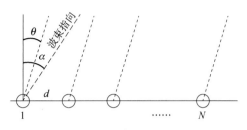

图 6-4 N 元直线阵列天线示意图

阵列中每个阵元的激励因子可以表示为 $A_i\mathrm{e}^{-\mathrm{j}\phi_i}$，其中 A_i 为幅度，ϕ_i 为相位。但必须考虑考查方向 θ 上的波程差造成的影响，因此对于每个阵元，其阵列因子可以写成

$$\omega_i = A_i\,\mathrm{e}^{-\mathrm{j}\phi_i}\,\mathrm{e}^{\mathrm{j}\frac{2\pi}{\lambda}d\sin\theta} \tag{6-4}$$

式中，有波束指向 α 产生初始相位激励，因此

$\phi_i = \dfrac{2\pi}{\lambda}d\sin\alpha$，于是式（6-4）修正为

$$\omega_i = A_i\,\mathrm{e}^{\mathrm{j}\frac{2\pi}{\lambda}d\cdot(\sin\theta-\sin\alpha)} \tag{6-5}$$

于是

$$F(\theta) = \sum_{i=1}^{N}\omega_i\cdot f_i^{\text{element}}(\theta) \tag{6-6}$$

实际式（6-5）与式（6-6）可以推广到矩形平面阵。如图 6-5 所示的平面阵列可以看作 x 轴方向直线阵和 y 轴方向直线阵的合成。

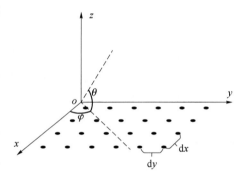

图 6-5 矩形平面阵列天线示意图

但由于考查点需要用两个维度即 θ 和 φ 来描述，因此在分解成 x 轴方向和 y 轴方向时需要分别向 zOx 平面和 zOy 平面投影，因此得到

$$\omega_{ij} = A_{ij}\,\mathrm{e}^{\mathrm{j}\frac{2\pi}{\lambda}[x_i(\sin\theta\cos\varphi-\sin\alpha\cos\beta)+y_j(\sin\theta\sin\varphi-\sin\alpha\sin\beta)]} \tag{6-7}$$

$$F(\theta,\varphi) = \sum_{i=1}^{N}\sum_{j=1}^{M}\omega_{ij}\cdot f_{ij}^{\text{element}}(\theta,\varphi) \tag{6-8}$$

式中，α 和 β 描述波束指向角，与考查角 θ 和 φ 对应。

在普遍情况下，阵列天线会采用相同辐射特性的阵元，即所有 $f_{ij}^{\text{element}}(\theta,\varphi)$ 是相同的。于是式（6-8）可以重新写为

$$F(\theta,\varphi) = f^{\text{element}}(\theta,\varphi)\cdot\sum_{i=1}^{N}\sum_{j=1}^{M}\omega_{ij} \tag{6-9}$$

式中：

$$\omega_{ij} = A_{ij}\,\mathrm{e}^{\mathrm{j}\frac{2\pi}{\lambda}[x_i(\sin\theta\cos\varphi-\sin\alpha\cos\beta)+y_j(\sin\theta\sin\varphi-\sin\alpha\sin\beta)]} \tag{6-10}$$

$$= A_{ij}\,\mathrm{e}^{\mathrm{j}\frac{2\pi}{\lambda}(x_i\sin\theta\cos\varphi+y_j\sin\theta\sin\varphi)}\,\mathrm{e}^{-\mathrm{j}\frac{2\pi}{\lambda}(x_i\sin\alpha\cos\beta+y_j\sin\alpha\sin\beta)} \tag{6-11}$$

于是

$$F(\theta,\varphi)=f^{\text{element}}(\theta,\varphi)\cdot w^H\cdot a(\theta,\varphi)$$

(6-12)

6.1.2 用户天线

用户天线是通过无线电波来传递信息的一种设备,其特点是可以用来辐射和接收无线电波,为发射机或接收机与传播无线电波的媒质之间提供所需要的耦合。在所有用户天线技术中,基本振子天线是一个最具有基础性的辐射源,是人们研究设计和应用分析其他各类天线方案的主要基础。另一种经典有效,目前在广泛使用的天线是对称振子,它的两臂长度相等。

对称振子的方向函数给出如下:

$$f(\theta,\varphi)=\frac{\cos(kl\cos\theta)-\cos kl}{\sin\theta}$$

(6-13)

式中,l 是振子的臂长,$k=\dfrac{2\pi}{\lambda}$。

由对称振子的方向函数式(6-13)可以看出,对称振子的方向函数只与角 θ 有关,因此对称振子的辐射是以振子为轴对称的,其方向图也是以振子的轴线为轴对称的。

用户天线往往使用半波振子天线作为基本辐射源,但单个振子的能力太过弱小,一般使用 3 个振子或者 6 个振子划为一组,成为逻辑上的单个天线,然后将其组成阵列,从而以阵列天线的形式形成辐射。

6.2 星地融合信息网络系统内干扰机理分析

6.2.1 星地融合网络内基本链路情况分析

星地融合网络中的链路传输情况较为复杂,星地之间的传输包括业务链路的传输和馈电链路的传输。

1. 星地业务链路传输情况分析

星地业务链路传输示意图如图 6-6 所示。

星地融合网络中下行业务数据从卫星天线发出,经历大气层衰落、地面阴影衰落甚至多径过程到达地面用户端。但是通过波束的数据发送存在极高的功率逸散,逸散程度与天线的辐射方向图有关。方向图主瓣 3 dB 以外的部分下降坡度越陡峭,波束能量就越集中,主瓣能量逸散就越小。除此之外,天线辐射往往有旁瓣,而波束数据的旁瓣逸散是业务链路出现干扰的主要原因。对于多波束天线来说,如果有多个波束同时发送,多个波束的主瓣逸散和旁瓣逸散共同作用,导致了业务链路上的下行干扰产生[29]。

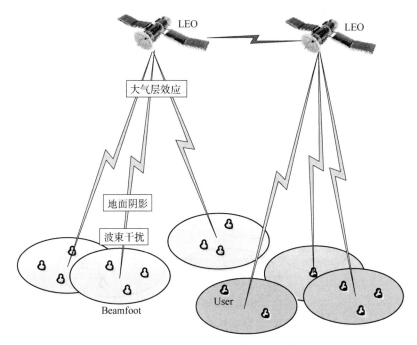

图 6-6　星地业务链路传输示意图

上行业务数据从地面用户出发,在直射条件下抵达卫星天线。由于地面用户为了在更大空间范围内传输数据,天线辐射主瓣往往很宽,在一定范围内甚至可以视为全向天线。所以上行干扰是普遍存在的,且干扰较下行传输更为严重。多个用户的上行数据抵达卫星天线时,不同波束的旁瓣会接收到非本波束的数据,这导致了业务链路上的上行干扰产生。

2. 星地馈电链路传输情况分析

星地馈电链路传输示意图如图 6-7 所示。

馈电链路的传输与业务链路的不同之处在于,馈电链路建立的前提是卫星与地面站之间直射无遮挡,往往并不存在复杂的阴影衰落。馈电链路的带宽也大得多,干扰的出现可能并非是全频段的。

上行干扰在馈电链路传输的产生与业务链路也有所不同,地面站的功率比用户终端大得多,可以通过机械结构或相控阵进行波束的重定向,所以地面站天线辐射主瓣要比用户天线窄得多。地面站上天线集群中的不同天线往往都对准不同的卫星,所以馈电链路的上行干扰要比业务链路的上行干扰小得多。

在本节中,将对星地融合网络中持续照射情况下的干扰、跳波束情况下的干扰进行介绍。

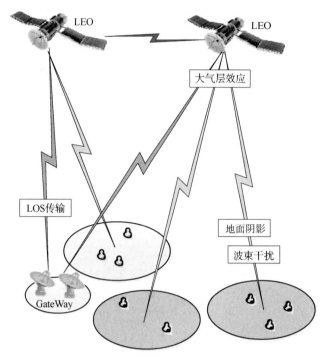

图 6-7 星地馈电链路传输示意图

6.2.2 波束注视情况下的干扰分析

1. 同层星上下行干扰

如图 6-8 所示,波束间干扰的强度依赖于用户与卫星的连线和波束瞄准线之间的夹角,与卫星的位置有关,干扰源数目较多[5,31]。用户和卫星之间的直线与波束视线之间的角度设为方向角。式(6-14)给出方向角 θ_{uc}^n 的计算公式为

$$\theta_{uc}^n = \arccos([R+h-R\cos(\hat{d}_{uc}^n/R)] \cdot \tag{6-14}$$
$$\{h^2+2R(R+h)[1-\cos(\hat{d}_{uc}^n/R)]\}^{-\frac{1}{2}}$$

有了方向夹角,再知道波束天线的辐射公式,就能计算得到其他波束的旁瓣在当前位置的辐射功率。

在 OFDM 系统中,可认为波束内自干扰较小。考虑到波束辐射功率在有效区域外的衰减,仅计算用户周围有限层的同频复用小区带来的干扰[28]。因此上下行链路波束间干扰可以表示为

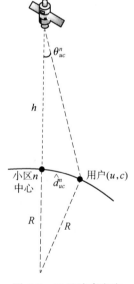

图 6-8 卫星波束方向夹角示意图

$$I_{\text{up}} = \sum_{c\left\{\substack{=1 \\ \neq n}\right.}^{N_c} \left[w_{\text{uc}} g_{\text{uc}}(\alpha_{\text{uc}}) G_n(\theta_{\text{uc}}^n) \right] / \left[(4\pi d_{\text{uc}}/\lambda)^2 f_{\text{uc}}(\alpha_{\text{uc}}) \right] \cdot \mu_{\text{uc}} \rho_c^n \tag{6-15}$$

$$I_{\text{down}} = \sum_{c\left\{\substack{=1 \\ \neq n}\right.}^{N_c} \left[\mu_{\text{uc}} W_c g_{\text{mn}}(\alpha_{\text{mn}}) G_c(\theta_{\text{mn}}^c) \rho_c^n \right] / \left[(4\pi d_{\text{mn}}/\lambda)^2 f_{\text{mn}}(\alpha_{\text{mn}}) \right] \tag{6-16}$$

其中求和符号上的 N_c 表示有多少小区使用了相同频率；μ_{uc} 表示小区 c 的用户 u 的活跃程度，这与用户业务有关；小区 c 与小区 n 间的极化隔离由 ρ_c^n 表示。$(4\pi d/\lambda)^2$ 是自由空间衰减，$f(\alpha)$ 是移动信道衰落，$g(\alpha)$ 是移动终端天线增益，$G(\theta)$ 是卫星天线增益，w 是发射功率。

以下给出式(6-15)和式(6-16)以及信干比 SIR 的推导过程。

对于上行干扰，设被干扰波束的接收天线方向图为 $G_n(\theta)$，干扰波束的接收天线方向图为 $G_c(\theta)$。被干扰波束形成的小区 n 内存在被干扰用户 m，其天线辐射强度为 $w_{\text{mn}} g_{\text{mn}}(\alpha_{\text{mn}})$，$w_{\text{mn}}$ 为功率控制因子。干扰波束形成的小区 c 内存在被干扰用户 u，其天线辐射强度为 $w_{\text{uc}} g_{\text{uc}}(\alpha_{\text{uc}})$，$w_{\text{uc}}$ 为功率控制因子。用户 m 的上行链路衰减因子为 $\beta_{\text{mn}} = 1/[(4\pi d_{\text{mn}}/\lambda)^2 f_{\text{mn}}(\alpha_{\text{mn}})]$，用户 u 的上行链路衰减因子为 $\beta_{\text{uc}} = 1/[(4\pi d_{\text{uc}}/\lambda)^2 f_{\text{uc}}(\alpha_{\text{uc}})]$。各夹角如图 6-9 所示。如果存在 N_c 个干扰波束，且每个波束与被干扰波束的极化隔离因子为 ρ_c^n，干扰小区内用户的活跃因子为 μ_{uc}，显然可以列出上行干扰为

$$I_{\text{up}} = \sum_{c\left\{\substack{=1 \\ \neq n}\right.}^{N_c} \left[\beta_{\text{uc}} \cdot w_{\text{uc}} g_{\text{uc}}(\alpha_{\text{uc}}) G_n(\theta_{\text{uc}}^n) \cdot \mu_{\text{uc}} \rho_c^n \right] \tag{6-17}$$

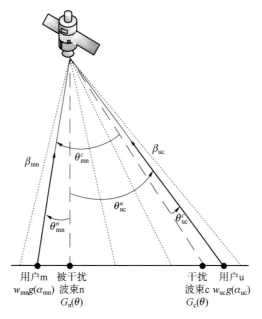

图 6-9　单星内上行干扰产生示意图

同样的可以列出上行载波强度：

$$C_{\text{up}} = \beta_{\text{mn}} \cdot w_{\text{mn}} g_{\text{mn}}(\alpha_{\text{mn}}) \cdot G_{\text{n}}(\theta_{\text{mn}}^n) \tag{6-18}$$

于是信干比 SIR 为

$$\left(\frac{C}{I}\right)_{\text{up}} = \frac{\beta_{\text{mn}} \cdot w_{\text{mn}} g_{\text{mn}}(\alpha_{\text{mn}}) \cdot G_{\text{n}}(\theta_{\text{mn}}^n)}{\sum\limits_{c\left\{\substack{=1 \\ \neq n}\right.}^{N_c} \left[\beta_{\text{uc}} \cdot w_{\text{uc}} g_{\text{uc}}(\alpha_{\text{uc}}) G_{\text{n}}(\theta_{\text{uc}}^n) \cdot \mu_{\text{uc}} \rho_c^n \right]} \tag{6-19}$$

假设上行链路此时为正午晴天（无闪烁效应和云雨衰落）且视野开阔（LOS），则有 $\beta_{\text{mn}} = \beta_{\text{uc}}$。假设上行链路发射功率控制准理想，则 $w_{\text{mn}} g_{\text{mn}}(\alpha_{\text{mn}}) = w_{\text{uc}} g_{\text{uc}}(\alpha_{\text{uc}})$。假设波束间无极化隔离，干扰用户始终活跃，则 $\mu_{\text{uc}} \rho_c^n = 1$。假设干扰用户都处在其小区的中心位，则可以得到与角 θ_{uc}^c 无关的角 θ_{uc}^n 的值。

于是式（6-19）可以在这种情况下简化为

$$\left(\frac{C}{I}\right)_{\text{up}} = \frac{G_{\text{n}}(\theta_{\text{mn}}^n)}{\sum\limits_{c\left\{\substack{=1 \\ \neq n}\right.}^{N_c} \left[G_{\text{n}}(\theta_{\text{uc}}^n) \right]} \tag{6-20}$$

可见，上行信干比与干扰波束接收天线辐射特性无关，仅与被干扰用户、被干扰波束接收天线辐射特性、干扰用户相对被干扰波束中心的偏轴角有关。

对于下行干扰，设被干扰波束的发射天线方向图为 $G_{\text{n}}(\theta)$，干扰波束的发射天线方向图为 $G_{\text{c}}(\theta)$。被干扰波束形成的小区 n 内存在被干扰用户 m，其接收天线增益为 $g_{\text{mn}}(\alpha_{\text{mn}})$。干扰波束形成的小区 c 内存在被干扰用户 u，其接收天线增益为 $g_{\text{uc}}(\alpha_{\text{uc}})$。用户 m 的下行链路衰减因子为 $\beta_{\text{mn}} = 1 / [(4\pi d_{\text{mn}}/\lambda)^2 f_{\text{mn}}(\alpha_{\text{mn}})]$，用户 u 的下行链路衰减因子为 $\beta_{\text{uc}} = 1 / [(4\pi d_{\text{uc}}/\lambda)^2 f_{\text{uc}}(\alpha_{\text{uc}})]$。各夹角如图 6-10 所示。

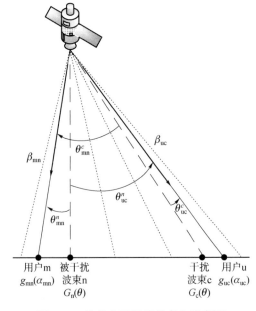

图 6-10　单星内下行干扰产生示意图

如果存在 N_c 个干扰波束,且每个波束与被干扰波束的极化隔离因子为 ρ_c^n,干扰小区内用户的活跃因子为 μ_{uc},显然可以列出下行干扰为

$$I_{down} = \sum_{c\begin{cases}=1\\\ne n\end{cases}}^{N_c} \left[\beta_{uc} \cdot W_c g_{mn}(\alpha_{mn}) G_c(\theta_{mn}^c) \cdot \mu_{uc}\rho_c^n\right] \tag{6-21}$$

同样的可以列出下行载波强度:

$$C_{down} = \beta_{mn} \cdot W_n g_{mn}(\alpha_{mn}) \cdot G_n(\theta_{mn}^n) \tag{6-22}$$

于是信干比 SIR 为

$$\left(\frac{C}{I}\right)_{down} = \frac{\beta_{mn} \cdot W_n g_{mn}(\alpha_{mn}) \cdot G_n(\theta_{mn}^n)}{\sum_{c\begin{cases}=1\\\ne n\end{cases}}^{N_c} \left[\beta_{uc} \cdot W_c g_{mn}(\alpha_{mn}) G_c(\theta_{mn}^c) \cdot \mu_{uc}\rho_c^n\right]} \tag{6-23}$$

假设下行链路此时为正午晴天(无闪烁效应和云雨衰落)且视野开阔(无多径效应且 LOS),则有 $\beta_{mn}=\beta_{uc}$。假设波束间无极化隔离,干扰用户始终活跃,则 $\mu_{uc}\rho_c^n=1$。假设所有下行波束等效发射天线孔径和孔径边缘锥度一致,则 $G_n(\theta)=G_c(\theta)$。

于是式(6-23)可以在这种情况下简化为

$$\left(\frac{C}{I}\right)_{up} = \frac{G_n(\theta_{mn}^n)}{\sum_{c\begin{cases}=1\\\ne n\end{cases}}^{N_c} \left[G_n(\theta_{mm}^c)\right]} \tag{6-24}$$

可见,下行信干比与干扰用户位置无关,仅与被干扰用户相对被干扰波束中心、干扰波束中心的偏轴角有关。

如图 6-11 所示,同层星间上下行干扰的形式与星内上下行干扰基本一致,仅有部分区别。对于上行来说,干扰用户增加了异星下的用户;对于下行来说,干扰波束增加了异星的波束。

2. 高低轨卫星上下行干扰

一个经典的场景是 NGSO 对 GSO 的干扰,如图 6-12 所示。可以看到对于从 GSO 到地面信关站的传输链路,存在的干扰情况除了 6.2.1 节中所提到的星间上下行干扰,当 NGSO 运行到 GSO 下方时,会完全遮挡住 GSO 的通信链路导致 GSO 的通信中断。

为了考查在何种具体情形下 NGSO 会阻碍 GSO 的通信,ITU 建议采用"波束隔离角"来衡量 GSO 受到 NGSO 干扰的阈值大小。ITU-R F.1249 建议书的附件二给出了"计算点对点固定业务发射天线射束和同步数据中继卫星方向之间的间隔角度的方法",在此就不再赘述了。

下面给出计算最大干扰波束夹角的计算原理。考虑到在卫星系统正常运行情况下,当两归属于不同卫星系统的地面站重合时,这种极端状态会让受干扰的卫星受到最严重的干扰,这将是干扰存在的上限。$\theta_1=\theta$,$\theta_2=0$,此时卫星 A 的接收增益达到峰值,I/N 为

$$\frac{I}{N} = \frac{P_{TX2}G_{TX2}(\theta)G_{RX1}(0)\lambda^2}{(4\pi d_2)^2 KTW} \tag{6-25}$$

若设置 $(I/N)_{th}$ 为卫星 A 保持正常通信的情况下能接受的最大干扰值,那么我们定义当且仅当下式成立时,卫星 A 受到不可承受的有害干扰:

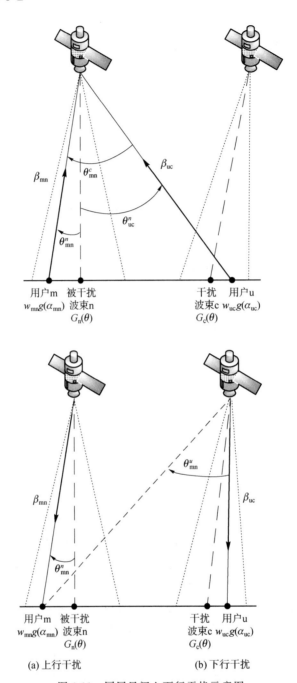

(a) 上行干扰   (b) 下行干扰

图 6-11　同层星间上下行干扰示意图

$$\frac{I}{N} > \left(\frac{I}{N}\right)_{\text{th}} \tag{6-26}$$

　　求解式(6-26)即可得到发生有害干扰的波束夹角的限值阈值 θ_{th}，当链路夹角小于限值阈值时，即视为卫星 A 受到了某种有害干扰。

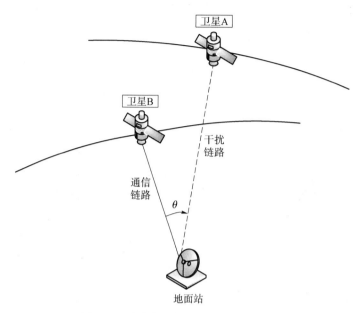

图 6-12 高低轨星间上下行干扰示意图

6.2.3 跳波束情况下的干扰分析

跳波束是指在波束数小于小区数时,通过波束调度使波束在小区间跳变,让卫星支持全部小区的用户业务。在系统时间资源被分割成很多时隙(slot)的情况下,跳波束技术本质上是应用了时分的思想,在每个 slot 只有一部分而非全部的波束工作,在下一 slot 依据不同的业务请求对波束实现跨波位的调度,实现波束的“跳跃”。跳波束技术可以适应业务空间分布不均匀的特性。跳波束示意图如图 6-13 所示。

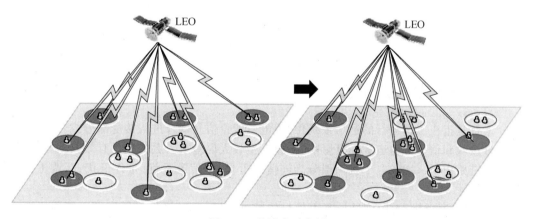

图 6-13 跳波束示意图

图 6-14 描述了跳波束体系中波束跳变周期与波束驻留时间工作机制。

- 跳波束时隙 BHS:波束驻留时间,波束注视波位的最小持续时间。
- 跳波束周期 BHP:完成一次遍历所分配的 BHS 序列所需的时间。
- 时隙切换时间 SS:保护时间,表示波束切换产生时间延迟。
- 波束重访时间 RVT:表示同一波位被波束两次照射的时间间隔,该参数影响用户的同步。
- 跳波束序号 HN:跳波束时隙序号。

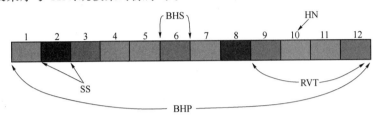

图 6-14　时间分片机制

跳波束情况下的干扰相较 6.2.1 节中所提到的持续照射情况下的干扰更加复杂,干扰的分析必须依据跳波束计划表(Beam Hopping Schedule Table,BHST)进行。跳波束计划表示意图如图 6-15 所示。

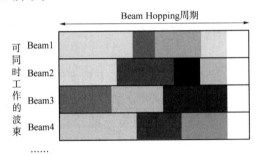

图 6-15　跳波束计划表示意图

不同的颜色代表不同的波位,每一帧的点亮波位不同,波束指向不同,干扰情况也就不相同。

6.2.4　系统内干扰评估

干扰是指在正常运行的通信系统中,强电磁能量信号耦合进入接受部分或者信道中,对信号接收和信号传输造成不良影响,导致产生较大误差或者丢失大量有效数据,甚至导致通信链路中断。无线电干扰一般分为同信道干扰、邻信道干扰、带外干扰、互调干扰和阻塞干扰[23,32]。

- 同信道干扰:无用信号与有用信号的频点相同,并对接收有用信号的接收机造成的干扰。
- 邻信道干扰:干扰台(站)邻信道功率落入接收邻信道接收机通带内造成的干扰,称为邻信道干扰。

- 带外干扰:发射机的谐波或杂散辐射在接收有用信号的通带内造成的干扰,称为带外干扰。
- 互调干扰:互调干扰又分为发射机互调干扰和接收机互调干扰。
- 阻塞干扰:接收微弱的有用信号时,受到接收频率两旁、高频回路带内强干扰信号的干扰,称为阻塞干扰。轻则降低接收灵敏度,重则通信中断。

星地融合信息网络中,主要的干扰形式是同信道干扰和邻信道干扰。卫星通信系统通常部署在航空航天与国防网络中,近年来通信卫星行业也在蓬勃发展。一个主要的发展趋势是通信容量不断增加,增加系统容量主要有两个途径:一个是将工作频率调到 S/C 和 Ku/Ka 频段,另一个是使用多个波束来部署频复用。这都可能会产生同信道干扰和邻道干扰。此外多波束频率复用使得相邻区域可以共享同一个频率规划和极化,如果系统没有经过适当的优化,则可能会产生强大的同信道干扰、邻道干扰和交叉极化干扰[24]。

影响卫星通信系统之间集总干扰的主要因素包括:

- 同时进行通信的卫星数量;
- 卫星轨道高度;
- 点波束的位置;
- 点波束的覆盖面积;
- 波束形式(用户波束还是馈线波束);
- 波束特性(固定波束还是可变波束)。

而面向单条干扰链路的用于系统间干扰分析的传统干扰评价指标一般有以下五种。

- 集总干噪比(I/N):I/N 是 ITU 建议的通信系统干扰评估指标之一,目标是衡量干扰与接收机底噪的数量关系,以保证干扰不会相对接收机底噪过大,进而影响通信可靠性。
- 集总噪声相对增量($\Delta T/T$):$\Delta T/T$ 被 ITU 建议用于评估空间业务的干扰。它本质上是 I/N 的一个修正。$\Delta T/T$ 将干扰信号视为热噪声,干扰会造成系统噪声温度的增量 ΔT。该指标是为了评估两卫星系统是否存在有效干扰。
- 等效功率通量密度(EPFD):EPFD 是 ITU 最早提出的用于评估 NGSO 系统对 GSO 的干扰的指标。并给 NGSO 系统提出了一个硬限制,以保证 GSO 通信不会受影响。EPFD 是在考虑天线辐射方向特性的基础上,干扰系统所有发射电台对被干扰系统接收电台产生的功率通量密度的总和。
- 载波干扰比(C/I)。
- 载波干扰噪声比($C/(I+N)$)。

上述指标其实可以按照是否考虑有用信号分为两大类,第一类即 I/N、$\Delta T/T$、EPFD;第二类即 C/I、$C/(I+N)$。第一类主要针对干扰信号进行评估,一般用作协调触发,对于干扰信号来说,必须与系统底噪之间存在约束关系;第二类同时对干扰信号和有用信号进行评估,在评估时,需要获得受扰系统的相关特性,相比第一类,第二类更适用于有用信号功率能明显影响系统抗干扰能力的场景。传统干扰评估指标如图 6-16 所示。

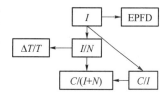

图 6-16 传统干扰评估指标

6.3　星地融合网络系统外干扰机理分析

星地融合网络系统外的干扰主要包括来自星地融合网络系统外的如大气吸收、电离层闪烁等干扰,与其他卫星间的干扰以及与地面通信系统之间的干扰等。

6.3.1　非系统干扰分析

1. 大气吸收干扰

大气气体自身对地面—空中或地面—太空通信系统的传输信号造成的链路干扰几乎完全来自气体对电磁波信号的吸收,这种气体对电磁信号的吸收主要与频率、仰角、水平高度等通信系统参数有关,此外还与绝对湿度等大气参数有关。在 10 GHz 以下频率的通信信道上,大气吸收干扰通常是可以忽略的。在 10 GHz 以上频率的通信信道上,大气气体吸收现象对通信系统正常运作造成的干扰增加,其重要性逐渐增大。ITU-R P.676 建议书[6]的附件给出了计算大气气体衰减的方法,这里不再赘述。值得一提的是,经过科研者的长期测试和研究,发现在一个给定的频率上进行通信时,氧气成分在大气气体吸收电磁波中造成的衰减相对是稳定不变的。但是绝对湿度因素造成的干扰却经常变化,因此 ITU-R P.836 建议书也指出,在典型情况下大气吸收干扰造成的最大通信链路衰减发生在产生最大降雨量的季节和地区。

2. 电离层干扰

对于在电离层内和通过电离层传播的高频信号,随着工作频率的降低,信号的失真和退化变得越来越严重,直到无法穿透电离层,空间电台的发射被向上折射,或者地球站的发射被折射回地面。由于电离层的结构和密度变化很大,因此发生这种变化所在的频率也是可变的,并且还取决于路径的几何形状。

对 3 GHz 以下具有跨电离层的传播路径的无线电信号,来自电离层的闪烁可能是最严重的信号干扰成因之一。折射率的变化形成了闪烁,而折射率的变化是由介质中的不均匀性造成的。折射率的快速变化直接形成了闪烁,而这种折射率上的迅速变化则是主要由传播介质本身的不均匀性变化造成的。在接收机端,信号的幅度和相位会迅速变化,并因此存在一种对信号传播的时间相干性的改变。电离层中,电离密度规模较小的不规则传播介质结构引起的闪烁现象,主要形成机制表现为前轴方向的散射和衍射,在普遍情况下,它极可能使得接收机端的信号不再十分稳定,在幅度、相位和到达方向上产生强烈的波动。闪烁现象对不同通信系统的性能影响亦不同,这种不同完全取决于通信系统所采用的不同调制方式。

在地理上有两个普遍发生强烈闪烁的区域,一个是高纬度区域,另一个是地磁赤道 ±20°的区域[7]。在这两个区域,一直到 GHz 量级的通信频率上都会观测到严重的闪烁;而在中纬度区域则只有异常情况下,如地磁暴过程中才会出现闪烁现象。在赤道区域,在晚间存在显著的活动最大值。在赤道区域 GHz 量级频率上，可以观测到闪烁活动在秋分时很活跃，且在春分时达到峰值。一个典型的闪烁事件从当地电离层日落时开始并能持续 30 分钟到一个小时。在太阳活动极大值的年份，对于赤道区域的台站，电离层闪烁几乎每天晚上日落后都会发生，4 GHz 信号幅度的峰峰波动将超过 10 dB。

3. 云雨和恒星光干扰

云层雨雪天气也会对星地链路产生干扰。云雨干扰与通信频率及通信区域的降雨量有着密切关系，必须通过长期的统计才能进行建模。ITU-R P.618-13 建议书给出了详细的计算雨衰的方法。建议书给出了一种对沿倾斜的传播路径方向上由降水和云层引起的衰减率进行精确计算分析的模型，以及一种对沿倾斜传播路径降雨的非零雨衰概率的预测方法。通过对传播路径长度、仰角、当地降雨量、信号频率等数据的统计，可以得到在当前条件下受雨衰概率是多大以及雨衰有多大。

由于在外宇宙空间产生的辐射源和干扰源（这里所指的主要是太阳，若对激光星际链路而言，月球的反光也需要考虑）等能量持续地存在，会持续地对整个星际通信链路系统造成背景性干扰。在某些特定环境情况条件作用下引起的这种恒星光干扰可能是毁灭性的，如果在一种采用激光星际链路方式连接的光电通信系统设备中，正在工作中的激光接收头朝向太阳表面或月球时，将至少会直接对这些光电传感器部件造成一定的物理性损坏，使得其继续工作的稳定性受到严重挑战。因此需要判断太阳光干扰是否会使卫星间的星际链路阻塞，从而采取对应的措施。

6.3.2 地面系统和其他卫星系统的潜在干扰

1. 地面系统和卫星系统的常用频段

国外主要低轨卫星星座频段如表 6-3 所示。

表 6-3 国外主要低轨卫星星座频段

卫星名称	链路类型		频率范围/GHz		
OneWeb	上行业务链路		12.75～13.25	14.0～14.5	
	上行馈电链路		27.5～29.1	29.5～30	
	下行业务链路		10.7～12.7		
	下行馈电链路		17.8～18.6	18.8～19.3	19.7～20.2
OneWeb-V	上行业务链路	LEO	48.2～50.2		
		MEO	47.2～50.2	50.4～51.4	
	上行馈电链路	LEO	42.5～43.5	47.2～50.2	50.4～51.4
		MEO			
	下行业务链路	LEO	40.0～42.0		
		MEO	37.5～42.5		
	下行馈电链路	LEO	37.5～42.5		
		MEO			

卫星名称	链路类型	频率范围/GHz		
StarLink	上行业务链路	12.75~13.25		13.85~14.5
	上行馈电链路	13.85~14.5	28.6~29.1	29.5~30.0
	下行业务链路	10.7~12.7		
	下行馈电链路	10.7~12.7		17.8~18.6
		18.8~19.3		19.7~20.2
StarLink-V	上行业务链路	47.2~50.2		50.4~52.4
	上行馈电链路			
	下行业务链路	37.5~42.5		
	下行馈电链路			
Telesat	上行业务链路	27.5~29.1		29.5~30.0
	上行馈电链路			
	下行业务链路	17.8~18.6	18.8~19.3	19.7~20.2
	下行馈电链路			
Telesat-V	上行业务链路	47.2~50.2		50.4~51.4
	上行馈电链路			
	下行业务链路	37.5~42.0		
	下行馈电链路			

OneWeb 星座系统的用户站利用 Ku 频段进行通信,信关站利用 Ka 频段进行通信。OW-V 星座系统的用户站和信关站均利用 V 频段进行通信,其中 LEO 星座和 MEO 星座的 V 频段卫星将补充 OneWeb 的 Ku/Ka 频段业务。StarLink 一期星座,用户站利用 Ku/V 频段进行通信,信关站利用 Ku/Ka/V 频段进行通信。StarLink 二期星座,用户站和信关站均使用 V 频段进行通信。TeleSat 一期星座的用户链路、馈线链路均规划使用 Ka 频段,每颗卫星均可实现星上处理,二期星座在保留原有的 Ka 频段载荷的基础上补充搭载 V 频段载荷,即用户链路、馈线链路均使用 Ka/V 频段。

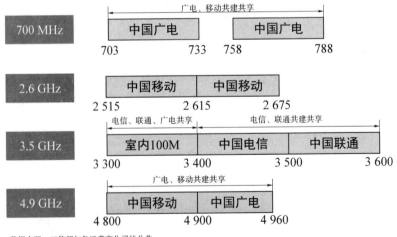

数据来源:工信部与各运营商公司的公告

图 6-17 国内运营商地面 5G 网络频段

2021 年 3 月,工信部发布公告《2100 MHz 频段 5G 移动通信系统基站射频技术要求（试行）》,这意味着过去用于 3G/4G 网络的 2.1 GHz 频段可以用于 5G 网络,电信和联通可以采用 3.5 GHz＋2.1 GHz 中低频组网的方式来部署广覆盖、大带宽的 5G 网络。联通拥有 25 MHz 带宽,电信在 2.1 GHz 频段上拥有 20 MHz 带宽,两家公司在 2.1 GHz 频段上拥有连续的 45 MHz 带宽,可以在 2.1 GHz 频段上采用单载波共建 5G 网络。

2. 系统间同频、邻频干扰可能性分析

国外典型低轨卫星星座与 GSO 卫星系统间共享频段如图 6-18 所示。

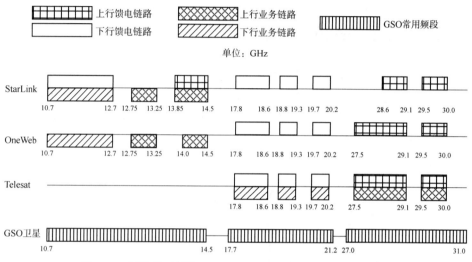

图 6-18 国外典型低轨卫星星座与 GSO 卫星系统间共享频段

OneWeb、StarLink、TeleSat 等 NGSO 卫星运营商开展业务的频段主要集中在 Ku、Ka、V 频段,而 Ku/Ka 频段目前也是 GSO 卫星通信系统的主用频段。

国外典型低轨卫星星座与 5G 毫米波系统间共享频段如图 6-19 所示。

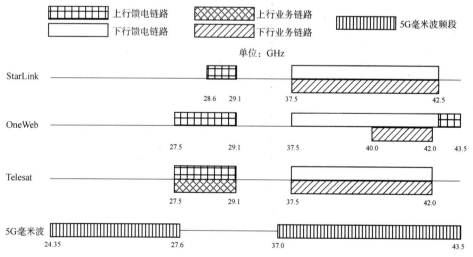

图 6-19 国外典型低轨卫星星座与 5G 毫米波系统间共享频段

低轨卫星星座系统拟规划的系统使用频率主要集中在 Ku/Ka/V 频段,而 Ka/V 频段是地面 5G 毫米波通信系统的主用频段,会出现频谱共用现象。

从频谱的规划来看,星地融合网络的频段确实存在极大的潜在干扰可能性。许多学者对此做出了研究[8-11],结果表明在上述多种干扰的类型中,最严重的一类干扰形式是地面网络终端对卫星上行传输链路造成的干扰。在一定的约束条件下,这类干扰完全可以被严格限制在可接受范围之内的水平上。然而这些限定条件如增大地面基站与卫星波束间的同频复用距离、限制地面终端的发射功率等方案往往又会反过来降低地面网络的容量和频谱的利用率。因此,必须研究干扰评估的体系以及干扰规避或频谱共享的方法。

6.3.3　与地面系统间的干扰分析

低轨卫星星座与 5G 毫米波系统之间的干扰场景示意图如图 6-20 所示,主要包含四种干扰场景:5G 毫米波系统干扰低轨卫星星座上行链路、5G 毫米波系统干扰低轨卫星星座下行链路、低轨卫星星座下行链路干扰 5G 毫米波系统、低轨卫星星座上行链路干扰 5G 毫米波系统[25]。

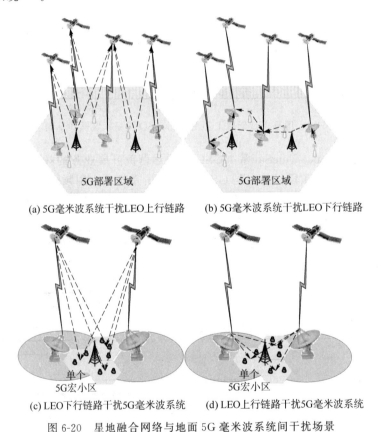

(a) 5G毫米波系统干扰LEO上行链路　　(b) 5G毫米波系统干扰LEO下行链路

(c) LEO下行链路干扰5G毫米波系统　　(d) LEO上行链路干扰5G毫米波系统

图 6-20　星地融合网络与地面 5G 毫米波系统间干扰场景

如表 6-4 所示,在进行干扰建模时,需考虑 5G 异构网络拓扑、微基站分布、5G 用户终端撒点、天线模型、LEO 地球站天线跟踪策略、地面段拓扑模型以及电波传播模型这些建模因子。上述的四种干扰场景可以建模为"地对空"和"地对地"两种干扰空间模型。这两种干扰空间模型的电波传播模型和地面段干扰拓扑模型不同,这也是两者的主要区别。

表 6-4 干扰场景建模分析

干扰空间模型	具体干扰场景	主要建模因子
"地对空"	5G 毫米波系统干扰 LEO 上行链路	5G 异构网络拓扑 微基站分布 5G 用户终端撒点 天线模型 LEO 地球站天线跟踪策略 地面段干扰拓扑模型 电波传播模型
	LEO 下行链路干扰 5G 毫米波系统	
"地对地"	5G 毫米波系统干扰 LEO 下行链路	
	LEO 上行链路干扰 5G 毫米波系统	

在进行干扰分析时,前几代地面通信系统大多采用确定性计算方法对系统间频率兼容性进行研究,算法复杂度低。但与前几代地面通信系统相比,5G 通信系统发生了很大的改变,在使用频段、部署方式、天线模型等方面都与前几代通信系统有很大的不同。而这些差异导致适用于前几代通信系统的研究方法无法适用于 5G 通信系统。ITU-R M. 2101-0 建议书中明确指出应当采用系统级仿真方法研究 5G 毫米波系统与其他系统间的频率兼容性研究。另外考虑实际的 5G 网络中用户终端是移动的,因此为了更准确地评估低轨卫星星座与 5G 毫米波通信系统之间干扰,应当采用 MonteCarlo 方法进行系统级干扰评估仿真。通过将整个系统的仿真运行时长采样为若干时间点,对每两个采样时间点之间进行抓拍,最终获得期望的结果。

6.3.4 系统间干扰评估

EPFD(等效功率通量密度)限值是 ITU 给低轨卫星星座提出的要求,目的是保障 GSO 卫星的通信不受 LEO 卫星干扰。提到 EPFD,就必须提到《无线电规则(RR)》22.2 条款和 ITU-R S.1503 建议书,三者密切关联,共同为卫星固定业务(FSS)系统引入 NGSO、解决 NGSO 与 GSO 之间的频率共用问题提供规则和技术基础[33]。

20 世纪 90 年代第一次通信星座热潮兴起,ITU 主要针对通信星座的用频问题进行研究。其中最主要的问题是,在引入 FSS NGSO 星座系统后,它与 GSO 卫星使用相同的频段,在这种情况下,如何保证 GSO 系统正常的用频权益[30]。经过 WRC-1995、WRC-1997、WRC-2000 三届大会,最终采取的规则措施如下:

- 《无线电规则(RR)》引入 22.2 款,即 FSS、BSS 业务划分频段内,NGSO 系统须保护 GSO 系统。
- 为落实这一条款,RR 22.5 款中给出了 NGSO 系统 EPFD 限值。

EPFD 限值为硬限值,NGSO 系统必须满足;从规则操作实施角度看,可以理解为:只要 NGSO 星座系统满足了相应 EPFD 限值,即可认为其满足 22.2 条款,因此在该条款适用范围内,NGSO 系统不需要与 GSO 进行频率协调。

在 GSO 频率问题得到解决后,主要问题是如何计算各 NGSO 系统的 EPFD。只有完全满足 EPFD 限制,一个 NGSO 星座系统才能通过卫星网络资料的审核,除此之外,这也是 GSO 卫星系统收到干扰后保护自身权益的一个关键指标。

1976 年,在《无线电规则(RR)》中最早引入 NGSO 系统概念,同时在顶层规则条款中明确规定:当没有足够的隔离角情况下,NGSO 卫星与其地球站间通信链路应停止发射(或减小发射功率)以避免对 GSO 的干扰。为了解决这一问题,ITU-R SG4 组织研究制定了 ITU-R S.1503 建议书,旨在规范 EPFD 限值计算方法。

6.4　星地融合网络干扰抑制探讨

6.4.1　预编码方法

针对多波束卫星中的共信道干扰问题,预编码技术是一项非常好用的降低干扰的方法。地面站通过预编码技术可以预先对用户信息进行处理,不仅能降低卫星终端用户设备的复杂度,也能降低波束间干扰,提高接收端的信噪比。按照预编码的实现方式,可以将预编码算法分为两类:线性预编码和非线性预编码。相比非线性预编码,线性预编码的性能更好。基本的线性预编码算法包括:迫零(ZF)预编码、最小均方误差(MMSE)预编码、奇异值分解(SVD)预编码等[13]。ZF 预编码算法原理如图 6-21 所示。

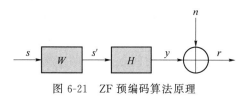

图 6-21　ZF 预编码算法原理

ZF 预编码是一种简单的线性预编码算法,具有极强的实用意义,在通信系统中应用广泛,作为一种基础算法给其他线性预编码算法提供了理论基础[18]。ZF 算法核心原理是:在理想信道状态信息(CSI)条件下,对信道矩阵求伪逆构造预编码矩阵,通过这种伪逆的方式,发送信号之间呈现正交性。ZF 预编码算法将用户信号发送给目标用户,而对其他用户则发送空值的信号,以此可消除多用户间的干扰[18]。值得注意的是,ZF 算法对噪声较为敏感,低信噪比时,将会对算法性能造成极大的影响。

为了保证完全消除用户之间的干扰,根据迫零准则,预编码矩阵应该满足

$$W \times H = I \tag{6-27}$$

式中,W 为预编码矩阵,H 为信道矩阵,I 为单位矩阵。

为了防止信道矩阵 H 出现病态矩阵的情况,对预编码矩阵求伪逆操作

$$W = H^{H}(HH^{H})^{-1} \tag{6-28}$$

于是发射信号为

$$S' = W \times S \tag{6-29}$$

显然在接收端,预编码矩阵和信道矩阵相乘后为单位矩阵,发送信号之间互不影响,接收端可以完美地实现无同频信号干扰。但是,由于 ZF 预编码算法处理过程并未考虑噪声的影响,因此当信噪比较低时,系统性能将较差。

针对上述 ZF 预编码存在的问题,研究者们推出了 MMSE 预编码算法,在低信噪比时,该算法比 ZF 算法具有更优的性能。这种算法的核心思想是使得输出和输入信号之间的均方误差最小,从而提高系统的性能,其流程如图 6-22 所示。

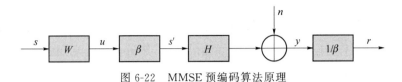

图 6-22 MMSE 预编码算法原理

根据算法核心思想,有 MMSE 目标函数如下:

$$\xi = \mathrm{argmin}\, E\big[\,\|\,r-s\,\|^2\,\big]\,\mathrm{s.t.}\,E\big[\,\|\,\boldsymbol{W}_s\,\|^2\,\big] \leqslant P_{\mathrm{T}} \tag{6-30}$$

式中,ξ 表示最小均方误差函数。根据图 6-22,有

$$r = \boldsymbol{H}\boldsymbol{W}s + \beta^{-1}n \tag{6-31}$$

于是

$$\beta = \sqrt{\frac{P_{\mathrm{T}}}{E\big[\,\|\,\boldsymbol{W}_s\,\|^2\,\big]}} \tag{6-32}$$

经过进一步推导后,得到预编码矩阵为

$$\boldsymbol{W} = \boldsymbol{H}^{\mathrm{H}}\left(\boldsymbol{H}\boldsymbol{H}^{\mathrm{H}} + \frac{\sigma_s^2}{\sigma_n^2}\boldsymbol{I}\right)^{-1} \tag{6-33}$$

式中,σ_s^2 和 σ_n^2 分别表示信号发射方差和噪声方差。MMSE 预编码方法,利用收发信号之间均方差最小原理,在预编码矩阵设计时考虑了信道噪声因素的影响,避免了 ZF 预编码算法在低信噪比时系统性能较差的情况。

受到 ZF 预编码算法的启发,越来越多的学者通过信道矩阵其他形式的数学变换,推动了受到 ZF 预编码算法的启发,推动了预编码的研究进程。2009 年,Klein 和 Silva 两位教授对信道矩阵进行 SVD 分解得到一种新的预编码方式,该方式可以降低用户之间的同频干扰。和 ZF 和 MMSE 等线性预编码方式相比,SVD 算法牺牲了复杂度,但是大幅提升了系统容量。SVD 预编码算法原理如图 6-23 所示。

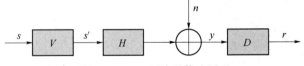

图 6-23 SVD 预编码算法原理

这里对信道矩阵进行 SVD 分解

$$\boldsymbol{H} = \boldsymbol{U}\boldsymbol{\Sigma}\boldsymbol{V}^{\mathrm{H}} \tag{6-34}$$

式(6-34)中,U 和 V 分别表示矩阵 $\boldsymbol{H}$ 的左奇异矩阵和右奇异矩阵,两者均为正交的酉矩阵。Σ 为对角矩阵,其主对角线元素为信道矩阵 $\boldsymbol{H}$ 的奇异值,取值包括零值和非零值两种。如果发射天线和接收天线数目相同时,则Σ为一个方阵,可以表示为

$$\boldsymbol{\Sigma} = \begin{pmatrix} \lambda_1 & 0 & \cdots & 0 \\ 0 & \lambda_2 & \cdots & 0 \\ \vdots & \vdots & & \vdots \\ 0 & 0 & 0 & 0 \end{pmatrix} \tag{6-35}$$

式中，λ_i，$i=1,2,\cdots,K$ 表示信道矩阵 $\boldsymbol{H}$ 的奇异值。选取右奇异矩阵 $\boldsymbol{V}$ 为预编码矩阵，通过预编码矩阵 $\boldsymbol{W}=\boldsymbol{V}$ 对发射信号 S 进行预编码处理，然后在接收端用解预编码矩阵 $\boldsymbol{D}=\boldsymbol{U}^{\mathrm{H}}$ 对信号进行解码。

除了上述三种提到的预编码算法，近年来国内外学者也提出了各种各样的干扰消除预编码算法。

6.4.2　频率多色复用方法

频率复用因子(FRF)是频率复用技术当中的一个关键指标，当 FRF 的值为 N 时，根据上文可知，FRF 也是频率复用技术当中的一个关键指标。当 FRF 取值 N 时，表示 N 个小区复用全部的频率资源，所以同频复用的距离与 FRF 的值呈正比，FRF 越小，频谱使用率越高。

在传统的频率复用方案中，FRF 的取值需要计算得到，计算公式为 $N=i^2+i\cdot j+j^2$ 来计算，其中 i 和 j 是随机自然数，不能同时为零。图 6-24 和图 6-25 所示为 FRF 取值 1、2 时的频率复用方案。根据上文可知，当 FRF 取值为 1 时，每个小区都可以使用全部的频率资源，小区与小区之间同频干扰影响较大，在数据进行传输时，使用发射功率低；当 FRF 取值为 3 时，相邻小区使用的频段不尽相同，小区之间的同频干扰也会较小，在数据进行传输时，使用发射功率高，但是每个小区可以使用的资源也会减少。对比两种方案可以得到，当频段减少造成系统容量较小时，可以通过增加发射功率增加系统容量[14]。

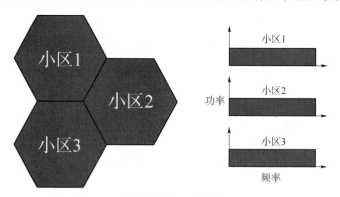

图 6-24　传统频率复用方案(FRF＝1)

在 FRF 的基础上，又提出了分数频率复用方案(FFR)，也称为复用分割(RP)。FFR 将整个小区分为两部分，中心区域 FRF=1，边缘区域 FRF=N。中心区域共用可用频段中的一部分，然后将剩余频段资源平均分为 N 份给每个小区的边缘区域使用，并且每个小区的边缘区域使用不同的频段。当 $N=3$ 时，FFR 方案如图 6-26 所示。

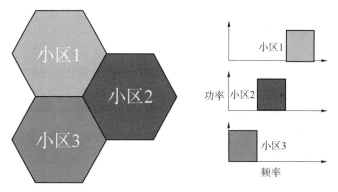

图 6-25　传统频率复用方案（FRF＝3）

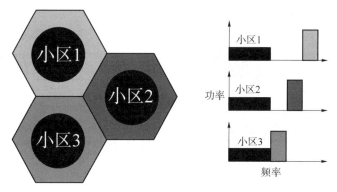

图 6-26　分数频率复用方案

在 FFR 的基础上，华为公司提出了软频率复用方案（SFR）。SFR 将整个频段分为两类，主频段包括全部频段，次频段包括 $1/N$ 的全部频段，对于小区的中心区域，使用主频段，次频段由小区的边缘区域使用，当 $N＝3$ 时，SFR 方案如图 6-27 所示。

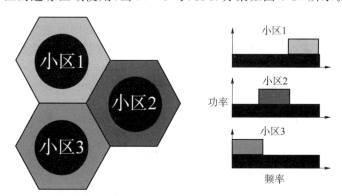

图 6-27　软频率复用方案

SFR 的 FRF 不是一个固定值，通过调整主次频带的发射功率就可以对 FRF 进行调整，相比较而言，SFR 方案更具有灵活性，避免干扰的效果更好。

6.4.3 空时隔离跳波束方法

在跳波束卫星系统中,下行链路采用时分复用的方式满足用户业务需求,在这种方式中,星上功率、带宽等资源被时隙化,根据第 3 章的相关公式,计算出时隙和业务量之间的对应关系,资源分配的最终目的是合理的安排这些时隙使得系统资源利用效率最大化。由于波束数目较多,且分配给每个波束的时隙数目存在差异性,为了保证星上资源在合理有序被利用的同时兼顾避免波束间的干扰,需要进行跳波束图案设计。空时隔离跳波束图案生成方法如图 6-28 所示。

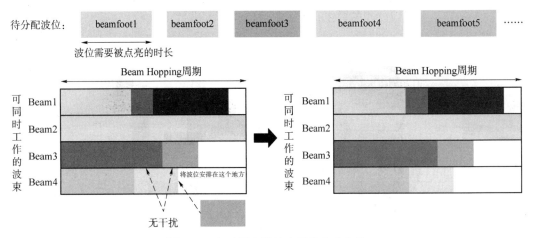

图 6-28 空时隔离跳波束图案生成方法

跳波束图案设计是指最大化系统资源利用率的一种波束时隙排列方式对资源分配算法分配给每个波束的时隙进行工作时间段的设计,如整个系统可同时工作波束数目、每个波束照亮波位的先后顺序安排、同一个波束是否连续时隙工作等。一般的跳波束系统都采用全频率复用技术最大化提高系统容量,这种方式潜在的问题就是波束间的同频干扰。针对这种问题,需要从全局考虑,联合所有波位,根据同频干扰距离限制,使存在干扰的波位在不同的时间段内交替点亮[12]。

6.4.4 其他干扰抑制技术

除了上文提到的几种抗干扰方式,现代通信卫星还采用星上干扰限幅与干扰对消、EHF 波段抗干扰技术、点波束和星上再生处理等技术来对抗干扰[15]。

星上干扰限幅与干扰对消技术,主要用来对抗针对卫星转发器的强干扰。目前,星上干扰限幅与干扰对消技术正在研究一种新型抗干扰处理器——智能自动增益控制(SAGC),可以提高有用信号的增益,既可以用于上行链路也可以用于下行链路抗干扰[22]。

EHF 波段抗干扰技术,国外军用通信卫星正由 X 波段向 EHF 波段发展,因为 EHF

波段具有很宽的可用频带,易于实现超宽带扩频。此外,天线增益高,向性强,有利降低敌方的截获侦收概率。

星上再生处理抗干扰技术,主要包括可改变传输链路和动态路由选择,增强卫星通信的连通性;使卫星功率与频率资源得到充分利用;使上行链路和下行链路隔离,干扰无法叠加,使链路有 2.8~3 dB 的改善,从而在整体上改善整个卫星通信系统的抗干扰能力和网络灵活性。

6.5 星地融合信息网络多波束干扰仿真平台

对于卫星地面融合信息网络的干扰分析,通过搭设较为完备的仿真平台进行有针对性的关键技术研究以及验证,是研究干扰的一种有效途径和方法。下面介绍本书作者所在实验室研发的一种星地融合信息网络多波束干扰仿真平台。

该平台主要包括天线辐射方向图仿真模块、全局空间状态仿真模块、系统内干扰仿真模块、其他卫星系统干扰仿真模块、地面通信系统干扰仿真模块和干扰评估模块六个功能仿真模块,以及系统参数配置和数据统计分析与可视化两个辅助模块。

主要功能如下:

(1)支持基于地面微网格划分的全局空间状态仿真,并依据最小连接距离原则判断用户与过顶卫星的映射,动态地建立卫星与地面用户之间的连接关系,为大规模低轨卫星星座系统内波束仿真与干扰评估提供体系支撑。

(2)支持低轨卫星跳波束波位形成仿真,基于用户形成点波束波位,获得点波束指向,为跳波束调度提供支撑以完成大规模低轨卫星星座系统内跳波束调度仿真。

(3)支持低轨卫星跳波束与波位映射仿真,考虑干扰、服务满足程度等因素进行跳波束规划,基于点波束波位进行跳波束与波位映射仿真生成跳波束图案设计,完成大规模低轨卫星星座系统内跳波束调度仿真。

(4)支持大规模低轨卫星星座系统内波束干扰计算,基于天线辐射特性模型和跳波束波位形成策略、跳波束图案设计,在跳波束仿真过程中完成波束间干扰的计算,并输出结果。

(5)支持通过 Monte Carlo 仿真计算集总干扰,完成对跳波束调度算法的抗干扰性能评估。

(6)支持仿真数据配置、分析过程与仿真结果的可视化,直观地展示跳波束图案设计、干扰评估多个仿真模块的仿真结果。

以上功能和模块集成到了 GUI 界面内,用户可以直接在 GUI 界面内进行参数配置和功能选择,最后仿真运行,获取可视化结果。打开平台后,用户依次选择需要更改的条目进行参数配置,平台仿真参数配置界面如图 6-29 所示。

该配置界面能够完成卫星星座参数配置、仿真控制配置、通信参数配置、卫星天线和用户天线配置。配置完成后,单击"仿真运行"按钮,即可开始运算。仿真流程为首先分析考察区域可见卫星,建立起地面用户与卫星的连接,生成卫星波位,之后进行资源分配,实现跳波束图案设计,并搭建卫星天线和用户天线,最后计算上下行干扰,跳转到绘图界面,直观展示出仿真结果。

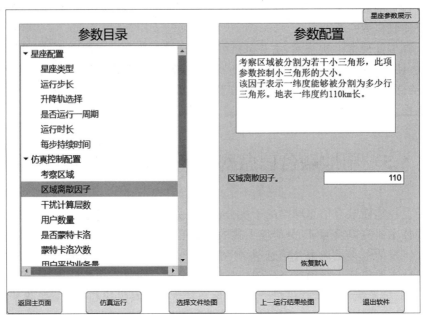

图 6-29　平台仿真参数配置界面

平台以两个页面分别展示了跳波束场景结果和干扰分析统计结果,分别如图 6-30 和图 6-31 所示。跳波束场景结果展示页面呈现了地面用户与可见卫星关系表、场景图、业务分布热图以及跳波束计划表。其中,地面用户与可见卫星关系表以表格的形式给出了服务该区域的卫星编号以及每个卫星服务用户的编号;场景图中大面积的色块表示卫星覆盖,小六边形色块表示点波束波位,分散的点表示用户,该图展示了每一时隙点亮波位在地理上的分布;业务分布热图展示了该区域业务分布情况,颜色越偏向黄色,表明业务量越多;跳波束计划表给出了当前跳波束窗口时间内每一时隙的波束点亮结果,展示了跳波束图案设计结果。

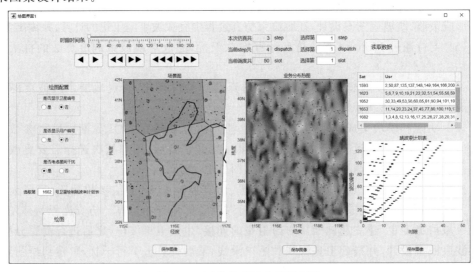

图 6-30　干扰仿真平台场景展示

干扰分析统计结果展示页面呈现了上下行干扰计算结果,直观地呈现了当前场景和需求下该区域内卫星跳波束系统的干扰结果,图 6-31 所示为该区域内卫星跳波束系统波束间干扰 C/I 值的 CDF 图。

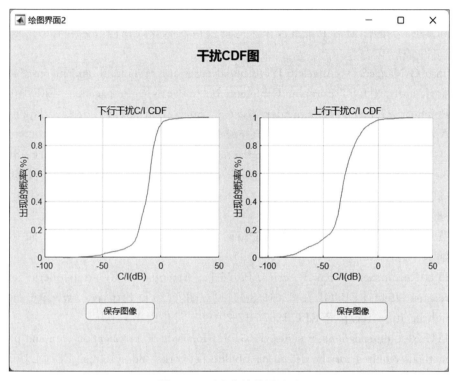

图 6-31　平台统计结果展示

本 章 小 结

　　本章从星地融合网络的链路特性出发,首先介绍了卫星多波束天线以及用户天线的常见种类;随后在此基础上阐述了星地通信链路的工作流程,探讨了干扰可能发生的链路阶段,包括星地业务链路和星地馈电链路;然后从具体的干扰场景分析出发,包括波束注视情况和跳波束情况下,从系统内、系统外多个方面阐述了干扰发生的机理,并指出干扰的危害和评估方式。星地融合信息网络系统内的干扰分析包括波束注视情况下单星上下行干扰以及星间上下行干扰,还有跳波束情况下的干扰等。星地融合网络系统外的干扰包括来自系统外的如大气吸收、电离层闪烁等非系统干扰,与其他卫星系统间的干扰以及与地面通信系统的干扰等;在本章后半部分结合卫星通信技术发展现状,介绍了不同干扰的抑制方法,例如预编码方法、频率多色复用方法、空时隔离跳波束方法等,并对未来大规模低轨卫星星座的干扰规避技术进行了合理展望;最后本章介绍了一种星地融合信息网络多波束干扰仿真平台。

本章参考文献

[1] 陈修继,万继响.通信卫星多波束天线的发展现状及建议[J].空间电子技术,2016, 13(2):54-60.

[2] Toso G,Mangenot C,Angeletti P. Recent advances on space multibeam antennas based on a single aperture[C]// European Conference on Antennas & Propagation. IEEE,2013.

[3] Reiche E,Gehring R,Schneider M,et al. Space Fed Arrays for Overlapping Feed Apertures[C]// Microwave Conference. VDE,2011.

[4] 3GPP TR 38.811. Technical Specification Group Radio Access Network; Study on New Radio (NR) to support non-terrestrial networks (Release 15) [EB/OL]. (2020-10-8) [2022-8-29]. https://www.3gpp.org/ftp//Specs/archive/38_series/ 38.811/38811-f40.zip.

[5] 费翔,罗勇,等. 多波束卫星通信链路的波束间干扰分析[C]// 第十一届卫星通信 学术年会,2015.

[6] ITU Recommendations:P series. P.676-12. Attenuation by atmospheric gases and related effects[EB/OL]. (2019-8-14) [2022-8-29]. https://www.itu.int/dms_ pubrec/itu-r/rec/p/R-REC-P.676-12-201908-S!! PDF-C.pdf.

[7] ITU Recommendations:P series. P.531-14. Ionospheric propagation data and prediction methods required for the design of satellite networks and systems.[EB/OL]. (2019-8-25) [2022-8-29]. https://www.itu.int/dms_pubrec/itu-r/rec/p/R-REC-P.531-14-201908-I!! PDF-C.pdf.

[8] Deslandes V,Jérme Tronc,Beylot A L. Analysis of interference issues in Integrated Satellite and Terrestrial Mobile Systems[C]// Advanced Satellite Multimedia Systems Conference. IEEE,2010.

[9] Miura A,Watanabe H,Hamamoto N,et al. On Interference Level in Satellite Uplink for Satellite/ Terrestrial Integrated Mobile Communication System[C]// The Institute of Electronics,Information and Communication Engineers. The Institute of Electronics, Information and Communication Engineers,2010:105-110.

[10] Awoseyila A,Evans B G,Kim H W. Frequency Sharing between Satellite and Terrestrial in the 2GHz MSS Band[C]// 31st AIAA International Communications Satellite Systems Conference. 2013.

[11] Umehira M. Feasibility of Frequency Sharing in Satellite/Terrestrial Integrated Mobile Communication Systems[C]// Aiaa International Communications Satellite Systems Conference. 2011.

[12] 王天佳. 面向大规模低轨卫星星座的频率兼容性研究[D].北京邮电大学,2021.

[13] 赵旭东. 业务驱动的跳波束卫星系统资源分配及干扰消除研究[D].南京邮电大 学,2021.

［14］ 张伟忠.多波束卫星系统频率复用与干扰避免算法［D］.哈尔滨工业大学,2020.

［15］ 章坚武,李杰,何赛灵.卫星多波束天线对干扰源的抗干扰性能分析［J］.浙江大学学报:工学版,2005,39(4):4.

［16］ 杨琳.小卫星多波束天线研究与仿真［D］.电子科技大学,2004.

［17］ 谢崇进,王华芝.卫星多波束天线综述［J］.中国空间科学技术,1995,15(5):8.

［18］ 张博一.用于卫星多波束赋形天线的自适应闭环调零算法及其实现［D］.西安电子科技大学,2014.

［19］ 陈修继.通信卫星多波束天线的发展现状及建议［J］.空间电子技术,2016(2):7.

［20］ 赵星惟,吕源,刘会杰,等.LEO 通信卫星多波束天线构型方案设计［J］.中国科学院大学学报,2011,28(5):636-641.

［21］ 宋强,王华力.卫星多波束天线自适应调零算法比较［J］.无线通信技术,1999(2):20-24.

［22］ 许国清,刘海涛,桑波,等.浅谈卫星通信干扰及抗干扰方法［J］.内蒙古广播与电视技术,2011.

［23］ 黄晓飞,徐池.卫星通信干扰样式研究［J］.航天电子对抗,2011,27(6):3.

［24］ 赵海燕,杨云飞,吴建磊,等.低轨卫星通信干扰效果评估［J］.仪器仪表学报,2006(z2):4.

［25］ Ding R,Chen T,Liu L,et al. 5G Integrated Satellite Communication Systems: Architectures,Air Interface,and Standardization［C］// 2020 International Conference on Wireless Communications and Signal Processing (WCSP). 2020.

［26］ Wang H,Wang C,Yuan J,et al. Coexistence Downlink Interference Analysis Between LEO System and GEO System in Ka Band［C］// 2018 IEEE/CIC International Conference on Communications in China (ICCC). IEEE,2018.

［27］ Xu P,Wang C,Yuan J,et al. Uplink Interference Analysis between LEO and GEO Systems in Ka Band［C］// 2018 IEEE 4th International Conference on Computer and Communications (ICCC). IEEE,2018.

［28］ Sun D,Geng J,Wang W,et al. A Novel Joint Prediction Model of Atmospheric Attenuation for Co-Frequency Interference Analysis Between LEO Constellations ［C］// 2021 IEEE 23rd Int Conf on High Performance Computing & Communications (HPCC). IEEE,2021.

［29］ Loreti P,Luglio M,Palombini L. Impact of multibeam antenna design on interference for LEO constellations［C］// IEEE International Symposium on Personal. IEEE,2000.

［30］ Spectrum coexistence of LEO and GSO networks:An interference-based design criteria for LEO inter-satellite links［C］// Latin American Computer Conference. 0.

［31］ 郑炜.基于干扰消除的卫星移动通信频率复用技术研究［D］.北京大学,2013.

［32］ 程秀全.电磁频谱监测系统中数据库管理子系统设计与实现［D］.西安电子科技大学.

［33］ 李辉,唐鼎昕.约束通信星座二十年的规则边界——EPFD 简史［J］.卫星与网络,2021(12):46-55.

第7章
基于软件定义的星地融合信息网络

传统卫星网络架构较为封闭、固化,难以灵活地应用在星地融合信息网络中,新兴的软件定义网络(SDN)和网络功能虚拟化(NFV)技术,为解决传统卫星网络问题提供了新的方法和思路。软件定义架构将控制平面与数据平面分离开,控制平面可以通过南向接口,采用集中式的方式管控数据平面中的各种网络设备,将 SDN 应用在星地融合信息网络中,能够提高网络控制的灵活性和网络结构的兼容性。本章首先介绍了软件定义网络架构概念、软件定义星地融合信息网络架构的发展现状和关键技术,具体地描述了软件定义星地融合网络的逻辑架构和物理架构,然后介绍了基于软件定义的服务功能链编排映射方案,最后分析了软件定义技术应用在星地融合网络的优势及挑战。

7.1 软件定义星地融合信息网络架构

7.1.1 软件定义网络基本概念

在传统通信网络架构中,数据平面与控制平面相互耦合,网络功能实现与所需硬件设计也紧密相关。这使得一旦网络完成部署后,如果对网络中硬件设备及网络功能进行升级或者更改,就成了一个难题,有时甚至需要更换新的通信设备,这极大增加了网络优化升级的成本。此外,传统网络架构灵活性较差,网络设备操作复杂,不具备可编程能力,导致提升网络效率和对网络进行扩展难度较大。

软件定义网络(SDN)作为一种新兴的基于软件可编程思想的网络架构,主要特点是将控制平面与转发平面分离,另外解耦了网络功能与物理设备的关系,赋予网络可编程特性,使得网络操作更为灵活,改造升级更为便捷[1]。SDN 技术的发展应用正在改变数据中心、网络覆盖和运营商网络的体系架构,从而打破传统网络架构的局限性。SDN 与传统网络的主要区别如表 7-1 所示。

表 7-1   SDN 与传统网络的主要区别

SDN	传统网络
控制转发分离	控制转发耦合
集中式控制	分布式控制
可编程	不可编程
虚拟网络	物理网络
软件决定网络	硬件决定网络

SDN 架构自下而上分别为基础设施层、控制层和应用层。如图 7-1 所示,基础设施层由能够通信的各转发节点组成,网络基础设施根据控制层信令转发数据和处理数据,各转发节点之间存在连接关系。一个或者多个逻辑集中控制器组成 SDN 架构的核心——控制层。控制层通过南向接口下发网络相关状态信息以及相应的数据包转发规则,实现与基础设施层的通信不仅能通过南向接口与基础设施层通信;除此之外,还要完成对网络数据平面设备的配置及管理功能,即通过北向接口与应用层通信。

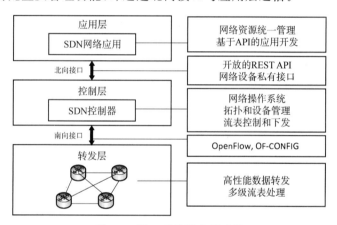

图 7-1   SDN 架构及各层功能

SDN 架构的核心特点为控制转发分离、集中式控制。传统网络中,交换机、路由器作为自主控制网络设备,其转发层与数据层紧密联系,但转发功能与控制功能相结合导致了节点设备配置复杂度很高,而 SDN 架构通过转发层与控制层分离,使得除控制器以外的节点只拥有转发功能,大大降低了设备配置复杂度。SDN 架构利用控制平面实现统一控制,控制器利用南向接口协议屏蔽了底层网络设备的异构性,用户能够根据特定需求和网络特性完成网络配置。

在基于 SDN 架构的网络中,若要配置某个设备的网络功能,不需要单独针对其进行指令操作,SDN 集中控制器能够根据配置需求,通过南向接对底层网络设备进行指令下发进而实现功能配置,提高了部署效率和网络可编辑性。

7.1.2   软件定义网络架构发展现状

近年来,越来越多的研究人员关注软件定义架构在星地融合信息网络中的应用。

根据网络的物理层次结构、卫星种类、通信设备作用不同,软件定义星地融合网络架构主要分为两种组网架构,分别为单层卫星软件定义网络架构和多层卫星软件定义网络架构。

（1）单层卫星软件定义网络架构

单层卫星软件定义网络架构由单层卫星（低轨卫星或中轨卫星）和地面网络通信设备构成,如图 7-2 所示,在地面网络中部署全局控制中心,对全局网络和资源进行管理和调度。采用软件定义化架构,实现控制与数据转发分离,SDN 控制器实时监测 LEO/MEO 卫星网络状态,负责收集全局网络信息并下发指令,地面控制中心根据获取的网络信息,设计资源分配策略,并通过 SDN 控制器传回卫星网络。这种集中式的控制方式能够实时获取卫星网络资源状态信息,并对这些信息进行定时更新,灵活掌握了网络状况,增强了卫星网络资源管理架构的适用性,提高了网络资源分配效率,降低了卫星负载压力。

但在单层卫星软件定义网络场景中,当高速移动的卫星离开地面站的管控范围,或由于空中飞行物遮挡导致卫星与地面站不可见,地面站无法实时监测卫星,导致无法保障卫星网络的连续性和稳定性。为了提升网络的灵活性和连续性,研究者研发了多层卫星软件定义网络架构。

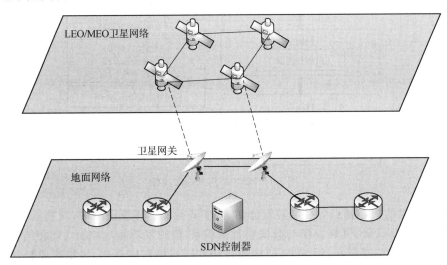

图 7-2　单层卫星软件定义网络架构

（2）多层卫星软件定义网络架构

在多层卫星软件定义网络架构中,不同轨道卫星具有不同的特点,在网络架构中发挥的作用也各不相同。同步地球轨道（GEO）卫星轨道高度比较高,对地面覆盖范围较大,对地静止,但 GEO 卫星与地面距离远,具有较长的传播延时,剩余可开发轨道位置有限,低地球轨道卫星（LEO）与地面距离较近,传播过程的功率损耗较小,星地传播延时较低,但相对地面具有高度的动态性,中地球轨道（LEO）各方面性能在两者之间。为充分利用不同轨道高度卫星的优势,卫星网络研究逐渐向多层卫星网络协作方向发展,利用不同层卫星能力优势构建跨域协作网络。多层卫星软件定义网络架构如图 7-3 所示。

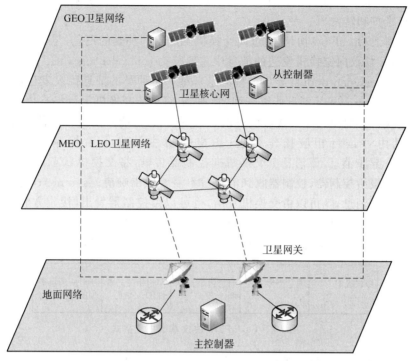

图 7-3　多层卫星软件定义网络架构

目前多层卫星网络主要包含双层网络和三层网络。双层网络主要包含 GEO 卫星和 LEO 卫星,利用 SDN 集中控制思想,将主控制器部署在地面骨干网络上,从控制器分别部署在不同 GEO 卫星上,根据卫星轨道信息和位置信息,将众多 LEO 卫星进行分组。地面控制器具有全局管控能力,GEO 卫星负责收集各组 LEO 卫星数据信息汇总上报给地面控制器,并将地面控制器的管控指令和调度决策下发给各组 LEO 卫星。三层网络主要由 GEO 卫星、MEO 卫星和 LEO 卫星构成,通常数据平面由 LEO 卫星和 MEO 卫星构成,控制平面由 GEO 卫星和地面骨干网构成,利用分组管理方式,GEO 卫星对 MEO 和 LEO 卫星进行状态信息管理和数据转发控制,地面骨干网络负责管理全局网络信息和资源。地面控制器能够获取整体网络状态信息,从全局视角分配网络资源,获得更具扩展性和更为高效的网络控制能力,GEO 层部署控制器,降低了多层卫星与地面之间数据传输造成的延时,多层卫星网络协作能够有效利用不同层卫星优势,进一步优化星地融合信息网络。

7.1.3　软件定义网络架构关键技术

1. OpenFlow 协议和流表分析

OpenFlow 协议作为控制器与交换机的接口标准,定义了控制器控制交换机的方式以及交换机将信息反馈给控制器的方式,规定了控制器和交换机通信过程中的消息类型和格式。OpenFlow 协议的核心思想是,控制器创建一个能够处理报文的流表,并能够对该流表进行维护和转发[2]。

控制器基于 OpenFlow 协议,通过向交换机发送不同种类的消息,与交换机进行通信。目前 OpenFlow 协议向交换机发送的消息中主要分为 controller-to-switch、symmetric(同步类型消息)以及 asynchronous(异步类型消息),每一个种类的消息代表发生的不同事件。其中,controller-to-switch 消息能够查询、管理、定时更新交换机运行状态信息,其被控制器下发给交换机。交换机负责接收应答消息,这些消息可能需要发送或者不需要发送,需要按照信息内容进行相应操作处理;由交换机主动发送给控制器的消息,称为 asynchronous 异步消息,该消息由交换机向控制器传输,将交换机状态信息的变化情况和更新情况汇报给控制器,控制器收到消息后不需要做出响应。symmetric 同步消息,是一种双向传输的消息,既可以由交换机发出,也可以由控制器发出,接收方收到消息后需要做出响应,这种消息应用的场景通常为监控信息发送方和接收方是否处于连接状态、接收方是否能够正常接收信息。OpenFlow 协议的基本报文格式如图 7-4 所示。

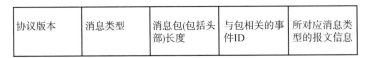

| 协议版本 | 消息类型 | 消息包(包括头部)长度 | 与包相关的事件ID | 所对应消息类型的报文信息 |

图 7-4　OpenFlow 协议基本报文格式

报文分为协议版本、消息类型、消息包(包括头部)长度、与包相关的事件 ID(回复配对请求时使用相同的 ID)以及所对应消息类型的报文消息。其中,如果消息类型不一致,相应的报文信息也不一致。

基于 OpenFlow 协议的交换机目前能够支持组表、计量表、多种流表和多控制器。一个 OpenFlow 交换机支持同时连接多个控制器,因此,多控制器机制不仅能够防止与某个控制器连接中断,还能保障负载均衡。在不同场景中,控制器扮演的角色不同,主要包括 OFPCR_ROLE_EQUAL、OFPCR_ROLE_SLAVE、OFPCR_ROLE_MASTER。OFPCR_ROLE_EQUAL 控制器具有全部权限,并且该控制器和其他控制器角色相同。OFPCR_ROLE_SLAVE 控制器只接收交换机发来的 port_status 消息,同时该控制器不允许发送以下消息:packet_out、flow_mod、group_mod、port_mod、table_mod requesr 以及 table_features。如果交换机收到以上消息,需要相应地回复 error 消息。特别地,OFPCR_ROLE_SLAVE 控制器仅有只读权限。OFPCR_ROLE_MASTER 控制器拥有所有的权限,与 OFPCR_ROLE_EQUAL 相似,但只允许有一个控制器拥有 master 权限。OpenFlow 交换机的结构如图 7-5 所示。

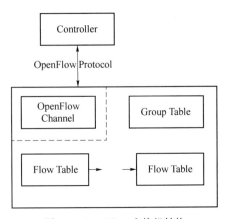

图 7-5　OpenFlow 交换机结构

交换机,包括组表、多级流表和安全通道。交换机能够基于 OpenFlow 协议,通过安全通道与控制器建立连接。交换机收到的报文交给流表进行匹配,流表执行动作需要由组表进行定义和管理,其增加、删除、修改等操作需要由控制器通过安全通道向交换机下发相应信息。除此之外,控制器以同样的方式实现对 OpenFlow 交换机的控制。

但是,迄今为止在 OpenFlow 协议中被定义的协议类型是十分有限的,只适用于几种常用协议。对于星地融合信息网络而言,需要在 SDN 架构中定义更多的协议类型。因此,为了实现这一目标,OpenFlow 交换机要能够识别应用于星地融合网络的相关协议,并且需要能够成功部署此协议,最后还要考虑到与不同协议的功能相协调。

2. SDN 控制器设计和部署

控制器在 SDN 架构中发挥着重要的作用,能够抽象化底层基础设施功能,为开发者预留开放的应用接口,按照通信业务需求设计多种多样的应用功能。在 SDN 架构中,控制器在网络中发挥如操作系统般的作用。控制器运行在网络硬件设备上,灵活自主化管理网络。网络应用程序运行在操作系统上,控制器为不同的网络应用程序提供了接口,可供软件编程开发,实现在不同的网络中应用 SDN 技术。

控制器是网络的核心部分,其具备如下网络功能:采集和管理网络状态信息,该功能有时会与数据库相关。一些与网络控制组件和 SDN 应用软件有关的控制信息获得后存储在数据库中,主要包含网络拓扑信息、会话控制信息和网络拓扑信息;由高层数据模型中可以获知相应策略并且能够对资源提供服务间的关系进行管理;控制器向应用程序开放 API 接口,这些现代的接口具有 Restful 性质的,基于描述控制器服务和功能的数据模型构建而成;控制器与其他网络组件的代理之间的 TCP 控制会话应该使用安全的会话模式;支持网络组件中的应用驱动的网络状态应当被基于标准的协议所支持和适配;此外,控制器还应具有链路拓扑变化信息发现、路由策略和能够提供多样化服务的网络功能。

目前 SDN 架构大多应用于校园网和数据中心,但是对于更为复杂的大规模的网络环境,SDN 网络中的单控制器由于能力受限无法保障大量业务的需求,这一问题限制了 SDN 网络的进一步发展。当网络只存在单控制器时,单控制器失效可能导致全局网络的网络服务能力降低甚至故障,这种问题称为单点失效问题。此外,单控制器配置已经无法够满足星地融合信息网络跨层跨域的部署需求,因此需要研究星地融合信息网络中多控制器架构和部署的问题。

按照控制器的架构,多控制器部署模式能够分成两种,一种是层次化模式,另一种是扁平化模式。多控制器层次控制具体方式如图 7-6 所示。层次化模式中,控制器根据不同功能被划分为多个层。底层的局部控制器向下与交换机连接,向上与全局控制器连接,值得注意的是,底层的控制器仅对当前控制域中交换机的请求进行处理,而不同域中的控制域之间没有连接。而位于上层的全局控制器不直接对交换机的请求进行处理,只负责底层局部控制器之间的通信连接,处理底层控制器间的请求。

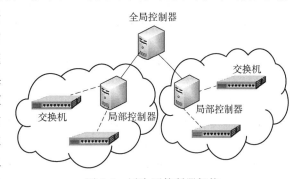

图 7-6　层次型控制器架构

多控制器扁平控制方式如图 7-7 所示,扁平型多控制器模式中,所有控制器都是全局控制器,负责管理全局网络状态信息,都处于同一个层次,但各个控制器物理位置不同。一旦当前的网络拓扑结构发生改变,网络中所有控制器更新数据发生在同一时刻,因此,对于交换机而言,此时只需要相应地改变映射地址,实现与新控制器的连接,这样大大降低了更新操作的复杂度。

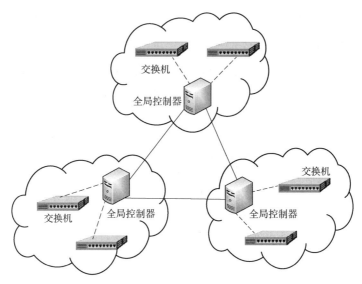

图 7-7　扁平型控制器架构

7.1.4　基于软件定义的星地融合网络架构研究

1. 逻辑架构

通过对地面通信网络的研究和对星地融合网络的分析,基于软件定义的星地融合网络架构可分为数据层、控制层和业务层。业务层主要包括空间探测、对地观测、航天测控和定位导航等任务;控制层作为架构核心,由多层天基卫星节点和地面骨干网络节点控制器构成,并通过空间网络操作系统进行全局节点监控和状态描述,主要实现网络管理、通信资源调度、路径选择、服务功能配置等功能,利用不同空间域中的控制器协作收集网络状态信息,并进行定时检测和更新全局信息;数据层包含不同轨道层面的卫星节点,能够根据控制层下发的指令和转发信息表实现数据处理和传输。

软件定义星地融合信息网络的逻辑架构如图 7-8 所示。管理平面负载协调网络资源来满足用户的服务请求,利用 SDN 集中控制器提供的全局网络资源状态信息协调资源并创建映射部署方案和调度策略,同时给 SDN 控制器提供虚拟化资源池的相关管理信息。控制平面实现对网络中链路及设备状况信息的监控,网络拓扑结构的管理,以及基于管理平面制定策略转发规则的分发,在分发到数据平面过程中通过灵活控制保障服务质量。数据平面中物理资源根据控制器传来的指令,进行数据处理、存储、转发等操作,为用户提供通信服务。

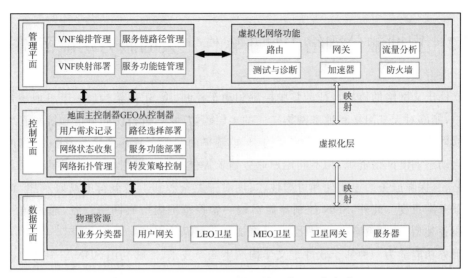

图 7-8 基于软件定义的分层资源管理逻辑架构

2. 物理架构

基于 SDN 的星地融合网络物理架构由天基骨干网、数据转发层和地面骨干层三层组成,如图 7-9 所示。天地双骨干物理分层架构包含地面网络和两层卫星网络,其中卫星网络分为高轨道卫星和中低轨道卫星,将控制器部署在地面网络和 GEO 卫星网络上,每个控制器对所控制的区域实行集中控制,收集所在区域网络状态信息后进行交互和通信,共同汇集形成全局信息。演进式架构指的是,在星地融合网络发展初期,控制器主要部署在地面网络中,由地面控制实现对星地融合网络的管理控制,随着卫星网络设备和技术的完善,将从控制器部署在高轨卫星上,实现星地跨域控制协作。

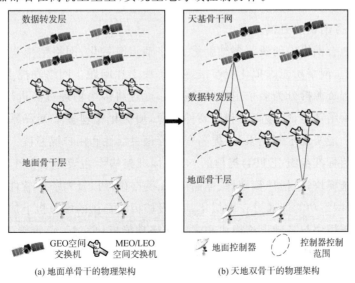

图 7-9 星地融合网络物理架构的演进

7.2 星地融合网络中基于软件定义的服务功能链部署

软件定义网络的核心特征为集中控制和动态控制,将 SDN 架构应用于星地融合信息网络中,能够对天基网络和地基网络构成的多层跨域网络,进行协同调度和统一管理。在基于软件定义的星地融合信息网络架构中,控制平面掌控全域网络状态信息,根据网络拓扑变化动态调度网络资源,为不同用户业务请求提供相应的带宽,选择最优的地面和卫星转发路径,保障服务的连续性和可靠性,实现对带宽资源和卫星载荷的高效利用,提升用户的服务满意度。此外,SDN 控制器能够统一管控范围内所有网络设备,通过监测区分不同业务类型,控制策略细粒度化,实现更加高效可靠的服务[5,8]。

服务功能链为一种基于软件定义架构产生的新技术,能够利用 SDN 集中动态控制特性,将星地融合网络中卫星地面节点中的模块功能抽象为虚拟网络功能,根据服务请求将不同网络功能串联起来编排为一个有序的功能集合构成服务功能链。

7.2.1 基于 SDN / NFV 的星地融合网络功能虚拟化

在传统网络架构中,设备商根据功能需求置顶的专用网络设备,硬件和软件高度耦合,在原有设备基础上难以进行功能扩展以及再开发,维护难度和运营成本不断加大。在该背景下,网络功能虚拟化(NFV)技术应运而生,其应用虚拟化技术,解耦传统网络设备的软件功能和硬件设备,并采用具有标准性的物理设备,实现差异化网络功能的承载,并且通过在虚拟机上部署虚拟化网元代替传统网络中的硬件设备承载的网络功能,通过虚拟化管控平台能够实现增加替换网络功能的操作,通过调整部署虚拟网络在网络中的位置,实现新旧业务的快速更换。

针对星地融合网络中的资源多维度化、网络节点海量化、网络结构差异化、资源管理方式固化等问题,网络功能虚拟化能够很好地解决上述问题。网络功能虚拟化技术能够将单个底层物理资源拆分为多个虚拟网络资源,通过将多个物理资源进行一定组合从而构成不同虚拟网络功能,能够高效利用硬件资源,便捷化管理多维度资源,使运营商能够组合不同网络功能实现定制化服务,提高资源管理灵活性和用户满意度。

由欧洲电信标准组织(ETSI)提出的 NFV 标准架构[6]主要包含三个模块:网络功能虚拟化基础设施模块,包括计算硬件、存储硬件、网络硬件以及对应的软件资源;虚拟网络功能模块,不同网络功能即通过在虚拟化基础设施模块提供的虚拟机上加载软件来实现;管理和网络编排模块与基础设施模块和虚拟网络功能模块交互,负责管理整个网络功能虚拟化平台的资源。研究者总结了可虚拟化的网络功能[7],主要包括交换模块、移动网络节点、用户驻地设备、隧道网关元素、流量分析、服务保障、发信号、控制平面/接入功能、应用优化功能、安全防护等功能。

表 7-2　可虚拟化的网络功能

网络元素	功　　能
交换机	宽带网络网关、运营商级网络地址转换(NAT)、路由器
移动网络节点	归属位置寄存器、归属用户服务器、网关、通用分组无线服务(GRPS)协议支持节点、无线网络控制器、各种节点功能
用户驻地设备	家用路由器、机顶盒
隧道网关	互联网安全协议(Ipsec)/加密套接字层(SSL)虚拟专用网络网关
流量分析	深度包检测技术、QoE(体验质量)评估
保障	服务保障、服务等级协议(SLA)、测试和诊断
信令	会话边界控制器、IP多媒体子系统(IMS)组件
控制平面/接入功能	AAA(身份验证、授权、账户)服务器、策略控制和计费平台、动态主机配置协议(DHCP)服务器
应用优化	内容支付网络、缓存服务器、负载均衡器、加速器
安全	防火墙、病毒扫描程序、入侵检测系统、垃圾邮件防护

7.2.2　星地融合网络中虚拟网络功能编排映射

为了满足用户的网络服务请求,在基于 NFV/SDN 的星地融合网络中,需要针对业务需求和网络状态,求解出一条满足用户业务需求的最优端到端网元功能链和对应的资源分配方案,如图 7-2 所示,然后将该服务功能链映射到多级边缘网络的物理基础设施上,实例化虚拟网络功能(VNF),最后由控制器决策在已经选定的优化路径上完成虚拟网络功能实例化,从而实现服务功能链部署[9,10]。

1. 服务功能链静态编排映射

利用星地融合网络的软件定义能力和集中控制机制,实现对多级边缘网元节点的服务器上虚拟网络功能的部署与管理,构建服务功能链[13,14]。该机制下的服务功能链部署策略主要包括三个方面。

(1)网络资源的统一表征:将地面骨干网络和多层卫星网络中物理资源映射成虚拟资源,供 SDN 集中控制器统一管控,从而进行星地融合网络的跨域资源协同调度。

(2)服务功能链映射的路径规划:根据用户请求服务的 QoS 指标以及当前网络实际状况,规划一条既可以满足用户需求同时又适配当前系统的链路。

(3)虚拟网络功能的部署策略:在规划的路径上根据路径的资源利用状况,链路负载程度、延时、用户提出的服务请求等指标部署网络服务功能,将多级边缘中实例化的 VNF 有序遍历并串接起来便形成了服务功能链。

服务功能链静态编排映射如图 7-10 所示。

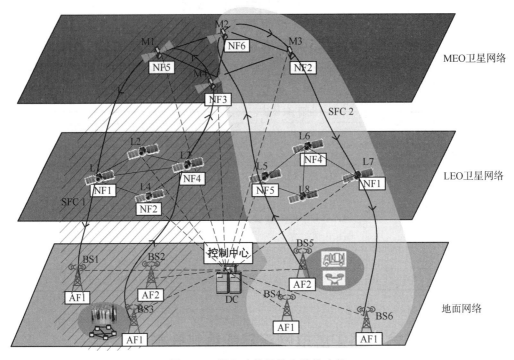

图 7-10　服务功能链静态编排映射

2. 服务功能链动态迁移重构

针对业务动态变化、网元损毁或网络拓扑动态变化,需要设计基于服务功能链的优化和重构技术[13,14],具体内容包括:首先,建立对服务功能链链路状态的评估模型,以此来评估当前的网络功能链是否需要重构,评估标准主要分为两个方面。

(1)网络负载状况:对一个区域内的服务功能链进行评估,以系统负载为评估标准,对比网络功能链重构前与重构后的系统负载均衡度,评判重构该网络服务功能链是否能优化系统稳定性,同时这里为重构网络服务功能链过程消耗的资源量设置了门限值,根据门限值评估链路重构的必要性。

(2)服务功能链状态:由于用户,卫星以及无线链路之间的干扰可能会导致服务功能链的当前状态不能满足之前的用户指标。根据用户反馈以及链路的时延、丢包率、SNR等因素,评估当前服务链是否可以满足用户需求,根据不同业务不同需求建立相应的模型,用不同的方式量化指标做到更加精准的评估。

其次,需要设计一种基于资源均衡度的服务功能链重构方案,如果卫星网络中网络节点的资源均衡度低于某个门限值时,则将具有不同特征的虚拟网络功能排列重构,这样能够使网络节点中的多维资源维持在均衡状态,进一步地,能够充分利用网络有限资源服务更多的用户需求。

服务功能链动态迁移重构如图 7-11 所示。

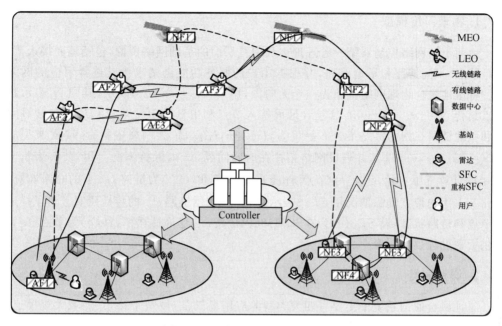

图 7-11　服务功能链动态迁移重构

7.2.3　基于可靠性感知的服务功能链映射研究

在软件定义星地融合网络中,如何设计 SFC 编排与映射方案来提高资源利用率和服务质量,是一个重要的研究内容。有研究者建立了时变的卫星通信网络模型和新颖的 SFC 请求形式,并提出了一种在软件定义卫星网络中部署 SFC 的有效方法[15],从而最小化端到端的服务延迟,实现灵活的服务编排。有研究者研究了基于 SDN/NFV 的地面和卫星地面云的 SFC 映射[16],并提出了一种同时考虑服务功能复用和 SFC 合并的相关方法,旨在提高底层网络的资源利用效率。文献描述了 SFC 在卫星通信网络中的两种部署模式:多域模式和卫星编队模式[17],并提出了两种适用于不同业务请求量的算法来部署服务功能路径,降低了延时和丢包率,但缺少解决 SFC 部署问题的统一网络模型。也有研究者提出了一种基于服务功能链的可重构服务提供架构[18],通过启发式贪婪算法,利用空中和地面节点的不同特性平衡资源消耗,节省了大量通信资源,但无法根据网络状态变化而优化 SFC 迁移过程。

综合当前研究现状,存在的问题如下:较少考虑用户需求差异性和业务优先级,所提供的通信服务具有不确定性;网络管理和部署过程较为复杂;资源分配仍存在不合理性。为了优化星地融合网络中资源分配过程,考虑在星地融合网络中根据不同的业务类型划分不同类型的资源切片,在切片上部署 SFC,通过感知当前网络节点和链路的正常工作概率和负载情况,将 SFC 部署到可靠度更高的路径上,既能为不同类型业务提供可靠的服务,又提高了网络资源利用率和服务接受率[19]。

1. 物理网络模型

地面上的网络控制器统一管理地面和卫星层面的基础网络资源,包括地面接入节点、卫星节点、星间链路和星地链路,并根据用户的服务功能链请求为其选择对应的网络切片。将星地融合物理网络抽象为一个无向图,用 $G(N,L,V,\Delta t)$ 表示,其中 N 表示物理节点集合 $N=\{n_1,n_2,\cdots,n_i\}$(包含地面接入节点和中低轨卫星节点),L 为包含星间链路和星地链路在内的链路集合 $L=\{l_{1,1},l_{1,2},\cdots,l_{i,j}\}$,$V$ 为网络中所有 VNF 类型的集合 $V=\{v_1,v_2,\cdots,v_m\}$,并假设网络拓扑在时间间隔 Δt 内保持不变。用 $C_i^{P,r}$ 表示节点 n_i 上的计算资源容量,$C_i^{P,ro}$ 为节点 n_i 上的计算负载,$C_{i,j}^{P,b}$ 为链路 $l_{i,j}$ 上的总带宽资源,链路上占用的带宽资源情况用 $C_{i,j}^{P,bo}$ 表示,用 $D_{i,j}^T$ 表示链路 $l_{i,j}$ 的传播延时。为了描述网络节点和链路状态,设 $S_{i,j}(q)$ 为在 Δt 时间内链路 $l_{i,j}$ 连通性概率,$Y_i(q)$ 为节点 n_i 正常提供资源处理数据的概率。

2. 切片分类

星地融合通信系统中主要有四大类型的应用场景:广域宽带接入、广域大规模连接、广域时敏连接和广域高精度定位,不同场景的业务需求各不相同。因此考虑将整个物理网络划分为四类网络切片,每个网络切片中包含地面网关、LEO 卫星、MEO 卫星和对应的链路,划分的主要依据为用户服务请求的延时和带宽要求。如果用户需求信息汇总部署服务功能链所需带宽大、延时要求高,该 SFC 请求对应广域时敏连接切片,若所需带宽大、延时要求低,则对应广域宽带接入切片,若所需带宽小、延时要求高,SFC 请求对应广域高精度定位切片,所需带宽小、延时要求低,则对应广域大规模连接切片。

3. SFC 请求建模

每个 SFC 请求中包含延时要求、带宽要求、所需计算资源、VNF 序列等信息,可以用 $Q=(K,E,F,D)$ 表示,K 和 E 分别是 SFC 请求中的虚拟节点和链路,为满足用户业务需求所需的 VNF 序列用 F 表示,D 为 SFC 请求的延时要求。每种 VNFv_m 映射到网络节点上需要占用一定的计算资源量,表示为 $R_m^{V,r}$,虚拟链路 $e_{m,n}$ 映射到实际链路中所需要的带宽资源为 $R_{m,n}^{V,b}$。映射到网络节点上的 VNFv_m 处理数据时会产生一定的延时,用 D_m^P 表示。SFC 请求中的虚拟节点和链路映射表示如下:

$$M_i^u=\begin{cases}1, & k_u \text{ 映射到 } n_i \text{ 上} \\ 0, & k_u \text{ 未映射到 } n_i \text{ 上}\end{cases} \tag{7-1}$$

$$Z_{i,j}^{m,n}=\begin{cases}1, & e_{m,n} \text{ 映射到 } l_{i,j} \text{ 上} \\ 0, & e_{m,n} \text{ 未映射到 } l_{i,j} \text{ 上}\end{cases} \tag{7-2}$$

4. 部署路径可靠度

根据 SFC 请求,可以在对应的切片网络中生成多条部署服务功能链的实际路径,需要通过对不同路径的负载情况、正常工作概率进行评估,选出当前网络状态下的最优部署路径[20]。为描述部署路径的可靠性,定义部署路径的可靠度 SR_q,可靠度由网络节点正常工作的概率、节点计算资源负载情况、网络链路连通状况和链路资源带宽占用情况共同决定。

网络节点正常工作概率 $Y_i(q)$ 和链路连通概率 $S_{i,j}(q)$ 在 $[e^{-0.005(q-1)}, e^{-0.005q}]$ 均匀分布,其中 q 为网络切片中总的 SFC 数。

节点均一化负载参数为节点上已使用的计算资源和即将部署在网络中的 SFC 请求所需节点计算资源与该节点所有计算资源的比值,表示为

$$\alpha_i^n = \frac{C_i^{P,ro} + \sum\limits_{u \in F} M_i^u \cdot R_m^{V,r}}{C_i^{P,r}} \tag{7-3}$$

链路均一化负载参数为链路上已占用的带宽和 SFC 请求中所需要的链路带宽与该链路总带宽的比值,表示为

$$\beta_{i,j}^l = \frac{C_{i,j}^{P,bo} + \sum\limits_{e_{m,n} \in E} Z_{i,j}^{m,n} \cdot R_{m,n}^{V,b}}{C_{i,j}^{P,b}} \tag{7-4}$$

网络节点可靠度与节点正常工作概率和节点负载参数有关,定义为

$$NR_i = Y_i(q) \cdot (1 - \alpha_i^n) \tag{7-5}$$

链路可靠度与当前链路连通概率和负载情况有关,定义为

$$LR_{i,j} = S_{i,j}(q) \cdot (1 - \beta_{i,j}^l) \tag{7-6}$$

部署路径可靠度表示为

$$\text{SR}_q = \prod_{i \in N, u \in F} M_i^u \cdot NR_i \cdot \prod_{l_{i,j} \in L, e_{m,n} \in E} Z_{i,j}^{m,n} \cdot LR_{i,j} \tag{7-7}$$

为了在多条路径找出最优路径,将目标函数设为最大化部署路径可靠度,表示为

$$\max \quad \text{SR}_q \tag{7-8}$$

目标函数的约束条件如下:

$$T_q \leqslant D_q, T_q = \sum_{v_m \in F} D_m^P + \sum_{e_{i,j} \in E} D_{i,j}^T \tag{7-9}$$

$$\alpha_i^n \leqslant 1 \tag{7-10}$$

$$\beta_{i,j}^l \leqslant 1 \tag{7-11}$$

$$\sum_{i \in N} M_i^u = 1 \tag{7-12}$$

$$\sum_{l_{i,j} \in L} Z_{i,j}^{m,n} \geqslant 1 \tag{7-13}$$

式(7-9)表示 SFC 请求部署到网络中的总服务延时要小于用户要求的延时,总服务延时包括节点处理延时和链路传输延时。式(7-10)表示网络节点提供服务所需要的计算资源不能超过节点上总计算资源,式(7-11)表示网络链路提供服务所占用的带宽资源要小于链路总带宽,式(7-12)描述的是一个 SFC 请求中的一个 VNF 只能映射到一个物理节点上,式(7-13)表示包含 VNF 的两个节点可以直接连接也可以通过其他节点间接连接。

5. 基于可靠性感知的服务功能链映射算法

SFC 请求映射到对应网络切片中会形成多条路径,为保障部署路径具有更高的可靠性、较低的端到端延时,设计基于可靠性感知的服务功能链映射算法。算法输入为 SFC

请求 Q 和物理网络 G,输出为最优部署路径 P_q 和可靠性乘积 SR_q。当网络中有新的 SFC 请求到来时,生成相应的虚拟服务功能序列,并根据请求信息中的延时和带宽对请求进行分类,每个请求对应一种类型的网络切片。在对应的网络切片中,利用 K 条最短路径(KSP,K-Shortest Paths)算法选择多条长度较短且延时较低的路径,分别计算各路经节点和链路可靠度,选择可靠度最大的路径作为服务功能链的部署路径。若部署路径可靠度大于设定的门限值,在星地融合网络中实例化 VNF,形成服务功能链,并更新网络中节点和链路的负载情况,否则,SFC 无法部署到网络中。

6. 仿真结果分析

将基于可靠性感知的服务功能链映射算法与 SPO 算法[22]和 SDSN 算法[21]进行对比,对比结果如图 7-12 所示。SPO 算法直接计算出用户端点之间的最短路径作为数据转发的基本路径,将 VNF 部署在该路径的物理节点上;SDSN 算法以最小化端到端延时为目标,考虑了节点利用率和部署概率,并结合最短路径算法在星地融合网络中选择 SFC 的映射路径。从部署路径可靠度、节点资源利用率、链路资源利用率、服务接受率和服务总延时来评估所提算法的性能,验证基于可靠性感知的服务功能链映射算法的有效性。

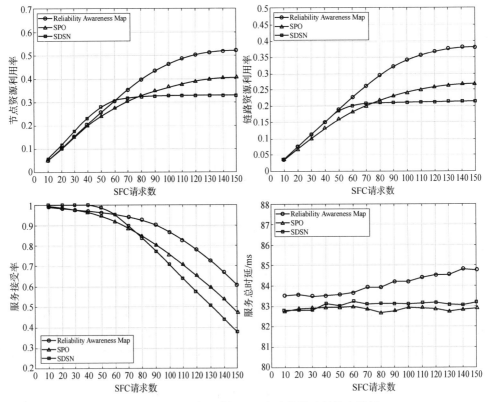

图 7-12　基于可靠性感知的服务功能链映射仿真结果

部署路径可靠度反映了 SFC 映射在网络中的可靠性。随着 SFC 请求数增加,SFC 映射到网络中,网络节点、链路负载增大,部署路径可靠度不断减小。基于可靠性感知的服务功能链映射方案在多条较短路径中选择可靠度最大的路径作为部署路径,可靠度较大。而 SPO 算法将 SFC 映射到网络中仅考虑端到端路径是否最短,未考虑节点和链路负载状况,可靠度低于所提出的算法;SDSN 算法将 SFC 部署在资源利用率较低的网关节点,且根据最短路径算法选路,所以在 SFC 请求量较少时,部署路径可靠度高于所提算法。当 SFC 请求数增大时,基于可靠性感知的 SFC 部署算法将 SFC 部署在更多不同路径上,提升了网络负载的均衡性,部署路径可靠性更高。

资源利用率随着 SFC 请求数增加出现不同程度的上升,最终趋于稳定。其中,基于可靠性感知的服务功能链映射算法与 SPO 算法相比,当 SFC 请求数大于 120 时,节点资源利用率提升 28.4%,链路资源利用率提高 41.9%。这是因为该算法根据 SFC 请求选择不同类型的网络切片,各个切片中的网络资源得到更充分的利用,此外,部署路径可靠度与节点和链路负载有关,能够将 SFC 映射到节点和链路资源利用效率较低的路径上,节点和链路资源饱和速度变慢,能够接受更多 SFC 请求,从而提高了网络资源利用率。

SPO 算法将 SFC 部署到最短路径上,部署路径上的节点和链路负载迅速增加,资源使用量接近资源容量时,网络达到饱和状态,无法接收新的 SFC 请求,导致服务接收率不断下降且低于所提出的算法。基于可靠性感知的 SFC 映射算法将在部署 SFC 前对路径上包含的节点和链路可靠性进行监测,可靠性低于阈值时无法成功部署,因此,当 SFC 请求量较小时,服务接收率低于 SDSN 算法。但 SFC 请求量增大时,算法利用网络切片分类和比较部署路径可靠度的方法,将 SFC 部署到更多的路径上,将负载分散到不同路径上,从而提高了 SFC 请求服务接收率。当 SFC 请求数大于 120,提出的算法相比较 SPO 算法,服务接收率提升 19.7%。

服务总延时略高于 SDSN 算法和 SPO 算法,因为 SDSN 算法以最小化端到端延时为目标选择部署路径,而基于可靠性感知的 SFC 映射算法在总延时和部署路径可靠性之间进行折中,在总时延尽可能低的情况下选择更加可靠的路径,所以服务总延时略高,但选择的 SFC 部署路径可靠度更高。

在星地融合信息网络中对异构网络资源进行合理分配,满足用户业务需求,是星地融合信息网络建设的重要研究内容。主要研究了星地融合网络中基于服务功能链映射的资源分配问题,将网络切片和服务功能链技术结合起来应用于星地融合网络中,提出了基于可靠性感知的服务功能链映射算法。仿真结果表明,与其他 SFC 映射方法比较,该算法具有较高的可靠性、资源利用率和服务接收率,具有较高的实用价值和研究意义[24]。

7.3 软件定义星地融合网络的优势及挑战

7.3.1 SDN 技术应用于星地融合网络的优势

1. 有效提升网络部署灵活性,实现细粒度化网络管理

将 SDN 技术应用于星地融合网络中,可利用软件定义技术的集中控制特性,为卫星节点的功能做减法,抽取出卫星的逻辑处理能力放置于地面控制中心和星关站中,卫星具

备的控制功能和计算功能减弱。所有卫星都能通过与控制中心相连、GEO卫星多播或者星间链路转发等方式获取控制中心的网络信息，从而更新网络配置信息和路由表信息。通过在控制中心设计对应的程序获取信息，自动化地进行周期性的信息更新，能够进一步加快全局网络信息配置。

传统卫星网络控制结构固化、路由策略较为低效，难以满足各种各样新型业务需求，无法支持细粒度化的管理方式。而在软件定义星地融合网络中，应用层具有可编程性，通过控制中心能够灵活地添加修改应用程序，实现细粒度化的网络管理，包括访问接入控制、移动性管理、资源调度分配、路由策略管理等方面。随着业务需求变化和设备技术升级，软件定义星地融合网络能够有效地进行全局网络配置，实现网络功能的扩展和更新。

2. 提高网络空间动态路由的灵活性和可控制性

目前卫星网络大多依靠静态快照路由方式保障可靠性和可控制性。如果系统中出现新的业务需求、卫星节点发生故障、需要调控全局层面流量负载均衡时，控制结构不灵活的卫星系统难以解决上述问题。近年来，研究者们提出了很多动态的分布式路由算法，相比由控制中心获取全局卫星网络路由信息，分布式路由算法将星地融合网络分为多个区域，快速获得局部拓扑视图，通过感知局部网络流量变化，解决路径切换、链路拥塞或节点故障等问题。但由于卫星网络结构的固化性，分布式算法都是基于局部视图进行优化，无法从全局网络视角进行设计决策。软件定义星地融合的集中控制特点能够有效解决这个问题，控制中心能够通过跨域协作方式，获取全局网络视图，通过考虑业务延时带宽要求、当前网络状态，选择最优的转发路径，并根据网络状况，实时更新路由策略，提高空间动态路由的灵活性和可控制性。

3. 改善星地融合网络兼容性，增强星间协作配合

目前卫星上的有效载荷已经实现软件定义无线电技术，能够对通用硬件设备进行编程，使用无线电对其进行配置，基于地面对卫星进行灵活控制。未来，具有高度灵活性的软件定义星地融合网络，可通过灵活编程的方式，满足新业务对于物理层到网络层的调整更新要求。同时，这种灵活性，也能够降低连接其他异构空间系统的难度，改善了星地融合网络异构系统的兼容性[23]。

在传统卫星网络中，卫星之间的协作和资源共享会产生较多的交互信令和较长的延时。而在软件定义星地融合网络中，卫星可以通过和控制中心连接通信，快速获得覆盖范围调整和避免干扰的能力，增强卫星之间的协作配合。

4. 降低硬件系统成本

基于软件定义网络技术，星地融合网络的控制中心可放置于地面站中，卫星上只部署一些组件实现数据平面的转发操作和软件定义协议远程配置操作。所以，基于软件定义的星地融合网络具有较好的向后兼容特性，不需要根据新的业务需求重新设计对应的卫星，大大降低了卫星设计和开发成本。此外，卫星网络的信令交互不再局限于地面站与卫星节点的连接传递，还可以通过星间链路转发、卫星广播多播方式实现，减少地面星关站的部署，从而降低硬件系统总成本。

7.3.2 存在的问题及挑战

1. 控制平面接口设计

软件定义星地融合信息网络中,一个较为重要的待研究问题是控制平面的南北向接口设计。对于北向接口,接口的设计需要满足卫星网络应用层各种业务的要求,对于南向接口,目前已经有较为成熟的 OpenFlow 协议,但是仍不能实现全局的软硬件控制功能和制定控制策略功能。

2. 安全问题

基于软件定义的天地双骨干网络架构是一种分布式开放架构,开放性是 SDN 逻辑架构的重要特点,是软件定义实现统一管理、配置异构网络、提供可编程特性的基础。但在星地融合信息网络中引入软件定义架构后,开放性的特点可能会使整个空间网络更加容易受到安全威胁,比如网络入侵、网络攻击和拒绝服务等。软件定义架构的开放性会将控制平面的安全漏洞和安全策略等暴露给外界,攻击者因此能够获取足够的信息,制定策略攻击网络。同时,SDN 架构中控制平面与应用层之间的北向接口,接口的可编程性会造成网络资源滥用或遭受网络攻击。

在星地融合网络架构的演进过程中,首先会将控制平面部署在地面骨干网,然后逐渐将控制器部署在高轨卫星上,逐渐从地面控制演进到卫星地面主从控制协作配合。对于上述存在的安全威胁,需要在部署控制器前建立安全防护策略,包括对控制器的安全防护、控制平面南向接口和北向接口的隔离防护,从而保证软件定义星地融合网络安全的平稳运行。

3. 星地融合网络控制器设计

空间信息网络具有传输距离远、覆盖范围广的特点,如果采用单控制器结构,会导致控制器控制范围过大,大范围下信令交互和数据通信时会产生很长的延时。此外,控制平面负责管控全局网络状态和信息并制订相应控制策略,使用单控制器会造成负载过大,不能有效地保障用户服务质量和可靠性。所以采用分布式多控制器架构,可以将多个控制器部署在不相交的网络区域,每个控制器管控复杂的网络区域,这些地位相同、逻辑上集中控制的控制器共同构成控制平面。在星地融合网络中处理跨区域业务时,需要多控制器之间的协作,控制器之间的写作方式会影响网络业务承载能力和服务性能,因此需要进一步研究适用于星地融合网络的多控制器协作方式。

本 章 小 结

星地融合网络存在网络拓扑高度动态、资源受限、网络异构、链路切换频繁等问题,使得星地融合网络很难进行管控,给网络的兼容性、可扩展性和可靠性带来了更多的挑战。

软件定义网络将控制平面与数据平面解耦,提供了开放的编程接口,具有集中控制的特点,提高了异构网络环境下网络设备管理和配置的灵活性。

本章主要从软件星地融合网络架构、服务功能链部署和软件定义星地融合网络的优势及挑战三个方面进行详细的介绍,讲述了软件定义网络概念,分析了软件定义网络架构发展现状及应用,描述了网络功能虚拟化和虚拟网络功能编排映射方案,分析了软件定义星地融合网络的优势和面临的挑战。

随着各界研究者对于软件定义架构、多控制器协作方式、控制接口设计、服务功能链映射等问题的进一步研究,基于软件定义的星地融合网络架构和功能将会不断发展和完善。

本章参考文献

[1] 冯新杰.面向天地异构网络混合切片部署策略研究与实现[D].北京:北京邮电大学,2020.

[2] 杨虹.面向复杂空天地一体化网络的 SDN 控制器的研究[D].北京:北京交通大学,2018.

[3] Yang,Bowei,Yue,et al. Seamless Handover in Software-Defined Satellite Networking [J]. IEEE communications letters:A publication of the IEEE Communications Society,2016.

[4] Li T,Zhou H,Luo H,et al. SERvICE:A Software Defined Framework for Integrated Space-Terrestrial Satellite Communication [J]. IEEE Transactions on Mobile Computing,2017.

[5] 赵瑾.天地一体化网络虚拟化资源管理技术研究[D].西安:西安电子科技大学,2020.

[6] Joey C,Muthu V M,Dattatri K M. NETWORK FUNCTIONS VIRTUALIZATION, EP3198797A1[P]. 2017.

[7] Ghasem M,Zhiquan L. Optimal Network Function Virtualization and Service Function Chaining:A Survey[J]. Chinese Journal of Electronics,2018.

[8] R Ferrús,Koumaras H,Sallent O,et al. SDN/NFV-enabled satellite communications networks:Opportunities,scenarios and challenges[J]. Physical Communication,2015,18 (P2):95-112.

[9] Ferrus R,Sallent O,Ahmed T,et al. Towards SDN/NFV-enabled satellite ground segment systems:End-to-End Traffic Engineering use case [C]// IEEE International Conference on Communications Workshops. IEEE,2017.

[10] Wu,Chunqing,Bao,et al. OpenSAN:A Software-defined Satellite Network Architecture [J]. Computer Communication Review:A Quarterly Publication of the Special Interest Group on Data Communication,2014.

[11] 王睿,张克落.5G 网络切片综述[J].南京邮电大学学报(自然科学版),2018,38(5):23-31.

[12] Zhu X,Jiang C,Wei F,et al. Resource allocation in spectrum-sharing Cloud Based Integrated Terrestrial-Satellite Network[C]// 2017 13th International Wireless Communications and Mobile Computing Conference (IWCMC). IEEE,2017.

[13] Wang Y,Lu Z. Coordinated resource allocation for satellite-terrestrial coexistence based on radio maps[J]. China Communications,2018.

[14] 王刚.软件定义移动通信网络流量工程理论与算法[D].成都:电子科技大学,2019.

[15] Cai Y,Wang Y,Zhong X,et al. An approach to deploy service function chains in satellite networks[C]// 2018:1-7.

[16] Feng B,Li G,Li G,et al. Efficient Mappings of Service Function Chains at Terrestrial-Satellite Hybrid Cloud Networks[C]// GLOBECOM 2018—2018 IEEE Global Communications Conference. IEEE,2018.

[17] Li T,Zhou H,Luo H,et al. Service Function Chain in Small Satellite-Based Software Defined Satellite Networks[J]. 中国通信:英文版,2018,15(3):11.

[18] Wang G,Zhou S,Zhang S,et al. SFC-Based Service Provisioning for Reconfigurable Space-Air-Ground Integrated Networks [J]. IEEE Journal on Selected Areas in Communications,2020,PP(99):1-1.

[19] Wang G,Feng G,Quek T,et al. Reconfiguration in Network Slicing—Optimizing the Profit and Performance [J]. Network and Service Management,IEEE Transactions on,2019.

[20] 赵季红,乔琳琳,曲桦,等.一种基于业务类型的网络切片可靠性映射算法[P].中国专利:CN202010364309.4,2020-8-11.

[21] 蔡轶斌.基于服务质量的服务功能链编排和动态优化方法[D].北京:北京邮电大学,2019.

[22] Mijumbi R,Serrat J,Gorricho J L,et al. Design and evaluation of algorithms for mapping and scheduling of virtual network functions[C]// Proceedings of the 2015 1st IEEE Conference on Network Softwarization (NetSoft). IEEE,2015.

[23] 杜琴.基于卫星切片网络的计算资源和无线资源联合分配机制的研究[D].北京邮电大学,2020.

第 8 章
星地融合信息网络中的接入与切换

星地融合信息网络能够尽可能为用户提供泛在、可靠的服务,是下一代移动通信中的重要组成部分。但是星地融合信息网络具有拓扑时空高动态性、服务终端数量多、卫星覆盖范围广等特性,为了保证用户与卫星的通信质量,卫星接入与切换问题亟待解决。本章首先阐述了星地融合信息网络中的接入与切换研究现状并分析了其存在的问题。其次,本章从几种接入类别和基于 5G 卫星网络的接入架构介绍星地网络中的接入问题。最后,本章在后半部分从切换类型、切换建模与指标、标准中的非地面切换和典型切换算法四个方面出发,详细介绍了星地融合网络中的切换问题。

8.1 背 景 概 述

8.1.1 研究现状分析

卫星接入技术作为星地融合网络中的一项重要技术,近些年来被许多学者所关注。目前,星地融合网络接入技术的研究主要集中在卫星网络的接入和切换方面,另一方面集中在通信协议、多址技术方面,本章主要对前者展开介绍。星地融合网络接入研究现状如表 8-1 所示。

表 8-1 星地融合网络接入研究现状

关键问题	主要工作	优化指标	文献
信道利用率低	建立认知用户信道接入模型	吞吐量	[1]
数据包冲突以及大延时	组合随机接入和需求分配多址方案	吞吐量、平均延时	[2]
业务具有优先级和突发性	构建频谱池共享信道,并采用预留信道	延时、资源利用率、吞吐量	[3]
业务流量非均匀	构建非均匀业务模型,设计多属性决策	丢包率、阻塞率	[4]

在星地融合网络中异构资源丰富,不同的接入策略会产生不同的效果,接入技术会影响系统的资源利用率以及业务 QoS。近些年来,许多学者针对网络的可靠性与吞吐量等性能对星地融合网络中的接入技术展开了一系列研究。文献[1]提出了一种基于认知无线电的卫星网络信道接入策略,能够在不明显降低高负载时卫星网络吞吐量的前提下有效提高低负载的吞吐率;文献[2]中融合随机接入算法和需求分配多址算法,有效提升系统容量,并能控制平均延时;文献[3]中提出了一种支持业务优先级的卫星网络信道动态接入策略,有效地提升了卫星信道的综合利用率,降低了低优先级业务的接入延时,保证了低优先级业务接入卫星网络的吞吐效率;文献[4]开展卫星多属性接入的研究,综合多属性效用函数,满足不同的用户需求。

移动性管理技术是用来管理用户位置,跟踪用户在网络中的状态,对用户作接入优化、寻呼控制以及切换处理的关键技术。其中最重要的环节为切换管理,由于星地融合网络系统中存在切换频繁、用户接入延时长、小区变化快等问题,导致其更加复杂。目前的5G 系统中已有的地面小区位置固定、跟踪区静态规划和广播更新等移动性管理技术,都难以直接应用到星地融合网络系统中。

相比地面蜂窝移动通信系统,在星地融合网络系统中,终端切换场景更加复杂,切换也更加频繁,这都对切换技术提出了更高的要求。为了增大系统通信容量,划分每颗卫星的覆盖区域为多个点波束,用户可能从一个点波束被动切换到另一个点波束。同时,由于星地融合网络中卫星的高速移动,卫星通信用户需要通过频繁切换卫星保持通信。因此,用户需要根据网络环境切换卫星,减小底层网络变化带来的不良体验感。

为了更好地利用频率资源,单个卫星的覆盖范围被划分为多个波束,通信链路在多个波束间实现接力保证通信的连续性。由于波束覆盖面积较小、用户移动性强,卫星速度快,因此波束间切换是星地融合网络架构中最常见的切换类型。针对波束间切换问题,近些年已有大量文献基于信道分配展开了一系列研究[5-7],主要分为固定信道分配、动态信道分配和混合信道分配方案。为了保证切换成功,固定信道分配的通常做法是:当且仅当源小区和第一个切换小区同时有可用信道时,允许新的呼叫请求进入并分配信道资源给它,并在切换小区内为其预留相应的通道,保证切换过程顺利进行,否则呼叫请求被拒绝;在上述方案中,由于信道分配是固定的,不能动态调整,导致信道资源利用率低,新呼叫阻塞率高,为了提高系统的整体性能,提出动态信道分配。固定信道分配和动态信道分配都有各自的缺陷。LEO 卫星具有动态性,想要根据卫星负载实现动态信道分配,算法复杂度高,需要大量计算能力,很难完全实现。所以,在实际的卫星通信系统中,通常结合固定信道分配策略和动态信道分配策略的优点来设计信道分配方案。

由于卫星的高速移动性,星间切换也同样重要,因为用户需要先要在不同的卫星之间进行选择,然后由覆盖用户的点波束提供服务。如何选择最适合通信的卫星,既能减少带宽浪费,又能减少呼叫阻塞概率,同时也能满足 QoS 要求是星间切换需要解决的问题。在 QoS 方面,在卫星切换管理策略中应考虑应用类型。星地融合网络切换的另一个类型是卫星地面异构网络垂直切换[8]。虽然已经有基于 IP 的切换解决方案进入市场,但它们不适用星地融合网络。由于卫星的持续和快速运动,原有的切换方案会造成较大的网络负载。因此,需要另一种网络层切换机制。

8.1.2 存在的问题和挑战

下一代移动通信网络中的卫星通信将不同于现有技术,必然趋于复杂化。下一代终端的连接密度也会显著提高,支撑大规模的设备连接,同时卫星通信的大延时特性是不可忽略的。因此,如何实现卫星通信中的极简接入技术,如何保障大规模终端可靠接入并合理利用通信资源利用率,如何设计减小延时的接入方案均是值得深入探究的问题。

在星地融合网络架构中,需要为波束切换分配信道资源。卫星有限的星载资源和处理能力极大地制约了切换过程。研究者通常采用信道预留策略来保证切换过程的成功,但这种策略会导致信道利用率较低。针对不必要的信道预留问题,基于阈值的优先级切换资源管理策略[9]可以保证高优先级用户在呼损率极低时能够提高资源利用率。然而,该策略涉及多普勒效应,计算量较大,不适用部署于处理能力受限的卫星。因此,如何在保证星上处理的前提下,有效利用有限的信道,设计一种高效的切换策略,是星地融合网络面临的一个重要问题。

随着人工智能技术在通信领域的推进,星地融合网络的切换将往智能化方向发展,但仍存在许多需要探索的问题:比如,如何从复杂的星地融合网络系统中有效地采集合适、真实的数据用于智能算法的训练;如何合理地进行切换管理模型抽象以及基于反馈的模型优化;如何探索更加适应于星地融合网络大时空尺度的分布式训练方法以避免大量的数据回传等。

近年来,许多学者针对提高用户 QoS,减少切换次数和信令开销对星地融合网络切换展开了一系列研究,表 8-2 总结了利用不同算法和切换基准的切换策略及其存在的弊端。

表 8-2　星地融合网络切换存在问题

切换类型	算法	核心思想	存在问题
波束切换	基于动态信道分配的波束切换[10]	提出了一种基于灰度预测的动态信道分配策略,来保证卫星通过记录用户的切换请求值来预测其何时进行切换	当进行长期预测时复杂度很高
	基于混合信道的波束切换[11]	基于队列大小有限的排队策略分析方案的性能,设计了一种算法来处理 QoS 度量的计算复杂度	没有考虑新呼叫的真实分布情况
星间切换	基于 RSSI 的单属性切换[12]	在切换流程中引入了主连接和辅连接	对比硬切换有了延时、失败率和吞吐量上的提升,但未和其他因素方案进行比较,仅考虑信号质量可能会出现乒乓效应等问题
	基于强化学习的多属性切换[13,14]	根据当前链路状态,通过强化学习动态选择切换卫星	系统状态越多,算法收敛速度越慢

本章首先介绍了星地融合网络中接入于切换的研究现状和待解决的问题,进而介绍了星地融合网络中的接入类别、接入场景和基于 5G 卫星网络的接入架构。针对星地融合网络切换问题,本章将其划分为卫星切换、波束切换和卫星地面异构网络垂直切换三个类别展开讨论,同时讨论了星地融合网络切换的模型建立和性能指标,然后介绍了当下标准中的非地面网络切换相关,最后列举了几种典型的星地融合网络切换算法。

8.2　星地融合网络中的接入类别

基于星地融合网络的特点,本节参考 3GPP TR 22.822 将接入类别划分为三大类,分别是:"连续服务""泛在服务"和"扩展服务"。值得注意的是,同一星地融合网络场景下可能存在一种或多种类别的接入服务。

8.2.1　连续服务

由于地面网络的部署主要考虑能够接入更多的用户终端,而不是能够覆盖更大的地理区域。因此,地面网络会存在一些通信"盲区",即该区域无法接入网络。在这种情况下,无论用户是行走的人,还是移动的交通工具(比如汽车、卡车、火车),机载平台(例如商用或私人飞机)或海上平台(例如海上船舶),都可能遭遇在运动过程中,一段时间内没有任何网络为之提供服务,即该服务是不连续的。

本类别描述的星地融合网络接入服务类别解决了上述问题,为用户在移动过程中提供连续服务。

8.2.2　泛在服务

考虑到经济效益,地面通信网络的部署成本可能超过带给运营商的收益;此外,突发地质灾害,如地震、洪水等也会致使地面基础设施暂时中断运行或彻底毁坏,失去通信能力。在上述场景中,同样存在许多处于这些"未服务"或"服务不足"的区域的潜在用户希望获得通信服务,但是由于上述原因无法实现,星地融合网络可以作为一种可行方案提供"泛在服务",典型的用例包括:

(1) 物联网;

(2) 公共安全及相关应急网络;

(3) 家庭接入。

8.2.3　扩展服务

与地面网络相比,卫星网络的覆盖范围更大,通常一颗卫星能够覆盖地面网络中的数万个小区。因此,卫星可以在大覆盖范围内有效地多播或广播类似的内容,并有机会能够直接与用户设备直接通信。类似地,卫星网络也可以通过在非繁忙时段多播或广播非时间敏感性数据,在繁忙时段减少地面网络的流量。

星地融合网络接入中的"扩展服务"类别相关的用例有很多,例如由于新媒体编码格式(例如 3D,超高清)而产生电视内容的分发。

8.3 基于 5G 卫星网络的接入架构

据 3GPP TR 22.822,卫星网络是指通过卫星基础设施和核心网络提供的无线电接入网的组合。此外,核心网还可与卫星接入网以外的其他 RANs 连接。

基于 5G 卫星网络的接入架构应满足如下要求:

(1) 当使用 5G 卫星接入网时,支持卫星接入的 5G 系统应能够优化内容的交付。具有卫星接入的 5G 系统应允许 5G 卫星接入网或 5G 地面接入网的最佳选择。

(2) 具有卫星接入的 5G 系统应能够通过卫星和地面接入网络建立独立的上行和下行连接。

(3) 支持 5G 卫星接入和 5G 地面接入的 5G 系统应能够在两种类型的接入上优化分配用户流量。

(4) 在具有卫星接入网的 5G 系统中,5G 卫星接入网应支持 5G 接入网共享。

(5) 在具有卫星接入网的 5G 系统中,5G 卫星接入网应支持 5G CN 共享,并应支持连接到同一 5G 卫星网络的不同国家的移动网络运营商(MNO,Mobile Network Operator)。

(6) 卫星接入的 5G 系统可以以不同的配置出现。

(7) 5G 卫星接入网、5G 卫星网络、5G 系统应能够支持基于 5G 无线电接入技术(RAT,Radio Access Technology)的卫星之间的网格连接。

下文描述了可由弯管卫星(透明的,没有机载处理能力)和再生卫星(具有机载处理能力)实现的可行接入架构。图 8-1(a)中描述的 5G 卫星接入网由一个连接到 5G 核心网的非 3GPP 卫星接入网组成。在这种情况下,卫星是弯管卫星:在 UE 和卫星之间以及卫星和卫星中心之间使用相同的无线电协议。图 8-1(b)中描述的 5G 卫星接入网是指将 5G 卫星接入网连接到 5G 核心网的接入网。在这种情况下,卫星是弯管卫星或再生卫星:在 UE 和卫星之间使用 NR 无线电协议,在卫星和 gNB 之间使用 F1 接口。

卫星接入网中有两种类型的随机接入信道(RACH,Random Access Channel)过程:基于争用的和基于非争用的。随机接入过程是终端首次接入时需要加入网络,重新建立连接并切换到其他服务单元的过程。前者用于进行初始访问并重建断开的连接,而后者用于连接模式相关的事件,如波束变化。此外,在前者中,所有终端都可能通过相同的 RACH 时隙进行传输,而 gNB 为在后者中运行的终端分配特定的 RACH 时隙。

随机接入前导码通常在 RACH 时隙中发送,该时隙包括循环前缀、前导码序列和保护间。循环前缀和前导序列的长度由选定的 RA 前导格式确定;保护间隔可防止 PRACH 信号与其他(数据)传输重叠,与 gNB 和最远 UE 之间的往返时间相关。

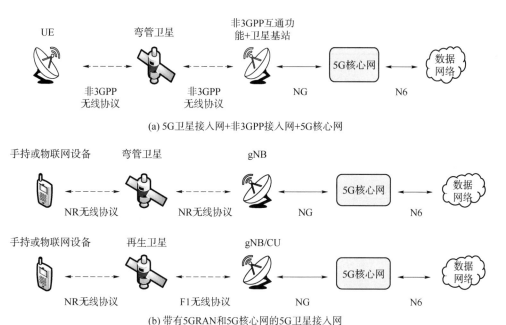

(a) 5G卫星接入网+非3GPP接入网+5G核心网

(b) 带有5GRAN和5G核心网的5G卫星接入网

图 8-1　卫星接入网

　　当随机接入过程开始时,假设下行链路同步已经完成,因此,UE 知道何时何地可以执行 RACH 过程的第一步。图 8-2 说明了两种 RACH 过程和相关消息传递。如图 8-2(a)所示,NTN 终端和 gNB 之间交换了四条消息,以解决所有的二义性并建立连接。值得注意的是,在这种情况下,gNB 最初并不知道对应的传播延迟或 UE 的标识。另外,在图 8-2(b)中,UE 是已知的,需要的消息更少,因为服务的 gNB 将特定的 RACH 资源分配给目标 UE。

　　在 NTN 消息 1 或物理随机接入信道(PRACH,Physical Random Access Channel)信号之后,卫星在一个时间窗口内以随机接入响应(RAR,Random Access Response)消息作出响应。如果在相应的时间窗口内收到 RAR 消息,发出请求的 NTN 终端将对其响应消息进行解码,并启动无线电资源控制(RRC,Radio Resource Control)进程进行自配置,然后应答 RRC 连接请求进行上行预定传输。但是,当多个 NTN 终端在第 1 步中选择相同的前导码时,就会发生冲突。竞争解决消息用于解决可能的冲突/争用。如果 NTN 终端在其时间窗口内没有接收到 RAR 消息,则 PRACH 前导码计时器回退之后被重传。

　　在地面系统中,基站是静态的。然而,如前所述,在卫星系统中,它们也是可移动的,因为快速移动的卫星可能包括 gNB 的功能。此外,在 gNB 位于 SS 的地面部分的情况下,移动卫星可以被视为移动 gNB。这意味着,由于 gNB 的流动性,而不仅仅是由于 UE 的流动性,也需要进行切换。

　　在 5G NR 中,可能存在 gNB 内部和 gNB 之间的切换,前者可能是波束变化,后者可能是 gNB 变化。在卫星系统中,一个波束(地面足迹)可以看作是一个 gNB 的波束。在这种情况下,卫星被认为包括一个 gNB。然而,也可以理解不同的卫星波束属于不同的 gNBs。选择取决于操作者,选择的方法影响到切换及其分类。

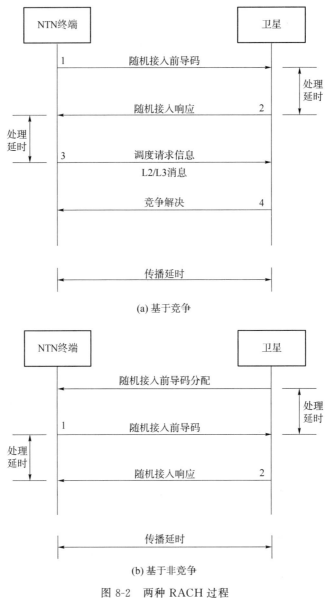

(a) 基于竞争

(b) 基于非竞争

图 8-2　两种 RACH 过程

8.4　卫星地面融合网络切换

6G 卫星通信网络中的卫星及地面终端比地面蜂窝网络移动性更强,因此,终端相对卫星的位置信息管理以及切换管理就显得尤为重要。位置管理和切换管理一并构成了移动性管理,它能够对移动节点进行定位,保证数据的无缝传输。位置管理分为两个阶段,首先在第一阶段进行位置更新的操作:用户将因其自身的移动性或覆盖的卫星发生改变而通知管理的实体(地面站或卫星)其新的接入点,之后网络将会验证用户并修改其位置配置文件;在第二阶段将会根据其位置配置文件呼叫并找到移动主机的当前位置。

在本章将主要关注切换管理的部分内容。用户在不断移动时,可能不在原接入节点的覆盖范围,这时需要进行接入点的切换,保证用户服务的连续性,这就是切换管理。其中包括对用户、网络及变化的网络条件的信息收集,据此进行切换决策;对原接入点进行切换,与新接入节点建立新的连接,执行额外的路由操作;最后按照规定的规则,控制数据流的流向,将数据传递到新路径上。

根据用户切换到的接入点不同,可将卫星地面融合网络中的切换分为三类,分别是卫星切换、波束切换和卫星地面异构网络垂直切换。

8.4.1 卫星切换

卫星切换又称星间切换,指用户链路在相邻卫星间的切换。其关键技术除了对用户进行信道分配以外,还涉及卫星选择的策略。传统的选择卫星的准则主要有最短距离准则、最长可视时间准则、最强信号准则等。

(1)最短距离准则根据用户与卫星间的距离,选择距离用户最近的卫星,因其通信仰角最大,也可称之为最大仰角准则。但是由于这种策略下切换的时间间隔较短,不符合一些如多媒体类业务的长时间通信服务的需求;它的优点在于方便、简单。

(2)最长可视时间准则在用户需要切换时,选择能够给其提供最长服务时间的卫星进行接入和服务,在一定程度上能够降低用户切换的频率。

(3)最强信号准则是在参照地面蜂窝网络切换的策略情况下,使用户切换到使其接收信号强度最大的服务卫星上;尽管该方法在一定范围内提升了用户的服务质量(QoS),但是由于卫星地面链路的信号强度较为微弱,由于卫星的高速移动性导致其信号波动范围大等因素,使其也会导致频繁不稳定的切换。

8.4.2 波束切换

波束切换又称为星内切换,是指在同一颗卫星覆盖区域内,用户链路在相邻波束间的切换。目前对于波束切换的研究相对成熟,主要分为非优先切换策略、预留信道策略和排队优先切换策略三种。

(1)非优先切换策略,使用固定信道分配技术,为每种业务分配固定的信道数量,该策略简单便捷易于实施。但是由于其不能适应网络业务量的动态变化,会导致系统的资源利用率降低。

(2)预留信道策略是指在每个小区中设立保护信道专门为切换服务。在该种策略下将会设定一个符合当前网络实际情况的合理阈值,以免造成保护信道的资源浪费。该阈值也可以基于对网络业务量的预测或 QoS 的调整动态改变该阈值,使其提升资源利用率和网络效果。

(3)排队优先切换策略基于排队模型,对于不同的业务设立呼叫有限级,使得网络资源分配更加合理。当卫星收到切换请求，但相邻波束缺少可用信道时，该请求会被放在一个特定的队列中进行排队等待。当在设定好的时间阈值内信道空闲时对队列中的请求进行资源分配，超时则中断该请求，在一定程度上优化了网络资源。

8.4.3　卫星地面异构网络垂直切换

以上两小节讨论的均为卫星网络中的切换，然而在空天地一体化网络迅速发展，天基、空基、海洋、地面移动网络异构融合的大背景下，还需要关注多种网络之间接入方式并存、多个网络功能相互补充的架构下的切换管理课题。

8.5　卫星地面融合网络切换建模与指标

考虑到星地融合网络业务多样，环境动态多变，且其中的卫星动态变化、卫星与网络环境的感知交互，对于整个星地融合网络的移动性管理及切换都具有重大的影响，所以在实际的研究分析中需要对于卫星地面融合网络切换建立模型，抽象出其特征，以便于研究。

针对多层次星地融合网络组网场景多、延时低、交互难导致的复杂移动性管理问题，可以建立基于用户周期性上报的切换流程，如图 8-3 所示。

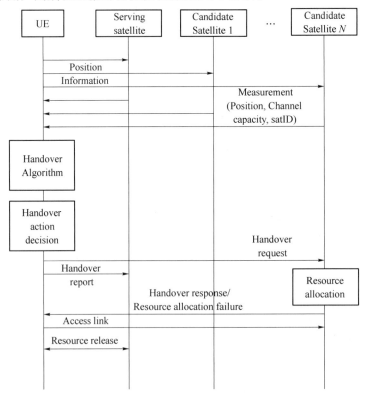

图 8-3　基于用户周期性上报的切换流程

假设用户在同一时刻仅能和一颗卫星建立连接进行服务,通过周期性的上报自己的位置信息、测量自身的网络属性来获知周围的候选卫星情况。在用户侧可以综合自身得到的测量信息以及周围候选卫星的容量等属性应用不同的切换算法,进行独立或协同的切换决策。之后上报切换请求给目标候选卫星,并通知当前服务卫星,由目标候选卫星进行资源分配,当目标候选卫星资源不足时,或目标候选卫星的通信质量达不到用户当前需求时,将会触发切换失败;反之切换成功,用户与目标卫星建立连接,并通知原服务卫星释放资源,断开连接。

8.5.1 切换移动性模型建模

切换中的移动性模型包含两部分,一部分为卫星移动性模型的建模,另一部分为用户移动性模型的建模。

（1）卫星移动性模型建模

不同于研究资源分配等问题的场景,由于卫星的位置时刻在发生变化,切换场景首先需要保证场景是动态的。卫星的动态性体现在卫星随时间的推移,其位置在规律性地发生改变。在研究乃至实际应用中,可以通过定位来实时获取卫星的位置;STK 是一种能够构建星座,对卫星位置进行实时测算的仿真工具,并能将其生成的卫星轨道文件导入OPNET、MATLAB 等仿真软件中灵活应用。

STK 提供了多种卫星轨道预测模型,其中 J4 模型和 HPOP 模型仅考虑了地球偏率的影响,而 SGP4 模型则考虑了多种因素的影响,最主要的是 SGP4 模型才是真正与 TLE星历配合使用的卫星轨道预测模型。使用 J4 模型产生理想的卫星星座,然后由 STK 自动将 J4 模型的卫星星座转换为 SGP4 模型的星座,这样减少了人为误差,也提高了建模效率。STK 卫星轨道建模示意图如图 8-4 所示。

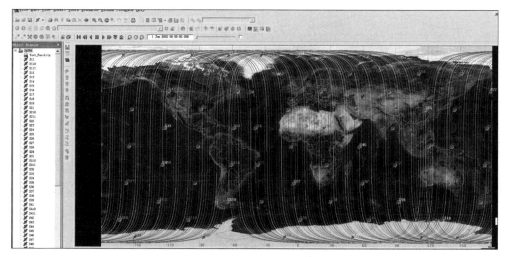

图 8-4　STK 卫星轨道建模示意图

除此之外,还可以直接通过应用卫星轨道预测方程对于卫星在不同时刻的位置进行测算,这种方法的好处在于可以对于地球偏率进行简化,更接近理想状态的建模,与其他建模相统一。

(2)用户移动性模型建模

在某些场景下,如快速移动的船舶或高铁,用户会进行规律或随机的运动,尽管低轨卫星的移动速度很大,但在特定情况下仍不能将用户的速度忽略不计。在这种情况下,可以通过高斯—马尔可夫模型建模用户的移动性。

8.5.2 切换性能指标

对于卫星地面融合网络切换,同地面蜂窝网络切换的性能指标相似,主要利用平均切换次数来衡量切换的频率,单位时间内单位用户的切换的次数越少,其服务的满意程度和网络的服务连续性就会越高。

对于存在乒乓效应的卫星地面融合网络,可以用非必要切换率(乒乓事件率)来衡量乒乓效应的程度。如图 8-5 所示,由于 NTN(非地面网络)部署中远近效应不明显,传统的基于信号测量的切换方法易导致乒乓效应。

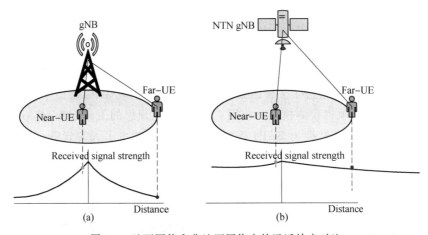

图 8-5 地面网络和非地面网络中的远近效应对比

一般将乒乓事件定义为一秒内用户从小区 A 切换到小区 B 再切换回小区 A,非必要切换率(乒乓事件率)定义为乒乓事件和总成功切换次数的比值。对于一个卫星地面融合网络系统,乒乓事件率越小,乒乓效应越低,应尽量避免乒乓效应的发生。

为衡量切换场景下的用户通信质量,可以采用呼叫阻塞率和切换失败率来刻画用户的切换表现。其中呼叫阻塞率针对新用户接入,切换失败率针对已被服务的用户切换。

呼叫阻塞率的定义如下:

$$P_{block} = \frac{\sum_{slot=1}^{T} \frac{N_{block}}{N_{new}}}{T} \qquad (8-1)$$

式中,Nnew 代表在所研究的卫星覆盖区域新增的发送接入请求的用户。然而由于卫星可能没有足够的剩余信道资源分配给新来的用户,有 Nblock 个新增用户的请求将被拒绝。呼叫阻塞率可以反映卫星的负载占用情况。

切换失败率顾名思义为切换失败数和总切换请求数的比值。先需要定义切换失败。在切换发起但尚未完成的过程中:当目标卫星中无可分配资源(如信道资源)、当前服务链路/连接到的新服务链路的无线链路通信质量不满足用户的服务要求时,都会发生切换失败。

根据 TR36.839,为在切换的全程追踪用户与基站链接的无线链路情况,将切换过程划分为三个状态:

(1) A3 事件进入条件达成之前,称为 state 1;

(2) A3 事件进入条件达成之后,但 UE 还未成功接收切换命令,称为 state 2;

(3) UE 成功接收到切换命令之后,但是 UE 还未成功完成切换。

图 8-6 所示为标准中所介绍的 state 2 状态下无线链路失败导致的切换失败的一种情况,横轴表示时间,箭头指向不同事件或条件的触发时刻。其中 TTT 为 time_to_trigger 定时器,RLF timer T310 为当 UE 的 RRC 层检测到物理层出现问题时,所启动的定时器;当在该定时器运行期间,若无线链路恢复,则停止该定时器,否则一直运行,该定时器超时发生无线链路失败(RLF),导致切换失败。

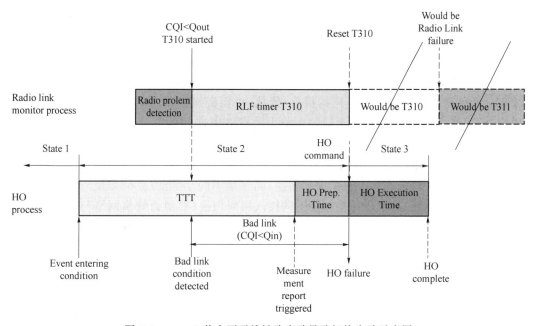

图 8-6　state 2 状态下无线链路失败导致切换失败示意图

T310 设置的越大,UE 察觉 RL 下行失步时间就越长,此时间内相关资源无法及时释放,也无法发起恢复操作或响应新的资源建立请求,影响用户的感知。该参数设置过小,会造成不必要的 RRC 重建。

监测 RLF 所用的指标为 CQI(Channel Quality Indication),即信道质量表示。Q_{in} 和 Q_{out} 为判断 RLF 的两个门限,当检测到链路质量低于 Q_{out} 时,开启 T310 定时器,若在计时过程中,链路质量高于 Q_{in},则停止计时,链路恢复。

当同 Q_{out} 进行比较时,计算 CQI 所用的方式为在 200 ms 的滑动窗口内,间隔 10 ms

进行采样,计算平均 CIR(Carrier to Interference Ratio,载波干扰比);同 Q_{in} 比较时,滑动窗口为 100 ms,采样间隔仍为 10 ms。

在实际的建模仿真中,可以将该流程简化为一个针对某种业务的链路失败的阈值,当当前通信质量未能达到该阈值时,触发切换失败。

8.6 非地面网络(NTN)切换标准发展

在 TR 38.811 标准中,指出了非地面网络与地基 5G 接入网服务连续性的区别,先是切换触发机制可能不同;例如,对于卫星网络而言,如果有足够的蜂窝网络信号,则考虑离开卫星;而对于地面蜂窝网络的切换,在蜂窝网络信号非常低的时候才会考虑离开蜂窝网络。故而于非地面网络的切换流程应当考虑针对以下几点进行优化:

(1)需要分别针对非透明的星上载荷和透明转发两种结构的卫星进行切换流程的优化;

(2)需要研究切换准备过程和切换失败以及无线链路失败的处理流程;

(3)需要针对 NTN 内部的移动性和 NTN 与蜂窝网络间的移动性分别优化。

对于波束之间的切换而言,用户停留在波束内的时间通常只有几分钟;快速地变化使得用户的寻呼和越区切换应当有别于蜂窝网络中的机制得到增强。而与此同时,由于 5G NR 波束管理可能在相邻的波束上采用相同的频率,但是,同一颗卫星上的相邻波束可能使用不同的频率或不同的极化;因此,可能必须修改 NR 中的波束管理过程以适应 NTN 的需要。无法将用于同一基站上的点波束之间的移动性的 NR 波束管理移植到卫星上。

根据 3GPP TR 38.821,基于不同的卫星类型和切换场景,将非地面网络的切换流程整理成了三种类型,分别为①卫星内部切换(同卫星不同小区/波束间切换);②卫星间切换(不同卫星的小区/波束间切换);③不同接入网间切换(在地面蜂窝网络与卫星接入网之间切换)。在每种具体的场景中,相关的移动性规程可能都需要进行一些调整,以适应卫星访问的扩展延迟。

如表 8-3 所示,在 NTN(Non Terrestrial Network)中有三种类型的切换。

表 8-3　NG-RAN 流程与 NTN 切换场景

NTN 切换场景	透明转发卫星	可再生卫星(gNB 在星上)	可再生卫星(gNB-DU 在星上)
卫星内部切换	gNB 内部切换/gNB 间切换流程	gNB 内部切换流程	gNB-CU 内部移动性/gNB-DU 内部切换(TS 38.401)
卫星间切换	gNB 内部切换/gNB 间切换流程(TR 38.300)	gNB 间切换流程(TR 38.300)	gNB-CU 内部移动性/gNB-DU 间切换(TS 38.401)
接入间切换		AMF/UPF 间、内部切换流程(超出接入网范围)	gNB 内部切换流程/gNB 间切换流程

8.6.1　非地面网络切换机制

在移动通信网络（2G、3G、4G or 5G）中终端是否进行切换，是由基站根据移动设备的测量报告来决定。终端有多种测量项目（RSRP、RSRQ、SINR）和多种方法（周期性、事件触发）来测量服务小区和邻近小区信号质量。

从切换的一般过程（非信令交互流程）来看，主要分为四个阶段：首先进行触发测量：在 UE 完成接入或切换成功后，gNodeB 会立刻通过 RRC Connection Reconfiguration 向 UE 下发测量控制信息。此外，若测量配置信息有更新，gNodeB 也会通过 RRC 连接重配置消息下发更新的测量控制信息。测量控制信息中最主要的就是下发测量对象、MR 配置、测量事件等。之后执行测量：根据测量控制的相关配置，UE 监测无线信道，当满足测量报告条件时（A1-A6、B1 和 B2），通过事件报告 gNB。测量报告数量/事件的触发可以是 RSRP、RSRQ 或 SINR。在进行目标判决（gNB 以测量为基础资源，按照先上报先处理的方式选择切换小区，并选择相应的切换策略）后，进行切换执行，原基站向目标基站进行资源的申请与分配，而后源 gNodeB 进行切换执行判决，将切换命令下发给 UE，UE 执行切换和数据转发。在 TR38.821 中，讨论了针对非地面网络场景下，不同触发方式的优缺点，总结如表 8-4 所示。

表 8-4　不同触发方式优缺点评估

触发方式	优点	缺点
测量触发	规范影响小；在 R16 WI 中受支持	需要相邻小区列表（但 LEO 在快速移动）；RSRP 差别小触发不可靠
位置触发	适合未定义边界的小区；能使用星历和卫星轨迹抢先配置触发条件预测触发；测量少	UE 可能向不可用的小区发 HO；一些 UE 没有定位能力；UE 必须跟踪卫星轨迹、开销大
时间/定时器触发	网络可配不同时间长度，减轻 RACH 拥塞；测量较少	高开销；取决于星历数据准确性
Time Advance value 触发	适合 UE 在发送 RACH 前同步码时需要补偿时间，使目标小区正确接收前同步码；精度高	需要具有 GNSS 的 UE
源小区、目标小区仰角触发	适合不规则形状的切换区域	UE 需要基于 UE 位置和星历数据来评估仰角

理想情况下基站允许终端上报服务小区和邻居小区信号质量，通过单次的测量触发切换。而现实中频繁的乒乓切换，会造成基站过载。为了避免这种情况发生，3GPP 规范提出了一套测量和报告机制。这些测量和报告类型称为"事件"。终端须报告的"事件"由基站通过下发的 RRC 信令消息通知终端。

A3 事件通常用于频内或频间的切换过程。A3 事件提供了一个基于相关测量结果的切换触发机制，例如，可配置当邻居小区 RSRP 比特定小区 RSRP 强时触发。本节重点对于常用于仿真中的 A3 事件测量及触发机制进行介绍。

如图 8-7 所示,横轴代表系统推进的时间,纵轴代表触发切换所用的判断指标,RSRP(Reference Signal Received Power,参考信号接收功率)。当邻小区—服务小区的偏差值高于相对门限时,达成 A3 时间进入条件。当 A3 时间进入条件持续一个 time_to_trigger 周期时,测量报告将会触发发送。具体的 A3 事件进入条件以及离开条件如下:

触发条件为 Mn+Offset−Hys>Mp

撤销条件为 Mn+Offset+Hys<Mp

其中,Mn 是相邻单元的测量结果,不考虑任何偏移;Offset 是该事件的偏置参数,即图中的 A3-Offset;Mp 是 SpCell(主小区)的测量结果,不考虑任何偏移;Hys 是该事件的滞后参数,即在 reportConfigNR 中定义的滞后。

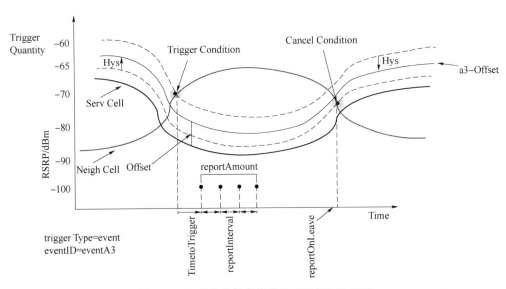

图 8-7　A3 事件的触发流程(3GPP TS 38.331)

举例来看,假设某通信网络 A3 offset 设置为 3 dB,hys、Ofn、Ofp 和 Ocp 设置为 0。一旦 UE 发现任何测量值比服务小区高 3 dB 的邻居小区,它就应该报告事件 A3。比如:邻区小区 RSRP＝−78 dB,服务小区 RSRP＝−82,这里邻区小区比较好,满足事件偏移量,所以 UE 会向 gNB 报告事件 A3。

注意:如果一个 UE 从 B 小区切换到 A 小区,之后又从 A 切换到 B,而且时间小于最小停留时间(MTS),则这种现象称为乒乓效应。通常如果 UE 的停留时间小于 MTS,那么这次切换被称为非必要切换。建议 MTS 取值为 1 s。

8.6.2　非地面网络切换面临的挑战

非地面网络因其架构等不同于地面蜂窝网络,在移动性方面具有许多特点,同时也是挑战:一方面,由于星地距离较远,移动性信号的相关延迟将会影响信令传递的有效性和测量有效性,NTN 中的传播延迟比地面系统要高几个数量级,从而给移动性信令(例如测量报告,HO 命令的接收和 HO 请求/ ACK)(如果目标小区源自不同的卫星)带来了额外的延迟。如果在发送测量报告和接收 HO 命令之间有足够的延迟,将基于 Rel-15 测量的移动性机制扩展到 NTN 可能会带来过时测量的风险。测量值可能不再有效,可能导致错误的移动动作,例如过早/晚切换。与此同时,NTN 重叠区域中两个波束之间的信号强度差异很小;由于 Rel-15 切换机制基于测量事件(例如,A3),因此 UE 可能难以区分更好的小区;为了避免由于 UE 在小区间之间的乒乓响应而导致 HO 健壮性的整体降低,对于 GEO 和 LEO 场景,都应以高优先级解决此挑战。

另一方面,由于非 GEO 轨道中卫星相对于地球上的固定位置高速移动,将会导致频繁且不可避免的切换,这可能导致显著的信令开销并影响功率消耗,由于信令延迟而导致服务中断。这样的移动也可能对 UE 具有若干影响,例如候选小区将保持有效多长时间;通过给定 LEO 中卫星的确定性运动,网络可能能够借助现有的 Rel-15 机制(可能借助 UE 定位)来补偿不断变化的小区集。

最后,由于卫星覆盖小区范围广,会导致大量的用户同时切换:将连接的 UE 总数除以该小区执行此过渡所花费的时间可以大致估计出 UE 在给定小区直径下必须切换一个小区的平均速率。然而由于卫星基站覆盖面积之大必然会造成大量的 UE 同时切换,这是应当考虑的问题。

卫星之间的传播延迟差异,可以通过网络补偿;对于测量而言,除了 RSRP 外,测量报告的触发也可以基于用户的位置,或者两者的结合(可能会有潜在隐私问题);同样地,运用卫星星历信息可以确定其每条波束的足迹以及始终的速度,从而得到用户位置持续被该波束覆盖的时间以及波束下次将在什么时候切换,以简化切换过程并减少报告开销。对于基于非 GEO 卫星的非地面网络,我们仍需利用用户位置信息和卫星星历信息来进一步研究 5G NR 切换和寻呼协议的适应性。

8.7 卫星地面融合网络切换机制

目前学界对于卫星地面融合网络的切换研究主要集中在优化切换算法和流程,以达到降低切换次数,提升用户性能或网络性能等多种优化目标的需求。近几年的文章多只考虑星间切换,鲜有将波束切换和卫星切换联合考虑的情况。这是因为波束切换算法如8.1 节所描述,已较为成熟地在现有的卫星体系中得到了广泛的应用。但对于未来大规模星座和诸如全协议栈、CU-DU 分离等新型架构以及高通量卫星的场景下,如何设计卫星的切换策略以保障无缝通信仍然具有很高的研究价值。

8.7.1 低轨卫星切换研究

对于低轨卫星星间切换而言,传统的单一属性切换策略通常包括:最短距离切换、最长覆盖时间切换以及最大信号强度切换准则,在 8.1 节中已有过详细介绍。然而由于卫星网络中波束中心与边缘之间的信号接收功率差异非常接近,约为 3 dB,以接收信号的功率作为标准因素会增加切换失败的可能性,导致服务质量降低;而由于确定切换触发时存在多个影响因素,需要兼顾网络和用户的整体性能,故而在切换策略的设定上需要考虑如下几个问题:①哪些因素需要被考虑:仰角、信道容量、信道质量、卫星星历、用户移动轨迹等。②如何组合不同的因素来确定切换触发时刻:不同的因素具有不同的有效范围,需要融合不同切换因素到一个统一的切换框架中。③如何操作流程以提升切换效率:在上述因素和框架下,如何及时地测量各个因素并进行切换决策。

对于星间切换,除了在 8.1 节中介绍的最短距离、最长覆盖时间等基本策略外,近年来的学者逐渐关注到多属性切换算法的研究,并利用不同的方法研究多属性切换算法。按照使用的数学工具不同,可将这些星间切换算法分为以下几种。

(1) 基于图论的星间切换算法

图论在找到最佳切换路径的同时减少切换次数的研究中受到广泛关注。文献[15]提出基于图的卫星切换框架,将卫星覆盖的时间段视作节点并在有向图中预先计算具有重叠覆盖时间段的可能链路。将卫星切换过程视作在有向图中选路的过程,根据不同的切换准则设定不同的链路权值,再根据最短路径算法确定切换的目标卫星。这种方法简单易于应用,但牺牲了用户实时的通信质量来降低切换次数。文献[16]为了在卫星传输功率受限的情况下最大化用户整体的通信质量,提出了一种基于 MIMO 技术的切换算法。其将卫星和信关站的连接状态用二分图去表示,并根据 KM 算法确定二分图最大匹配。利用信关站的位置信息和卫星星历信息得到仰角和距离,并利用 MIMO 来提升通信质量。

(2) 基于博弈论的切换算法

博弈论将移动用户视作卫星切换的参与者,将切换过程建模成移动终端对资源的竞争过程,利用用户和卫星之间的博弈去达到纳什均衡。文献[17]中提出一种基于潜在博弈的切换算法,将卫星切换视作二分图,根据最大化用户空间的随机接入来均衡卫星负载。设计用户切换博弈的效用方程。然而,该策略假设用户为百分之百的理性人,而非自然人。且该策略不同于提供一个具有普适性的切换方案。

(3) 基于强化学习的切换算法

文献[13、14]利用强化学习算法,将包括信道、服务时间、缓存容量、延时等属性视为环境状态,切换卫星的选择视为动作空间,根据不同属性对于整体 QoS 性能的贡献设置奖励函数,通过学习的方式根据链路状态选择切换的目标卫星,在切换失败率和呼叫阻塞率方面有明显提升,但同时也面临随着系统状态越来越多,算法的收敛将会变慢,算法不够轻量级等问题。

由于 LEO 卫星的高动态性和用户终端的移动性,频繁地切换仍是目前移动性管理要解决的首要问题。目前的学者利用多属性的切换来均衡通信质量和卫星负载、切换次数等切换性能指标,但对于如何设定权重,如何全面地考虑切换因素来保障终端服务质量仍未有定论。

8.7.2　波束间切换算法研究

波束切换的基本算法在 8.1 节已经有过概括性的介绍,下面再根据波束切换预留信道的方式来对比以下的三种算法。

(1)基于固定信道分配的波束切换

所谓固定信道分配,将一部分信道资源提前预留出来,以确保切换成功。但这种方法会导致一大部分信道资源提前锁定,使新接入的用户在之后无法使用信道资源。所以这种方式尽管可以保证百分之百的切换成功,但新接入的阻塞率非常高,且信道资源的利用率很低。

(2)基于动态信道分配的波束切换

在上面这种切换机制下,信道分配是固定的且不能动态调整,会导致信道资源的低利用率,所以为了提升系统的整体性能,文献[10]介绍了一种基于灰度预测的动态信道分配策略,来保证卫星通过记录用户的切换请求值来预测其何时进行切换;然而这仅适用于短期和中期的切换预测,当进行长期预测时,这种算法的复杂度将变得相当高。文献[18]提出了一种基于阈值的优先切换策略,引入一个延迟阈值,当用户远离这个延迟阈值时,预留请求将会发起,削弱其切换请求的优先级。然而这种方式需要 GPS 支持,且没有考虑连接的特性。

(3)基于混合信道分配的波束切换

动态信道分配难以根据卫星的负载变化而实现,所以在实际的卫星通信系统中,综合了固定信道分配和动态信道分配的优点来设计信道分配算法。文献[11]提出了一个针对的 LEO 卫星的信道分配算法,旨在降低平均切换次数:基于队列大小有限的排队策略分析方案的性能,设计了一种算法来处理 QoS 度量的计算复杂度。然而,该策略假设新呼叫均匀分布在移动服务区,但实际上新呼叫并没有均匀分布在移动卫星系统的服务区内,故而准确度不够高。

8.7.3　高动态异构网络切换算法

目前在星地融合组网架构中,多重覆盖下的异构网络最能满足星地融合网络的发展趋势。能够体现网络接入切换效率的两大指标分别为链路状态和网络的吞吐量。对于这种高动态的异构网络切换,本质上是一种垂直切换,适用于卫星切换的算法均可以根据异构网络的不同特点应用到垂直切换中来。切换算法流程从判决依据的角度上看大致能够划为单属性切换、多属性切换、基于其他模型的切换三种。

(1)在单属性切换中,切换的判决门限值仅仅由单一的信号发送功率、地面被服务用户的空间地理位置、网络负载等因素确定,根据门限值进行切换判决。但在卫星通信系统中,面临信号衰减、通信延时长的问题,同时由于卫星的高速移动,导致通信中断更加频繁,单属性切换策略无法保证卫星系统切换的准确性。

(2)在多属性切换中,决定切换决策的依据通常是系统中会影响切换相关流程的综合因素。每个影响因素在最终决策中占有权重,权重大小通常与该因素影响切换流程的程度有关。目前常见的多属性切换算法有逼近理想解排序(TOPSIS)、灰度关联分析法等。

(3)除了经典属性切换算法外,也可以采用对切换过程中的不同因素、流程、状态进行数学建模。如基于马尔可夫过程的切换算法、基于模糊逻辑的切换算法和基于帕累托最优的切换算法等。

本 章 小 结

目前,每个人数据需求量的增长没有丝毫放缓的趋势,数据需求的激增引发了从电路交换网络到下一代网络(如5G)的发展。在这一发展过程中,卫星网络以其独特的广域覆盖和抗自然灾害的能力走入了通信学者的视野。通过使用将卫星网络与地面网络相结合组成的星地融合网络,可以充分利用各自的优点,弥补各自的缺陷,完成对用户通信需求的满足。本章从卫星网络出发,首先介绍了卫星网络中的星间切换、波束切换以及卫星地面异构网络垂直切换的概念;简述了如何在实际仿真中建模切换的过程以及用何种指标来评估切换性能;同时从非地面网络切换的分类及信令流程、切换机制、切换失败的建模、切换流程简化与建模、面临的挑战几个方面阐述了非地面网络切换方面的内容;最后详细介绍了不同种类切换的前沿研究与算法。

本章参考文献

[1] 肖楠,梁俊,张衡阳,等. 一种基于认知无线电的卫星网络信道接入策略[J]. 宇航学报,2015,36(5):589-595.

[2] Chang R,He Y,Cui G,et al. An allocation scheme between random access and DAMA channels for satellite networks[C]//2016 IEEE International Conference on Communication Systems (ICCS). IEEE,2016:1-6.

[3] 张振浩,梁俊,肖楠,等. 一种支持业务优先级的卫星网络信道动态接入策略[J]. 计算机应用研究,2019 (1):210-214.

[4] 季梦瑾. 基于多属性决策的卫星物联网接入选择算法研究[D]. 哈尔滨工业大学,2020.

[5] 陈立明. 低轨卫星移动通信系统的信道分配与切换管理策略研究[D]. 哈尔滨工业大学,2011.

[6] 黄琳. LEO MSSs 中信道分配和包调度策略研究[D]. 华中科技大学,2007.

[7] 王鑫山. LEO 通信系统星载接入及星际路由技术研究[D]. 电子科技大学,2011.

[8] 欧阳乐. 星地融合网络中的切换机制研究与仿真[D]. 北京邮电大学,2020.

[9] Fei H,Li-dong Z H U,Shi-qi W U. A novel probability-based handoff strategy for multimedia LEO satellite communications[J]. Journal of Electronic Science and Technology,2007,5(1):7-12.

[10] Zou Q,Zhu L. Dynamic Channel Allocation Strategy of Satellite Communication Systems Based on Grey Prediction［C］// 2019 International Symposium on Networks,Computers and Communications (ISNCC),2019.

[11] Chen L M,Guo Q,Wang H Y. A Handover Management Scheme Based on Adaptive Probabilistic Resource Reservation for Multimedia LEO Satellite Networks［M］. IEEE Computer Society,2010.

[12] Yang,Bowei,Yue,et al. Seamless Handover in Software-Defined Satellite Networking ［J］. IEEE communications letters：A publication of the IEEE Communications Society,2016.

[13] Xu H,Li D,Liu M,et al. QoE-Driven Intelligent Handover for User-Centric Mobile Satellite Networks［J］. IEEE Transactions on Vehicular Technology, 2020,PP (99)：1-1.

[14] Leng T,Xu Y,Cui G,et al. Caching-Aware Intelligent Handover Strategy for LEO Satellite Networks［J］. Remote Sensing,2021,13(11)：2230.

[15] Wu Z,Jin F,Luo J,et al. A Graph-Based Satellite Handover Framework for LEO Satellite Communication Networks［J］. IEEE Communications Letters,2016,20 (8)：1547-1550.

[16] Zhang S B,Liu A J,Liang X H. A Multi-objective Satellite Handover Strategy Based on Entropy in LEO Satellite Communications［C］// 2020 IEEE 6th International Conference on Computer and Communications (ICCC). IEEE,2020.

[17] Wu Y,Hu G,Jin F,et al. A satellite handover strategy based on the potential game in LEO satellite networks (September 2019)［J］. IEEE Access,2019,PP (99)：1-1.

[18] Ding D,Ma D T,Wei J B. A Threshold-Based Handover Prioritization Scheme in LEO Satellite Networks［C］// International Conference on Wireless Communications. IEEE,2008.

第9章

星地融合网络中的路由机制方案

卫星网络特别是大规模低轨卫星星座系统,由于大量卫星节点的时空动态特征及业务需求的差异性,空间网络的路由方式成为影响端到端性能的重要因素之一,对卫星网络路由机制的研究是网络层面重要的技术环节。本章将介绍星地融合信息网络中不同类型的路由机制和方法,主要包括星地路由机制和星间路由机制。其中星地路由机制包含边界路由和接入路由,星间路由机制主要围绕卫星路由机制展开描述,包括静态路由机制、动态卫星路由机制以及动静结合路由机制等,并在每个方面详细介绍部分算法。另外也对星地融合网络路由算法在 SDN 技术、巨型星座、安全保障和人工智能等方向上对其研究内容进行分析和展望。

9.1　星地融合信息网络路由机制概述

近年来,随着移动互联网、蜂窝网络、移动设备和丰富的业务应用的普及和发展,地面网络随之发展,具有传输速率快、信息容量大等优点,人们对高质量、实时业务的需求逐渐提高。但是,地面通信系统的覆盖范围和建设成本等因素受到地区地理位置和环境的影响,特别是一些人口稀少、地理环境恶劣的地区,例如农村、海洋、沙漠和南北极等地区,地面通信系统无法为这些地区提供服务。随着全球网络化和信息多样化,地面通信网络无法满足当前对服务质量的需求和高速运动下的通信需求。卫星通信网络具有覆盖范围广、不受地理因素的限制、组网灵活可变以及具有良好的广播/多播能力的优点,可以实现全球覆盖的通信。

另外,卫星通信是可以有效应用于远程通信。同时,空间信息网络是基于空间平台(如中、低、高轨道卫星、平流层气球、载人航天器或无人机)的实时采集、传输和空间信息处理的网络系统。卫星通信本质上是两个或多个地球站之间利用人造地球卫星中继转发无线电波进行通信。空间信息网络通常由多颗卫星及卫星星座组成,这些卫星可以为各种空间任务提供综合通信服务。

但是卫星网络与传统的地面网络大不相同。巨大的传输延迟、传输损耗以及网络拓扑结构的动态变化等因素给卫星网络路由技术带来了巨大的挑战,在卫星网络中将地面通信技术直接应用具有较大的难度。首先,天气因素会影响卫星通信的服务质量,例如,在降雨时 Ka 波段的衰减会达到 10 dB 以上,降低了卫星网络的通信服务质量。其次,卫星网络拓扑具有高速动态性,在同一轨道面的两颗相邻卫星之间相对静止,处于不同轨道面的卫星之间相对运动,导致卫星网络拓扑处于不断发生变化。综上所述,卫星网络的动态性为研究带来了一些挑战,例如,波束与卫星之间频繁地切换管理、时间同步跟踪和多普勒效应的频率同步跟踪等。此外,卫星通信具有适合长距离传输、传输延时较长和运动较为规律等特点,同时卫星处于的空间环境比较复杂,会导致卫星通信路径损耗较大。卫星网络与地面网络具有一定的差异,导致卫星通信中无法直接利用地面通信中的切换技术、路由技术等,可以将地面通信中部分相应技术的思路和思想应用至卫星通信中。

星地融合信息网络如图 9-1 所示,地面网络主要负责数据信号在地面的转发传输。地面网络中信关站负责汇集接收地面终端发送的数据信号,并且将信号转发至卫星网络中对应的接入卫星。同时也可以接收卫星下发的数据信号,转发至地面网络中对应的终端。卫星采取对数据信号解调、交换、存储等操作,完成回传至地面网络或卫星间的数据传输等工作。用户可以通过地面信关站的中继方式接入卫星网络,也可以直接接入卫星网络。用户与用户之间的通信可以不经过地面网络仅靠空间网络来实现。星地融合信息网络通信流程如图 9-2 所示,地面终端生成并发送数据包,通过星地路由接入至卫星网络,将数据包转发至对应的接入卫星,然后根据星间路由将相应数据包从接入卫星传输至目的卫星,到达目的地址后,完成整个通信流程。

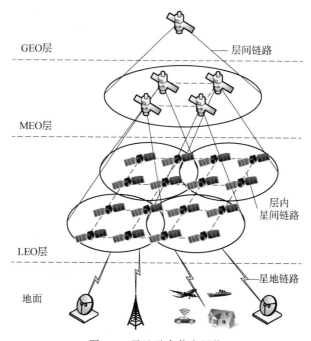

图 9-1 星地融合信息网络

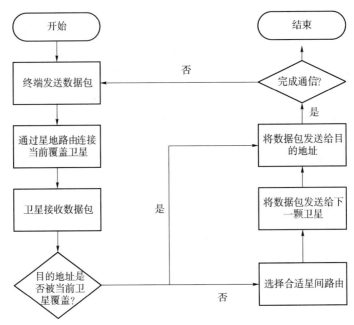

图 9-2　星地融合信息网络通信流程[1]

由于卫星网络具有动态性,网络拓扑变化具有周期性和可预测性等特点,星地融合网络中路由机制和算法的研究具有一定的挑战。目前地面网络中较为常用的路由机制有 OSPF 和 RIP 等,但是这些算法主要面向的场景网络拓扑较为固定,不适用于网络拓扑随时间变化的卫星网络[1]。自组织网络路由算法由于无法支持具有可预测性的网络节点,也不适用于卫星网络。路由技术是保证星地融合网络中各节点之间互联互通的基础性技术。由此可见,构建星地一体化网络和充分利用卫星和地面资源的首要问题是解决星地融合路由算法问题。

路由机制是指定一组规则来确定一对节点之间的路由(由中间节点组成)。特别是,路由机制检索网络拓扑的度量,这些度量用于根据特定标准确定最佳路径。例如,路由机制可以将两个节点之间的最佳路由定义为包含最少中间节点数的路由。另外,其中许多路由机制都是为特定的网络设计的,它们呈现出不同的特性。星地融合信息网络中不同类型的路由机制性能比较如表 9-1 所示。

表 9-1　星地融合信息网络中不同路由机制的性能比较

	优化目标	自适应性	适用场景	算法复杂度
基于离散时间动态虚拟拓扑路由算法 DT-DVTR	延时	差	多层卫星网络	低
基于卫星网络的分布式路由算法 DRA	延时	中等	单层卫星网络	低
动态检测路由算法 DDRA	延时、丢包	中等	多层卫星网络	低
基于负载均衡的 LEO 卫星网络路由算法 LCRA	延时、丢包	中等	单层卫星网络	低

续 表

	优化目标	自适应性	适用场景	算法复杂度
多层卫星网络的路由算法 MLSR	延时、丢包	中等	多层卫星网络	中
卫星分组和路由协议 SGRP	延时、丢包	中等	多层卫星网络	中
卫星网络链路状态路由 SLSR	延时、丢包	中等	单层卫星网络	高
基于蚁群算法的卫星 QoS 优化路由	综合	好	单层卫星网络	高
自适应路由协议 ARPQ	综合	好	多层卫星网络	高

路由机制问题主要包括星间路由机制和星地上下行链路接入管理(星地路由机制)两个主要组成部分,这一直是网络通信研究的重点。其中星间路由机制主要实现星间的数据存储与转发操作;上下行接入管理可以根据不同的策略进行星地切换和接入卫星,并且使得星地链路接近用户和管理侧。

早期卫星通信借助地球静止轨道(GEO)卫星中继,通过利用弯管完成地面两点之间的数据转发,并且传输较为固定,路由决策因此比较简单。在存在多个卫星节点的卫星星座中,源卫星和目的卫星之间存在多条路径,每条路径的链路代价度量不同,可以根据该度量在多条链路中选择出最佳路径。由于卫星网络的卫星节点数量规模较大,路由机制的研究仍然具有一定的挑战性,因为卫星网络具有以下特点:星上处理和存储能力有限、网络拓扑持续高动态变化、数据流分布不均匀、误码率高、星间链路传输延时长等。

卫星网络的上述特点使得直接应用地面网络路由机制成为不可能,必须研究新的路由机制。一般来说,卫星网络的有效路由技术应该具有以下特性[2]:

(1)网络拓扑结构动态变化的适应性;

(2)抗毁性;

(3)高效率;

(4)对网络流量变化的适应性。

路由问题是卫星网络中的一个基本问题。目前,卫星网络路由的研究主要集中在解决星间路由问题上,星地路由集中在解决接入路由问题上。特别是,低地球轨道(LEO)卫星网络的特殊设计导致数据包从源到目的地进行多次跳跃。低轨卫星的互连模式根据其运动形成不同的形状。这些卫星通过卫星间链路(ISL)相互连接,所谓的星间链路 ISL 将来自不同轨道平面的卫星连接起来。随着卫星不断运动,不同轨道平面间的 ISL 链路距离不断变化,同一平面内的 ISL 距离固定不变。例如,卫星在赤道上方时,异轨道星间链路 ISL 距离最长;在极地边界上方时,同轨道星间链路 ISL 最短。由于卫星移动会导致网络拓扑结构发生变化,同时必须在网络中保持已建立的连接。需要设计出可以建立源目的节点之间的最佳路径并且在通信过程中路径稳定的路由策略,不仅要在源卫星和目的卫星之间选择出最优路径,还要在网络拓扑发生变化时保持该路径的连通性。星间路由实现了从源卫星到目标卫星的某种最优路径,这是点拓扑的一部分,是卫星网络中最基本的路由问题,是实现星地融合网络互连的基础,星地融合网络中各个方面的应用受到路由算法性能的影响。

下面将对星地融合信息网络中路由机制的分类和研究方向展望进行讨论。

9.2　星地融合信息网络路由机制分类

由于星地融合信息网络的拓扑结构较为复杂,并且具有高动态性、星上资源和存储计算能力有限的特点,地面网络中较为复杂的动态路由算法并不适用。所以,路由算法是星地融合信息网络通信系统中需要解决的问题之一。在星地融合信息网络中,从源节点到目的节点之间存在多条可以传输的路径,但是每条路径的传输距离、传输代价等各不相同。选择传输距离最短的路径进行传输的路由算法,可以使数据传输的延迟更小,但是可能会导致除最短路径外其他链路无法得到利用,致使网络的资源利用率较低;若路由算法需要更好的切换性能,会优先选择维持通信时间更长的路由路径。

星地融合信息网络路由机制问题是实现地面网络和卫星网络相互融合构成星地融合信息网络亟待解决的问题之一。星地融合信息网络的路由机制研究方向主要是通过不同的链路方式,例如不同的频带和波束天线等,实现节点间的信息传输和交换,形成星地融合信息网络。

并且星地融合信息网络的路由机制主要研究目标是在卫星网络拓扑结构下研究适应卫星网络特性的路由算法和协议,进而以更为高效可靠的路径为用户提供服务,实现网络性能的提升。在卫星星座网络中,需要根据链路代价指标或 QoS(服务质量)要求优化从源到目的地的路径。星地融合网络路由技术的发展关系到整个星地融合网络的有效性和可靠性的提升。

对于星地融合信息网络的路由,按照各部分负责的任务不同,主要划分为以下几种[3]:

(1)星地路由机制主要包含星地边界路由和上下行链路接入路由。

① 星地边界路由:卫星与地面网络中的自治域进行路由转发。

② 上下行链路接入路由:根据卫星网络中的卫星对地面信关站或用户终端的覆盖时间长短,进行切换操作,得到具有更优性能的接入路由。

(2)星间路由卫星之间通过路由进行数据等信息转发,即星间路由。

边界路由、接入路由和星间路由如图 9-3 所示。

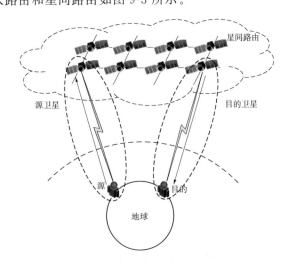

图 9-3　边界路由、接入路由和星间路由

本节将主要围绕星地路由机制和星间路由机制两个方面进行分类讨论。

9.2.1 星地路由机制

对于星地融合信息网络中的星地路由机制,将主要针对星地路由机制中的星地边界路由和上下行链路接入路由展开介绍。

1. 边界路由

边界路由主要解决两个不同网络之间的连接和信息交换通信等问题,保证网络之间的无缝连接和高效可靠的数据信息交换。对于星地融合信息网络的边界路由主要实现卫星网络和地面网络连接和信息交换,实现两个网络的相互融合。

星地边界路由在地面自治系统中的基站进行部署,发现星间路由信息并进行广播,与地面网络中的边界网管协议实现相同的网络功能。

在地面网络中,将互联网划分为若干个自治系统(Autonomous System,AS),在自治系统中,主要采用内部的路由机制实现路由的路由功能。在各个自治系统之间,采用边界路由实现无环路由的信息交换,其中控制路由表的扩展采用无类域间路由的方式。

边界路由的主要功能是自治系统之间可以交换网络连接信息,其中包含从自治系统传输至目的自治系统需要经过的自治系统列表,并且通过这些信息构建一个无环的自治系统连接路径;同时需要将系统外部的路由信息广播至系统内。因此,设计边界路由是通过自治系统的方式,将网络结构化,实现不同自治系统间的信息交换。边界网关协议(BGP)[4-5]是广泛部署在互联网上的外部路由协议的一个例子,它主要取代了较旧的外部网关协议(EGP)。边界网关之间建立 BGP 连接(通过 TCP 建立):

(1)相邻自治系统的边界网关之间的外部 BGP 连接用于公布到自治系统网络的路由以及到其他自治系统网络的路由。边境通道应该只公布自己使用的路线,但出于政治原因,可以限制这些出口路线。

(2)同一自治系统的所有边界网关之间的内部 BGP 连接用于交换从外部连接得到的路由。然后,通过最小化外部度量来决定 AS 外部网络的出口点,由边界路由器使用标准(例如 AS 路径的长度)在本地进行评估连接到相邻 AS 的多个网关可以使用该相邻 AS 公布的边界网关首选项值在通信之间进行选择。

卫星网络和地面网络中的边界路由存在一定的差异,地面网络中的边界路由并不适配于卫星网络,所以卫星网络中的边界路由对以下问题展开相应研究:

(1)在地面网络中应用独立的地址机制,能够在地面网络中任何两个终端或网关之间完成分组转发数据,并且通过卫星网络实现两者互联,不受卫星网络拓扑的影响。

(2)对卫星网络内部的星间路由机制不存在影响。

综上所述,当无法在地面网络之间进行通信时,用户可以通过卫星网络实现通信,可以采用边界路由的方法,将卫星网络与地面网络融合,用户与自己对应的卫星接入,实现与卫星网络的互连,并且满足用户之间通信需求即可。星地融合网络的边界路由机制是通过地面网关和卫星网关实现地面网络中的自治系统与卫星自治系统的互联,进而实现卫星网络和地面网络的无缝连接融合和交互,用户可以通过卫星网络和地面网络完成数据传输和通信。BGP-4 协议基于 IP,因此,如果卫星网络基于非 IP 机制,此时协议封装或者转换操作是必要的。

BGP-4 协议是地面网络中基于 IP 的边界路由协议,卫星网络中还需将协议进行封装转换。卫星网络边界路由的研究较少,BGP-S[6] 是最早提出的用于卫星网络的边界路由协议,基于 BGP-4 在网络层实现网络之间的相互融合。BGP-S 协议中将卫星网络看作自治系统,与 BGP-4 协议兼容,实现路由的自动配置,并且满足两个网络之间的性能要求。同时在 BGP-S 协议中,卫星节点并不作为计算节点,只需完成数据分组转发和维护工作。

2. 接入路由

接入路由的作用是负责卫星和地面基站或者移动用户进行互联,又常被称作用户数据链路路由或者上行数据链路(Up Data Link)路由。UDL 用于卫星与地面接收站之间的通信,又称为星地链路,包含上行链路与下行链路,上行链路主要是由地面站向卫星发送信息,下行链路是由卫星向地面站发送信息。接入路由主要由用户或地面信关站与对应卫星的星地链路的距离、角度和生存时间等因素决定,并且通过考虑卫星覆盖该区域的时间和信号强度等因素来决定如何连接。

在卫星通信系统中,地面网络中的用户终端或信关站通过 UDL 实现与卫星连接和通信。同时由于卫星网络中不同卫星之间的覆盖区域存在重叠部分,地面终端可以与多颗卫星连接,需要综合考虑各种因素确定最合适的服务卫星进行连接。接入路由可以分为上行和下行路由,分别采用在上行链路的多址访问方案和在下行链路的多路复用方式实现对星地链路的资源分配。

地面网络中的用户终端通过卫星网络实现通信的步骤如下:

(1) 用户终端通过 UDL 路由(接入路由)与覆盖该区域的卫星接入;

(2) 发送端通过上行 UDL 将数据传输至接入卫星;

(3) 通过星间路由的方式,将数据转发传输至目的端对应的接入卫星;

(4) 目的端对应的接入卫星通过下行 UDL 传输至目的用户终端。

UDL 示意图如图 9-4 所示。

UDL 路由可以采用不同的接入准则实现以最优的方式接入卫星。通常 UDL 路由可以按照最大倾角准则、最短距离准则、最长服务时间准则、最强信号准则、最多可用信道准则等建立[7],具体如下:

(1) 最大倾角准则:选择地面终端与卫星之间夹角最大的卫星作为接入卫星,可以使终端处于区域的中心位置,覆盖性能较好。

(2) 最短距离准则:选择地面终端与卫星之间链路距离最短的卫星作为接入卫星,降低了 UDL 的传输延时。

(3) 最强信号准则:根据信号强度,选择与终端连接的多颗卫星中信号强度最高的作为接入卫星,提高 UDL 的通信质量。

(4) 最长服务时间准则:选择与地面终端建立连接且覆盖时间最长的卫星作为接入卫星,减少 UDL 的切换次数。

（5）最多可用信道准则：选择地面终端与卫星间链路的剩余信道数目最多的卫星作为接入卫星，保证 UDL 的通信容量。

若地面终端与所有覆盖卫星的 UDL 均无可用信道，终端需要等待至卫星存在可用信道时，才可继续完成通信[8]。随着卫星不断地移动，信关站的接入卫星与信关站的距离会发生改变，信关站会接入至新的服务卫星，称为卫星切换（Satellite Handover）。

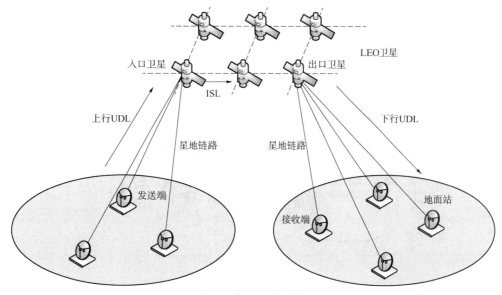

图 9-4　UDL 示意图

9.2.2　星间路由机制

星间路由是当数据传输至卫星后，根据卫星网络的状态选择满足业务需求和 QoS 需求的从源节点到目的节点的一条或多条路径，并且卫星通过路径完成数据的转发传输。如图 9-5 所示为星间路由示意图。星间路由需要实现数据包从源卫星到目的卫星的正确路由，并保证该路由是最优的。在星间路由中，与卫星和目的卫星之间存在多条路径，路径需要由同一轨道面的星间链路和异轨道面的星间链路组成，完成异轨道间卫星的通信。

星间路由主要工作是当发送端的服务卫星接收到数据时，根据星间链路的参数计算出最优路径，并且按照路径转发至接收端对应的服务卫星[7]。卫星网络中存在较多的节点，卫星网络拓扑较为复杂，并且卫星处于高速运动状态，星间链路的距离不断变化，星间路由也随之变化。所以星间路由是卫星网络通信技术中最重要的部分之一，其难点在于星间链路并不固定，随着卫星网络拓扑的变化而变化；并且星上处理能力有限，不支持复杂度较高的星间路由机制。

星间路由是卫星网络路由技术中最重要、最困难的部分，目前大多数研究这种从源卫星到目的卫星满足一定要求的路径，首先要解决卫星网络拓扑问题。解决卫星网络拓扑变化的技术被称为卫星网络路由策略，其目的是找到正确的路径。

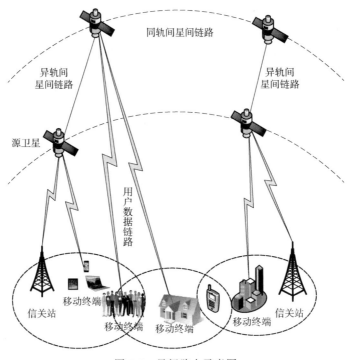

同轨间星间链路

异轨间
星间链路

异轨间
星间链路

源卫星

用户数据链路

信关站

移动终端

移动终端   移动终端   移动终端   信关站

图 9-5　星间路由示意图

对于星间路由机制,由于卫星网络具备以下特性,星间路由机制的研究可以充分利用这些特性。

(1)可预测性:根据卫星星座的各种参数,例如卫星高度、轨道倾角、轨道面卫星数等,或根据预存的星历信息计算出当前卫星的空间卫星信息,可以通过当前各颗卫星的位置获取卫星网络拓扑结构,也可以按照运动规律得到未来卫星所处位置。

(2)周期性:卫星网络运动会按照运行规律进行,其网络拓扑结构会随着时间推进周期性变化。

(3)稳定性:卫星星座网络完成组网后,节点数目维持不变,会根据预定的轨道参数稳定运行工作。当卫星网络中存在节点无法正常工作或达到寿命时,会通过用新的节点代替其工作,维持卫星网络的稳定性。

由于卫星网络拓扑具有高速动态变化的特性,卫星网络的路由算法一般采用屏蔽网络拓扑动态性的方式进行研究,实现对拓扑的控制。静态路由算法主要采用不考虑卫星网络拓扑变化的方式;动态路由算法主要采用卫星间信令交互得到链路状态信息的方式,获取实时的网络参数,计算出相应的路由策略;则动静结合路由算法主要通过考虑卫星网络拓扑的动态性、交互链路状态和卫星网络的可预测性来设计。

目前,卫星网络中的路由算法有很多种,主要包括静态卫星路由机制、动态卫星路由机制以及动静结合路由算法,这些将在下文中详细介绍。

1. 静态卫星路由机制

静态路由的原理是将卫星运动周期内所有时间片对应的卫星拓扑结构存储至卫星节

点中,需要较好的星上存储能力,降低对星上计算能力的要求。并且随着卫星星座网络规模的不断扩大,卫星节点数量增加,导致时间片内拓扑的大小和时间片的个数增多,增大卫星的存储资源压力。低轨卫星星座系统中静态路由分类如图 9-6 所示。

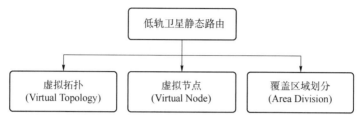

图 9-6　低轨卫星星座系统中静态路由分类

1)虚拟拓扑

虚拟拓扑路由策略的主要应用对象是拓扑变化具有周期性的卫星网络,例如卫星星座。快照序列路由算法就是一种典型的基于虚拟拓扑的路由算法。

虚拟拓扑路由利用卫星网络的周期性特点,将一个动态网络周期 T_s 分成多个时长为 Δt 的时间片,每个时间片内的网络拓扑稳定,即在 Δt 内无链路建立和断开发生,这样的时间片可以称为路由快照。根据每个时间片 Δt 获取静态网络拓扑,使用路由算法计算出其最优路径和对应的路由表,并将计算得到的路由表存储至卫星网络的各个卫星节点中。基于虚拟拓扑的路由算法对星上计算能力的要求较低,但是由于时间片内的拓扑结构是固定不变的,可能会导致数据传输过程中出现链路拥塞或损坏的情况;另外如果 Δt 划分较小,导致时间片的数量较多,会给卫星带来一定的存储压力。

典型的铱星星座就是通过基于虚拟拓扑的路由算法来完成数据的转发和传输工作,并且铱星星座拓扑较为规则,运动具有规律性。如图 9-7 所示,将卫星的网络拓扑结构根据时间划分成多张快照,地面处理中心根据快照的网络拓扑使用路由算法计算每个快照对应的路由表并在卫星节点中储存这些路由表。

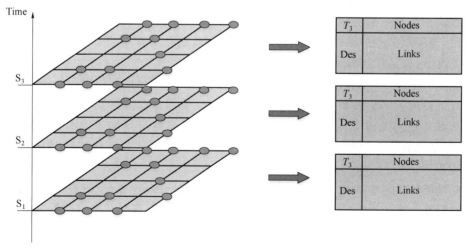

图 9-7　拓扑快照示意图

目前,比较典型的虚拟拓扑路由算法有 DT-DVTR(Discrete Time Dynamic Virtual Topology Routing)算法[9]、有限状态机制(Finite State Automata,FSA)路由算法[10]以及快照路由算法[11]等。

DT-DVTR 算法是最早被提出的基于虚拟拓扑的路由算法。FSA 算法将卫星网络根据适当的时间间隔划分为 n 个状态,每个状态的卫星网络拓扑结构是稳定的,考虑卫星节点间的可见性和星间链路流量控制等多个约束条件,完成链路分配,计算出每个状态内的全局最优路径。

(1) DDRA 算法

DDRA(Dynamic Detection Routing Algorithm)算法针对虚拟拓扑策略下无法根据网络状况实时地对卫星网络进行调整的问题,提出了基于 ACK(Acknowledge character)确认机制的检测算法。在 DDRA 算法中,每个卫星节点周期性地向周围节点发送 ACK 确认报文,确认邻近节点的队列情况以及节点状况。对于高拥塞链路或失效节点,在下一个时隙到来时从网络拓扑中将对应的链路进行调整,同时对于恢复的链路也进行相应的权值调整从而动态调整网络路由策略,避免卫星网络拥塞。

DDRA 算法流程图如图 9-8 所示,首先算法获取根据虚拟拓扑策略划分出的时间片快照,每颗卫星节点使用最短路径算法计算出到其他卫星节点的路径并生成路由表。因为链路的异常状态处理是在当前时间片的拓扑快照上进行处理,所以在进行链路状态检测之前先查询时间片是否发生变换。

$$(C_{i,j}^m(t)-C_{i,j}^m(k\Delta t))/C_{i,j}^m(k\Delta t)\ll 1 \tag{9-1}$$

为了有效划分时间片,DDRA 算法通过公式(9-1)来定义一个有效的时间片,公式中的 $C_{i,j}^m(t)$ 表示第 m 个时间片在 t 时刻节点 i 和节点 j 之间的链路消耗,整体公式表达含义为在经过 $k\Delta t$ 的时间间隔后节点 i 和节点 j 在第 m 个时间片的消耗变化很小。算法通过公式(9-1)计算出每个时间片的最大时间间隔。

在链路状态的检测阶段中,DDRA 算法分别对链路拥塞和链路失效两种状态进行检测,在对链路拥塞的检测中,DDRA 算法对每颗卫星的缓存队列进行检查,每颗卫星的缓存队列都有一个上限,为了防止由于队列溢出造成数据包的丢失,算法设置了一个门限,当卫星队列的数据包数量超过门限值时算法认为该节点和链路拥塞并进行相应的处理。

图 9-9 表示一个节点的缓存队列,L 为缓存上限,N_0 表示队列门限。

对链路失效的检测中 DDRA 算法使用问答反馈的方式进行处理,算法令每个卫星节点周期性地向周围节点发送查询数据包,收到查询数据高的节点会发送应答数据包,如果节点在一个时间周期内没有收到应答数据包,则认为链路失效并进行异常状态处理程序。

如果链路状态检测中发现拥塞或失效的链路,算法会将拥塞或失效的链路从拓扑中暂时地删除并重新计算路由表,这样就可以有效避免由于链路异常导致的丢包。同时,算法对于那些暂时删除的链路会进行周期性的恢复查询,如果链路数据包数量小于了门限值或失效的链路重新建立了链路则从拓扑快照中恢复链路,通过动态的检测查询,可以降低丢包率同时提高效率。

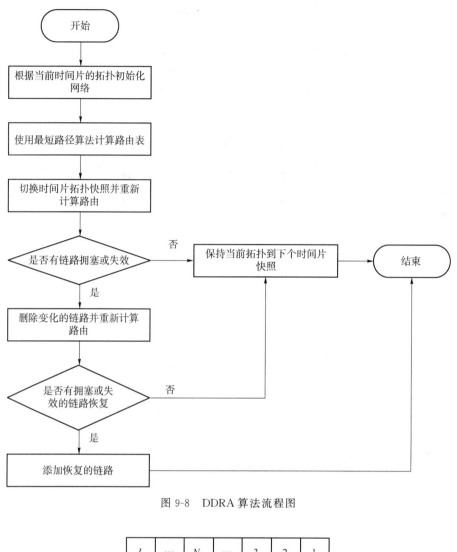

图 9-8　DDRA 算法流程图

L	$\cdots$	N_0	$\cdots$	3	2	1

图 9-9　节点队列模型

（2）DT-DVTR 算法

离散时间 DT-DVTR 算法分为两个阶段，DT-VTS（Discrete Time Virtual Topology Setup）阶段和 DT-PSS（Discrete Time Path Sequence Selection）阶段。DT-VTS 阶段中，首先使用虚拟拓扑策略将卫星网络从连续时间序列切分成离散的时间片序列，然后使用最短路径算法为每个时间片里的节点计算路由，实现离线模式下的最小延时传输。因为两个连续的时间片的网络拓扑只有小部分不同，多数的连接状况没有变化，因此在 DT-PSS 阶段中，DT-DVTR 算法通过对时间片传递进行优化，提升了算法在延时抖动、平均延时和复杂度方面的性能。

如图 9-10 的拓扑快照示意图所示，将整个时间段内的网络拓扑划分为拓扑，地面处理中心通过静态路由算法计算出全网路由表,并将路由表通过信关站上传至所有的卫星中,卫星按照通过上传得到的路由表进行数据转发。卫星网络是一种多变的网络,当网络中出现由于拥塞或环境等因素导致卫星节点失效或损坏的情况,基于虚拟拓扑的路由机制只能按照原先存储的路由表进行数据传输,无法根据当前卫星网络的实际情况做出路由决策,重构路由的延时较长,影响数据传输的可靠性、丢包率等性能。

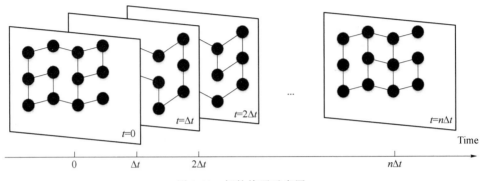

图 9-10　拓扑快照示意图

2)虚拟节点

虚拟节点路由的主要思想是将地面划分为多个固定的区域,并且由于一个区域可以由多颗卫星持续覆盖,将卫星节点虚拟化为一个固定的节点,每个固定的节点始终持续覆盖一个区域,从而屏蔽由于卫星运动导致的网络拓扑变化,进而进行路由的建模。设计基于虚拟节点的路由机制时需要将虚拟节点与地面区域相对应,并且需要保持虚拟节点对应的卫星发生切换时数据传输的连续性。

如图 9-11 所示形成的静态虚拟节点拓扑网络,虚拟节点所覆盖的区域可以将按照地面通信中蜂窝形状进行布局,并且按照固定的区域位置对虚拟节点进行地址分配[12],这个区域也可以被称为卫星的足印。虚拟节点与地面区域一一对应,也通过虚拟节点的方式将动态网络转化为静态网络处理。

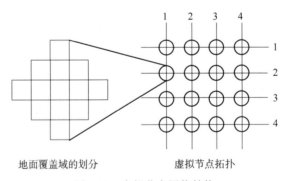

地面覆盖域的划分　　　　虚拟节点拓扑

图 9-11　虚拟节点网络结构

如图 9-12 所示,在每个区域上方都假定了一个虚拟的卫星,这个虚拟的卫星节点可以实现对区域的覆盖,同时在区域上方存在一颗实际的卫星,实际的卫星在实际观测中可以对区域进行服务,那么可以确认在这颗实际的卫星没有移出区域的这段时间内,区域被服务,也就是虚拟的卫星功能有效。

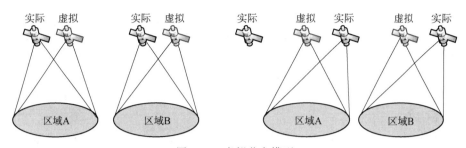

图 9-12　虚拟节点模型

当实际的卫星移出区域后,下一颗卫星又移动到了区域内,同样新的实际的卫星可以对区域进行服务。由于卫星具有周期性,所以在对区域进行合理地划分后,每个区域上假定的虚拟卫星始终有效,因此可以用虚拟的卫星节点替代实际的卫星节点,实现对卫星移动性的屏蔽。

虚拟节点策略下的卫星网络可以视为一个稳定的拓扑网络,因为即使一个区域的覆盖卫星离开了这个区域,也会有下一颗卫星进入该区域,在全局观测下的卫星网络是稳定的。

典型的虚拟节点路由有基于卫星网络的分布式路由算法(Distributed Routing Algorithm,DRA)算法[13-14]、MLSR(Multilayered Satellite Routing)算法[15]、局部区域分布式路由算法[16]和基于蜘蛛网拓扑网络的路由算法[17]等。MLSR 算法使用三层卫星网络模型,采用低层向高层传递链路信息,高层向低层反馈路由的策略,实现通过较少的控制信令开销完成网络的路由计算。基于蜘蛛网拓扑网络的路由算法根据蜘蛛网拓扑结构生成路由决策,通过分布式的方式完成通信流程,减低了端到端的传输时延。

（1）DRA 算法

数据包路由算法(Datagram Routing Algorithm,DRA)是目前典型的虚拟节点路由算法之一[13-14]。在 DRA 中,地球表面划分为数个逻辑区域,认为每个逻辑区域上方都存在一颗虚拟的卫星节点,根据卫星周期性运动的特性,得到一个静态稳定的网络拓扑。卫星 S 的逻辑位置由<p,s>给出,其中 p 是轨道号,s 是卫星号。路由基本上是按照卫星的逻辑地址逐跳完成数据包的传输。通过这种方式处理路由问题,不需要考虑卫星的运动。

对于描述卫星网络的任何一组参数,DRA 都可能在极地以外的所有源—目的地对之间找到传播延迟最小的路径。这种路由算法以不同的方式产生路径,即卫星独立处理每个传入的数据包,确保数据包将根据最小传播延迟路由转发。路径上的下一跳分三个阶段确定。在方向估计阶段,通过假设所有 ISL 具有相等的长度来确定最小跳路径上可能的下一跳。在此假设下,最小跳数路径也成为最小传播延迟路径。然而,在方向增强阶段,平面间链路具有不同的长度,并且在第一阶段做出的决定需要针对下一跳进行改进。DRA 具有拥塞处理功能,可以通过监控链路队列缓冲区占用情况来发现并避免拥塞。一旦缓冲队列达到阈值,它将备份警告信号,并通知源卫星重新路由,以避免网络拥塞的发生。

DRA 算法的设计和实现相对简单,由于卫星不交换任何拓扑信息,该算法不会带来任何额外的通信开销。星座拓扑信息来自绑定到星座的地面基站的预计算。DRA 算法,根据入口节点与出口节点的相对位置以及轨道特性可以快速地计算出路由策略,同时算法还考虑了极区轨道交叉导致的轨道间链路失效问题。

DRA 算法以一个相对简单对称的低轨极轨星座为应用模型,如果要将其扩展到复杂模型,就必须对 DRA 进行改进。DRA 采用虚拟节点的方法为卫星网络路由的研究提供了更多的方向。在 DRA 算法的基础上,提出了基于虚拟节点的各种卫星网络路由算法。

(2)LCPRA 算法

LCPRA(Low-complexity Probabilistic Routing Algorithm)路由算法是基于虚拟节点路由策略进行改进的算法,算法主要处理当卫星节点收到数据之后如何动态地选择下一跳节点。LCPRA 算法基于虚拟节点策略,用 $<K_i,R_j>$ 来表示第 i 个轨道的第 j 个卫星,当卫星节点收到需要转发的包时,卫星节点从包头提取目的地址,然后对比目的地址的 $<K,R>$,根据比较结果做出不同的策略。同时,算法在选择下一跳节点的时候考虑了极地 LEO 链路的问题以及链路拥塞和延时。

算法中将路由的决策分为以下三种情况(其中源节点 $<K_c,R_c>$ 和目的节点 $<K_d,R_d>$):

① $K_c \neq K_d$ & $R_c = R_d$

如图 9-13 所示,这种情况为入口卫星节点与出口卫星节点不在同一个轨道上但处在同一个水平线上,此时数据的传输只要水平传输即可,这种情况下还存在一种入口节点和出口节点都处在极区的情况,由于极区内的轨道间链路失效,所以在传输时要先向极区外传输。

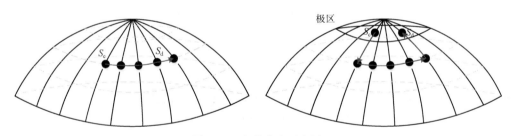

图 9-13　虚拟节点示意图

② $K_c = K_d$ & $R_c \neq R_d$

这种情况为入口卫星节点与出口卫星节点处在同一条轨道上,由于轨道内的链路不会因为极区的影响失效,所以在进行同轨道的数据传输时无须考虑极区,但以延时为目标的路由策略需要考虑向北传输或是向南传输,因为轨道是一个圆圈,圈上两点存在最小距离,根据两个卫星节点的水平 ID 即可求得最短距离的方向。

③ $K_c \neq K_d$ & $R_c \neq R_d$

该情况为入口卫星节点与出口卫星节点不在同一轨道且不在同一水平线上,由于要考虑极区的情况,所以进一步分为入口节点与出口节点都不在极区、入口卫星节点在极区、出口卫星节点在极区。当两者都不在极区时考虑到纬度越高的区域,轨道间的链路越短,所以在进行水平传输前,先通过轨道内链路传输到高纬度区域然后再进行水平的轨道间链路传输,就可以实现最短路径传输。在面对出口节点在极区的情况时,由于极区内轨道间链路失效,先将数据传输到高纬度区域,然后水平传输到出口节点的轨道上,最后在通过轨道内的链路传输到出口节点即可实现最小延时的跨极区传输。同理,对于最后一种入口节点在极区的情况,遵循先进行轨道内链路数据传输来移出极区,再进行高纬度区域的低延时轨道间链路数据传输,最后进行轨道内链路的数据传输,即可实现最小延时的数据传输。

基于虚拟节点的路由机制将卫星网络中的卫星节点与各个区域的虚拟节点一一映射对应,无须考虑卫星拓扑的变化,降低了卫星路由的复杂度;并且该路由机制的使用场景是较为规则的卫星网络中。若在不规则的网络中,虚拟节点可能无法持续覆盖地面区域。当卫星网络中出现节点或链路故障时,无法进行及时的路由重构,降低了路由性能。虚拟节点示意图如图 9-14 所示。

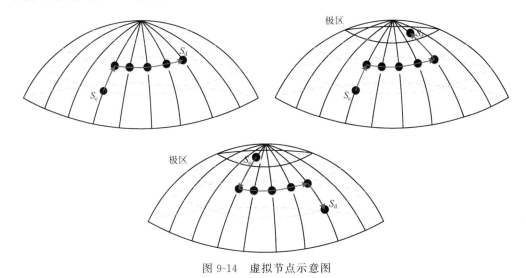

图 9-14　虚拟节点示意图

现在的卫星路由算法中,主要都是集中式路由算法。集中式路由算法根据卫星网络全局拓扑结构计算路由表,得到全局最优解,但是如果卫星网络规模较大,该算法的计算量增加,灵活性降低以及不具备良好的抗毁性。

3)覆盖区域划分

基于覆盖区域划分的卫星路由机制也是一种常用的静态路由算法。由于卫星网络处于不断运动的状态,卫星节点对应的覆盖区域也随之变化。与基于虚拟节点的路由机制类似,将地球表面划分成多个固定的区域,并且对每个固定区域分配一一对应的逻辑地址。卫星的逻辑地址根据其星下点所处的地理位置,判断该位置对应区域的逻辑地址,此地址即为卫星的逻辑地址[18]。基于覆盖区域划分的路由机制与分布式路由算法近似,根据当前卫星所处的逻辑地址和空间位置信息,计算得到相应的路由决策,无须获取当前网络拓扑的状态信息完成路由计算,降低了信令信息交互开销。

基于覆盖区域划分的路由机制主要利用 LEO 卫星网络变化具有规律性和拓扑结构

具有周期性,获取当前卫星与邻居卫星间的链路和邻居卫星节点的状态信息,并且在数据包中加入源卫星和目的卫星的逻辑地址信息屏蔽卫星的移动性,卫星根据得到的链路和节点信息、拓扑结构和逻辑地址信息生成路由决策。与静态路由相比,该路由机制无须存储多个时间片对应的路由表,减轻了星上的存储资源,但是对星上的计算处理能力要求较高。基于覆盖区域划分的路由机制是局部最优的路由机制,其传输延时、传输跳数等性能不一定最优。另外卫星网络有规则的拓扑结构有利于地面区域的划分,利于该路由机制的实现。

典型的基于覆盖区域划分的路由算法有概率路由协议(Probabilistic Routing Protocol,PRP)[19],基于地理信息的分布式路由算法(Distributed Geographic Routing Algorithm,DGRA)[20]和低复杂度的负载均衡路由算法(Low-Complexity Routing Algorithm,LCRA)[21]。PRP算法中首先考虑到由于高纬度圈内轨道平面间无法建立星间链路,导致卫星网络系统中卫星节点在进入和离开高纬度圈时发生星间链路的连接和断开,网络拓扑发生变化。该算法在进行新的通信任务时,先将通信期间可能发生变化的星间链路删除,再进行路由决策。

DGRA算法是在极地轨道卫星星座中,利用源卫星和目的卫星的地理位置,卫星根据位置信息自适应地将数据包转发至目的卫星,LCRA算法是基于DRA算法进行改进,可以有效处理网络节点或链路发生拥塞。首先,需要通过信息交互,得到邻居卫星的链路状态信息,适当调节链路排队延时。然后当数据传输路径的下一跳卫星处于拥塞状态,判断当前卫星节点至目的卫星节点之间是否存在多条可达路径,若存在,选择与主传输路径跳数相同的可达路径作为新的路由转发策略;若不存在,则数据需要进入队列等待,直至下一跳卫星不处于拥塞状态。LCRA算法有效降低了数据传输过程的丢包率,但是如果拥塞比较严重可能会导致端到端延时较长,LCRA算法并不适用于延时敏感业务。

2. 动态卫星路由机制

由于卫星网络具有高速运动、拓扑周期性变化和拓扑规则等特点,并且卫星网络的空间环境比较复杂,业务流量分布不均匀,导致会出现网络节点和星间链路出现拥塞或失效的情况。静态卫星网络路由机制是根据全局网络拓扑计算出路由表后,上注至卫星中,但是不能实时处理网络拥塞或失效的情况,可能造成网络处于瘫痪状态,无法正常进行通信服务。动态卫星路由机制主要通过利用卫星之间交互实时状态信息和卫星网络的可预测性等方式,及时处理突发事件,保证网络正常工作。

动态卫星路由机制的原理类似于地面网络中的开放式最短路径优先(Open Shortest Path First,OSPF)[22],动态卫星路由机制通过发送探测包的方式,即 HELLO 协议和 LSA(Link State Advertisement)协议,获取实时的动态交互链路状态信息和卫星网络拓扑的连接状态,维护节点自身的链路状态表,并且通过洪泛的方式,将链路状态信息通知至全网所有卫星节点,更新实时网络拓扑状态,并且可以根据这些信息生成相应的路由信息。动态卫星路由机制可以实时监视卫星网络拓扑和链路状态,及时响应解决卫星网络发生变化或发生拥塞故障,提高了网络的自适应性[23]。

动态卫星路由机制中主要组成如下[24]：

（1）链路探测机制

链路探测机制是动态卫星路由机制的关键步骤，在卫星网络内的所有卫星节点需要周期性地进行链路状态探测。探测过程通过发送 HELLO 数据包给其他卫星，如果当前卫星通过天线或接口接收到其他卫星发送过来的 HELLO 包时，需要根据星上预存的星历信息或卫星网络拓扑结构判断 HELLO 包的来源，若来自邻居卫星，则将邻居卫星表中存储当前卫星的 ID；若不来自邻居卫星，则将 HELLO 包丢弃。通过所有卫星的链路探测，卫星可以维持与邻居卫星的双向连接关系。当 HELLO 包超过预设时间后仍未应答或卫星未接收到来自邻居卫星的 HELLO 包，可以认为当前卫星与邻居卫星的断开，需要更新当前卫星的链路状态表。同时由于卫星网络是一种多变的网络，需要频繁地运行用来维持快速运动的卫星间的连接关系。

（2）链路状态洪泛更新机制

链路状态洪泛更新机制主要是为了使卫星网络中所有卫星节点拥有并维护相同的全网链路状态表，保证全网后续动态路由计算以及转发操作的一致性。卫星通过发送 HELLO 包探测链路状态，若链路状态发生改变或按照周期性进行洪泛时，当前网络中所有卫星节点将自身维护的链路状态表以 LSA 数据包的形式洪泛至全网，若其他卫星的链路状态表与 LSA 中信息不同，更新该卫星的链路状态表；否则，维持原先的状态表不变。另外，链路状态洪泛机制从范围上可以区分为全局和局部两种更新机制，全局链路状态洪泛需要将所有卫星节点的链路状态表洪泛至全网卫星，可以在动态路由计算时得到全局最优解，但是其洪泛需要一定的时间，导致实时性降低；局部链路状态更新是指当前卫星只将链路状态表传输至预定区域内或预定跳数的卫星节点进行更新，其他卫星节点可以不掌握此卫星的链路状态，具有较好的实时性，但是动态路由计算时得到的是局部最优解，部分路由性能可能下降。

（3）动态路由计算

动态路由计算是指当卫星网络中每个卫星节点通过链路探测和链路状态洪泛更新后，拥有自身维持的链路状态表，卫星根据链路状态表，利用路由算法考虑延时和跳数等参数，计算当前卫星到其他所有卫星节点的最优路径，存储在卫星的路由表中。当有业务数据包时，卫星根据数据包的目的卫星地址，按照路由表进行转发传输。动态探测路由算法流程图如图 9-15 所示。

动态卫星路由机制主要由上述的链路探测机制、链路状态洪泛更新机制和动态路由计算完成通信流程，但是其中链路状态洪泛机制需要大量的信令交互和洪泛过程时间较长，导致路由机制的信令开销较大，路由收敛时间较长，导致无法及时处理卫星的突发状态。

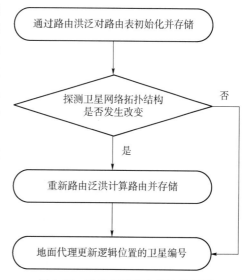

图 9-15 动态探测路由算法流程图

Darting 算法(Distributed Adaptive Routing)[25]采用当卫星接收到业务数据包时,开始动态卫星路由的一系列步骤,不需要周期性更新链路状态信息,减少了卫星网络中信令交互带来的路由开销,但是该算法需要等待探测和通知链路状态完成后才可进行。并且在拥塞情况严重的情况下,Darting 算法的性能也会有所下降。

适用于低轨卫星网络的按需路由算法[26](LAOR,Location-Assisted On-demand Routing)基于自组织网络 ADOV 路由协议,根据卫星运行具有规则性和可预测性的特点,计算出卫星网络中路由路径的生存周期。针对泛洪过度的问题,将洪泛区域限制在一定区域内,只在有限范围内交互路由路径生存周期等网络状态信息。并且仅当由业务需求时,开始路由洪泛的发现过程,得到最优的路由路径,解决了业务流量分布不均匀的情况,降低了路由发现过程中信息交互的路由开销,但是算法的实时性较弱。

负载均衡算法[27](ELB,Explicit Load Balancing)也是动态卫星路由机制的一种,通过局部的链路探测机制,获取当前卫星的邻居卫星的链路状态。通过将数据流量转发至不处于拥塞状态的链路完成传输,减轻拥塞链路的传输压力,降低了丢包率,解决了业务分布不均匀造成的拥塞情况,实现了负载均衡。

在非同步卫星星座中,不同卫星之间存在多条可达路径。基于优先级的自适应最短路径路由算法(PAR,Priority-based Adaptive Routing)[28]依赖于 ISL 的历史利用率和缓存相关信息的优先级机制来设置到目的地的分布式路径,以实现统一的负载分配。为了避免不必要的数据流量,获得较高的链路利用率,形成了改进的标准杆数算法。

PAR 和 ePAR(增强 PAR)是 NGEO(非地球同步轨道)卫星网络的两种路由算法。标准杆数算法在发送每个跳节点的分组时选择输出链路。选择原则基于优先权机制,倾向于使用较少的链接。ePAR 算法在为具有相同源和目的地的数据包提供相同链接方面提供了一些改进。虽然标准杆数算法被设计成用分布式最小跳路径来设置目的地,但是它可以被扩展来处理 ISL 链路长度,并进一步最小化端到端延迟。因此,应考虑合并 ePAR 和 DVTR,以符合拓扑变化的周期性特征。

3. 动静结合卫星路由机制

动静结合卫星路由机制就是将静态路由和动态路由两种算法的优缺点互补的路由机制。首先,静态路由算法通过将卫星周期运动时间段划分成多个小的时间片,可以认为每个时间片内卫星网络拓扑结构不变,屏蔽了卫星网络的动态性,但是静态路由算法不能及时解决网络出现拥塞或故障时的情况;动态路由算法通过进行链路状态的探测和通知,获取实时的链路状态,路由路径更符合当前实时网络状态,但是需要大量的信息交互获取链路状态,导致网络路由开销较大,需要星上具有不错的计算处理能力。动静结合卫星路由机制可以通过链路状态信息交互获取实时链路状态,也可以利用静态路由的方法减轻卫星的计算压力,有效降低了卫星网络的开销。

优先级负载均衡路由算法(PLBR,Prioritized Load Balancing Routing algorithm)使用多层卫星网络架构,算法首先在 GEO 卫星利用静态网络拓扑,通过静态路由算法计算出 LEO 卫星的路由表,并且分发至各个 LEO 卫星中。同时链路状态更新是通过区域内广播卫星的链路状态,区域间交互各个区域内的链路状态完成更新。另外,该算法还将业务分为不同的优先级,实时性业务具有高优先级,非实时业务流量具有低优先级。优先级较高业务流量优先传输,并且按照不同的流量分配方法,保证不同优先级的业务流量都可以传输。

（1）PLSR 算法

可预测链路状态路由(PLSR,Predictable Link-State Routing)[29]是一种动静结合的路由算法,将基于虚拟拓扑的路由算法和全局链路状态更新算法结合。卫星网络的节点具有可预测性,通过提出一个可预测移动拓扑将动态网络拓扑形式化为静态路由时间片,考虑了额外的、不可预测的变化以及它们与可预测变化的交互,同时需要进行链路状态的交互。PLSR 算法适合多种场景,具有一定的通用性。可预测链路状态路由如图 9-16所示。

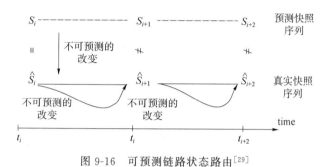

图 9-16　可预测链路状态路由[29]

（2）PLMP 算法

基于链路负载预测的多路径路由算法 PLMP[30]主要采用动静结合的卫星路由算法,根据网络拓扑计算当前时间片和下一时间片的最优路径和备份路径,拥塞时可以启用备份路径完成传输;通过卫星节点间链路状态信息交互,卫星网络内所有节点获取全局的链路信息,并且根据当前时间片内的网络状态信息,预测下一时间片的拥塞情况,将数据按照时延权重计算下一跳卫星。

PLMP 算法中链路排队时延矩阵$\mathbf{PQ}_{t+\Delta t}$根据上个时间片中卫星网络的链路状态(链路队列排队时延)预测得到,其预测值$\mathbf{PQ}_{t+\Delta t}(m,n)$为

$$\mathbf{PQ}_{t+\Delta t}(m,n)=y(t+\Delta t) \tag{9-2}$$

并通过该预测值,计算出预测的链路排队时延矩阵$\mathbf{PQ}_{t+\Delta t}$,链路延时矩阵$\mathbf{PQ}_{t+\Delta t}$的计算过程如下:

$$\begin{cases}\mathbf{PQ}_{t+\Delta t}(m,n)=y(t+\Delta t) & y(t+\Delta t)\geqslant T_{\mathrm{C}} \\ \mathbf{PQ}_{t+\Delta t}(m,n)=q_t(m,n) & y(t+\Delta t)<T_{\mathrm{C}}\end{cases} \tag{9-3}$$

预测的距离矩阵$\mathbf{PC}_t$表示为

$$\mathbf{PC}_t=D_t+A\,\mathrm{e}^{\lambda(\mathrm{OR}_t-1)}*\mathbf{PQ}_{t+\Delta t} \quad 0\leqslant\mathrm{OR}_t\leqslant1 \tag{9-4}$$

该算法通过链路传输延时、链路排队延时以及预测链路排队延时,在下一个时间片到达时,通过计算得到基于拥塞控制的路由表R_t^S和基于上一时间片链路状态预测的路由表$\mathbf{PR}_t^S$。PLMP 算法的星上选路流程如图 9-17所示,当卫星接收到数据包时,首先卫星根据基于拥塞控制的路由表R_t^S得到下一跳卫星。

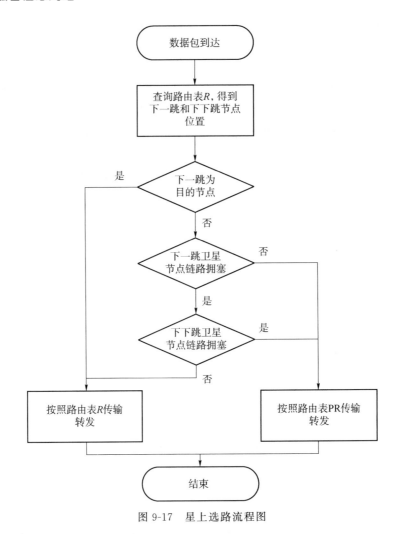

图 9-17 星上选路流程图

若下一跳卫星为目的节点,卫星按照路由表R_i^S进行排队转发数据包;否则,判断下一跳卫星节点的链路是否处于拥塞状态,若处于拥塞状态,卫星将按照预测的路由表PR_i^S进行排队转发数据包;否则,根据路由表R_i^S对来查找下一跳卫星节点的链路是否处于拥塞状态,如果处于拥塞状态,卫星就按照预测的路由表PR_i^S寻找下一跳卫星进行转发数据包,否则按照路由表R_i^S进行转发数据包。

9.3 星地融合信息网络路由机制研究展望

9.3.1 SDN 技术在星地融合网络路由机制的应用

星地融合网络由于 LEO 卫星体积较小,其处理能力并无法达到服务需求,需要与地面或 MEO\GEO 卫星协同计算,但是限制了卫星网络的灵活性,不便于对其进行管理。软件定义网络(Software Defined Networking,SDN)的引入,可以充分利用卫星网络中的计算和存储资源,为星地融合网络路由机制提供了新的研究方向。

SDN 架构由美国斯坦福大学实验室的 Ethane 项目提出,其核心思想是将控制和数据传输分离,通过 SDN 控制器进行对网络集中式管理,并且控制和数据转发平面之间通过接口的方式进行通信[31]。SDN 架构逻辑结构如图 9-18 所示。

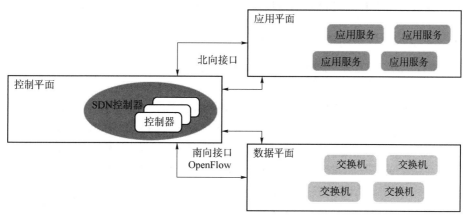

图 9-18　SDN 架构逻辑结构

在星地融合网络中引入 SDN 技术,在网络中分离数据平面和控制平面,其中控制平面采用集中式控制的方式,主要负责计算、网络管理等工作,数据平面主要负责数据转发等工作。控制平面由地面处理中心或 MEO\GEO 卫星组成,数据平面由 LEO 卫星或MEO 卫星组成,减轻了卫星的计算和存储压力。

将 SDN 技术引入星地融合网络主要具有以下优点[32]。

(1)提高了卫星网络管理能力和网络的自适应性:卫星网络的集中式路由机制和分布式路由机制分别针对卫星网络的动态性和拥塞处理进行优化,但是很难对全局网络进行管理。将 SDN 技术引入星地融合网络,通过控制器集中式管理方式,并且可以将数据平面的链路状态集中在控制平面进行处理,可以有效提高网络管理的灵活性和自适应性。

(2)提高卫星网络资源利用率:SDN 通过控制器汇集全局网络的链路状态信息,利用已知的星历信息,集中式管理数据平面的各个卫星,及时做出路由判断,充分利用卫星网络中计算和存储资源。

(3)有效降低了星上计算和存储压力:集中式路由算法和分布式路由算法对卫星的计算处理能力和存储资源要求较高,但是 LEO 卫星的体积较小,能力受限,并且卫星升级比较困难。引入 SDN 技术之后,将控制管理和计算存储的任务分担至控制平面中,卫星的星上计算和存储压力大大下降,降低了卫星网络维护成本,提高了卫星网络的灵活性和可配置性。

(4)可以提高卫星网络的安全性和灵活可控性:尤其在军用通信领域等一些场景中,引入 SDN 技术,可以实现更精细、更灵活的集中式网络管理方式,符合安全策略的要求,提高了网络的安全性,增强抵御外部攻击的能力。

（5）算法和网络配置部署更便捷：由于 SDN 技术采用集中式的网络管理和配置方式，并且相对于地面网络，卫星网络的节点数目较少，更容易管理、计算、网络配置和部署相应的算法[33-34]。

在星地融合网络中引入 SDN，为未来的路由机制研究提供了新的研究内容。SDN 架构将控制平面和数据平面分离，这样由于控制平面具备了计算、存储和控制的功能，能够节省卫星网络中的资源用于数据平面转发。同时，基于 SDN 的集中式管理控制方式，可以降低卫星通信网络管理与控制的难度也提供了更多的灵活调度和控制的方法。

1. 基于 SDN 的卫星通信网络架构

基于 SDN 的卫星通信网络架构大致分为单层、双层和三层卫星网络架构，具体介绍如下。

（1）基于 SDN 的 LEO 单层卫星通信网络架构：LEO 卫星星座节点数量较多，距离地面较近，星间距离较短，传输时延较小。但是缺点是 LEO 卫星覆盖范围较小，并且卫星布局较散，对卫星网络管理和控制的能力要求较高。因此提出基于 SDN 的 LEO 单层卫星通信网络架构，通过 SDN 控制器的引入，增强卫星网络的管理和控制能力。

（2）基于 SDN 的 LEO/GEO 双层卫星通信网络架构：LEO 卫星的覆盖范围较小，需要进行频繁的卫星切换，同时具有较大的多普勒频移。GEO 卫星覆盖范围较大，可以减少切换的次数，有效减少卫星网络频繁的信令交互开销。但是传输至 GEO 卫星的时间较长，适合对时延要求不高的服务。综合考虑 LEO 卫星和 GEO 卫星的优缺点，提出基于 SDN 的 LEO/GEO 双层卫星通信网络架构。并且在该架构下，控制平面由地面控制中心和 GEO 层卫星组成，收集网络状态信息，提高感知和预测网络故障的及时处理能力。基于 SDN 的双层卫星网络架构示意图如图 9-19 所示。

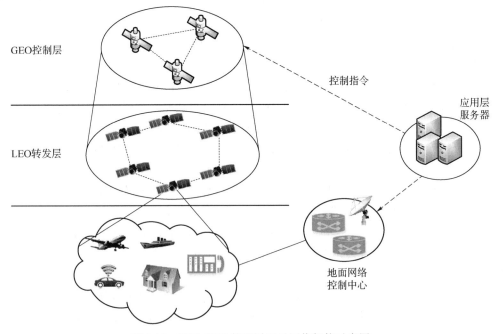

图 9-19　基于 SDN 的双层卫星网络架构示意图

（3）基于 SDN 的 LEO/MEO/GEO 的三层卫星通信网络结构：只由 LEO 卫星组成的数据平面计算能力和存储资源有限，同时业务种类和流量不断增加，导致网络中链路和节点拥塞和故障的情况频繁出现。LEO 单层和 LEO/LEO 双层的组网架构较为单薄，并且 MEO 卫星的优缺点介于 LEO 和 GEO 卫星之间，可以提供中继、建立回程链路和控制等方式。设计更为复杂的 LEO/MEO/GEO 三层组网架构，可以将工作分担至三层卫星处理，减轻控制平面和数据平面的压力。

2. 基于 SDN 架构的卫星路由机制

基于 SDN 架构的卫星路由机制将数据平面内的卫星和链路的状态信息集中汇总至控制平面，控制平面内控制器建立路由模型计算出路由表，并将路由表分发给各个节点。控制平面的组成部分有地面控制中心、MEO 和 GEO 卫星，数据平面的组成部分有 LEO 和 MEO 卫星，可以根据卫星网络架构确定控制平面和数据平面的组成。数据平面需要完成数据转发的工作，缓解了节点的计算压力和路由计算过程中的信令开销。

基于 SDN 架构的空间信息网络路由策略[8]利用 SDN 技术，分离出控制平面和数据平面，通过控制平面周期性集中收集当前网络的链路状态信息，利用这些信息根据改进的遗传算法计算出路由表，并且需要对数据平面中卫星的路由表周期性更新；同时数据平面根据由控制平面传输至卫星节点的路由表进行数据转发操作。基于 SDN 的空间信息网络模型如图 9-20 所示。

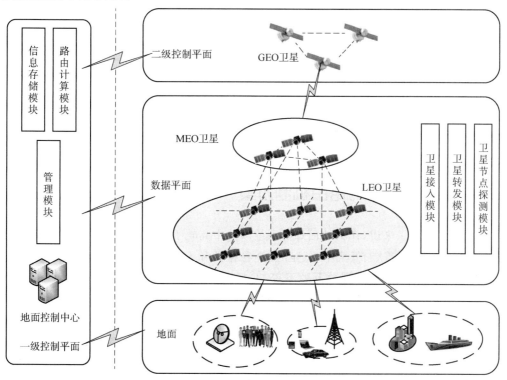

图 9-20　基于 SDN 的空间信息网络模型

基于 SDN 架构的预计算的节能路由机制[38]，通过控制平面监测和控制整个网络状态，并且控制平面由地面站和 GEO 层卫星组成，地面和卫星控制器的互补可以实现对网络的实时监控，同时通过增加计算能力减轻星上计算压力；LEO 层卫星仅作为交换机来转发数据；通过动态拓扑处理和网络休眠算法，综合考虑路径能耗与路径跳数因素对路由计算的影响，在降低网络能耗的情况下优化路由机制。

部分基于 SDN 架构的卫星路由机制对比如表 9-2 所示，但是随着大规模卫星星座的出现，网络中节点数量的激增，会给基于 SDN 架构的卫星路由机制带来一定的挑战。需要设计出一种基于大规模卫星网络架构的高效卫星路由机制，对卫星网络拓扑可以采用划分区域的方式，增加控制平面控制器的数量，使得控制器可以有效管理对应区域内的卫星和处理对应区域内的信息，对路由算法中的信令交互开销、路由成功率、服务质量等性能进行提升。

表 9-2　基于 SDN 架构的卫星路由对比

算法	网络架构	控制平面	数据平面	优化目标
软件定义路算法 SDRA[32]	单层	地面控制中心	LEO 卫星	延时、丢包率、带宽
基于业务优先级的最短路径路由方案[35]	双层	地面控制中心、GEO 卫星	LEO 卫星	延时、吞吐量、丢包率
基于 SDN 的卫星网络多 QoS 目标优化路由算法[36]	双层	GEO 卫星	LEO 卫星	带宽、延时、丢包率
基于预计算的软件定义卫星网络节能路由[8]	双层	地面控制中心、GEO 卫星	LEO 卫星	关闭量、休眠时间、网络能耗、跳数
基于软件定义网络的卫星网络容错路由机制[37]	三层	地面站，MEO 卫星为局部控制器	LEO 卫星	延时、延时抖动、丢包率、跳数
基于 SDN 架构的空间信息网络路由策略设计[38]	三层	地面控制中心、GEO 卫星	MEO 卫星、LEO 卫星	丢包率、延时

9.3.2　巨型星座中的路由机制方案

对于 LEO 卫星来讲，作为地面蜂窝系统以及中高轨卫星通信系统的延伸与补充，具有以下几个优点：覆盖广、低成本、低延时、高鲁棒性和大宽带等。近些年，各类星座的卫星规模不断增加，从数十颗到数万颗不等，并且网络逐渐发展为 LEO、MEO、GEO 等多层卫星架构，卫星网络的能力得到了极大的提升，与地面网络节点类似，可以提供与地面网络类似可靠性高的服务。

巨型星座卫星数量庞大，卫星网络拓扑规模增大，集中式路由机制的计算增加了控制器的计算压力，分布式路由机制可以利用卫星星上资源和计算能力，完成路由计算和转发操作，提高了网络的自适应性，分布式路由机制更适合巨型星座网络下应用。

文献[39]中提出了一种基于侧向链路长度的分布式路由算法，采用对星座的拓扑结构量化的方法,结合卫星运动规律,卫星节点自主计算路由路径。当卫星网络发生故障时,只需将故障信息在划定的区域内传输至区域中的卫星节点,卫星根据链路状态和传输延时等信息实现数据包的传输。

基于位置感知的分布式路由算法(LADRA,Location-aware Distributed Routing Algorithm)[40],利用卫星网络的可预测性,提出基于状态矢量函数(SVF,State Vector Function)和传播矢量函数(PVF,Propagation Vector Function),优化了传统先进先出排队规则进行优化,降低了路由开销和端到端延时,提高了吞吐量,满足了不同业务的 QoS 需求。移动自组织网络的路由算法具有不同的种类:包含主动式路由、反应式路由和混合式路由。反应式路由和主动式路由都有各自的优点,主动式路由需要周期性地采集全局路由信息,进行路由更新;反应式路由是当有数据包发送时,再对路由进行更新;混合式路由对节点进行区域划分,区域内采用主动式路由,区域外采用反应式路由,但不适用于节点重叠过多的场景。由于大规模卫星网络的拓扑具有规则性和可预测性,可以采用反应式路由的方式来实现计算大规模卫星网络的路由。

表 9-3   主动式路由与反应式路由[1]

	主动式路由	反应式路由
路由表更新方式	周期性更新	根据需求更新
移动适应性	低	高
控制信令开销	低	高
可靠性	低	高

分布式路由算法采用的广播方式寻找最佳路径,会造成大量的资源浪费,导致星座的路由收敛速度慢,对于巨型卫星星座尤为明显[40]。

由于巨型星座中节点规模较大,基于虚拟拓扑的星间路由机制可能在巨型星座下不太适用,由于链路切换次数的增多,导致存在时间片数量增多的问题。同时卫星星座规模的不断增大会导致星上需要存储和维护的路由表数目增多,导致卫星路由出现以下几个挑战。

(1)路由计算复杂:随着卫星数量的增加,路由传输路径更加复杂,并且卫星拓扑变化更加频繁,导致路由计算复杂化。

(2)路由表更新频繁:由于卫星拓扑的快速动态变化,导致拓扑以及与用户的切换增加,路由计算更新更加频繁。

(3)卫星载荷有限:由于 LEO 卫星的体积小,其计算能力和存储资源都十分有限,具有比较大的计算和存储压力。

(4)卫星损坏概率增加:由于节点增多,传输任务增加,导致卫星损坏的概率增加,卫星网络整体的稳定性降低。

由于这些挑战的存在,在对星上资源有限的卫星网络带来挑战,也为未来的路由机制研究提供了研究方向。同时在大规模低轨卫星星座进行路由算法设计时,需要考虑如何降低对卫星处理能力的要求、降低卫星存储压力、提高路由寻路速度等。

9.3.3　基于卫星网络安全保障体系的路由机制

由于卫星网络高速运动,网络拓扑不断发生变化,并且随之网络中节点数目增多,星间链路建立和断开的次数增加;卫星网络所处的环境较复杂,路径可能发生损坏;卫星需要自身进行数据转发操作,可能导致卫星网络比较脆弱,容易遭受到攻击和干扰,致使网络无法正常工作和稳定运行。因此在研究卫星网络的路由机制时,需要对其进行一定的安全保障。

根据攻击发起的节点位置,可以将网络攻击分为外部与内部两种形式,外部攻击是指网络外的恶意节点向网络内节点进行窃听与压制等;内部攻击是指节点被恶意节点劫持后,以合法身份重新入网,在进行数据传输时对网络进行攻击[41-42]。一些常见的路由攻击方式如下。

① 欺骗攻击:由于卫星网络拓扑频繁变化,星间链路建立和断开的次数增加,恶意节点通过内部攻击的方式对网络内部节点劫持,接入卫星网络参与路由传输过程,影响数据在网络中的正常传输。

② 中断攻击:恶意节点通过外部攻击的方式,对卫星网络中正在进行路由转发传输的卫星进行攻击,使其无法正常工作,中断路由,导致丢包率和延时等性能下降。

③ 黑洞、灰洞攻击:由恶意节点对卫星网络节点发起攻击,其中黑洞攻击使卫星丢弃全部接收到的信息,灰洞攻击则是使卫星丢弃一部分信息。通过这种方式,导致路由传输过程中出现数据包被丢弃,增加路由的丢包率。

卫星网络路由安全协议的设计主要需要考虑加密数据信息,保护传输过程中的数据信息不会出现泄露问题,并且可以有效抵抗外部和部分恶意节点的窃听攻击。

基于卫星网络安全保障体系的路由机制工作主要分为了以下两个方面。

(1)基于信任机制的安全路由机制

由于卫星网络处于高速运动状态,卫星网络拓扑中建断链的情况不断发生,会受到不同的路由攻击,导致网络无法正常运行。基于认证签名的轻量级安全路由协议通过将认证签名等机制引入,对卫星节点和数据进行认证,判断来自网络内部或外部的攻击,使路由进程正常进行,提高了安全性。基于签名算法的信任机制路由协议通过椭圆曲线签名方案保证每一个网络节点的合法性,只有具有合法性的节点才可参与路由传输过程,有效抵制恶意节点的攻击。

在文献[38]中,提出了一种基于身份签名的加密方法,通过对需要进行路由传输的数据包进行身份签名验证,防止数据包影响路由传输;并提出了一种基于认证签名的路由策略,提高了网络路由的安全性,构成卫星网络的安全路由协议。

(2)基于信誉度的安全路由机制

基于信誉度的安全路由机制是主要检测卫星网络节点信誉度的变化,由此可以迅速地判断出卫星网络中存在的恶意行为,隔离其中的恶意节点。信任管理机制通过分布式协作卫星网络中的节点,检测出网络中的恶意行为。当前卫星节点通过监测周围邻居卫星的路由行为,确定对节点的可信度。可信度是网络中对数据包转发、丢包和路由发现等行为的综合评价指标,若节点的可信度大于设定的可信度值,将该节点加入至路由计算中;反之,节点将不参与路由计算的过程。这类安全路由协议主要由基于安全机制的动态路由算法(SODV)、层次式认证路由协议(TARP-HL)和基于信誉度评价和负载感知的距离矢量路由协议(RELAODV)等。

虽然已经提出了一些基于卫星网络安全保障体系的路由机制,但是仍然存在缺陷,安全路由机制主要研究方向如下。

① 安全加密轻量化:在设计安全路由协议时,需要考虑到卫星受到空间网络电磁环境和载荷技术的限制,星上的计算存储能力有限等因素,对路由协议的安全加密轻量化。

② 确保路由信息的完整性:在卫星网络的传输过程中,当卫星网络遭受攻击时,传输节点被损坏或这个传输路径被更改都会影响路由信息的完整性,需要在设计安全路由机制时,采用不同的加密手段,确保信息传输的可靠性以及路由信息的完整性。

③ 安全路由机制的通用性:卫星空间网络较为复杂,具备很多多层负载的空间网络结构,需要设计一个适用于大多数卫星星座空间构型的安全路由机制。

④ 安全与效率:安全路由机制需要权衡安全性与效率,在网络资源开销可以接受的范围之内,提高卫星网络的安全性。

9.3.4 人工智能在星地融合网络路由中的应用

星地融合信息网络的人工智能路由机制一般可以采用建立优化模型的方式,对路由机制的性能进行提升。但是由于卫星网络的规模和复杂性,需要考虑诸多的因素对路由机制的影响,将其建模为多目标优化问题。当优化模型需要考虑 QoS 要求时,例如链路状态、流量特征等,导致人工智能路由机制设计和实现的难度增加。网络流量变化随着时空不断波动,为了便于研究,通常需要在特定的场景下建立流量模型处理路由问题,但是路由算法采用特定场景与真实场景有一定差异,并且算法本身存在一定的误差,导致路由算法在真实环境中无法得到与仿真研究相同的优化效果。

而机器学习(ML,Machine Learning)、强化学习、深度学习等人工智能技术通常不依赖人类专家经验,而是通过自动提取网络流量特征生成相应的网络策略,解决卫星网络路由中出现的性能优化问题,有效提升了通信过程中的服务质量,满足各种业务 QoS 需求[43]。但是基于人工智能的路由算法存在计算量大的问题,卫星节点的计算和存储能力有限,可能无法完成路由计算的工作,通常需要由地面站承担路由表的计算和分发工作,但是导致路由算法对地面站有较大的依赖性,使路由算法的灵活性下降。多层卫星星座网络路由算法具有网络拓扑管理复杂度较高的特点,同时多层卫星星座网络需要进行层间卫星的信息交互,会使信令开销有所增加,可以将人工智能引入星地融合网络的路由机制中,处理上述存在的问题。强化学习示意图如图 9-21 所示。

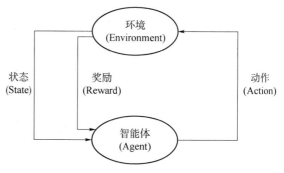

图 9-21　强化学习示意图

另外,在基于人工智能的路由算法设计中,路由计算的本质是决策问题。由于基于深度学习的路由算法存在准确性、收敛性等问题,人工智能路由算法需要研究卫星网络中的训练与部署框架。由于监督学习训练过程中需要大量的计算和数据资源,因此大部分通过控制器进行离线训练,然后上注模型至卫星节点中;基于强化学习的路由算法存在在线训练和离线训练方式,根据各种链路和节点信息评估出源目的节点多条可达路径的下一跳卫星的路径奖励,然后选择能够获得最高奖励的节点作为下一跳卫星,生成路由转发策略。

人工智能路由算法主要有两种,分别是集中式与分布式。对于集中式的人工智能路由算法,将其部署在集中式控制器中。控制器负责汇聚网络状态信息,根据训练完成的模型做出路由决策,并且将其下发至各卫星节点,集中式的方案对控制器的可靠性及硬件性能有较高的要求。随着路由硬件设备和 SDN 技术的发展,分布式的人工智能路由算法得到发展,将其部署在卫星网络节点中,由节点自主进行路由决策,增加了网络的弹性、可扩展性和人工智能路由算法的发展方向。

多层卫星网络结构与基于人工智能的路由机制结合可以对卫星网络的路由性能进行提升,使得路由机制具有灵活性高和复杂度低的优点。另外,在多层卫星网络下,节点和链路数量较多,并且网络拓扑不断变化,导致基于人工智能的路由算法的路由表更新次数更加频繁,计算量更大。基于人工智能的路由算法可以更好地适应卫星星座网络拓扑的动态变化,并且路由算法拥有良好的拥塞控制能力,具有灵活性高、信令开销低和分布性好等特点。基于人工智能的路由机制是具有实际研究意义和前景的星地融合网络路由技术研究方向。

本 章 小 结

在建立星地融合信息网络通信系统的过程中,首要的问题是路由技术。卫星网络的全球覆盖大大拓展了网络的通信空间,推动了下一代互联网和空间网络的发展。未来空间技术的发展和应用将促进卫星和地面网络的无缝集成,从而带来更广泛的通信服务。

本章围绕星地融合信息网络的路由机制进行展开介绍,讨论了星地融合信息网络中路由机制的分类以及未来的研究方向。首先,介绍了星地融合信息网络路由的概况;其次介绍了不同类型的路由机制,包含星间路由机制和星地路由机制,分别围绕边界路由、接入路由、静态路由、动态路由和动静结合路由这几个方面进行展开介绍,并且详细描述了部分典型算法;最后,从 SDN 技术、巨型星座、安全技术保障和人工智能等方向和场景,分析了星地融合信息网络路由机制的未来研究方向及挑战。未来星地融合信息网络的路由机制也就其不同的卫星组网机制、算法稳健性和复杂度等方面进行研究。

本章参考文献

[1] 朱晓攀. 大规模低轨宽带卫星网络路由关键技术研究[D]. 北京:中国科学院大学,2020.

[2] Xiaogang Q I,Jiulong M A,Dan W U,et al. A survey of routing techniques for satellite networks[J]. 通信与信息网络学报(英文),2016(1-4).

[3] 韩珍珍,赵国锋,徐川,等.基于时延的 LEO 卫星网络 SDN 控制器动态放置方法[J].通信学报,2020,41(3):126-135.

[4] RFC. 1772 Application of the Border Gateway Protocol in the Internet [EB/OL]. https://www.rfc-editor.org/rfc/rfc1772.html.

[5] RFC. 1403 BGP OSPF Interaction [EB/OL]. https://www.rfc-editor.org/rfc/rfc1403.html

[6] 李伟斌. 卫星网络动态路由组网技术研究[D]. 北京:北京邮电大学,2015.

[7] 刘子鸾. 卫星网络路由与流量控制关键技术研究[D]. 北京邮电大学,2018.

[8] 刘之莹,王兴伟,徐双,等. 基于预计算的软件定义卫星网络节能路由[J].网络空间安全,2019,10(11):100-109.

[9] Werner M. A dynamic routing concept for ATM-based satellite personal communication networks[J]. Selected Areas in Communications IEEE Journal on, 1997, 15(8):1636-1648.

[10] Chang H S,Kim B W,Lee C G,et al. Topological design and routing for low-Earth orbit satellite networks[C]. IEEE Vehicular Technology Conference,1996,2:1240-1243.

[11] Gounder V V,Prakash R,Abu-Amara H. Routing in LEO-based satellite networks[C]. Wireless Communications& Systems,Emerging Technologies Symposium.IEEE,1999.

[12] Fraire J A,Madoery P,Burleigh S,et al. Assessing contact graph routing performance and reliability in distributed satellite constellations[J]. Journal of Computer Networks and Communications,2017.

[13] Ekici E,Akyildiz I F,Bender, M D. Data-gram routing algorithm for LEO satellite networks [C]. The19th Annual Joint Conference of the IEEE Computer and Communications Societies,2000,2:500-508.

[14] Ekici E,Akyildiz I F,Bender M D. A distributed routing algorithm for datagram traffic in LEO satellite networks[J]. IEEE/ACM Transactions on Networking,2001,9(2):137-147.

[15] Akyildiz I F,Ekici E,Bender M D. MLSR:a novel routing algorithm for multilayered satellite IP networks[J]. IEEE/ACM Transactions on Networking, 2002, 10(3):411-424.

[16] Chan T H,Yeo B S,Turner L. A Localized Routing Scheme for LEO Satellite Networks[C]. International Communications Satellite Systems Conference & Exhibit. 2003:2357-2364.

[17] Wang K,Kechu Y I,Tian B,et al.Packet routing algorithm for polar orbit LEO satellite constellation network [J]. Science in China (Series F: Information Sciences),2006(1):103-127.

[18] 李铕. 低轨卫星通信系统的切换策略研究与仿真平台设计[D]. 成都:电子科技大学,2008.

[19] Hüseyin,Uzunalioğlu,Ian,et al. A routing algorithm for connection-oriented Low Earth Orbit (LEO) satellite networks with dynamic connectivity[J]. Wireless Networks,2000,6(3):181-190.

[20] 陈含依. LEO 卫星星座空间网络路由机制研究[D]. 西安:西安电子科技大学,2020.

[21] Liu X,Yan X,Jiang Z,et al. A Low-Complexity Routing Algorithm Based on Load Balancing for LEO Satellite Networks[C]. Vehicular Technology Conference (VTC Fall),2015 IEEE 82nd. IEEE,2015:1-5.

[22] 关翔宇. OSPF 路由协议算法的研究与仿真[D]. 武汉:华中科技大学,2011.

[23] 周林风,王东进. 卫星移动通信系统星际路由算法的设计[J]. 无线通信技术,2000,9(2):1-5.

[24] 邢川,陈二虎,韩笑冬. 基于动静结合方法的卫星网络路由方法研究[J]. 空间控制技术与应用,2020,46(3):55-59.

[25] Kuang T,Ma R P. DARTING:a cost-effective routing alternative for large space-based dynamic-topology networks[C]. Military Communications Conference,1995. IEEE,1995:682-686.

[26] Papapetrou E,Karapantazis S,Pavlidou F N. Distributed on-demand routing for LEO satellite systems[J]. Computer Networks,2007,51(15):4356-4376.

[27] Taleb T,Mashimo D,Jamalipour A,et al. Explicit load balancing technique for NGEO satellite IP networks with on-board processing capabilities[J]. IEEE/ACM Transactions on Networking,2009,17(1):281-293.

[28] Korak,Alagoz F. Analysis of Priority-based Adaptive Routing in Satellite Networks[C]. The 2nd International Symposium on Wireless Communication Systems,2005:629-633.

[29] Fischer D,Basin D,Eckstein K,et al. Predictable Mobile Routing for Spacecraft Networks[J]. IEEE TRANSACTIONS ON MOBILE COMPUTING,2013,12(6):1174-1187.

[30] 李顺. LEO 卫星网络路由策略设计与性能分析[D]. 北京:北京邮电大学,2020.

[31] Astuto B,Nunes A,Mendonca M,et al. A survey of software-defined networking:Past,present,and future of programmable networks[J]. IEEE Communications Surveys & Tutorials,2014,16(3):1617-1634.

[32] 朱永虎. 基于 SDN 的卫星网络路由技术研究[D].上海:上海交通大学,2018.

[33] 巢孟愿. 卫星网络多路径路由算法与切换策略研究[D]. 杭州:浙江大学,2014.

[34] Kim H,Feamster N. Improving network management with software defined networking[J]. Communications Magazine IEEE,2013,51(2):114-119.

[35] 刘莹莹. 基于 SDN 的卫星网络路由算法研究[D].北京:北京邮电大学,2020.

[36] 石晓东,李勇军,赵尚弘,等. 基于 SDN 的卫星网络多 QoS 目标优化路由算法[J]. 系统工程与电子技术,2020,42(6):1395-1401.

[37] 贾梦瑶,王兴伟,张爽,等. 基于软件定义网络的卫星网络容错路由机制[J]. 计算机应用,2019,39(6):1772-1779.

[38] 杨力,滕奇秀,孔志翔,等. 基于 SDN 架构的空间信息网络路由策略设计[J]. 航天器工程,2019,28(5):54-61.

[39] 仇陈. 大规模低轨卫星组网方法与性能评估[D].南京:南京大学,2021.

[40] 刘高赛,姜兴龙,李华旺,梁广.基于位置感知的大规模 LEO 星座分布式路由算法[J/OL].系统工程与电子技术:1-10[2022-9-16].http://kns.cnki.net/kcms/detail/11.2422.TN.20220310.0937.006.html

[41] 毕梦格. 低轨卫星网络路由技术研究[D]. 西安:西安电子科技大学,2020.

[42] 彭长艳,张权,唐朝京. LEO 卫星网络中一种安全的按需路由协议[J]. 信号处理,2010,26(03):337-346.

[43] 孙鹏浩,兰巨龙,申涓,等. 基于牵引控制的深度强化学习路由策略生成[J]. 计算机研究与发展,2021,58(7):1563-1572.

第 10 章
星地融合信息网络中的计算卸载

星地融合信息网络中的任务需求多种多样,为了更好地满足用户服务需求,降低网络回程链路压力,亟须研究星地融合信息网络中的计算卸载技术。值得注意的是,随着星上处理能力的不断增强,面向星地融合信息网络这样一张协同网络,计算早已不再是地面单独负责的功能,融合网络中的计算是网络中各节点算力的协同,是一种计算连续体的体现。本章在理清计算卸载需求的基础上,提出星地融合信息网络多级计算卸载的架构。为了进一步说明该网络架构工程实现的可能,本章描述该网络架构的功能布局。在说明该网络架构下计算卸载模型,计算控制群机制与计算迁移机制后,本章面向计算卸载需求,围绕星地融合网络计算架构,提出该网络中计算所需要面临的机遇与挑战。

10.1 星地融合网络中的计算卸载

新一代无线网络将在目前网络的基础上进一步拓展性能指标维度和扩展服务范围,提高用户环境的感知能力,构建泛在智能的无缝服务体系架构。低轨卫星网络作为构建泛在无缝服务网络中的重要组成部分,已成为重要研究领域。针对 6G 峰会中提出的愿景需求,结合卫星的网络结构与相关业务的特点,在广域数据智能精准感知,星上密集型业务快速处理以及宽带业务文件高效分发等业务场景中具有计算卸载需求。具体有如下需求。

10.1.1 广域数据智能精准感知需求

泛在无线智能无缝跨域服务网络需求中,要求未来通信系统面向空—天—地—海等场景构建高效服务的一体化网络。在不具备地面网络基础设施建设条件的区域,天基网络可弥补覆盖区域的空白。通常,上述区域由物联网节点覆盖,广域物联节点将感知的数据实时回传给远端云服务器,以感知区域状态,为网络控制下一步决策方案提供依据。

随着地面海量物联节点部署的增加以及业务驱动的感知需要更加精准灵敏,物联节点上传的数据量增多,一方面海量数据对卫星网络进行回传的馈线链路带宽产生较大压力[1,2];另一方面,快速变化的环境因素对感知决策的时效性提出更高要求。目前低轨卫星平台在环境监测、智慧农业、智慧电网等广域物联感知方面仅仅作为物联节点的采集回传设施[3]，在延时需求与感知信息的时效性上还需要进一步提升。因此需要针对场景特点，考虑卫星网络与地面网络的融合架构，借助网络的特点，设计广域数据智能精准感知计算卸载流程。

10.1.2　星上计算密集型业务快速处理需求

下一代网络需求中多种业务并存，部分 6G 白皮书中指出[3]，下一代通信网络中遥感业务与定位业务在商用领域亦有重要作用。就计算密集型业务来讲，目前遥感卫星在星上图像预处理领域已有初步研究[4-6]。相对目前星上处理能力而言，高分卫星通过光学传感器获取到的各种数据量依旧过大，如能够在卫星回传之前，剔除图像相关的冗余信息，如对地观测云层覆盖区域，或非重点目标识别区域，回传较少的数据量将降低馈电链路的负担。

目前星上计算密集型业务的处理速度无法满足 6G 所需的服务延时需求。该需求对于卫星网络提出两大挑战：一方面，当前卫星板载能力多为定制化功能内核，可编程能力不强，限制通信、导航、遥感卫星之间算力资源调度的通用性；另一方面，多种以卫星网络为核心的计算密集型业务需求日益显著，如高空侦察，地形判断，目标识别等。多种业务 QoS 保障对星上受限资源的分配以及计算任务的切分提出挑战。除此以外，星群受地面站控制中心控制，远距多重信令交互严重影响系统服务响应速度，系统抗毁性不强。亟需提出分布式在轨自主运行系统，令星座可在无控制中心的情况下自主运行，提升计算密集型业务的快速稳健处理能力。

10.1.3　广域宽带视频业务文件高效分发需求

地面移动宽带业务需求的增长促进内容分发网络（CDN，Content Distributed Network）以及信息中心网络（ICN，Information Centric Network）等新技术的发展[7,8]。目前地面基站通过缓存流行度较高的视频业务文件对用户请求进行服务，尽管地面网络通过广播、组播以及单播等多种分发形式满足地面用户的视频业务请求，但网络中的文件分发效率仍有提升的空间。一方面，地面网络设备的密集部署与设备到设备的文件共享机制在频谱干扰与频谱管理机制上增加了分发命中文件策略的复杂度；另一方面由于地面基站覆盖区域有限，基站缓存中预存的热度文件可能是相同或者有交叠的，广域范围内存储冗余文件，文件差异度可能不高，同时占用地面存储空间资源。

卫星与地面协同组播宽带视频业务可提升宽带视频业务的服务效率[9]，然而目前星上视频组播多播业务亦面临一些挑战。卫星作为独立视频文件组播系统并未与地面基站进行协同分发，除此以外，地面不同用户由于接入设备不同对于同一文件所请求的视频文件编码版本可能不同（例如请求基于可分级的视频编码（SVC）文件和请求基于 HTTP 的自适应码率（DASH）的流媒体）。故星上存储分发应解决存储何种文件、文件是否需要转码、文件是否需要切分编码等问题。

10.2　星地融合网络计算卸载架构

低轨卫星智能边缘计算网络是一种在低轨卫星星座上部署多接入移动边缘计算服务器的通信架构体系。低轨智能边缘计算星座旨在充分利用星座板载能力资源，通过虚拟化技术与地面边缘服务节点或云服务集群协同运作，充分利用网络边缘生成的海量数据，借助人工智能理念，使用机器学习算法挖掘隐藏知识训练模型，并利用模型推断赋能优化低轨边缘网络资源均衡，构建可自主运行的低轨卫星边缘智能计算体系[10]。

如图 10-1 所示，低轨卫星星座中每个节点均部署多接入移动边缘计算服务载荷，星间链路采用通量较高的激光链路，星地链路采用高频 Ka/Ku 或 Q/V 波段进行通信，可根据信道状况进行自适应编码调制。

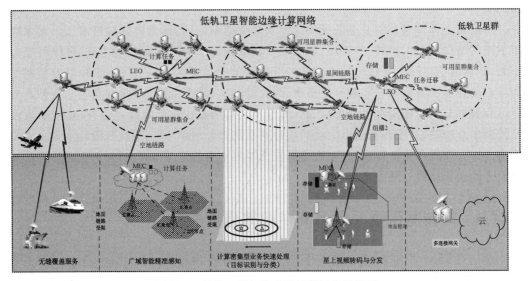

图 10-1　低轨卫星智能边缘计算网络场景图

低轨智能边缘计算星座可与地面节点、地面云服务集群协同处理广域感知类决策计算任务；或与地面云服务器协作处理星上计算密集型高清图像目标识别，异常检测等任务；亦可智能自适应缓存最热视频文件最高码率版本，星上计算后，满足服务区内的用户需求。

低轨卫星网络具备回程延时短、无地形限制、部署成本低以及广域范围内全局视角等特点，随着星载能力的不断增强，在密集低轨卫星星座上部署多接入边缘计算，沉降任务计算所需的资源，降低需求的响应延时，提升数据的隐私性。

然而目前星上边缘计算的资源依旧是受限的，与地面云服务器协同部署人工智能算法优化资源配置，并为用户提供人工智能应用，其具备必要性。因此提出低轨卫星智能边缘计算网络，形成智能边缘网络，为边缘智能应用提供服务。

10.3　星地融合网络计算卸载功能布局

10.3.1　逻辑功能架构

低轨卫星多接入智能边缘网络融合边缘计算与人工智能理念,一方面与地面云计算协同,通过边缘算力实现人工智能模型训练,实现低轨卫星多接入边缘计算网络的智能算力支撑;另一方面借助训练模型,通过模型推断验证各种模型可用性,进一步优化边缘网络的资源部署,借助边缘网络提供智能应用,实现边缘智能化。

图 10-2 所示为星地融合计算网络逻辑架构图。中间部分为网络结构,两侧分别为卫星多接入边缘计算网络赋能 AI 过程中的模型训练以及边缘网络智能化的模型推断。

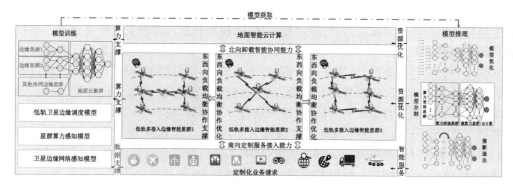

图 10-2　星地融合计算网络逻辑架构图

1. 网络结构

物联网节点、星上传感器以及用户终端通过南向定制服务接入能力对所搜集到的大量数据进行采集,部分终端或物联网汇聚节点可具有数据预处理功能;低轨卫星边缘计算系统根据区域自决策过顶星群备选集合,之后对不同服务选择适配不同的卫星组对任务进行服务,过顶卫星星群可根据计算任务的类型与需要,将部分任务通过东西向负载均衡能力卸载至相邻两星群中进行分布式协同计算;若面向算力资源以及缓存消耗巨大,则考虑通过北向卸载智能协同能力与地面云计算集群协同以完成任务需求。

2. 模型训练

星地融合计算网络中,主要需要训练如下几类模型。

(1)低轨卫星边缘网络感知模型主要对低轨卫星边缘网络拓扑状态进行建模,同时在网络可协同星群的基础上,训练通信链路模型,构建 AI 驱动的链路通信,保障复杂情况下拉通算力的通信效率。

(2)星群算力感知模型主要包括低轨卫星边缘节点资源模型、卫星边缘算力网络模型以及可靠性安全性评估模型。卫星边缘节点资源模型主要展示复杂情况下单个星载计算能力的状况。卫星边缘算力网络模型感知网络整体在空时维度的状态。安全性与可靠性主要考虑低轨卫星算力网络提供计算服务时对用户隐私的保护程度以及网络提供服务时的稳定性。

（3）低轨卫星算力调度模型重点面向服务以及移动性管理。主要考虑服务配置模型，例如星上计算任务的分解，服务放置模型例如计算如何协同，在何处进行计算。面向移动性，可训练服务迁移模型，决策任务适配移动性的迁移相关问题。

考虑到低轨卫星星群目前的处理能力，在充分利用边缘计算网络算力的目标前提下，对于计算负载密集的学习模型任务，以深度神经网络模型为例，可采用模型切分的方法，将待训练的模型分布在各卫星星群组以及云计算集群内进行并行计算，提高训练效率。

3. 模型推理

模型推理旨在验证学习模型的正确性并对新数据进行模型应用。在获取模型的基础上，考虑到低轨卫星边缘计算网络的算力，使用各种手段构建轻量级 AI 模型推断，以优化边缘网络的资源配置并使能人工智能应用。

同样这里以深度学习为例，可使用模型优化、模型分割部署以及推断提前退出等技术手段降低边缘算力的压力。借助模型优化的方法，减小推断时应用模型的计算量。首先可对输入数据进行预处理，消除冗余数据，在此基础上，进行模型剪枝，消除训练时过参数化带来的计算负担。除此以外还有其他方法可进行模型优化，例如池化计算、量化、知识蒸馏等。亦可考虑并行推断的方法，对模型进行分割部署，使卫星边缘星群以及云计算集群协同工作，减小边缘节点存储更新模型的大小，适配卫星边缘网络算力的模型分割部分。可将深度学习模型根据相关网络状况（比如当前网络节点的负载状况、节点的剩余负载资源，链路的可持续时间、链路的带宽状况）进行切分，并将中间数据发送给地面云端，云端继续运行剩余的层，回馈最终结果。最后，推断时可进行推理提前退出的方法，在符合所需精度的基础上，提前从卷积层内退出，继续利用算法完成推断。

在算力支撑与协同的基础上，AI 赋能的低轨卫星边缘计算网络可通过采集到的海量数据自主决策进行模型训练，完成对机器学习模型进行算力支撑。在实际应用中，根据用户需求，利用所训练的模型进行一系列推断，通过低轨卫星边缘计算网络用户需求解析，进行算力以及网络的资源优化配置与维护，最后部署用户 AI 业务，达到智能服务的目的。

10.3.2 系统实现布局

在上一节网络逻辑架构的基础上，本节简述星地融合计算系统实现的软件逻辑架构和硬件逻辑布局。

1. 软件逻辑架构

针对星地融合计算系统的计算需求与架构形式，为了完成相关功能需要先对星上软件功能架构进行设计。卫星软件逻辑架构主要分为三部分：系统运维，基础服务以及定制化服务。系统运维为网络提供总体运行所需功能的底层支撑；基础服务在系统运维的基础上，提供完成定制化服务的基本计算、存储、通信功能，并对上述功能利用机器学习进行适配需求分析的优化适配;最上层开放第三方接口,面向用户利用下层基础服务功能为定制化业务进行适配,完成各种人工智能应用。

系统运维部分主要包括用户管理、安全保障、状态监控,系统配置与维护。用户管理部分负责管理用户权限、注册等,同时安全保障保护网络中用户信息的隐私性,防止网络中的恶意攻击。状态监控负责网络中节点是否运行正常,一旦节点出现异常,监控上报节点 ID 供系统配置以及维护功能决策;系统配置以及维护通常对系统初始化时场景与参数进行配置,一段时间内可自主维护网络运行过程,并保存系统日志。

基础服务部分为定制化服务提供所需要的智能通信、计算以及存储服务。利用不同的存储结构,分别对关键数据如卫星节点轨道数据、实时状态数据、用户历史请求数据、定位数据以及节点资源状态进行存储,为智能需求分析提供数据支撑;计算引擎利用网络分布中的多接入边缘计算服务器,采用实时计算,并行计算框架,利用分布式计算管理协助服务,利用广域采集的数据,为智能分析提供算力支撑。智能分析过程通过各种训练方法,完成算法训练并进行模型开发,借助算法库与模型模板库中的模型,必要时协同地面云中模板与云挖掘服务,助力模型优化,进一步提升低轨卫星边缘网络的资源调度配置。

低轨卫星智能边缘计算网络架构:软件逻辑布局如图 10-3 所示。定制化服务主要面向各种用户需求,在系统运维以及基础服务的基础上,保障视频分发、无人控制、多模接入、定位服务、遥测服务、态势感知等特定服务应用。

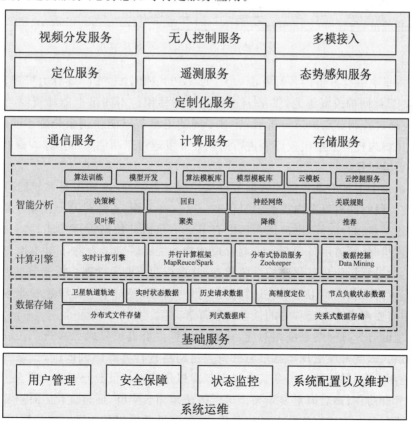

图 10-3　低轨卫星智能边缘计算网络架构:软件逻辑布局

2. 硬件逻辑布局

从网络功能出发,星地融合计算网络硬件逻辑布局满足系统资源提供,资源管理以及资源控制的功能需求,除此以外,如前所述,星地协作还需考虑星地空口支撑的北向负载协作能力。

如图 10-4 所示,星上传感器或接收天线采集地面感知情况相关的数据或地面用户视频需求,星上执行器通过星上控制指令执行姿态调整等动作。

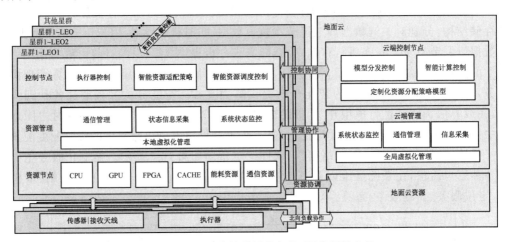

图 10-4   星地融合计算网络架构:硬件逻辑布局

星群内星上载荷具备的各种资源如 CPU、GPU、FPGA、TPU 等算力资源,与存储资源通过 VNF 共同构成资源池,供星上产生的任务使用。不同星上能耗资源与通信资源不同,故应通过控制节点决策分析后,针对不同的卫星节点能耗剩余分配不同的任务,通信资源由星群内控制卫星生成流表进行周期性分发通过东西向负载协作均衡能力以适配星上任务传输协作。

星群内每个卫星均具备资源管理节点与控制节点,旨在增加卫星系统的可靠性与自主性,但在一段时间内星群内控制卫星仅有一个。一方面,若针对差异化业务需求需要对星群进行进一步切分成簇,则被选为簇中心节点卫星启动控制管理功能;另一方面,星群控制节点宕机时,可启用备用节点控制管理功能。资源管理节点除了对本地资源虚拟化管理以外,通过状态信息采集监控系统状态,并进行通信资源管理。控制节点模块一方面对执行器进行控制,满足卫星系统运行需要;另一方面,要对星上资源进行业务需求智能适配,同时需要考虑算力迁移时的任务卸载部署方案。

与星地融合计算网络系统相对应,地面云计算集群也被分成云端资源、云端管理、与云端控制层。云端资源更加丰富可与低轨卫星网络进行资源协调匹配;云端管理能力更强,需要地面云进行协同时,可令其全局宏观虚拟化管理与星上分布式局部虚拟化管理进行虚拟化管理协作;最后海量复杂模型可部署于地面云集群,通过优化,压缩模型等方法,分发已有适配星上边缘网络任务的轻量级模型,降低低轨卫星边缘网络计算压力,与低轨卫星边缘网络进行控制协同。

10.4 星地融合任务卸载机制

10.4.1 星地混合计算卸载模型

单个用户计算任务卸载到匹配的边缘计算节点的成本考虑为任务完成的延时成本和边缘计算系统能耗成本[11]。处理卸载任务的总延时可分为三部分：传输延时、传播延时和计算延时。传输延时是卸载任务在收发信机上经过的时间，取决于任务大小和收发信机的传输速率；传播延时是电磁波在物理信道上经历的延时，取决于收发端的物理距离和任务经历的跳数；计算延时是边缘计算节点处理卸载任务的延时，取决于任务大小和处理器的计算能力。延时成本通过建模为通信模型和计算模型来计算。

边缘服务器上的系统能耗可分为两部分：传输能耗和计算能耗。传输能耗是发送计算任务的耗能，取决于发射功率和任务大小。计算能耗是边缘计算节点处理卸载任务的能耗，与卸载任务大小有关。边缘服务器的能源成本可以通过能源模型来计算。

（1）通信模型

通过建立通信模型可以计算得出每个任务耗费在传输和传播过程中的延时。设定第 k 个地面边缘节点上有 N 个计算任务，将计算任务 $n(n=1,2,\cdots,N)$ 的任务大小记作 W_n bit。将地面边缘节点与接入卫星的上行传输速率记作 R_{gnd}，接入卫星地面接入基站的下行传输速率记作 R_{sat}。因此上行传输延时可以得到为 W_n/R_{gnd}，地面边缘节点与接入卫星的下行传输延时也可以计算得到为 W_n/R_{sat}。接入卫星与其直接建立通路的临近卫星的传输速率记作 R_{ISL}，星间链路的传输延时就可以得到为 W_n/R_{ISL}。如果任务 n 被卸载到接入卫星，总传输延时可以表示为

$$T_{n,1}^{\mathrm{tx}}=W_n/R_{\mathrm{gnd}}+W_n/R_{\mathrm{sat}} \tag{10-1}$$

如果计算任务卸载到非接入卫星边缘计算节点 $m(m\neq1)$，总传输延时可以表示为

$$T_{n,m}^{\mathrm{tx}}=T_{n,1}^{\mathrm{tx1}}+2W_n/R_{\mathrm{ISL}} \tag{10-2}$$

式中，$T_n^{\mathrm{prop\_up}}$ 和 $T_n^{\mathrm{prop\_dwon}}$ 是地面边缘节点和接入卫星之间的上行传播延时和下行传播延时。传播延时由于卫星绕轨道高速移动与地面节点距离一直动态变化，所以时刻在变化之中，这两个传播延时由仿真平台实时提供。得到传播延时后，就可以得到总的通信延时。计算任务卸载到接入卫星的总通信延时可以定义为

$$T_{n,1}^{\mathrm{rt}}=T_n^{\mathrm{prop\_up}}+T_n^{\mathrm{prop\_dwon}} \tag{10-3}$$

设定 $T_n^{\mathrm{prop\_ISL}}$ 为星间链路的传播延时，计算任务卸载到非接入卫星边缘计算节点 $m(m\neq1)$，总传输延时可以表示为

$$T_{n,m}^{\mathrm{rt}}=T_n^{\mathrm{prop\_up}}+T_n^{\mathrm{prop\_dwon}}+2T_n^{\mathrm{prop\_ISL}} \tag{10-4}$$

最后，通过以上推导，可以得到总的通信延时：

$$T_{n,m}^{\mathrm{comm}}=T_{n,m}^{\mathrm{tx}}+T_{n,m}^{\mathrm{roundtrip}} \tag{10-5}$$

（2）计算模型

通过计算模型可以得到在边缘计算节点耗费的计算延时的大小。其中需要考虑的主要三个因素就是边缘计算节点的计算能力，这决定了每个任务能分到的计算容量以及任务大小和计算密度，计算密度一般是一个固定值，在基本参数配置表给出了参考。定义 f_m 为计算节点 m 的计算容量，并且定义 γ_n 为其处理密度，单位为 cycle/bit。设定 match(n,m) 表示计算任务 n 和提供边缘计算的服务节点 m 之间的一个匹配。就是说，当 match$(n,m)=1$ 的时候，任务 n 在节点 m 上被处理，否则 match$(n,m)=0$。因此可以推导出任务 n 在节点 m 上可以获得的计算资源为

$$f_n = f_m / \sum_{n=1}^{N} \text{match}(n,m) \tag{10-6}$$

通过任务 n 在节点 m 占用的计算资源可以推出任务 n 的计算延时：

$$T_{n,m}^{\text{comp}} = W_n \gamma_n / f_n \tag{10-7}$$

有了通信延时和计算延时，就可以得到任务在计算卸载过程中的总延时：

$$T_{n,m}^{\text{to}} = T_{n,m}^{\text{comm}} + T_{n,m}^{\text{comp}} \tag{10-8}$$

（3）能耗模型

计算任务卸载过程中产生的能耗分为两个方面，一个是通信过程中的传输能耗，另一个是计算处理过程的计算能耗。先要考虑传输能耗，这里设定 p_{gnd} 为地面边缘计算节点向接入卫星的发射功率，p_{sat} 为接入卫星向地面节点通信的发射功率，设定星间传输功率为 p_{ISL}。定义 ε_m 为每个 CPU 一个周期的能耗成本。任务 n 在接入卫星上被处理，消耗的能量可以表示为

$$E_{n,1} = (W_n p_{\text{gnd}} / R_{\text{gnd}} + W_n p_{\text{sat}} / R_{\text{sat}}) + \varepsilon_m W_n \gamma_n \tag{10-9}$$

非接入卫星处理任务 n 产生的能耗表示为

$$E_{n,m} = E_{n,1} + 2 W_n p_{\text{ISL}} / R_{\text{ISL}} \tag{10-10}$$

（4）仿真基本参数配置

仿真平台通信参数如表 10-1 所示。

表 10-1　仿真平台通信参数

上行信道	
中心频率	20 GHz
带宽	800 MHz
传信率	5 Mbit/s
下行信道	
中心频率	30 GHz
带宽	800 MHz
传信率	25 Mbit/s

收发信机参数	
调制方式	QPSK
发射功率	2 W
发射器增益	43.2 dB
接收器增益	39.7 dB
卫星参数	
卫星轨道高度	780 km
卫星速率	7.562 2 km/s

（5）仿真结果与分析

本章实验旨在研究双边缘协作卸载机制下，不同的计算资源分配策略对性能的影响，因此主要从两个维度进行分析讨论。一项指标为任务总平均延时，可以非常直观地体现用户服务质量；另一项指标为系统能耗，对于星上能耗有限的双边缘系统考虑尽可能降低能耗颇有意义。通过进行多次实验，仿真出了不同任务总数下各个算法的平均延时和系统能耗，并绘制出折线图对比结果。

在计算卸载过程中引入了三种匹配模式，并将该算法用于 TCM 模式和 ECM 模式的匹配。在 TCM 模式下，根据通信模型和计算模型得到一个时间代价矩阵，并将该矩阵作为算法输入，以减少任务卸载的平均延时。该算法在 TCM 模式下被记录为 DECO-TCM。在 ECM 模式下，根据能量消耗模型得到能量消耗矩阵，作为算法输入，降低系统能量消耗。该算法在 ECM 模式下被记录为 DECO-ECM。三种模式表述如下。

① FPM（固定轮询模式）：卸载任务按队列顺序轮询并分配给每个 MEC 服务器。该模式不执行匹配算法，当所有任务完全相同时，可以节省控制开销。

② TCM（时间代价模式）：为了最小化所有卸载任务的平均延时，算法以时间代价矩阵作为输入，得到最小平均延时分配结果。

③ ECM（能量代价模式）：为了最小化卸载过程中边缘服务器的能量消耗，以能量成本矩阵作为算法输入，得到边缘服务器分配时系统能量消耗最低的结果。

图 10-5 比较了三种不同任务数的任务分配方案的平均任务卸载延时。随着卸载任务数量的增加，这三种方案的平均卸载延时也随之增加。显然，在 FPM 方案下，平均卸载延时总是高于其他两个方案。而在 DECO-TCM 方案下，平均卸载延时总是最低的。DECO-TCM 方案和 DECO-ECM 方案的平均卸载延时相当接近。当任务数为 5 和 10 时，DECO-TCM 方案和 DECO-ECM 方案的平均时延相同，这是由于在这两个点上的准确分配结果完全相同。此外，当任务数为 20～30 时，由于两种模式的分配结果重叠，两种模式的延时相对较近。当任务数为 15 时，平均延时异常高，因为模拟通常对较大的任务是随机的。与 30 个任务相比，DECO-TCM 的平均时延比 FPM 缩短了44.88%。

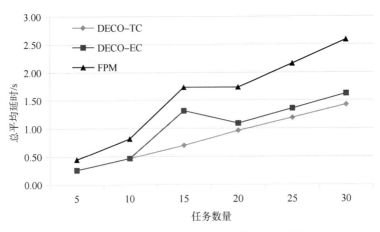

图 10-5　三种模式计算卸载总平均延时对比图

在图 10-6 中,研究了三种方案下的总能耗与任务数之间的关系。随着卸载任务数量的增加,总能耗几乎呈线性增长当任务数为 5 和 10 时,可以得到相同的分配结果,并且总能耗重叠。DECO-TCM 总能获得最低的总能耗。与 30 个任务相比,TCM 比 FPM 降低了 49.22％的能耗。在默认情况下,使用 DECO-ECM 节省卫星边缘服务器上的系统能耗。当需要处理的任务需要进一步优化延时时,使用 DECO-TCM。

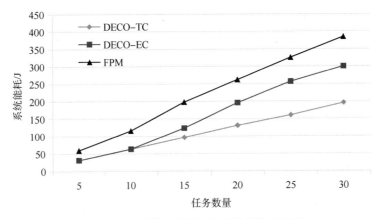

图 10-6　三种模式计算卸载系统能耗对比图

多级边缘计算迁移机制的设计是为了在大范围内任务请求的时空不均衡导致的潮汐效应下,充分利用低轨卫星的覆盖优势,调度各个区域的分布式计算资源进行合理负载均衡来进一步优化计算卸载服务。基于这个目的,提出了多级边缘计算网络架构,包括地面近端边缘计算节点,卫星近端边缘计算节点,地面远端边缘计算节点,卫星远端边缘计算节点。基于此,提出合理的卸载流程与方案,以此为基础将所有分布式的边缘节点进行计算资源池化,有利于星地融合网络进一步优化性能。

仿真系统在每次实验时需要随机变换节点和任务情况来模拟在不同负载均衡度下任务处理情况,通过任务大小和泊松分布均值的设置可以控制某地业务量的大小,同时给节点设置不同性能,最后就可以仿真出节点的负载情况,每次变换三组通用参数来得到一组实验结果。其中计算任务大小的范围是 500 KB～5 MB,边缘计算节点的计算能力在 6 GHz～12 GHz 的范围内,泊松均值从 0.33 到 8 取值。

从图 10-7 中可以看出,首先我们配置了一个几乎负载均衡的场景,也就是不均衡度为 0.003 3 时,贪心迁移策略没有发挥空间所以提升基本为 0。在不均衡度为 0.402 到 1.285 6 之间,未进行负载均衡的系统总平均延时都在 2 s 到 3 s,经过贪心匹配策略进行任务迁移后,任务完成平均延时都降低了百分之四十左右,这里可以看做"第一阶段"。在不均衡度达到 1.485 2 后,贪心匹配的延时降低率都在百分之五十以上。不过实验结果也会受到实验条件限制,因为仿真系统中没有模拟到海量边缘计算节点,如果可迁移节点数量较大,延时降低效果应该会更显著。

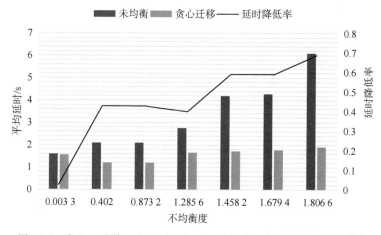

图 10-7 贪心迁移算法在不同不均衡度下的总平均延时和延时降低率

10.4.2 星地协同计算控制群机制

本小节具体介绍双边缘计算体系中近端地面节点和近端卫星节点如何协同进行计算卸载,首先说明星地协同控制机制。当某个地区产生瞬时大量业务时,地面节点判定需要启用星上计算资源并将请求发送给接入卫星。此时,接入卫星作为控制群中心开始建立基于双边缘计算卸载的星地控制群机制。定义控制群中三个实体。

(1) 中心控制部分:低轨卫星网络中的所有与地面节点建立通信链路的接入卫星都是潜在的中心控制节点,当有地区需要启用星上计算资源时,该地区所在接入卫星承担起中心控制节点的功能。中心控制节点的任务主要为两点:①对地调度:当同一卫星覆盖范围内的地面多个地区同时产生瞬时突发业务时,每个地面节点需要移交给星上处理的业务量和紧急类型不同,所以作为控制中心的接入卫星通过分析地面节点的请求,为其分配计算资源以及传输带宽以提高计算卸载服务质量。②对星调度:依据计算任务的类型和大小不同,调度该地区所在控制群的计算资源,为所有移交星上的计算任务匹配 MEC 服务器。

(2) 地面边缘部分:在单颗 LEO 覆盖范围内的由部署 MEC 服务器的地面边缘节点组成的地面边缘节点群。地面边缘节点的任务包括:①当需要将计算任务移交星上,先向接入卫星请求。接入卫星依据覆盖地区内所有请求和星上资源池可用情况向各个地面节点下发允许移交任务量并分配传输带宽,地面节点依据返回信令设定门限,高于门限的任务移交星上。②依据业务类型和任务大小为各类业务排队,并判决计算任务是在本地处理还是移交星上。

（3）卫星边缘部分:由接入卫星及其周围一跳内的四颗或多颗卫星资源共同构成一个"资源池",对接入卫星覆盖地区卸载到星上的任务进行分布式计算处理或通信服务。

1）密集用户计算卸载流程

在双边缘计算卸载过程中,当计算负载低于地面 MEC 服务器的处理能力阈值时,地面 MEC 服务器可以自行完成卸载任务。然而,当大量突发卸载任务堆叠在地面 MEC 服务器中时,当 MEC 地面边缘服务器的计算负载超过给定阈值时,任务被卸载到卫星边缘服务器。密集用户协作计算卸载流程如图 10-8 所示。

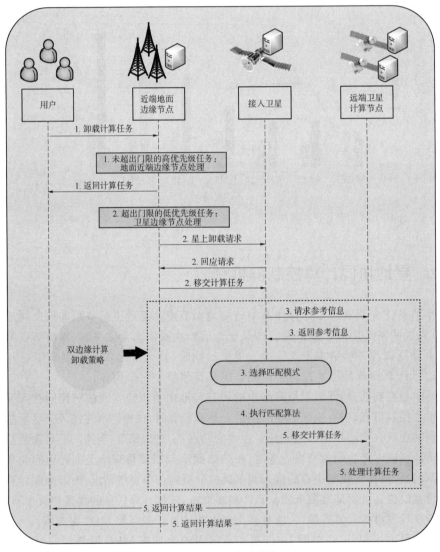

图 10-8　密集用户协作计算卸载流程

流程可以描述为：

（1）终端将卸载任务发送到 S-eNodeB，地面 MEC 服务器处理低于阈值的卸载任务。

（2）过载的地面 MEC 服务器向接入卫星发送卸载请求。地面 MEC 服务器接收到应答后，将超过门限的卸载任务发送给接入卫星。

（3）接入卫星获取其他卫星的通信计算信息，选择可调度和匹配的卫星边缘服务器。

（4）接入卫星在选择的模式下计算成本矩阵，执行双边缘计算卸载算法。根据分配结果向匹配卫星发送任务，计算卸载任务。

2）稀疏用户计算卸载流程

在稀疏用户地区，没有地面边缘侧的部署，用户需要通过覆盖区域的接入卫星进行计算卸载。稀疏用户卸载流程图如图 10-9 所示。

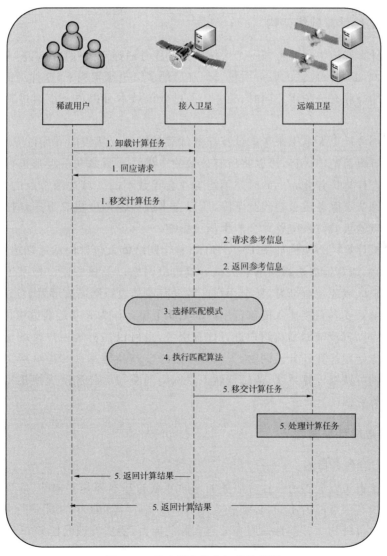

图 10-9　稀疏用户协作卸载流程图

卸载流程描述为：

（1）终端将卸载任务请求发送到近端卫星边缘节点，收到应答后将需要卸载计算任务发到接入卫星；

（2）接入卫星获取其他卫星的通信计算信息，选择可调度和匹配的卫星边缘服务器；

（3）接入卫星在选择的模式下计算成本矩阵，执行双边缘计算卸载算法；

（4）根据分配结果向匹配卫星发送任务，计算卸载任务；

（5）处理完计算任务后通过接入卫星再返回计算结果。

10.4.3 星地协同计算迁移机制

1. 多级边缘计算网络架构

双边缘计算架构中主要考虑一个区域内大量任务通过双边缘计算机制来让星地协作计算卸载，从而提升该地区的服务质量。但在星地多级边缘架构下，这种局部优化不能使得整个网络的资源充分利用。同时，某些任务过载区域本可以进一步通过其他轻载区域来均衡。

所以本部分从更大范围来考虑计算任务卸载的问题。从资源利用的角度考虑，星地融合网络具有覆盖范围优势，可以将所有分散的边缘计算资源联系起来进行统一的计算资源池化。在计算任务分布上的时空不均匀性会导致不同区域边缘节点的负载差异，负载较重的边缘节点服务质量会因此下降，所以在多级边缘调度机制下迁移任务平衡各个边缘计算节点的负载对系统整体会产生积极影响。

多级边缘计算网络架构如图 10-10 所示，整个网络体系包含地基近端边缘网络，天基近端边缘网络，地基远端边缘网络和天基远端边缘网络以及核心网。地基近端边缘网络只在密集用户区域才会有部署，稀疏用户区域没有地基边缘网络的部署，可以通过地面终端站等中继方式或者直接接入覆盖范围内的低轨卫星。作为天基远端边缘计算节点的低轨接入卫星可以直接辅助稀疏用户进行计算服务，也可以在密集用户区域辅助地基近端边缘计算节点处理计算任务。同时，天基远端边缘节点和地基远端边缘网络都是天基近端边缘节点的可调度计算系统，通过低轨卫星网络的覆盖优势和宏观视角可以充分发挥利用闲置计算资源。

2. 多级边缘计算模型

（1）节点和任务模型

融合后所有可以提供边缘计算服务的地面节点的基本都是异构的，处理能力差别很大。考虑到所有节点能力不同，必须有效评估节点实际计算能力，才能进行合理的任务迁移来实现有效负载均衡。要评估服务节点实际的能力，要从处理的任务着手，因为本章研究计算任务的分配，所以要合理评估出各个节点处理计算任务的真实能力，本章沿用第 9 章的计算容量 f_m 表示节点 m 的计算能力。

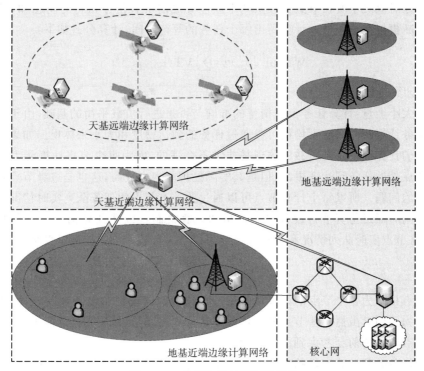

图 10-10　多级边缘计算网络架构

每个节点都有接收任务的任务队列,而模拟地面业务生成的任务产生模型按照泊松分布向边缘计算节点发送计算任务:

$$P(X=k)=\frac{\lambda^k}{k!}\mathrm{e}^{-\lambda},k=0,1,\cdots,\lambda \tag{10-11}$$

在每个信源节点通过设置其分布函数的期望 λ 来模拟不同区域业务时空不均衡的特性。

(2)迁移延时模型

计算任务在迁移过程中产生的总延时必须低于在原节点处理延时的时候,才值得被迁移。时延成本包括通信延时、排队延时、计算延时。总延时可以有如下公式得到:

$$\mathrm{ET}(w_i,p_j)=\mathrm{VT}(w_i,p_j)+\mathrm{UT}(w_i,p_j)+\mathrm{WT}(w_i,p_j) \tag{10-12}$$

式中,第一部分的计算延时的计算方法由计算密度 α,任务大小 w_i 和节点计算容量 f_j 计算得出:

$$\mathrm{VT}(w_i,p_j)=\frac{\alpha w_i}{f_j} \tag{10-13}$$

通信延时由传输延时和传播延时组成,当任务不发生迁移,通信延时成本为 0,当发生迁移时由两部分时延相加构成,公式如下:

$$\mathrm{UT}(w_i,p_j)=\begin{cases}0, & j=k\\\sum^{k\to j}(T_{ij}^{\mathrm{tran}}+T_{ij}^{\mathrm{prop}}), & j\neq k\end{cases} \tag{10-14}$$

等待延时取决于所在节点任务队列中该任务之前所有任务执行时间总和,仿真系统中通过中断模拟该过程可以计算得出每个任务的等待时间,计算公式如下:

$$\mathrm{WT}(w_i, p_j) = \sum_{i=1}^{i-1} \mathrm{VT}(w_i, p_j) \tag{10-15}$$

（3）计算负载模型

负载大小衡量:计算任务负载衡量的准确与否是进行负载平衡的基础,由于大尺度空间范围业务计算任务时空不均衡可以通过任务的到达密度和大小来体现。如果直接认为各个节点的计算任务量是负载的体现是非常不合理的,因为每个节点计算能力不同。虽然有些节点处的任务到达率更高,但是其实际处理能力也较高,这也是边缘节点在部署前会考虑到的问题。所以每个计算节点可以通过监控本节点的任务队列实时情况来衡量负载大小。同时通过仿真平台设计机制模拟的计算机制可以体现异构计算节点的性能差异,一起将节点实时队列情况和节点计算能力组合为负载大小比较衡量真实的节点负载。

$$\mathrm{load}(P_i) = \frac{w_i}{f_i} \tag{10-16}$$

如果直接认为各个节点的计算任务量是不均衡的体现是非常不合理的,因为每个节点计算能力不同。虽然有些节点处的任务到达率更高,但是其实际处理能力也较高,这也是边缘节点在部署前会考虑到的问题。

使用任务数和计算容量的比值作为系统计算迁移时衡量负载的基本单位,先是考虑到这两个参数在每个节点都可以较为方便地获取,实验中也能较好反应每个节点真实的阻塞情况,即和任务实际队列等待时间趋势一致。

负载状态判定:通过两个负载门限将节点负载状态划分为三类。轻载门限 W_{inf} 和重载门限 W_{sup},此处负载计算方式由式(10-16)来衡量。

① 当节点计算任务负载 $\mathrm{load}(P_i) < W_{\mathrm{inf}}$ 时,节点处于轻载状态,可以接收其他节点迁移过来的计算任务。

② 当节点计算任务负载 $W_{\mathrm{inf}} < \mathrm{load}(P_i) < W_{\mathrm{sup}}$ 时,节点处于适载状态,不接收其他节点的迁移任务,也不请求迁移自己的计算任务。

③ 当节点计算任务负载 $\mathrm{load}(P_i) > W_{\mathrm{sup}}$ 时,节点处于重载状态,需要迁移计算任务到其他节点完成。

不均衡度定义:通过节点定义负载值,计算所有节点的负载值方差作为负载不均衡度的衡量

$$\Omega = \frac{100}{N} \sum_{i=1}^{N} (\mathrm{load}(P_i) - \frac{1}{N} \sum_{i=1}^{N} \mathrm{load}(P_i))^2 \tag{10-17}$$

不均衡度可以较好体现节点实时队列的任务情况,不均衡度越高,各个节点计算任务队列的长度越大。

3. 多级边缘计算迁移机制

（1）多级边缘计算迁移流程

多级边缘网络计算任务迁移的流程如图 10-11 所示。终端将计算任务卸载至近端

边缘计算节点,在近端边缘计算节点能力范围内为其提供计算卸载服务。同时近端天基边缘节点周期性收集已经接入的地基边缘节点负载信息,监控发现异常后通过所提算法进行轻载节点和重载节点的匹配。天基近端边缘计算节点反馈给各个过载节点匹配结果后,各个节点开始迁移计算任务至匹配的边缘计算节点,完成处理后将计算结果返回。

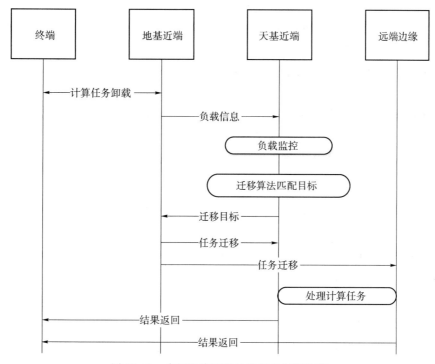

图 10-11 多级边缘网络计算任务迁移流程

(2)多级边缘计算迁移机制

考虑到低轨卫星的高速移动,与地面节点相对位置实时变化,所设计的负载均衡算法必须要足以有效应对卫星和地面节点大概每十分钟一次的切换。如果以计算任务为中心进行负载均衡的分配,调度复杂度无疑较高,而且在卫星切换后计算已经迁移的计算任务的迁回就需要对每个任务进行处理,这样无疑会造成作为调度中心节点的低轨卫星的大量开销。

基于低轨卫星的特点,设计一种基于节点匹配的负载迁移策略。完成匹配后,重载节点在周期内对轻载节点持续迁移计算任务。不管两个节点在周期内切换至哪一颗卫星,由于低轨卫星端到端通信机制完善,地面节点都可以快速路由迁移已完成的计算任务。

表 10-2 为地面计算节点和卫星调度节点周期交互负载表,低轨卫星周期性对控制范围内的地面计算节点进行负载信息收集,并对重载节点和轻载节点进行匹配以迁移计算任务。

表 10-2　星地周期交互负载表

节点编号	接入卫星	节点性能	队列任务数	周期任务数	负载状态
N_1	S_1	$L(N_1)$	M_1	轻载	轻载
...	...	...	...	...	...
N_n	S_n	$L(N_n)$	M_n	重载	重载

多级边缘计算迁移机制描述如下：

低轨卫星周期性收集接入的地面节点的负载信息,确定实时负载值,写入负载统计表中,将统计表中重载节点依据负载由大到小写入重载表,轻载节点依据负载由小到大写入轻载表。

遍历重载表,依次从轻载表中取出一个节点与重载表节点匹配,若轻载表中非空且重载表遍历完毕,则循环遍历重载表直至轻载表为空。

依据第二步,每个重载节点匹配对应了多个轻载节点,计算出它们的平均负载：

$$\overline{w} = \sum_{k=1}^{n} w_k / \sum_{k=1}^{n} f_k \qquad (10\text{-}18)$$

依据计算得到的平均负载,判定每个轻载节点是否参与计算任务迁移：

$$z_j = \overline{w} f_j - w_j \qquad (10\text{-}19)$$

如果计算结果大于 0,则节点 j 参与计算任务迁移。每个参与迁移的轻载节点选出后,重载节点 i 迁移到轻载节点 j 的迁移比例为

$$P_{ij} = (\overline{w} f_j - w_j) / w_i \qquad (10\text{-}20)$$

依据匹配结果通知迁移节点双方,发送迁移指令；

计算节点收到迁移信令,开始迁移计算任务。

10.5　星地融合网络计算卸载面临的机遇和挑战

虽然 5G 网络给全世界约 20 亿客户带来丰富的移动宽带业务,包括关键环境中高可用性与低时延的业务。但是当前 5G 网络受投资成本和技术的制约,使得网络覆盖范围受限。对于没有网络覆盖却有数据传输需要的特殊区域,由于无法设置地面公用的通信基站,例如荒漠、林地、海洋等,将面临规模庞大、形式复杂多变的业务数据需要,比如人类科考项目的数据。并且在此类地区的物联网终端还必须广泛配备设备,例如对陆源入海污染物的即时监测与反馈等。但由于此类区域并没有地面移动通信系统的有效覆盖,也使得依赖于陆地移动通信网络的典型 MEC 方式并不能有效运用在这些偏远地区领域。

面对这些偏远地区领域,日日进行计算功能的设备会招致电池和计算资源的限制。由于对设备计算能力的需求增长,更多智能应用诞生,这些智能设备把计算能力迁移到云上,即所谓的移动云计算。可惜的是,云一般离终端用户设备很远,造成对延时敏感应用的高延时、恶劣的用户使用质量。随着新型产品出现,包括物联网(IoT)、增强现实

（AR）、虚拟现实（VR）以及 4K/8K 视频传输服务等的开展，用户终端的计算能力和续航水平都成了消费者体验升级上的主要问题。在一般非地面网关的透传方式下，卫星作为地面网关和系统主机之间的中继结点，并采用了中继请求为地面云数据中心服务的方式，浪费了大量带宽并造成了使用者难以忍受的响应延时和功耗。

为实现无缝覆盖和连续性好的网络服务，卫星通信系统将作为未来 5G/6G 网络的重要补充。相比传统的云模式，可以建立 LEO 卫星边缘计算环境，即卫星通信系统将计算能力赋予 LEO 卫星，使得负责计算的设备更加靠近使用者。在 LEO 卫星上的 MEC 则是把运算层延伸到了更靠近客户端设备的位置。MEC 还实现了分层运算：移动装置、边界结点和云，从而构成了以边缘为核心的运算层，并未对任何延迟高度敏感性的计算密集型应用提出了更高效的服务保证。在 LEO 卫星节点上部署 MEC 服务器能够大大降低卫星与地面之间建立传输的频率，进而大大减少了使用者的应答延时和功耗，以便于满足用户的任务需要，而且 LEO 卫星通信网络系统的广域范围部署还能够缓解边远区域的上网需求问题。因此，在 LEO 卫星系统中，基于 MEC 的计算卸载问题可以很好地满足偏远地区对设备计算能力的需求，很好地解决了利用云进行计算时产生的时延问题。

然而星地融合网络计算卸载仍有很多问题需要解决：最简单的计算卸载方式是用户终端将需要进行计算卸载的任务上传到过顶卫星，然而这种方式可能会产生星座中负载不均衡的现象。比如在城市的用户终端可以通过移动终端接入网络，所以也就不用需要通过卫星网络来进行计算卸载了，而在海边或者边远地区就只能通过卫星网络进行计算卸载。另外全球用户的分布密度不均匀，用户业务需求繁多且特点不同，很容易使得一些卫星承载量过大，形成卫星负载不均匀的情况。对于负载过大的卫星，由于要执行大量任务，会导致卫星耗电量过大，降低处理时间，从而影响到整个卫星网络的工作效率。因此负载均衡和系统流量开销都是计算卸载需要权衡的指标。

本 章 小 结

在星地融合网络中实现 MEC 的场景与传统的地面蜂窝网络不同。为少数用户部署一个地面边缘 SMEC 服务器在经济上是不现实的。另外，低轨卫星的覆盖面积比区域卫星的覆盖面积要大，如何为星地混合中覆盖范围较广的用户提供 MEC 服务需要慎重考虑。借助卫星的覆盖优势可以考虑整合地面边缘计算资源进行更大范围计算资源的充分利用，以解决时空不均衡导致的计算资源利用不均衡，还可以据此对突发性的大量任务进行分布式处理，缩短响应延时。

本章从广域数据智能精准感知、星上计算密集型业务快速处理以及从广域宽带视频业务文件高效分发等场景出发，在阐述上述星地融合网络场景中计算卸载需求的基础上，提出星地融合网络计算卸载架构。而后，进一步深入该架构，笔者探究了计算卸载功能布局。在该架构的前提下，本章分别对星地混合计算卸载模型、星地协同计算控制群机制以及星地协同计算迁移机制进行了探究。最后，以星地融合计算现在面临的机遇与挑战总结了全章内容。

本章参考文献

[1] Turk Y,Zeydan E.Satellite Backhauling for Next Generation Cellular Networks: Challenges and Opportunities [J].IEEE Communications Magazine,2019,(57)12: 52-57.

[2] Kim T,Kwak J,Choi J P.Satellite Edge Computing Architecture and Network Slice Scheduling for IoT Support[J],IEEE Internet of Things Journal,2022,(9) 16:14938-14951.

[3] Mohammed A S,Venkatachalam K.Hubálovský S,et al. Smart Edge Computing of 6G Flagship. University of Oulu,6G White Paper on Connectivity for Remote Areas[R],2020.

[4] Mohammed A S,Venkatachalam K,Hubálovsk S,et al. Smart Edge Computing for 5g/6g Satellite IOT for Reducing Inter Transmission Delay [J]. Mobile Networks and Applications,2022:1-10.

[5] Giuffrida G,Diana L,de Gioia F,et al. CloudScout:A Deep Neural Network for On-Board Cloud Detection on Hyperspectral Images[J]. Remote Sensing,2020,12 (14):2205.

[6] Denby B,Lucia B. Orbital Edge Computing:Machine Inference in Space[J]. IEEE Computer Architecture Letters,2019,18(1):59-62.

[7] Ling L,Ma X,Huang Y. CDN cloud:A novel scheme for combining CDN and cloud computing[C]// International Conference on Measurement. IEEE,2014.

[8] Arshad S,Azam M A,Rehmani M H,et al.Recent Advances in Information-Centric Networking-Based Internet of Things (ICN-IoT)[J],IEEE Internet of Things Journal, 2019,(6)2:2128-2158.

[9] Araniti G,Bisio I,Sanctis M De,et al.Joint Coding and Multicast Subgrouping Over Satellite-eMBMS Networks[J],IEEE Journal on Selected Areas in Communications, 2018,(36)5:1004-1016.

[10] 王鹏,张佳鑫,张兴,等.低轨卫星智能多接入边缘计算网络:需求、架构、机遇与挑战[J].移动通信,2021,45(5):35-46.

[11] Wang Y,Zhang J,Xing Z,et al. A Computation Offloading Strategy in Satellite Terrestrial Networks with Double Edge Computing[C]// ICCS 2018,2019.

第 11 章
星地融合信息网络中的缓存分发

近年来,移动终端设备数量高速增长,各类业务场景不断涌现,网络中数据流量激增。面对上述挑战,接入设备数量的增加,网络带宽的提升都很难彻底解决问题,星地融合信息网络可以实现全球立体覆盖通信,并通过广播、多播等方式进行高效缓存分发,将有助于发挥星地融合网络的覆盖优势。本章首先分析了星地融合网络中缓存分发的研究现状,然后描述了两种星地融合信息网络缓存分发架构。接着,本章基于星地融合信息网络的内容分发架构详细讨论了两种缓存分发机制,即基于卫星多播的星地融合内容缓存分发策略和基于异构网络虚拟化的内容分发策略。最后,仿真结果证明两种缓存分发机制都能表现出良好的性能,并对星地融合信息网络缓存分发研究作出相应的展望。

11.1　星地融合信息网络缓存分发研究现状

在过去的四十年中,由于技术的进步和理论上的突破,互联网经历了非同寻常的变化和发展,开创了前所未有的可能性,并且已成为现代社会不可或缺的一部分,在某些情况下甚至影响和重新定义了人们日常生活的方方面面(例如通信、商业、媒体、教育、娱乐等)。但是,这种演进发展过程还没有结束,将继续朝着新的方向发展,未来将在全球通信网络引入新颖的服务和分发新型的内容。

在 5G 通信时代,这种趋势将以更快的速度持续下去。预期的流量增长主要归因于设想的服务和用例的特征。例如,向用户提供 UHD 视频流,并在拥挤的区域(例如机场、火车站、购物中心、体育场等)支持增强移动宽带(eMBB)访问。缓存已被认为是处理流量激增影响的一种方法。缓存系统(例如由网络运营商或 CDN 提供商运行的 CDN)由放置在原始服务器和最终用户之间的多个节点(服务器)组成。通常,这些缓存节点安装在用户附近(即所谓的网络边缘),并且每个节点与一组用户相关联。

缓存利用了用户请求中的冗余,在大型用户群体由于用户的共同利益而发起的聚合请求模式中更加体现出存储流行(即经常请求的)内容的重要性,以便将来的用户请求不是由远程源服务器提供,而是能够在本地得到服务。缓存将资源下沉在用户侧,减少了回程和核心网络中的流量/带宽消耗,而且减轻了内容服务器的负担。缓存方式避免了拥塞/瓶颈,具有较低的延迟和较高的吞吐量、QoS 得到改善,从而增强了可靠性(减少分组丢失和重传数量),且降低了网络运营商和内容提供商的成本。另外,分布式缓存系统通过将内容复制到多个节点来增强服务可用性。

缓存方式主要包括两种,主动缓存和响应式缓存。在主动缓存(有时称为预取)中,内容是先验地(即在发出任何明确的用户请求之前)从源服务器传输到缓存节点的。这种方法采用半静态缓存存储,该存储定期更新。通常,将数据传输到高速缓存是在非高峰时间(例如晚上)进行的。主动缓存通常用于有效分发预录制的 IP-TV 和 Over The Top (OTT)互联网电视节目。

另外,在响应式缓存中,仅在请求内容时才缓存内容。这种方法可产生动态缓存存储,并按用户请求的速率进行更新。响应性缓存通常用于有效分发存储在托管平台(例如 YouTube)中或嵌入在网页和在线社交网络(例如 Facebook)中的视频。缓存分发策略能够减少星地融合网络中的冗余数据传输,有效降低回程链路的时延和带宽消耗,实现更好的网络性能和更优的用户体验。对于广播多播类型业务,星地融合网络中通信链路中的一大部分业务是反复下载远程服务器的相同文件,解决这一问题的有效方式是利用缓存技术将流行文件缓存到地面服务器。

通过将内容缓存在网络边缘的设备中,网络实现缓存内容的重用并减少回程链路使用,减轻网络承载压力。为使有限的边缘缓存资源得到有效利用,需要设计策略解决在哪里缓存,缓存什么内容,如何更新等问题。目前大多数研究都将内容的请求热度描述为 Zipf 模型[1],优先将高请求热度的内容缓存在网络边缘,并且通过最近最少请求或者最少请求策略进行缓存更新[2]。基于以上原则,在不同研究中结合场景特点,进行了适配的调整和设计,文献[3]提出了卫星、地面两层的缓存模型,若地面缓存没有命中,则卫星通过多播将内容发送给地面缓存服务器,文章通过遗传算法进行两层模型的缓存放置决策,以最小化卫星的上行、下行带宽消耗。为进一步提高缓存效率,缓存方式逐渐向协作的方向发展,文献[4]提出了一种轻量级协同缓存管理算法,以最大限度地降低带宽成本。文献[5]研究了低轨卫星星座中多颗卫星协作服务地面终端的场景,提出分布式缓存策略,考虑了卫星之间在作个体缓存决定的相互作用,并通过博弈的交换稳定匹配算法进行缓存放置决策。还有研究考虑了社交网络带来的用户关联性,设计了社交感知协同缓存策略,使得相邻设备缓存内容差异化,再通过 D2D 的方式实现设备间的内容共享[6,7]。

与此同时,近些年兴起了许多计算密集型应用,例如语音识别、游戏、视频编解码以及智能交通业务等,但是移动设备的计算能力弱,且无法支持计算密集型应用所引起的高能耗需求,MEC Server 使得在网络边缘就近处理计算任务成为可能。根据用户与 MEC 的对应关系,可以划分为单用户单 MEC 系统、多用户单 MEC 系统以及异构 MEC 系统[8],在实际场景中大多为后两种系统。在多用户单 MEC 的系统中,如何将有限的计算资源分配给多个终端是系统设计的关键:对于集中式资源分配,MEC 服务器收集各终端的计算请求后,做出资源分配决策,为终端分配计算时间[9]或者 CPU 转数[10];对于分布式资源分配,多以总能耗和卸载延迟最小为目标,采用博弈论的方式进行分布式算法设计[11]。在异构 MEC 系统中,多层次服务器之间的协调需要重点关注:文献[12]研究了 MEC 与中心云组成的计算卸载场景,当 MEC 的计算负载超过给定的阈值时,将延时容忍任务卸

载到中心云,为延时敏感任务留出充足的 MEC 资源,以提高计算卸载成功率。文献[13]
提出的计算卸载框架,允许终端设备将计算任务卸载到多个 MEC 服务器,通过半定理论
算法进行任务分配决策。文献[14]研究了星地融合网络中的计算卸载策略,给出了三种
卸载方法,分别为:近地面卸载、星载卸载、远端地面卸载,以处理延时和系统能耗为设计
目标,对不同级别和大小的计算任务进行卸载方法选择。

在移动通信网络中,链路(Communication)、缓存(Cache)、计算(Compute)合称为
3C,是三类主要的资源。根据已有研究可知,在网络边缘进行内容缓存以及计算卸载可
以达到减小链路负载的效果,同时计算和缓存之间也存在相互影响的关系:文献[15]设计
将计算任务的结果进行缓存,可以减少计算资源的重复利用;文献[16]通过计算转码获得
视频的不同版本,避免了缓存多个版本的空间消耗。因此,联合制定资源分配策略十分必
要。文献[17]研究同时存在视频请求和计算任务业务的场景下,多个基站的关联用户竞
争 MEC 处的计算、缓存资源,以最大化 MEC 和各基站效用为目标,通过斯塔伯格博弈的
方法进行资源分配。文献[18]在软件定义的星地融合网络架构中,通过深度强化学习算
法,以最大化系统资源的效用值为目标,同时决策用户接入卫星、缓存以及计算任务执行
位置。

通过以上研究现状分析可知:虚拟网络的概念将为异构网络融合提供机遇,打破卫星
地面网络间的隔阂。同时对网络进行缓存、计算能力加强,使得网络范式从面向连接逐渐
转变为面向内容,后者强调数据处理、存储和检索能力,提高了向用户交付信息的效率和
及时性。目前已经有大量关于缓存和计算的策略,重点关注各自领域的性能提升,忽略了
各资源之间的关联性和耦合性,但星地融合网络等复杂的业务场景需要进行资源统一调
度与管控。

11.2　星地融合信息网络缓存分发架构

11.2.1　星地融合信息网络的内容分发架构

星地融合信息网络的内容分发架构如图 11-1 所示,要做以下网络设定:着眼于地面
网络的回传能力较弱的区域,探索一种基站辅助卫星网络的分发方式。卫星选用低轨星
座,有较低的固定传输时延(十毫秒量级)。用户设备为双模终端,具备直接从基站和低轨
卫星处获取服务的能力,每个用户在且仅在一个基站的覆盖范围内,所有基站均在卫星的
覆盖范围内。卫星的服务频段为 S 波段,基站拟采用 5G 的 C-band(3.4~3.8 GHz),两者
的服务频段正交。在内容分发方式方面,低轨卫星主要采用多播的方式,而基站则采用点
对点单播的方式。作为网络边缘侧,卫星和基站侧均部署有边缘服务设备,分别为 SAT-
MEC 和 BS-MEC,具备一定的边缘缓存和计算处理的能力。除此之外,图中的统计节点
是对系统周期性收集用户请求信息的逻辑上的表示,基于面向内容的网络范式中,在收集
到用户请求信息后会进行服务决策,并按照决策建立服务连接,直至完成内容发放过程。

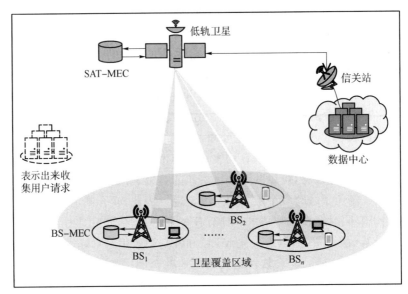

图 11-1　星地融合信息网络的内容分发架构

11.2.2　虚拟化星地融合信息网络内容分发架构

网络虚拟化(NV,Network Virtual)由虚拟局域网、虚拟专用网以及可编程网络等概念发展而来,具有异构网络兼容、灵活易扩展等良好特性。网络虚拟化的异构网络兼容包括两层含义,底层物理设施可以由异构系统组成,例如蜂窝网络、光纤以及卫星通信等,而且上述系统虚拟网络的网络协议等方面也具有异构性。这为在多种技术并存的情况下高效利用异构的物理基础设施提供了广泛的思路。(描述灵活易扩展)目前在世界范围内涌现了很多网络虚拟化的项目,例如 CABO、4WARD、PlanetLab、GENI、VETRO 等,分别从虚拟化粒度、可切割性等不同角度进行探索。为描述参与者,这些项目通常将角色按照逻辑划分为移动网络运营商(MNO,Mobile Network Operator)和服务提供商(SP,Service Provider),其中 SP 也可以表示为移动虚拟网络运营商(MVNO,Mobile Virtual Network Operator)。MNO 拥有的物理基础设施包括持牌频谱、接入网、回程网络、传输网以及核心网络等部分,MNOs 将以上资源虚拟化为一些虚拟无线网络资源。MVNO 租赁上述虚拟资源,通过编程控制等方法为用户提供端到端服务。

基于国内外大力发展天地一体化网络的背景下,协同卫星、地面网络,为用户提供服务的探索。由于目前卫星通信网络与地面通信网络隶属不同的运营商,采用新的体系架构需要协调两方的利益,在这种情况下,网络虚拟化是一种融合系统、协调异构网络资源的有效方式。通过这种方式,可以有效协调卫星通信网络和地面通信网络的资源,增强网络的可用性、稳健性。

图 11-2 是本节所提出的虚拟化星地融合信息网络分发架构。卫星网络运营商(SNO,Satellite Network Operator)和地面网络运营商(TNO,Terrestrial Network

Operator)作为网络中两个的 MNO,分别提供了频谱、边缘缓存、边缘计算等基础物理设备。MVNO 向 SNO 和 TNO 缴纳带宽、缓存和计算能力的费用,以租赁了 SNO 和 TNO 的物理资源,然后将这些物理资源虚拟化并为用户提供端到端服务,用户需要向 MVNO 缴纳虚拟网络接入费用。资源虚拟化主要依赖于资源发现与分配的相关技术,其中资源发现是指虚拟运营商试图发现网络中可用的物理资源,通过与各 MNO 不断沟通完成。网络中的用户逻辑上连接到虚拟无线网络,从虚拟网络订阅服务,但实际连接到 MNO 的基础物理设备。具体到本章研究的视频分发业务,MVNO 一方面不断收集用户产生的视频请求,另一方面进行资源发现,即 MVNO 需要对 SNO 和 TNO 的可用资源进行估计,包括链路资源、缓存资源以及视频转码所需要的计算资源等方面,并随之调整将视频分发给用户进行策略响应,本节中响应策略指上述设计的 SSD、TSD 两种分发方式。系统的最终目的是,在分配的虚拟资源不超过底层物理容量的约束,满足用户请求的同时使得 MVNO 的收益最高。

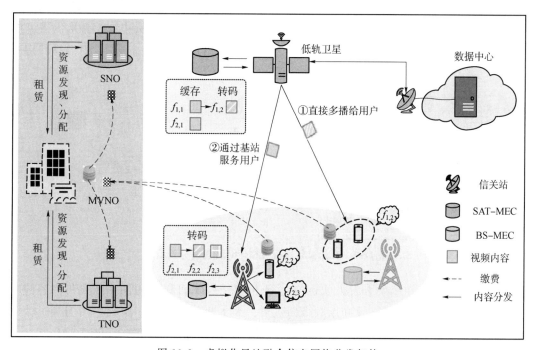

图 11-2 虚拟化星地融合信息网络分发架构

11.3 星地融合网络中的缓存分发机制

11.3.1 基于卫星多播的星地融合信息网络内容缓存分发策略

根据大量的已有研究可知,将内容缓存到网络边缘设备中可以极大地减轻了回传链路的压力,并且加快用户请求响应。但由于链路状态以及地面终端的类型不同,对于同一视频,用户可能请求了不同的版本,例如 1080P、720P 等不同清晰度以及 MP4、AVI 等不同编码格式的版本[19]。在边缘缓存空间受限的情况下,缓存视频的所有版本并不现实,因此采用计算辅助缓存的方式,利用边缘的计算能力对视频转码以满足请求。用户发出视频请求后,系统首先检查关联 MEC 是否缓存有请求的内容,如果有,需要进一步检查版本信息,若版本匹配,则发送给用户,否则 MEC 根据视频的大小、码率等参数创建计算/转码任务,将转码后的视频发送给用户。若 MEC 没有缓存视频的任何版本,则需要到数据中心请求。

为简化问题,本节中假设只能进行最高分辨率到低分辨率的视频转码,而其他版本间不能相互转换,下文中将选定的最高分辨率视频称之为元视频(basic video)。图 11-3 给出了利用计算资源转码得到用户请求视频的流程示例:用户侧发出 720P 视频的请求,接入点接收到用户的请求后首先对关联的网络边缘设备进行缓存检测,检测到网络边缘设备仅有 4K 版本的缓存,因此创建了转码计算任务,在完成转码后从边缘设备取出得到的720P 视频,并通过下行链路分发给用户。后文中,若不特殊强调某个版本,则"视频"指所有版本的统一称谓。

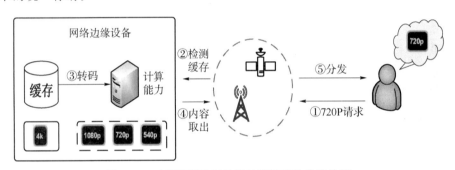

图 11-3　对元视频进行边缘计算转码并分发给用

不同于点对点单播的分发方式,点对多点的多播技术可以使用同一频段将内容同时发送给多个用户,达到了高效利用频带的效果。本文设定卫星配备多天线,并且通过波束成形的方式提供多播服务。不同于复杂的地面环境,卫星信道波动较小,通常采用莱斯信道或者高斯信道进行建模。在多播传输中,由组内信噪比最差的用户决定多播组的容量,称之为最差信噪比原则[20-22]。

对于多播来说,在最差信噪比原则下,多播组的频谱效率越低,为达到用户所需要的传输速率,卫星会相应地为该多播组分配更高的带宽,结合图 11-4 可知,多播组内用户数越多,平均下来需要分配的带宽越多。因此,尽管多播分发可以提高频谱的利用效率,但是组内用户数并不一定越多越好,需要结合实际场景进行分析。

(1)系统、资源及业务模型

星地融合网络的系统、资源和业务模型相关符号及意义总结,如表 11-1 所示。

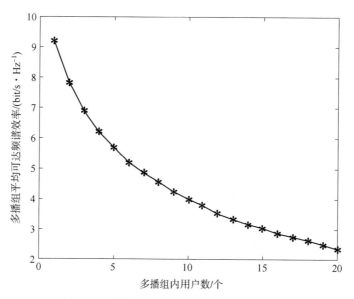

图 11-4 多播组内用户数与频谱效率的关系

表 11-1 系统、资源及业务模型的数学符号表示

符号	代表意义	符号	代表意义
$\mathfrak{B}_\mathfrak{s}$	卫星 $\mathfrak{s}$ 关联基站的集合	$D_\mathfrak{s}$	SAT-MEC 缓存空间的大小
$\mathcal{U}_n$	基站 n 关联用户的集合	$D_\mathfrak{B}$	BS-MEC 缓存空间的大小
$\mathcal{G}$	多播组的集合	$Z_\mathfrak{s}$	SAT-MEC 的计算能力
$\mathcal{U}_g$	多播组 g 的用户集合	$Z_\mathfrak{B}$	BS-MEC 的计算能力
$\mathcal{F}$	视频文件集合	$B_\mathfrak{s}$	星地链路带宽
$s_{i,v}$	i 视频 v 版本的大小	$B_\mathfrak{B}$	地面链路带宽
$P_{i,v}$	i 视频 v 版本的请求概率	C	视频的缓存状态矩阵
$\mathcal{E}$	Zipf 分布的特征指数	z_i	视频转码需要的计算能力

卫星 $\mathfrak{s}$ 覆盖范围内的基站集合为 $\mathfrak{B}_\mathfrak{s}=\{1,2,\cdots,N\}$，个数为 N。基站 n 关联用户集合为 $\mathcal{U}_n$，各基站关联的用户数的向量表示 $U_{\mathfrak{B}_\mathfrak{s}}=\{|\mathcal{U}_1|,|\mathcal{U}_2|,\cdots,|\mathcal{U}_N|\}$，卫星覆盖范围内的用户总数为 $U_\mathfrak{s}=\sum|\mathcal{U}_n|$。卫星通过多播进行服务，将某一时刻请求相同内容的地面节点划分到相同的多播组中，地面节点包括用户终端和基站，多播组集合表示为 $\mathcal{G}=\{\mathfrak{g}_1,\cdots,\mathfrak{g}_G\}$。

系统的资源表示如下，卫星处的缓存空间大小为 $D_\mathfrak{s}$，计算能力为 $Z_\mathfrak{s}$，各基站的缓存空间大小均为 $D_\mathfrak{B}$，计算能力为 $Z_\mathfrak{B}$。星地链路带宽资源为 $B_\mathfrak{s}$，各基站拥有的带宽资源为 $B_\mathfrak{B}$。

网络中视频的集合为 $\mathcal{F}$，共有 F 个，第 i 个视频表示为 f_i，每个视频有 V 个不同的版本，用 $f_{i,v}$ 表示视频 i 的第 v 个版本，对所有视频来说，v 取值 1 时表示的是元视频，网络中文件的情况表示为矩阵 F：

$$\boldsymbol{F} = (f_1 \quad \cdots \quad f_F) = \begin{pmatrix} f_{1,1} & \cdots & f_{F,1} \\ \vdots & & \vdots \\ f_{1,V} & \cdots & f_{F,V} \end{pmatrix} \tag{11-1}$$

基于 Zipf 分布建立用户的请求模型,用 P 表示用户对视频 i 的请求热度,概率描述为

$$P(i; \mathcal{E}, |\mathcal{F}|) = \frac{1/i^{\mathcal{E}}}{\displaystyle\sum_{i=1}^{|\mathcal{F}|} 1/f^{\mathcal{E}}} \tag{11-2}$$

式中,$\mathcal{E}$ 为特征指数,取值通常在 0.4 到 1.4 之间,反映了文件请求热度的聚集程度,$\mathcal{E}$ 取值越大,用户请求越聚集,请求热门文件的概率越大,设定矩阵 $\boldsymbol{F}$ 中视频的序号按照请求热度从高到低排列,那么 $\forall f_m, f_n \in \mathcal{F}$,若 $m > n$,则 $P_m > P_n$。假设同一个视频 V 个版本间的请求概率服从均匀分布,则 i 视频 v 版本的请求概率描述为

$$P_{i,v} = \frac{P_i}{V} \tag{11-3}$$

矩阵 $\boldsymbol{C}$ 用来表示视频的缓存状态为

$$\boldsymbol{C} = \begin{pmatrix} c_{1,1} & \cdots & c_{F,1} \\ \vdots & & \vdots \\ c_{1,V} & \cdots & c_{F,V} \end{pmatrix}, c_{i,v} \in \{0, 1\} \tag{11-4}$$

式中,$c_{i,v}$ 取值为 1 表示 SAT-MEC 缓存了 i 视频的 v 版本,$c_{i,v}$ 取值为 0 则表示没有缓存,视频的大小为 $s_{i,v}$。利用边缘计算资源将元视频转码为请求的视频版本,需要的计算能力表示为 z_i,可以通过 CPU 转数进行量化。

(2)缓存策略设计

卫星和地面基站作为网络边缘均配备有边缘设备,可以为用户提供更临近的服务,包括缓存和计算卸载等。为简化问题,假设仅在 SAT-MEC 处进行内容缓存。为适配视频有多个版本的业务场景,本节对常用的基于流行度缓存策略进行变形,得到两种多版本视频的缓存策略,以此选择在 SAT-MEC 处缓存的视频内容。

第一种缓存模型为元视频优先缓存(BVCF,Basic Video Cache First)策略,即在 SAT-MEC 缓存空间 D_s 受限的情况下,按照流行度从高到低优先缓存各个视频的元视频版本 $f_{i,1}$,若缓存完所有视频的元视频版本后缓存空间仍有剩余,则仍然按照流行度依次缓存各视频的剩余版本。

第二种缓存模型为高流行度优先缓存(HPCF,High Popular Cache First)策略,计算各视频各版本的请求概率 $P_{i,v}$,HPCF 将根据这一概率从高到低选择缓存的内容,概率相同则优先缓存元视频。

若缓存空间越大,可以缓存的内容越多,不同于 BVCF 策略,HPCF 缓存高流行度的内容旨在优先减少视频转码的计算消耗,其次通过缓存更多的内容尽量减少回程需求。

总体来讲,BVCF 和 HPCF 两种缓存策略的目的都是通过将内容下沉到网络边缘,缓解现有网络的压力,减少不必要的资源消耗,但两种方式各有侧重,需要根据场景选择合适的缓存策略。

（3）星地协作的分发策略

系统收集用户的请求信息后，获得了卫星 s 服务范围内所有用户的请求内容，用向量 $\boldsymbol{A}$ 记录：

$$\boldsymbol{A} = \{A_{1,1}, \cdots, A_{1, |u_1|}, \cdots, A_{N,1}, \cdots, A_{N, |u_N|}\} \qquad (11\text{-}5)$$

式中，$A_{n,j}$ 表示基站 n 关联用户 j 的内容请求信息，取值为 $f_{i,v}$，用来记录每个用户请求的视频序号。为满足用户需求，系统首先会判断 SAT-MEC 是否命中了用户请求，或者缓存有用户请求视频的元视频版本。若是，则无须通过回程链路从数据中心获取，否则需要向数据中心发送相关请求。接下来则需要按照设计的分发策略将视频按需分发给用户。

考虑视频有多个版本的业务场景，本节设计了两种卫星地面协作的分发策略，分别为卫星转码一次分发策略（SSD，Single-Step Distribute）和基站转码二次分发策略（TSD，Two-Step Distribution）。

在 SSD 策略中，卫星首先利用 SAT-MEC 的计算资源对元视频转码，得到矩阵 $\boldsymbol{A}$ 中所有用户请求的版本，然后以多播的方式直接服务用户。多播组的划分依据用户请求，请求相同视频且为相同版本的用户划分到一个多播组中，分组信息表示为

$$\mathcal{G}^u = \{\boldsymbol{\mathcal{g}}^u_{1,1}, \cdots, \boldsymbol{\mathcal{g}}^u_{i,v}, \cdots, \boldsymbol{\mathcal{g}}^u_{F,V}\} \qquad (11\text{-}6)$$

式中，$\boldsymbol{\mathcal{g}}^u_{i,v}$ 是为视频 i 第 v 个版本划分的多播组，$|\boldsymbol{\mathcal{g}}^u_{i,v}|$ 为多播组内接收节点的数量，上角标 u 表示内容接收对象为地面用户，若没有任何用户对视频 i 的 v 版本有需求，则 $\boldsymbol{\mathcal{g}}^u_{i,v}$ 为空集，不进行该内容的分发，每个用户属于且仅属于一个多播组。例如，图 11-5 左图中，SAT-MEC 缓存有视频 $f_{1,1}$，地面有用户请求了 $f_{1,2}$ 和 $f_{1,3}$，系统收集用户请求后，利用 SAT-MEC 的计算资源对 $f_{1,1}$ 转码获得 $f_{1,2}$ 和 $f_{1,3}$，然后划分了 $\boldsymbol{\mathcal{g}}^u_{1,2}$ 和 $\boldsymbol{\mathcal{g}}^u_{1,3}$ 两个多播组进行分发。

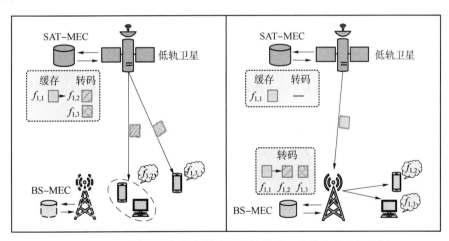

图 11-5　卫星转码一次分发策略和基站转码二次分发策略场景图

在 TSD 策略中，卫星不直接向用户传输内容，而是与基站建立连接。首先，根据矩阵 $\boldsymbol{A}$ 统计各基站关联用户请求的内容，仅将对应的元视频多播给基站，接收相同元视频的基站划分到一个多播组内，分组信息表示为

$$\mathcal{G}^b = \{ \boldsymbol{g}_1^b, \cdots, \boldsymbol{g}_i^b, \cdots, \boldsymbol{g}_F^b \} \qquad (11\text{-}7)$$

式中,$\boldsymbol{g}_i^b$ 是为视频 i 划分的多播组,$|\boldsymbol{g}_i^b|$ 为多播组内接收节点的数量,上角标 b 表示内容接收对象为基站,若没有基站对视频 i 有需求,则 $\boldsymbol{g}_i^b$ 为空集,不进行该内容的分发,一个基站可以属于多个多播组。基站收到元视频后,按照关联用户的请求利用各自的 BS-MEC 进行个性化转码,点对点分发给目标用户。例如,在图 11-5 右图中,SAT-MEC 缓存有视频 $f_{1,1}$,地面有用户请求了 $f_{1,2}$ 和 $f_{1,3}$,系统收集用户请求后,划分了多播组 $\boldsymbol{g}_1^b$,将元视频 $f_{1,1}$ 多播分发给基站,基站接收到 $f_{1,1}$ 后,在 BS-MEC 处转码为 $f_{1,2}$ 和 $f_{1,3}$,并点对点单播给用户。

综上所述,SSD 和 TSD 策略的主要区别在于视频转码位置及分发方式不同。SSD 策略在 SAT-MEC 处完成视频转码,对于所有用户请求仅需要进行一次集中的转码处理,分发时根据请求视频及版本对用户划分多播组,将请求内容直接分发给用户,消耗了较多的星地链路资源。TSD 根据请求视频对基站划分多播组,仅分发元视频给基站,再由各基站的 BS-MEC 分别进行视频转码后分发给用户,这种方式消耗了少量的星地链路资源以及地面链路资源,在视频转码方面,各个基站的计算过程具有一定的重复性,具有一定的冗余。从根本来看,是卫星和基站的地理位置差异决定了资源的利用效果不同,为进一步研究两种策略在不同场景参数下的性能表现,需要进行仿真分析。

11.3.2 基于异构网络虚拟化的内容分发策略研究

1. 虚拟网络中的资源发现与分配

网络虚拟化多应用于有线网络,其带宽资源的抽象和分割可以通过端口、链路等硬件方面的设置实现。对于无线通信网络,由于无线环境中信道状态波动,用户的移动性,广播、多播的分发方式等特点,网络资源无法简单定值分配,作为网络虚拟化的关键问题,资源发现与分配变得更为复杂。针对本章所研究的虚拟星地融合网络,资源发现与分配过程存在以下问题。

(1) 卫星通过多播的方式进行内容分发,多播的频谱效率由组内信道状态最差的用户决定,为达到设定的传输速率,则需要分配相应的带宽。随着多播组内用户数的增多,为多播组分配的带宽以非线性的趋势增大。

(2) 卫星和基站都配备了一定的缓存、计算能力,但由于分发方式和面向的用户群体不同,卫星和基站处的资源会有不同的效益。以视频转码为例,对于用户群体内一个需要进行转码的视频请求,在卫星覆盖范围内,SSD 策略仅需要利用 SAT-MEC 转码一次,而在 TSD 策略中则需要用户群体关联的各个基站分别转码一次。也就是说对于网络中的一组请求,所需的资源总量以及各 MNO 的资源量有很大差异。

这些都为虚拟化网络中的资源发现与分配带来了挑战。在资源充足的情况下,MVNO 可以仅依据最大收益目标进行决策,但对于资源紧张的情况,需要在资源约束下决策,会选择消耗资源量小的策略。若用户需求增多,超出 MVNO 的承载能力,MVNO 需要选择部分用户排队等待服务。但是考虑到虚拟星地融合网络中资源难以汇聚、估计的特点,MVNO 不易判断资源的充足与否。本节给出一种概率估计星地融合网络承载能力的方法：在解空间 G 中，随机选择 k 个解向量进行约束条件判断，若满足约束条件的比例高于设定的门限值 T，则判定 MVNO 可以提供满足所有用户需求的资源，反之则判定资源不足，此时从本次服务队列中随机选择 w 个用户加入下一次服务的队列，重复以上过程直到满足门限条件。在确定本次服务的所有用户后，按照策略进行分发决策。

2. 星地融合的内容分发策略建模

基于上一节给出的系统、业务以及资源相关的数学模型，本小节依据一种统一的资源评价模式，对星地融合网络虚拟运营商的营收进行数学建模，涉及的数学表达和描述参照表 11-2。

表 11-2 所示的虚拟化的星地融合网络中，主要涉及边缘处理设备的缓存、计算资源以及各种链路资源，将从这三个方面进行 MVNO 收益建模，并作为本章的优化目标。为简化问题，本节的缓存方案假设为在 SAT-MEC 处仅缓存各视频的元视频。

表 11-2 系统资源及费用的数学符号表示

符号	代表意义
B^s	MVNO 向 SNO 租赁的星地链路带宽
B_n^g	MVNO 向 TNO 租赁的第 n 个基站的带宽
$\Re$	为保证用户体验，MVNO 向用户保证的服务速率
c	视频转码所需要的计算资源，通过 CPU 转数量化
α_u	用户向 MVNO 缴纳的虚拟网络接入费用，units/(bit/s)
β_s	MVNO 向 SNO 支付租赁带宽资源的费用，units/Hz
β_g	MVNO 向 TNO 支付租赁带宽资源的费用，units/Hz
γ	MVNO 向 MNOs 支付租赁回程链路的费用，units/(bit/s)
Ψ_s	MVNO 向 SNO 支付租赁缓存资源的费用，units/MB
Ψ_g	MVNO 向 TNO 支付租赁缓存资源的费用，units/MB
ψ_s	MVNO 向 SNO 支付租赁计算资源的费用，units/Gigacycles
ψ_g	MVNO 向 TNO 支付租赁计算资源的费用，units/Gigacycles
m	SNO 资费定价是 TNO 的几倍

（1）链路资源

用户为获得内容分发服务，则需要向虚拟网络运营商缴纳接入费用，MVNO 集成 SNO 和 TNO 的资源，但对于用户来说并不关注获取的内容是来自卫星多播还是基站，因此不论用户以什么样的途径获取了内容，都以相同的费用向 MVNO 缴纳接入费用。为保证用户体验，本文按照频谱效率为用户分配带宽，以满足 $\Re$ 的传输速率。MVNO 需要向 MNOs 缴纳租赁带宽的费用，对于 MVNO 来说是系统的支出。

（2）缓存资源

为了给用户提供更临近的服务，MVNO 向 MNOs 租赁了网络边缘服务设备的缓存空间，缓存了部分视频内容，需要向 MNOs 缴纳缓存的租赁费用。

（3）计算资源

MVNO 向 MNOs 租赁了网络边缘服务设备的计算能力，以满足视频转码需求，需要向 MNOs 缴纳计算资源的租赁费用。

缓存和计算为 MVNO 带来的收益主要体现为回程资源消耗的减少,这是由于将内容缓存到网络边缘,并且通过视频转码使得用户请求在网络边缘得到了更高的命中率,极大地减少了通过回传链路向数据中心请求的网络压力。

考虑到卫星发射以及部署边缘设备的成本,SNO 为卫星的带宽资源以及边缘缓存、计算设定的单价相较 TNO 更为昂贵。为结合这一现状进行更合理的建模将卫星资源的定价对应的设定为地面的 m 倍。

根据以上模型,可以分别得到当视频 i 采用 SSD 和 TSD 两种策略进行分发时,MVNO 的收益表示。

对于 SSD 策略,MVNO 的收入主要包括用户接入虚拟网络所需要缴纳的费用,以及边缘缓存、视频转码减少的回程费用。支出包括卫星多播需要向 SNO 租赁星地链路带宽,SAT-MEC 的缓存空间以及视频转码的计算费用,则 MVNO 的收益表示为

$$E^i_{\text{SSD}} = G^{\text{access}}_U + G^{\text{cc}}_M - C^B_M - C^{\text{cache}}_M - C^{\text{comp}}_M$$

$$= \sum_{v=1}^{V} \sum_{u=1}^{|\boldsymbol{g}^u_{i,v}|} \alpha \cdot \mathfrak{R} + \gamma \cdot p_i \cdot \mathfrak{R} - \beta_{\mathfrak{s}} \cdot \sum_{v=1}^{V} \frac{\mathfrak{R}}{\log_2(1 + \min \Lambda'_{\boldsymbol{g}^u_{i,v},m})} - \qquad (11\text{-}8)$$

$$\Psi_{\mathfrak{s}} \cdot s_{i,1} - \psi_{\mathfrak{s}} \cdot \sum_{v=2}^{V} I_{\text{SSD}}(i,v) \cdot z_i$$

式中,$\boldsymbol{g}^u_{i,v}$ 为对请求视频 i 的 v 版本划分的多播组,$\Lambda'_{\boldsymbol{g}^u_{i,v},m}$ 表示多播组内用户的信噪比,多播束根据最差信噪比的用户决定频谱效率,$s_{i,1}$ 为视频 i 元视频的大小,$I_{\text{SSD}}(i,v)$ 用来判断卫星服务范围内是否存在用户请求,$f_{i,v}$、z_i 表示视频转码所需 CPU 消耗。

对于 TSD 策略,MVNO 的收入主要包括用户接入虚拟网络所需要缴纳的费用,以及边缘缓存、视频转码减少的回程费用。系统支出包括卫星多播到基站和基站单播到用户所需要租赁带宽的,卫星处缓存以及基站处视频转码的计算费用。MVNO 的收益表示为

$$E^i_{\text{TSD}} = G^{\text{access}}_U + G^{\text{cc}}_M - C^B_M - C^{\text{cache}}_M - C^{\text{comp}}_M$$

$$= \sum_{n=1}^{N} \sum_{u=1}^{|\mathcal{U}_n|} \alpha \cdot \mathfrak{R} + \gamma \cdot p_i \cdot \mathfrak{R} -$$

$$\beta_{\mathfrak{s}} \cdot \frac{\mathfrak{R}}{\log_2(1 + \min_{m \in \boldsymbol{g}^b_i} \Lambda'_{i,m})} - \beta_{\mathfrak{g}} \cdot \sum_{n=1}^{N} \sum_{u=1}^{|\mathcal{U}_n|} \frac{\mathfrak{R}}{\log_2(1 + \Lambda'_{n,u})} - \qquad (11\text{-}9)$$

$$\Psi_{\mathfrak{s}} \cdot s_{i,1} - \psi_{\mathfrak{g}} \cdot \sum_{n=1}^{N} \sum_{v=2}^{V} I_{\text{TSD}}(n,i,v) \cdot z_i$$

式中,$\mathcal{U}^i_n$ 为基站 n 内请求视频 i 各个版本的用户集合,$\boldsymbol{g}^b_i$ 为对请求视频 i 划分的多播组,接收者为基站,$\Lambda'_{i,m}$ 表示多播组内接收设备的信噪比,$\Lambda'_{n,u}$ 表示基站 n 内用户 u 的信噪比,$I_{\text{TSD}}(n,i,v)$ 用来判断基站 n 的关联用户是否请求,$f_{i,v}$、z_i 表示视频转码所需 CPU 转数。

综上所述,本小节分析了系统中的各项收益和支出,并通过统一系数对各类资源进行单位统一,并进行加和,最终获得关于缓存、计算以及链路资源的综合效用函数。

由于 SSD 和 TSD 两种分发策略在缓存、计算以及链路资源等方面的消耗有不同的表现,且受业务特征的影响:SSD 相对于 TSD 有更低的资源消耗,而且在用户密度高、内容请求集中的场景优势更明显,而 TSD 虽然有更多的资源消耗,但是资源较为廉价。因

此本章将在虚拟化的星地融合网络中融合这两种分发方式,以期待实现优势互补,MVNO 获得更高的系统收益。系统将用 SSD 的方式分发部分视频,其余视频则采用 TSD,表示为决策向量 $\boldsymbol{X} = \{\mathcal{X}_i \in \{0,1\} | i = 1, \cdots, F\}$,其中 $\mathcal{X}_i$ 取为 1 意味着视频 i 采用 SSD 的方式,$\mathcal{X}_i$ 取为 0 则采用 TSD,则 MVNO 的收益可以表示为

$$U = \sum_{i=1}^{F} (\mathcal{X}_i \cdot E_{\mathrm{SSD}}^i + (1 - \mathcal{X}_i) \cdot E_{\mathrm{TSD}}^i) \tag{11-10}$$

由于网络中的缓存空间、计算能力以及带宽资源受限,优化目标函数需要满足一些约束条件。$\mathcal{C}_1$ 表示在卫星处缓存的内容要小于缓存空间大小 D^{s},$\mathcal{C}_2 \mathcal{C}_3$ 分别表示在卫星和各基站处进行视频转码利用的计算资源小于各 MEC 的最大计算能力,$\mathcal{C}_4 \mathcal{C}_5$ 则对网络中的链路资源进行约束,卫星多播和各基站单播时不能超过最大带宽,表示为

$$\mathrm{s.t.} : \mathcal{C}_1 : \sum_{i \in \mathcal{F}} c_{i,1} s_{i,1} \leqslant D^{\mathrm{s}}$$

$$\mathcal{C}_2 : \sum_{i \in \mathcal{F}} \sum_{v=2}^{V} \mathcal{X}_i \cdot I_{\mathrm{SSD}}(i,v) \cdot z_i \leqslant Z^{\mathrm{s}}$$

$$\mathcal{C}_3 : \sum_{i \in \mathcal{F}} \sum_{v=2}^{V} (1 - \mathcal{X}_i) \cdot I_{\mathrm{TSD}}(n,i,v) \cdot z_i \leqslant Z_n^{\mathrm{grd}}, \forall n \in N \tag{11-11}$$

$$\mathcal{C}_4 : \sum_{i \in \mathcal{F}} \mathcal{X}_i \cdot b_{i,v}^{\mathrm{s}} + \sum_{i \in \mathcal{F}} (1 - \mathcal{X}_i) \cdot b_i^{\mathrm{s}} \leqslant B^{\mathrm{s}}$$

$$\mathcal{C}_5 : \sum_{i \in \mathcal{F}} \sum_{u=1}^{|\mathcal{U}_n|} (1 - \mathcal{X}_i) \cdot b_{n,u} \leqslant B_n^{\mathrm{g}}, \forall n \in N$$

所设定的优化目标是探求选择向量 $\boldsymbol{X}$,对网络中各视频 $\mathcal{F}$ 的分发方式进行决策,使得虚拟网络运营商的净收益最大。

1)两种基础选择算法

两种基础的内容分发方式选择算法分别是:随机选择的算法和基于内容流行度选择的算法,两种算法均按照比例 p 选择部分视频采用 SSD 的转码-分发方式,剩余视频采用 TSD 的方式。

随机选择算法是指,系统依据随机的方法进行选择。

对于基于内容流行度选择的算法,系统依据流行度 P_i 对视频从高到低进行排序,从具有最高流行度的视频开始,依次选择比例为 p 的视频采用 SSD 的分发方式,剩余采用 TSD。这一选择方式,是基于第 2 章的结论,对于同一视频,若请求的用户越多,采用卫星集中转码和多播的分发方式可以有更好的资源利用效率。

2)基于离散粒子群的分发策略选择算法

粒子群优化算法(PSO,Particle Swarm Optimization)属于启发式算法中的群体智能优化算法。PSO 将求解问题的探索空间看作鸟群的飞行空间,将鸟群抽象为没有质量与大小的粒子,每个粒子表示求解问题的一个可行解,寻求最优解的过程即为鸟群觅食的过程。在 PSO 中,粒子间通过信息共享机制获得全局信息,粒子同时受到自身经验和群体经验的指导,不断改变粒子速度和位置,使得种群不断向最优解的方向靠拢。具有全局搜索能力强的特点,不易陷入局部收敛,且收敛速度快。PSO 算法是基于连续空间进行探索,

对于离散的解空间,有学者提出了离散粒子群优化算法(BPSO,Discrete Binary Particle Swarm Optimization),将离散问题的空间映射到连续空间,并做一些修改,在 BPSO 中,粒子速度的更新公式保持不变,但粒子状态空间的取值只能为 0 或 1。

在迭代的过程中,每个粒子都会进行速度和位置更新。粒子的速度主要包括三个部分,第一部分是粒子的惯性,体现粒子维持原有速度的趋势,第二部分为粒子的自我认知属性,表示粒子向个体历史最优方向移动的趋势,体现了粒子的局部搜索能力,第三部分为粒子的社交属性,反应粒子向群体最优方向移动的趋势,体现了算法的全局搜索能力。在获得了下一时刻的速度后,用当前粒子的位置向量加速度向量即可得到下一时刻的位置。

对于 BPSO 算法,需要对粒子的位置更新做一些改变,首先对粒子的速度进行转化,通过 sigmoid 函数依次将速度每个维度的值都映射到 0~1 之间,然后根据概率将值归于 0 或 1。当算法达到最大迭代次数或达到计算精度时,停止迭代,并且输出结果。

基于离散粒子群算法的基本原理,结合本章研究场景,本节给出了虚拟化的星地融合网络中基于离散粒子群的分发策略选择算法,如图 11-6 所示,算法主要分为虚拟网络资源能力匹配和分发策略选择决策两个部分,具体流程如下:

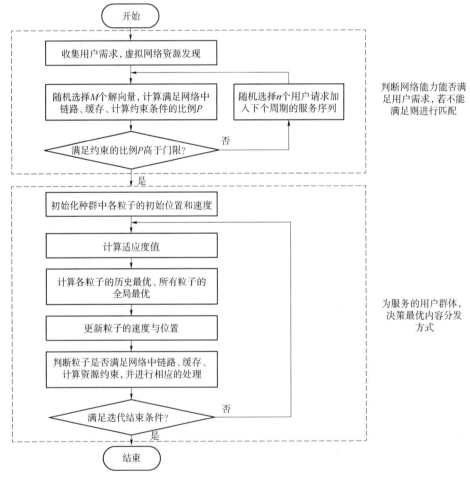

图 11-6 基于离散粒子群的分发策略选择算法流程图

（1）虚拟网络资源能力匹配

在收集用户需求并且进行虚拟网络资源发现之后，判断虚拟网络的能力是否可以承载所有用户需求。判断方式为在解空间中随机选择 M 个解向量，分别计算是否满足网络资源的约束条件，并计算满足约束的解向量所占比例，若该比例高于设定的门限值则认为网络资源充足，可以满足所有用户的请求，进入下一步。否则，认为网络资源不足，在卫星覆盖范围内随机选择 q 个用户加入下个周期的服务序列，再次判断资源是否充足，重复进行这个过程，直到满足门限条件。

（2）分发策略选择决策

首先进行参数设置：假设共有 N 个粒子，探索空间维数为视频数 F，最大迭代次数为 G，学习因子为 c_1 和 c_2，粒子速度限定在 $[v_{\min}, v_{\max}]$ 间，惯性权重限定在 $[\omega_{\min}, \omega_{\max}]$ 间，适应度函数为优化目标 MVNO 的收益 U。随后初始化种群的速度和位置，并计算初始位置的适应度值，设置各粒子的历史最优 p_{best}^i 和种群的历史最优 g_{best}。初始化完成后进入迭代过程，根据公式进行粒子的位置、速度更新，计算新位置下粒子的适应度值，并更新各个粒子的历史最优和种群的历史最优，不断重复这个过程直到满足迭代停止条件。整个过程需要保证粒子满足边界条件。

在完成以上两部分后，输出仿真结果，得到 MVNO 可以获得的最大收益，并且给出取得最大收益时的选择向量 $\boldsymbol{X}$。

11.4　仿　真　验　证

11.4.1　基于卫星多播的星地融合内容缓存分发策略仿真验证

本章基于视频有多个版本的业务场景先后提出了缓存策略和转码—分发策略，本节选用以下几个指标对星地协作网络的性能进行评估，分析各策略的优劣及适用场景。

（1）缓存资源消耗 W_{cache}

用来衡量在边缘设备缓存内容带来的资源消耗情况，该值越大表示在边缘缓存内容造成的消耗越多，单位为 MB。在本章仅考虑了在 SAT-MEC 处缓存内容，因此 W_{cache} 为在 SAT-MEC 缓存内容的大小。

（2）计算资源消耗 W_{comp}

用来衡量利用边缘设备进行视频转码带来的资源消耗情况，该值越大表示视频转码过程消耗的计算资源越多。在 SSD 策略中，若地面用户请求 $f_{i,v}$ 且在 SAT-MEC 处没有缓存，才需要通过对 $f_{i,1}$ 转码来获取，$I_{\text{SSD}}(i,v)$ 用来判断卫星服务范围内是否由用户请求了 $f_{i,v}$。在 TSD 策略中，W_{comp} 为各个基站计算资源消耗的总和，每个基站仅需要消耗计算资源获取关联用户的请求内容，$I_{\text{TSD}}(n,i,v)$ 用来判断基站 n 的关联用户是否请求了 $f_{i,v}$。

（3）下行链路带宽消耗W_{dl}

用来衡量从基站或者卫星分发至用户所消耗的带宽资源，该参数值越小说明将内容分发给用户消耗的带宽资源越少，即系统以更高效的方式完成了内容分发。在 SSD 策略中，卫星划分多播组后，若没有用户请求$f_{i,v}$，多播组$\boldsymbol{\vartheta}_{i,v}^u$为空，不需要分配带宽，否则根据各组用户的最差信道状态分配带宽$b_{i,v}^s$，$A'_{i,v,m}$表示多播组$\boldsymbol{\vartheta}_{i,v}^u$中用户$m$的信噪比，$b_{i,v}^s$加和得到卫星消耗的带宽资源$W_{dl}$。在 TSD 策略中，卫星划分多播组后，若不需要向任何基站发送$f_{i,1}$，则多播组$\boldsymbol{\vartheta}_i^b$为空，不需要分配带宽，否则根据各组基站的最差信道状态分配带宽b_i^s，再由基站分配带宽$b_{n,u}^b$给用户，b_i^s与$b_{n,u}^b$求和得到 TSD 策略消耗的带宽资源W_{dl}。

本小节给出了星地融合网络中有关缓存策略、转码分发策略的一些仿真结果，主要从网络中资源的消耗角度进行评价，给出了不同策略的性能对比。

1）各基站关联用户数对网络性能的影响

图 11-7 从上到下三幅子图分别为缓存空间固定时，随用户个数增多，网络中的计算、下行链路和回程资源消耗的变化曲线。SAT-MEC 处的缓存空间大小设置为 20 MB，网络中视频的个数$F=15$，每个视频具有的版本数$V=4$。总体来看，随着用户数密度增大，不同策略下三类资源的消耗都呈增大趋势。对比 SSD 和 TSD 两种转码-分发策略下可知，SSD 相较 TSD 在计算资源和下行链路带宽资源消耗方面增长趋势更缓慢，但用户数越多，两者拉开的差距越大，说明了 SSD 在高用户密度场景具有优势。

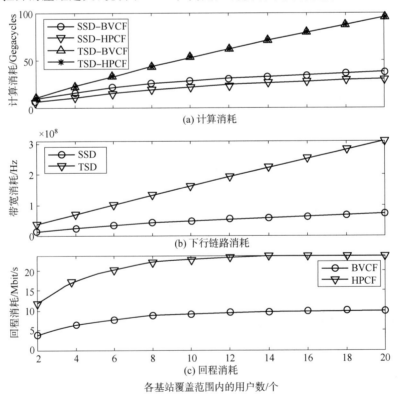

图 11-7　用户数对网络性能的影响

2）网络中视频的个数对网络性能的影响

图 11-8 从上到下三幅子图分别为缓存空间固定时,随视频个数增多,网络中的计算、下行链路和回程资源消耗的变化曲线。SAT-MEC 处的缓存空间大小设置为 20 MB。总体来看,随着网络中视频数 F 的增多,不同策略下三类资源的消耗都呈增大趋势。①在计算消耗方面,随 F 的增大,SSD 的计算消耗会有明显的提高,这是由于 F 越大,用户的请求越分散,对于仅有一个用户的请求,也需要在 SAT-MEC 进行一次转码处理。视频数 F 对 TSD 基本没有影响,是因为基站关联用户数较少,请求聚集与否的影响较小。由分析可知,在用户请求分散的场景下,SSD 的优势会减弱。②在下行链路带宽消耗方面,SSD 的增长却不明显,这是因为虽然用户请求越分散,多播组数会增多,但各多播组内的用户数会有一定程度的减少,由图 11-4 多播组内用户数与频谱效率的关系可知,用户数越少,多播组平均可达频谱效率越高,为达到传输速率需要所划分的带宽越小,因此出现了这样的结果。③在回程资源消耗方面,若 SAT-MEC 足够缓存 F 个视频的元视频,BVCF 策略下不需要到数据中心请求,优于 HPCF。

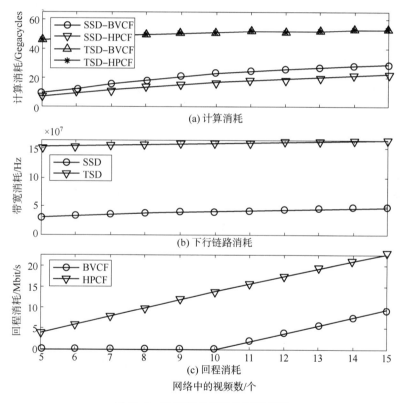

图 11-8 视频数对网络性能的影响

11.4.2 基于异构网络虚拟化的内容分发策略研究

本小节为虚拟化星地协作网络中有关内容分发的一些仿真结果,主要从 MVNO 的营收、向 MNOs 缴费角度进行评价。

（1）各基站关联用户数对网络性能的影响

图 11-9 给出了不同用户数时，MVNO 向 MNOs 租赁资源所需缴纳的费用值。图 11-9（a）为 SSD 与 TSD 两种策略下，视频转码消耗的计算资源对应的费用值。可以看出，随着用户数增多，两种策略的计算费用都呈增大趋势：TSD 近似线性增长，在用户数较少时有很大优势；SSD 在用户数少时，计算费用就很高，但其增长趋势较慢，且逐渐趋于平稳。图 11-9（b）为内容分发过程消耗的链路资源对应的费用值。随着用户数增多，两种策略所需缴纳的链路费用都呈增大的趋势，类似于计算费用，TSD 在用户数少时费用更低，SSD 则在用户数更多的情况下性能更优。结果符合逻辑。

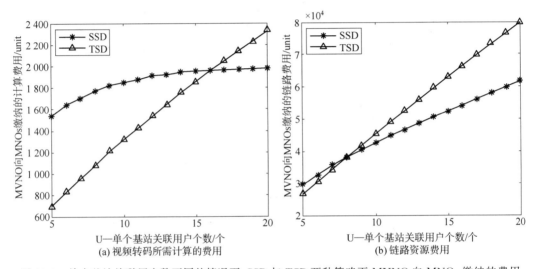

图 11-9　单个基站关联用户数不同的情况下，SSD 与 TSD 两种策略下 MVNO 向 MNOs 缴纳的费用

（2）网络中视频个数对网络性能的影响

图 11-10 为不同 m 的取值下，MVNO 系统收益随网络中视频个数增多的结果图。总体来看，随着网络中视频个数 V_n 的增大，MVNO 收益呈减少的趋势，且相对于 TSD，SSD 减小的速度更快，由此可知 SSD 适用于 V_n 较小的场景，此时用户的请求更为集中，卫星多播效果更好，TSD 则恰恰相反。对比四幅子图，可以发现随着 m 值的提高，在低 V_n 值时，SSD 相较于 TSD 的优势逐渐减弱。

图 11-11 为资源受限的情况下，设定不同门限值时，基于离散粒子群的分发策略选择算法的结果图。从图中可以看出，随着每个基站关联用户数的增多，MVNO 的收益可以分为两段，首先随用户数增多呈增大的趋势，这是由于系统尚未达到饱和，用户越多带来的收益越多，随后呈现渐变平缓的趋势，这时系统能力逐渐达到了饱和，对于超过系统能力的用户，进行了排队等待。对比三条线可以看出，随门限 th 增大，MVNO 的收益最终平稳到一个更大的值，此时算法也许选择了一个无约束条件下的次优解，但能够服务更多的用户仍然会带来更高的收益。

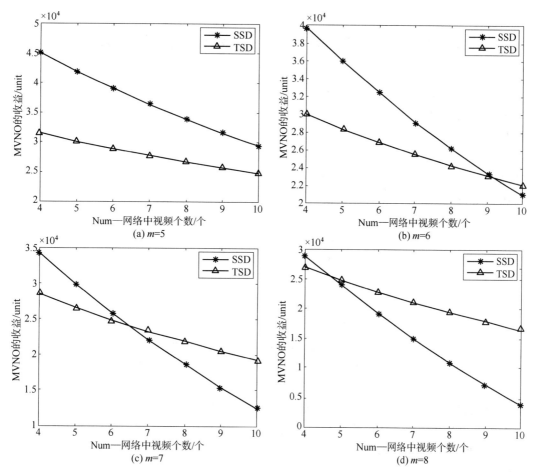

图 11-10 网络中视频个数 Num 取不同值时，SSD 与 TSD
两种策略下 MVNO 的收益，各子图区别为卫星是地面资费定价的倍数 m

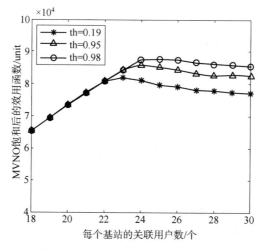

图 11-11 基于离散粒子群的分发策略选择算法中，设定不同门限值时的结果

11.5 星地融合信息网络缓存分发研究展望

由于卫星网络的高动态性和地面网络存在较大差异,因此在星地融合信息网络的缓存分发研究中,为了两者更好地协同合作,在很多方面都具有一定的研究价值,需要更深入地研究探索[23,24]。

(1)针对卫星高动态性的研究,对于低轨卫星而言,始终高速运动。因此,对于某一个地面区域而言,某一时间其可接入卫星可能会有多颗。因此,需要考虑合理的星地接入切换策略与卫星的缓存内容替换相结合,更好地实现服务的无缝衔接。

(2)星地融合信息网络缓存分发研究策略除了从优化用户体验体验的角度考虑,能量的消耗也是需要优化的重要指标。MEC 的缓存更新、内容分发、计算等过程都需要消耗能量。因此从绿色通信的角度考虑,在完成用户基本需求的情况下,需要同时考虑能效问题。

(3)卫星星座设计的趋势越来越复杂,卫星之间可以通过协作的方式为用户分发内容,需要设计星间协作缓存与分发策略,以最低的缓存、链路资源消耗满足用户的请求。

(4)在实际的星地融合信息网络中,存在低轨、中轨、同步地球轨道三层卫星的部署,其服务周期,运动规律都有所不同,因此其服务优势和控制能力都存在一定程度上的区别。若能将多层的卫星网络进行更好地融合,实现更加完整、精细的资源分配和分发策略设计,将会使星地融合信息网络的性能得到极大的提升。

(5)卫星和地面基站均部署有网络边缘设备,可以进一步考虑卫星、基站两级 MEC均进行边缘缓存、计算处理的场景之中,缓存分发策略应该如何设计。同时,也可以进行业务场景的拓展。在不同场景中,进行不同类型资源的协同分配。

本 章 小 结

本章首先介绍了星地融合信息网络中缓存分发技术的研究现状;然后给出了星地融合的内容分发网络架构,对网络能力进行了设定;接下来给出了视频有多个版本的业务场景下利用计算资源辅助缓存的方法;进而介绍了两种星地融合网络中的缓存分发机制并给出了仿真验证;最后讨论了星地融合信息网络缓存分发的未来研究方向。

本章参考文献

[1] Breslau L,Pei C,Li F,et al. Web caching and Zipf-like distributions:evidence and implications[C]// Infocom 99 Eighteenth Joint Conference of the IEEE Computer & Communications Societies IEEE. IEEE,2002.

［2］ Andriana，Ioannou，Stefan，et al. A Survey of Caching Policies and Forwarding Mechanisms in Information-Centric Networking［J］. IEEE Communications Surveys & Tutorials，2016.

［3］ Hao W，Jian L，Lu H，et al. A Two-Layer Caching Model for Content Delivery Services in Satellite-Terrestrial Networks［C］// GLOBECOM 2016—2016 IEEE Global Communications Conference. IEEE，2016.

［4］ Distributed Caching Algorithms for Content Distribution Networks［C］// 2010 Proceedings IEEE INFOCOM. 0.

［5］ Liu S，Hu X，Wang Y，et al. Distributed Caching Based on Matching Game in LEO Satellite Constellation Networks［J］. IEEE Communications Letters，2018，22（2）：300-303.

［6］ Zhang C，Wu D，Ao L，et al. Social-Aware Collaborative Caching for D2D Content Sharing［C］//2017 17th IEEE International Conference on Communication Technology，IEEE，2017.

［7］ Zhong G，Jian Y，Kuang L. QoE-driven social aware caching placement for terrestrial-satellite networks［J］. Wireless Communication over ZigBee for Automotive Inclination Measurement. China Communications，2018，15（010）：60-72.

［8］ Mao Y，You C，Zhang J，et al. A Survey on Mobile Edge Computing：The Communication Perspective［J］. IEEE Communications Surveys & Tutorials，2017，PP（99）：1-1.

［9］ You C，Huang K，Chae H，et al. Energy-Efficient Resource Allocation for Mobile-Edge Computation Offloading［J］. IEEE Transactions on Wireless Communications，2017，16（3）：1397-1411.

［10］ Barbarossa S，Sardellitti S，Lorenzo P D. Joint allocation of computation and communication resources in multiuser mobile cloud computing［C］// Signal Processing Advances in Wireless Communications. IEEE，2013.

［11］ Xu C，Lei J，Li W，et al. Efficient Multi-User Computation Offloading for Mobile-Edge Cloud Computing［J］. IEEE/ACM Transactions on Networking，2016，24（5）：2795-2808.

［12］ Zhao T，Zhou S，Guo X，et al. A Cooperative Scheduling Scheme of Local Cloud and Internet Cloud for Delay-Aware Mobile Cloud Computing［J］. arXiv，2015.

［13］ Dinh T Q，Tang J，La Q D，et al. Offloading in Mobile Edge Computing：Task Allocation and Computational Frequency Scaling［J］. IEEE Transactions on Communications，2017，65（8）：3571-3584.

［14］ Zhang Z，Zhang W，Tseng F H. Satellite Mobile Edge Computing：Improving QoS of High-Speed Satellite-Terrestrial Networks Using Edge Computing Techniques［J］. IEEE Network，2019，33（1）：70-76.

［15］ Y Lan,Wang X,Wang D,et al. Task Caching,Offloading and Resource Allocation in D2D-Aided Fog Computing Networks[J]. IEEE Access,2019,PP（99）:1-1.

［16］ Zhou Y,Yu F R,Chen J,et al. Video Transcoding,Caching,and Multicast for Heterogeneous Networks Over Wireless Network Virtualization［J］. IEEE Communications Letters,2018,22(1):141-144.

［17］ Tang Q,R Xie,Huang T,et al. Jointly caching and computation resource allocation for mobile edge networks[J]. IET Networks,2019,8(5):329-338.

［18］ Qiu C,Yao H,Yu F R,et al. Deep Q-learning Aided Networking,Caching,and Computing Resources Allocation in Software-Defined Satellite-Terrestrial Networks[J]. IEEE Transactions on Vehicular Technology,2019.

［19］ Wei L,Cai J,Foh H C,et al."QoS-aware resource allocation for video transcoding in clouds," IEEE Transa. Circuits Sys. for Video Technol.,2017,27(1):49-61.

［20］ Zhu X,Jiang C,Yin L,et al. Cooperative Multigroup Multicast Transmission in Integrated Terrestrial-Satellite Networks[J]. IEEE Journal on Selected Areas in Communications,2018:1-1.

［21］ Lee I H,Jung H. Capacity and Fairness of Quality-Based Channel State Feedback Scheme for Wireless Multicast Systems in Non-Identical Fading Channels［J］. IEEE Wireless Communication Letters,2017:1-1.

［22］ Lee I H,Kwon S C. Performance Analysis of Quality-Based Channel State Feedback Scheme for Wireless Multicast Systems with Greedy Scheduling[J]. IEEE Communications Letters,2015,19(8):1430-1433.

［23］ 贾艺楠. 基于边缘计算的星地协作缓存与分发机制研究[D].北京邮电大学,2021.

［24］ 刘梁靖蓉. 星地协同网络下的缓存与内容分发的研究[D].北京邮电大学,2020.

第12章
卫星地面融合信息网络中频谱资源分配与管理

在信息技术高速发展的今天,随着卫星通信系统的不断进步,其所承载的业务量也逐渐增多,这导致了卫星业务传输需求的不断增长与可用频谱资源日益紧张的矛盾。解决这一重要矛盾冲突的最关键问题即应在于如何通过认知无线电技术来全面提升频谱资源的利用率。认知无线电技术目前已然成为代表了国内当下无线电卫星通信网络技术理论研究的一个新前沿热点领域,其核心思想之一体现在于,当被认知的用户能够通过无线频谱感知机制搜索定位到用户周围的无线网络环境中标注的"频谱空穴"区域时,可以确保在不明显影响已授权的用户系统正常工作通信需求的情况下,利用自身闲置的无线频谱资源有效完成用户自身系统的信息传输。而应用认知无线电的前提与基础就是频谱感知。因此,如何对频谱进行高效的检测与分配一直以来都是认知无线电技术研究的热点问题之一。传统理论认为,认知无线电以地面通信网中单个认知用户为基础,采用逐一频谱感知策略,其理论缺陷在于认知用户终端资源和地理条件会限制频谱的范围。合作频谱感知策略增大了认知用户能够感知的频谱范围,却无法同时对多个频谱的状态进行检查,实质上其仍然针对的是单一频谱。卫星的通信系统覆盖了地面的无线地面通信系统所无法完全覆盖到的地理范围,这本身就让认知用户系统对自身所处的网络环境系统中几乎所有频谱信号的实时检测能力变得愈发困难。与此同时,逐一频谱检测会对可用频谱感知造成的延时会大大增加。这就是对认知无线电频谱感知策略的传统认识无法直接用于星地融合通信网络中的原因。如何更有效地利用频谱资源,实现星地频谱资源的合理分配与管理,成为当前学界研究的重点和难点。

12.1 背景概述

12.1.1 需求分析

近几年来,由于信息通信技术高速发展,用户信息服务需求迅猛增大,因此信息传输相关资源日益匮乏[1]。同时,各个国家也积极参与不断深入对空间技术的研究,导致空间技术空前发展,空间信息网络规模日益扩大,在多行业多领域起到了积极的效果,具有十分显著的意义,例如环境检测、国土安全、教育医疗、交通管理以及工农业。当前地面通信网络的发展已经比较成熟和可靠,但也在不断暴露其局限性:地面网络受限于地形环境因素,无法实现全球性无缝覆盖。此外,拓扑结构的固定一直以来就是地面通信网络的一大弊端,如果遭受了人为损坏或者自然灾害,该地区的通信系统可能会完全瘫痪,无法满足日益增长的应急通信需求。

空天地一体化中的核心部分非卫星通信莫属,卫星网络系统是作为卫星通信的主要载体,主要功能为获取、传输以及处理信息。无线通信作为卫星通信的主要方式,其通信质量的优劣与星地融合网络中传输信息的速率和质量直接相关,频谱资源的高效利用是星地融合网络正常运行的坚定保障。由于全球服务用户数量迅速增长,通信需求处于激增状态,另外,越来越多的用户对于通信服务质量有了更高的要求,对于改善通信质量有着重要关系的频谱资源此时显得额外稀缺,各个国家各个通信机构对于频谱资源展开了更加激烈的争夺。

在未来我国提出的信息化"十三五"国家规划建设中,将建设天地网一体化国家信息网络基地纳入国家信息化重点目标,这意味着当今社会对于通信需求的有着前所未有的期望,并且更加注重卫星通信的发展。卫星通信虽然有着不受地形限制以及覆盖大、通信远的优势,能够有利解决当前地面网络覆盖小、过于依赖自然环境的问题。然而卫星接入资源的稀缺、信号衰落等问题也一直是尚未解决的难题。空间、频谱需求相关资源十分有限不可再生性之间的内在矛盾最终导致了地面卫星遥感通信事业走到了发展瓶颈,作为建立新一代大规模的星地数据融合交换网络方案的主要探索者,我们应该深刻思考如何充分利用当前稀缺有限的卫星频谱资源,这成了当前一个亟需重点研究解决的问题。

频谱资源的"假性枯竭"由来已久,各个国家地区对于频谱资源的竞争虽然激烈,但是频谱资源利用率始终保持在一个较低的水准上,因此提高利用率是满足快速增长的通信需求的必要条件。

12.1.2　星地融合网络频谱资源现状

空间无线电业务部分中所需要使用到的卫星无线电频谱也就是人们通常的意义上使用的卫星频率,电磁频谱技术在当前所有已知的卫星系统应用上基本都已经被广泛地使用,例如多单元的测控、传输信息和感知信息系统等。目前的卫星导航系统常用电磁频谱其实也只能占到无线电频谱比例非常小的那一部分,其原因还是在于大气传播损耗,星地间的距离导致了不同频段的电波在传输过程中不同程度的损耗。"无线电窗口"和"半透明无线电窗口"分别代表着损耗最少的 $0.3\sim19\,\text{GHz}$ 频段与损耗相对较少的 $300\,\text{GHz}$ 附近频段,然而其他频段的损耗则相对更大,一般情况下卫星使用较少。

自从卫星导航系统问世多年以来,3 万余颗卫星与其他航天器相继被地球上各个国家发射进入浩瀚的太空宇宙中,其中仅赤道上方发射的地球同步轨道静止卫星数目就目前已经至少达到了 300 多颗,卫星导航在轨道运行的过程中所选处的轨道有的是在地对空的静止轨道,距离地面 35 786 km,也可能处于距地几百千米的低轨道和 10 000 km 的中轨道。例如,大多数通信、广播、气象卫星都会选取对地静止轨道,因为此种类型的卫星可以覆盖到 40% 的地球表面,并且信号稳定,能够被地球站准确定位跟踪。然而又由于地球天线卫星接收信息能力方面的限制,两颗地球同轨频段的对等地轨道静止卫星轨道之间相距在地球经度水平上也需要保证不允许小于 2°,这样的话地球站才能同时区分到两颗静止卫星,这样也就最终导致造成了目前地球在静止卫星轨道平面上同频通信的静止卫星数量基本只能暂时保持在 150 颗或以下,数量规模的限制已基本不能有效满足目前各国之间的地面通信需求。所以虽然可以利用卫星在经济军事等方面能够发挥重大作用,但是频谱资源的受限使得供需矛盾凸显。

从当前国际电联办公室(ITU)已在纸面数据登记的发射卫星数量指标上可以看到,C 频段的和 Ku 频段的地球静止卫星轨道数量已经开始接近或饱和。地球的静止卫星轨道资源也已经逐步成为国际各个卫星国家地区间和联合国相关空间组织争相抢占争夺的目标对象,发射静止卫星可以抢占全球相关地区有利轨道位置。从目前全球卫星总发射卫星数量水平上分析看,2012 年开始到近 2020 年呈现出了逐步上升的趋势,这导致了卫星"撞车"现象时有发生,此时需要国际相关组织进行协调。2020 年与 2019 年相比卫星发射数量增加了 279.50%,数量为 1 203 颗。其中根据《中国卫星应用行业市场前瞻与投资战略规划分析报告》数据,截至 2021 年 4 月,商业卫星用户在全球卫星服务用户总数中独占鳌头,占比达到了 68.27%,随其后的是政府卫星和军用卫星,占比分别为 11.66% 和9.26%。从国家层面上来看,美国、中国和英国发射的卫星数量位列前三,分别为 2 485颗、426 颗和 237 颗卫星。从产业收入层面上看,也是呈现上升趋势,2020 年的 2 710 亿美元与 2019 年的产业收入基本持平,是全球航天事业的领头羊。总而言之,卫星服务产业市场发展趋势继续向好,卫星服务用户种类越来越繁多,中国与美国在国际区域用户分布上继续处于行业领先地位,全球卫星应用服务产业总体收入份额逐步平稳上升,市场规模正逐步持续扩大,其中主营业务收入总额占比为 50% 左右的大型地面导航设备和制造业依然是国际航天经济行业发展重要的一个主要推动力。

为了防止卫星"撞车"的发生,各个国家需要遵守《无线电规则》所规定的频率划分规定,其中第二章第 5 条"频率划分"中规定了划分空间业务频率,低端涉及 2 501 kHz 的空间研究业务,高端涉及 275 GHz 的卫星固定(地对空)业务。中国位于规则中划分的第三区,第三区被划分的频段包括 HF 频段(1 GHz～30 GHz),主要业务为卫星业余业务和空间研究业务;被划分的 VHF 频段(30 MHz～300 MHz),主要业务为卫星移动业务、空间操作业务、卫星气象业务、空间研究业务和卫星业余业务;被划分的 UHF频段(300 MHz～1 000 MHz)和 SHF 频段(1 GHz～30 GHz),主要业务为导航、探测、广播等,其中 L、S、C、X、Ku、Ka 频段是 SHF 频段所细化的频段。被划分的 EHF 频段(30 GHz～300 GHz),包含了 SHF 频段的所有业务,还包含了星间链路传输于业余应用等。大多数卫星固定业务使用 C 频段(4 GHz～8 GHz)和 Ku 频段(12 GHz～18 GHz);K 频段和 Ka 频段(18 GHz～40 GHz)作为星际链路频率已开始应用;低于2.5 GHz 的 L 频段(1 GHz～2 GHz)和 S 频段(2 GHz～4 GHz)大部分用于静止卫星的指令传输及特殊卫星业务(如卫星导航等)。

关于中国所在的第三区非规划频段的卫星固定业务的频率划分,规则中做出了具体划分,如表 12-1 所示。

表 12-1　第三区非规划频段的卫星固定业务

频段	空对地	地对空
S 频段	2 500～2 535(MHz)	2 655～2 690(MHz)
C 频段	3 400～3 700+3 700～4 200(MHz)	5 850～5 925+5 925～6 425+ 6 425～6 725(MHz)
X 频段	7 250～7 750(MHz)	7 900～8 400(MHz)
Ku 频段	10.95～11.2+11.45～11.7+12.2～12.75(GHz)	13.75～14+14～14.5(GHz)
Ka 频段	17.7～21.2(GHz)	27.5～31(GHz)

12.2　星地融合网络频谱分配方法

12.2.1　传统频谱分配

随着各国无线电频谱的利用对发展国民经济做出的实际贡献和其科技地位日益巩固提高,各国科学家都在积极探索研究如何有效划分利用频谱资源,如何科学合理地进行频谱空间分配,以合理有效分配利用频谱资源,在频谱分配的政策上各异。通过各种行政手段、排队、抽签以及拍卖等分配方式都是目前各国最为传统有效的频谱资源分配管理方式。

频谱分配最常见的形式是通过行政措施,根据成绩分配频谱。申请人必须提交具体的资格信息,政府部门根据一套标准选择最佳候选人。评估标准在每个国家均不同,包括财富资金能力、技术支持、网络运营经验和服务可用性等因素,使得择优录取的透明度降低。选择最佳用户提高了资源配置效率,这种方式具有政府参与和系统可控性强的特点,适用于分配部分频率许可证以支持行业和企业,同时行政措施不完全以经济为导向,有利于新频谱的吸引和提议新的频率运用。例如,日本相关政府部门对频谱分配上坚持通过这种方式,这有利于维护频谱资源的社会福利。

随机抽签分配频谱问题的核心关键部分是如何随机地分配频谱信息,这取决于每个用户的运气。如果用户在参与频谱随机分配申请过程中存在利益交换冲突,可以直接通过随机抽签分配的方式直接将频谱信息随机抽签分配给每个申请人以帮助解决冲突。抽奖的过程清晰透明,分配的速度快,但其最终分配的基准与经济效益几乎无关。抽签的频谱初始分配方式也是另外一种有助于促进频谱交易二级市场的初始分配方式。建议首次使用以抽签的方式来分配,同时开发了这一部分频段的交易市场。

除了上述两种方式以外,还有拍卖频谱分配和排队频谱分配方式,这四种分配方式各有千秋,欧美国家已经通过拍卖方式分配了部分频谱,并积累了成功经验。自 1994 年以来,美国联邦通信委员会在竞争性拍卖中分配了商业频谱。此后,FCC做了大量工作,不仅加强了频谱管理,还提高了频谱利用率,在频谱牌照拍卖方面取得了长足的进步,以促进无线通信的快速发展。

12.2.2　动态频谱分配

1. 认知无线电技术的应用

随着国际卫星通信技术日新月异,发展趋势不断加快,新形式的无线业务方式和卫星设备及其应用形式不断地涌现,迅速地消耗利用着全球有限范围各种可用的无线电频谱资源。卫星无线通信传输系统目前普遍采用的固定无线电频谱的分配策略,分配对应特定卫星无线电通信业务所需要的特定无线电频带。在这样的频率分配方式中,在某一个固定时间段内或某个区域时间内,频段并没有完全被占用,这意味着还存在一个并没有真正被其他任何一个用户所使用到的频段,即"频谱空洞",频率利用的效率显得有些低。现有能提高天线单位频谱利用率的新技术体系(多载频复用、多天线传输技术等)都仍只能基于相对固定频率的频谱资源分配利用策略,无法完全从一个根本层次上去解决当前频谱资源明显短缺的问题[1,2]。

作为当前解决无线频谱供需矛盾时的一个有效沟通手段,认知无线电技术(CR,Cognitive Radio)将使认知频段用户能够在不完全干扰其他许可频谱用户之间通信功能的情况下机会性地选择接入该许可频段。提高了未分配使用卫星频谱资源的重复利用率和实现频谱信息共享。通过将CR相关的技术成果引入卫星通信应用系统,可以解决我国卫星空间通信工程目前面临的频率资源极其稀缺的严峻问题。

经过多年来的快速发展,CR技术也在卫星地面空间通信系统中的技术涉及与业务实施展开了广泛深入的研究,而其在全球卫星地面通信服务中的相关应用服务场景和组网技术方面研究至今仍处于研究起步阶段。欧洲正在根据欧盟DAE(Digital Agenda for Europe)的计划对Ka波段频率资源及其在全球卫星通信技术中的可动态化使用等进行研究,并于在2013年正式宣布启动与实施了"CoRaSat"广播(Cognitive Radio for Satellite Communications)项目,其目的是研究开发可供应用于地面卫星、地面通信应用系统需要的新型CR技术产品并负责制定行业相关应用规范文件及标准。与此同时,我国也仍在持续进行卫星通信应用中CR技术的探索性研究。中国科学院微系统研究所就当前CR系统在我国卫星测控通信业务系统规划中提出的实际应用与可行性方案进行了一系列相关分析研究,认为使用CR技术有助于我国提高卫星控制通信网络系统中空间频谱利用率和信号抗干扰接收能力。中国空间技术研究院构建完善了卫星CR接入模型,在无线频谱资源共享技术和卫星功率分配技术方面做了相应改进。研究工作结果进一步表明,CR技术将可以大幅度提高全球卫星和通信系统网络数据的吞吐量。

2. 频谱共享

星地混合系统动态频谱系统采用了动态频谱共享的技术,主要基于CR和干扰消除等技术,缓解了卫星组件与卫星地面系统组件之间对频谱资源共享技术的强约束,使卫星地面组件之间的干扰控制在可普遍接受的范围内。在地面无线电移动通信系统领域,对频谱动态共享技术进行了大量的分析和研究。它还可广泛用于弥补网络的协调能力和计算的不足,星地通信混合系统动态频谱共享技术是一个集认知与无线电、人工智能、空间频谱的感知分析与重构、统计及机器智能学习于一身的交叉学科研究领域。该领域的研究才刚刚开始,本书重点介绍了频谱数据库、频率和功率分配、波束成形、波束跳跃以及其他可用于混合卫星—地面系统场景中的频谱共享技术。

3. 频谱感知

无线电通信的频谱资源非常稀缺。因此,基于频谱授权的固定频谱分配规则,特定类型的无线电通信设备应当在指定的频段上基于相关协议运行。当下,世界无线电通信技术不断发展使得采用无线上网方式的用户数量激增,这将导致现有通信网络频谱资源短缺和分配不均的现象愈发严重。与此同时,目前绝大部分频谱资源的平均有效利用率仍然较低。美国联邦通信委员会发布的数据显示,分配的频谱资源的年平均频谱利用率仅占 $15\%\sim85\%$,其中 $3\sim4$ GHz 频段的平均频段利用率仅占 0.5%,$4\sim5$ GHz 频段利用率仅占 0.3%。利用率仅占 0.5%。伯克利无线研究中心的一份研究报告显示,3 GHz 及其及以下的频段中的超过了 70% 以上的频谱资源仍未得到充分利用。归根结底,频谱资源没有得到充分利用的原因是由于我国目前采用频谱资源固定划分的方式。因此,认知无线电技术必然应运而生。主用户检测认知无线电链路层和网络层的频谱使用情况的感知具有智能性,即认知无线电技术可靠地感知频谱环境,自适应地使用现成的本地频谱,并在整个通信过程中保证主用户的通信质量,实现高效的传输方式,进而提升系统频谱资源利用率、兼容性以及互操作性。

认知无线电系统的另外一项功能即为频谱感知。频谱感知是认知无线电系统为了完成频谱管理控制、共享信息传输等其他高级功能的基础性条件。授权主用户系统可以维持原有工作状态,并能与其他认知无线电用户系统(SU)共享授权频谱。授权认知无线电用户就可以进行连续的频谱感知,并且基于此对授权主无线电用户系统的授权频段进行独立使用。其中,存在"频谱空洞频段",即为某个被检测到当下处于空闲状态的频段,该频段有助于为认知无线电用户提供利用频谱的契机。同时,在传输过程中,认知主用户频率还需确保用户能够迅速、精确地感知到主用户信号的再次出现。为避免再次干扰其余主要信道用户的通信,保证信道频段稳定在正常使用状态,这就需要通过重新调整频率发射功率、调制方式参数或释放信段频道。

频谱感知的实质是信号频谱的检测,感知目的就是通过频段主用户信号不存在和存在两种假设实现判定。一般地,频谱感知的性能主要用检测概率、虚警概率和丢失概率三种概率来衡量。对于认知用户而言,虚警概率会阻止一些用户使用未被占用的频段,降低频带的使用效率;而漏检概率则使一些用户接入到主用户正在使用的频段中,对主用户造成了一定的干扰。虚警即为判断主用户存在但事实并未存在的事件;当虚警概率较小时,意味着此时带宽资源得到了充分利用,认知用户合理利用了未被占用的频带资源。漏检即为判定主用户此时不存在于系统之中但事实主用户存在;当漏检概率较小时,意味着该系统能够对主用户信号起到较好的保护作用,同时主用户受到的干扰也能在一定程度上被减小。因此,通常采用的检测方法应当具备以较高概率程度检测用户,较低概率程度的检测虚警事件的能力。

4. 频谱分配

频谱感知技术的终极目的是有效防止干扰,并且迅速、精准地发现当前通信系统中的空闲频谱资源。通信网络系统拥有空闲频谱资源时,需要将其合理、高效地分配给系统中的其余用户。因此,认知无线电的另一项关键技术就是在基于频谱感知的基础上检测,并最大限度地公平分配资源,以实现最佳网络效益。

由于业务量少,用户节点变动性小,传统通信网络系统往往会将频谱资源静态分配给各用户节点。这种频谱分配策略有两点益处,一是可以让每个用户都通过自己许可的频段进行通信,极大简化了频谱资源的管理;二是可以有效防止频谱竞争的干扰,极大地降低了频谱资源管理的复杂程度。但是,由于频谱资源是被静态分配给各用户节点的,这就导致其余用户节点可能会加入通信系统,用户也可能遇到突发性流量高峰。此时系统无法利用另外一部分用户的空闲频谱,系统中会出现许多频谱空洞,造成资源浪费。在当前这样一个互联网业务高速增长,瞬息万变的时代,静态分配策略显得愈发不能适应现状,频谱资源的短缺亦阻碍了传统无线网络系统的发展,导致更多用户无法被容纳到通信网络系统之中。

正是因为上述弊端的存在,为解决传统频谱分配方式存在的问题,认知频谱分配技术由此产生。认知频谱分配技术首先检测出空闲频段,然后插空使用已授权资源。这种策略能够让认知用户在没有被分配到频段时,也能使用某些已被分配的空闲频段,从而最大化地实现频谱资源的有效利用,提高通信业务网络系统的总负载量和总用户数,缓解频谱资源供应短缺的问题。

根据现有的卫星通信系统网络模型,卫星通信系统的大容量和拓扑结构的时变性造成其相较于业务场景相较于地面通信网络而言往往会更加复杂。此时静态分配方式已经无法满足卫星通信系统的需要,无法实现针对卫星通信系统特性的频谱分配算法,亦无法对卫星通信系统的频谱资源进行精确化管理。因此,越来越多学者主张改造认知无线电的频谱资源分配算法,并将其应用到卫星通信系统中,由此提高频谱资源的利用率和管理效率。

12.3 星地融合网络频谱共享场景

12.3.1 卫星共享地面频谱资源场景

Ka 频段是频谱资源共享的重点频段,近段时间以来许多研究提出了将这些热点频段运用于地面固定业务与卫星高密度业务间的共享场景中,其中规定了授权用户与认知用户不变的相对位置,因此算法模型较为简易[4,5]。

上述场景中的通信系统中,包含了地面移动通信系统与移动卫星系统两种,分别表示为授权用户和认知用户。图 12-1 所示的场景分别由认知用户链路系统和授权用户链路

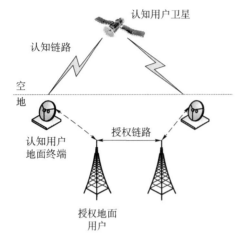

图 12-1　卫星共享地面频谱资源场景

组成。卫星移动通信系统模块中的认知地面模块还可以帮助获取被授权的用户信道的频段以及占用频率情况。一旦卫星上行地面通信系统链路有继续建立链路的必要时,认知地面模块中断即可凭借前述感知结果来决定是否应当先将其纳入授权频谱。而当下行通信链路若有被建立连接的必要,且授权的频段又没有必要被占用时,认知卫星用户即可选择通过使用空闲频谱资源来自动完成传输。该场景下的认知系统可以获取较多的频谱资源,因为这个由少数卫星用户与终端机器组成的认知系统的认知网络结构就比较简单。

　　然而,卫星网络的广覆盖等特性导致在其覆盖的区域内存在的卫星地面频谱授权节点数量将较为密集庞大,此外,当系统需建立下行通信链路连接时,认知系统地面终端中的频谱认知模块就需将卫星频谱的感知预测结果及时传输至频谱认知的卫星用户,这都可能最终导致频谱认知将出现一个较长的感知延迟。

12.3.2　地面共享卫星频谱资源场景

　　第二种共享场景为地面共享卫星频谱资源场景:此时的认知用户指的是地面通信系统,而授权用户转变为了卫星通信系统,如图 12-2 所示。当不对授权的卫星用户进行干扰时,地面认知用户(特指地面通信系统中含有认知模块的部分)可以检测授权片段的占用情况,探寻并接入动态接入可用频谱空穴,即可实现对卫星通信系统中的空闲频谱的再利用,从而提高了频谱利用率[6]。

　　该场景的优势在于可以在对认知用户的计算能力和耗能要求较低的情况下,有效地降低地面认知系统的成本,便于系统的维护和改进。但是,授权卫星用户的波束的覆盖范围中可能存在数个地面次级网络,且地面通信系统中认知用户数量较多,这又将增大系统结构的难度。

图 12-2　地面共享卫星频谱资源场景

12.3.3 星间共享频谱资源场景

双卫星网络是指两个卫星在同一个频域内运行。但是,许多研究学者一般都只将重点放在卫星静态系统,而卫星静态系统设计中涉及的轨道卫星通常又主要以地球静止轨道卫星为主。那些尚未得到被人广泛关注研究的非地球静止轨道卫星还存在着一系列更加庞大复杂的物理模型,因为有时它们周围的空间系统结构就会因此发生局部动态变化。SpaceX、OneWeb、中国航天科技集团等都一直在考虑布置巨型低轨星座,因此很有必要考虑构建 LEO 卫星和 GEO 卫星的频谱共享模型。

该情形下的认知用户与授权认证用户系统均为卫星通信应用系统。认知卫星系统可以用来检测授权卫星系统中存在的频谱空穴,并根据前述频谱检测结果可以做出是否应将所有授权卫星用户接入频谱的决定[7]。

由于只有少数用户能够分享,因此授权频谱资源较为多,用户平均占用频谱资源也更多。但是,这就对卫星的计算能力有了更高的要求,必须有强大的星上处理技术才能实现本场景。与此同时,认知模块在星地链路中检测频谱空穴与传输感知结果的行为可能导致的额外耗能和感知延迟也会使频谱感知环节变得更加困难。

星间共享频谱资源场景如图 12-3 所示。

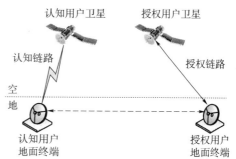

图 12-3　星间共享频谱资源场景

12.4　星地融合网络频谱感知与频谱分配技术

12.4.1　认知无线电技术在星地融合网络中的应用

通过对特定频谱的检测来发现空闲频谱,并且在不干扰主用户的情形下利用主用户占用的频段是卫星认知无限代技术的原理。当主用户在该频段重新恢复通信,认知无线电将跳转频段,或改变传输功率、通信调制方式等,以此取消对主用户的通信干扰。同时,认知无线电技术利用认知循环技术分析感知获取的信息,选择合理的接入子信道,即时调整自身通信参数以达到通信要求。认知循环的目的为实现无线电在无线通信环境下的交互,其原理为在通过频谱感知获取认知用户对周边无线通信环境的感知信息的基础上,分析可用信道的参数,并根据特定条件(如用户需求等),及时选出最佳接入通信的空闲信道并完成频谱决策,从而进入最佳空闲信道并采取有效功率以实现通信。

动态频谱环境中,卫星通信频段多在 4 GHz 以上。但是,卫星移动通信系统的频率资源利用率依旧较低。而认知无线电系统就可以解决这一难题。通过大量利用空闲频谱和空闲信道,并运用循环感知和动态频谱接入技术实现对服务信道的重新构建,认知无线电技术可以实现无线网络的免许可接入。无线电卫星系统则可以通过位置感知技术来判定地球站的运行状态,以实现防止干扰、节省功率的目的。

随着科学技术的不断发展,卫星通信已经是当今社会必不可少的技术装备,人们对卫星通信也提出了更高的要求。卫星通信系统当前已广泛应用于世界各地,如中国、俄国、主要西方国家等,涵盖民航、通信、军事、海洋探测等多个领域。卫星通信系统由在轨通信卫星、地面控制中心和用户终端系统组成。在轨通信卫星负责根据指令运行并提供通信服务的信息。地面控制中心可以调整卫星发射功率、调整覆盖区域、加载机载软件、卸载、重置参数、选择服务功能,控制及时通信,其功能在于负责监测卫星的运行,分析通信信号的质量,并且在监测结果和分析的基础上管理卫星,调整卫星的运行状态,进行控制和在轨维护。用户则可以通过设备接收通信卫星发送的信息设施服务。

12.4.2 认知卫星通信频谱感知技术

作为认知无线电信号的两个关键感知环节,频谱的感知能力是实现频谱精确分配的主要前提。根据频谱认知用户群体的节点数量,频谱感知还可以简单分为单节点频谱感知和协作节点频谱的感知。频谱感知技术具体分类标准如图 12-4 所示。

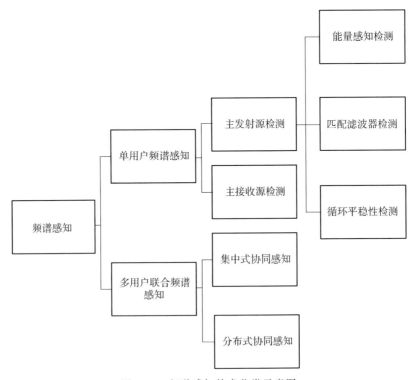

图 12-4　频谱感知技术分类示意图

1. 单用户频谱感知

传统的单用户频谱感知算法包括匹配滤波器检测、循环平稳特征检测和能量检测[8]。匹配滤波器检测方法和循环平稳特征检测方法需要信道先验信息,复杂度高,而能量检测算法不需要先验信息,算法原理简单,因此广泛应用于认知卫星无线电频谱感知。参考文献[9]指出,影响能量检测精度的关键因素是决策阈值的选择。在此基础上,文献[10]提出了一种基于动态阈值的能量检测算法,通过估计 LEO 卫星的信噪比,实时选择最优阈值来区分 GEO 卫星信号。实验结果表明,动态阈值能量检测算法的检测误差明显低于传统的固定阈值能量检测算法。此外,在卫星通信网络中,由于信道信噪比低,能量检测算法的精度会迅速下降[11]。能量检测的缺点是其阈值容易受到噪声不确定性的影响,在低信噪比环境下难以检测到主用户的信号。文献[12]提出了一种基于随机共振的双阈值协同频谱感知算法,确定了最优阈值,提高了低信噪比环境下的频谱感知性能。

此外,已经提出了许多应用于认知卫星网络的频谱感知算法。文献[13]在卫星-5G集成系统模型中提出了一种附加偶极子天线的频谱感知算法,能够可靠地检测地面信号的有害干扰,解决噪声不确定性对频谱检测的影响。文献[14]提出了一种改进的布谷鸟搜索(ICS)算法,以提高认知卫星系统的频谱感知能力。该算法动态调整步长,避免冗余搜索,提高收敛速度,保证认知无线电模块及时向认知用户报告感知结果,提高感知性能和有效性。S. K. Sharma 等人在文献[15]中研究了不同组合技术对频谱感知效率的影响,并提出了一种基于最优极化的组合(OPBC)算法。结果表明,OPBC 算法以牺牲复杂度为代价,极大地提高了频谱感知效率。Z. Weizhong 等人在文献[16]提出了一种基于信道状态信息的频谱感知算法来解决卫星认知网络中瞬时功率下降的问题。该算法增加了更新机制,利用之前检测到的信道度量映射当前信道状态信息,解决了阴影衰落对频谱感知性能的影响。

在改进频谱感知算法的过程中,人工神经网络备受关注。人工神经网络具有独立学习能力的算法,可以提高信号的识别率。研究工作表明,基于神经网络的频谱感知方法比传统的单节点频谱感知技术具有更好的检测性能,可以有效地检测到初级用户的存在,并且具有更高的准确率[17]。文献[18]针对认知卫星网络中传统频谱感知算法性能低下的问题,提出了一种基于长短期记忆(LSTM)神经网络的卫星频谱多阈值感知算法,利用LSTM 神经网络对采集到的数据进行分析训练,提出了一种多阈值算法来优化感知结果,提高频谱感知算法在低信噪比环境下的性能。文献[19]针对高动态条件下卫星频谱空洞检测难度较大的问题,提出了一种利用卫星和基站协同工作的高效频谱感知方案,并设计了一种基于模糊神经网络(FNN)的信道估计算法,它使用当前和历史数据来挖掘信道特征。此外,考虑到卫星信道的快速变化,提出了一种模糊推理系统(FIS)多用户信道估计策略。实验结果表明,该方案可以提高近地卫星组成的高动态场景下空闲信道的检测概率。

2. 多用户联合频谱感知

单用户感知技术复杂度低、易于实现,但通信信道不断变化,单用户感知容易受到多径衰落、阴影效应和未知噪声的影响,导致频谱感知精度不高。为了克服信道随机性带来的不确定性,提高传感精度,合作频谱感知作为解决上述问题的有效途径被广泛应用。根据系统结构的不同,协同频谱感知主要分为集中式和分布式协同感知。

(1) 集中式协同感知

如图 12-5 所示,集中式协同感知模型由融合中心(FC,Fusion Center)和多认知用户(CU,Multiple Cognitive Users)组成。每个认知用户都将可以自己进行本地频谱的感知,会将其感知结果信息发送给 FC,而 FC 可以收集对所有的认知用户的频谱感知的结果来进行频谱分析判断和频谱融合分析判断,得到授权频谱的使用情况。这种协同感知方法可以充分利用主用户未使用的频谱资源,但最终判断过于依赖 FC。如果存在恶意用户,会影响融合结果,导致感知结果不准确。

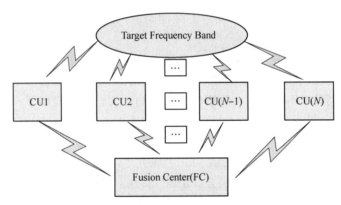

图 12-5　集中式协同感知模型

合作频谱感知作为认知无线电的关键技术,在卫星通信中受到越来越多的关注。文献[13]提出了另一种基于可靠性的加权协同频谱感知算法,该算法采用硬融合策略对 FC 中的感知信息进行融合决策,以保证在信道衰落的情况下仍能保持较高的检测概率。文献[20]提出了一种基于 CURE(Clustering Using Representative)分层聚类的协同频谱感知算法,将能量向量和感知矩阵中提取的最大特征值和最小特征值进行聚类,并与传统的 K-means 聚类算法和高斯混合聚类算法进行比较,通过 ROC 曲线评价算法性能。研究发现,CURE 分层聚类算法不仅在处理大量数据的过程中表现良好,而且具有较高的算法效率。文献[21]提出了建立起这样一个基于时间的综合频谱/混合频谱合作卫星移动通信系统中的合作频谱感知模型的合作卫星频谱感知算法,同时它也进一步引入了加权带宽的合作卫星频谱的感知算法,并提出了最优信道选择方案,显著提高了检测概率,减少了干扰。文献[22]提出了一种基于联盟博弈的多卫星协同频谱感知算法,以 LEO 卫星为频谱感知节点,GEO 卫星为 FC,负责实现联盟博弈算法并进行融合决策。结果表明,所提出的协同感知算法在提高感知精度的同时,能够满足不同任务的需求。

M.Jia 等人[23]考虑认知环境的动态性,提出了一种信任加权协同频谱感知算法。该算法适用于移动卫星通信网络,允许融合中心通过信任权值结合所有认知卫星系统的局部决策,获得关于主卫星系统是否存在的最终决策。仿真结果表明,所提出的信任加权协同频谱感知算法在降低检测漏检概率的同时提高了检测效率。然而,在认知无线电网络中,传统的基于信任值的协同感知算法,融合中心的决策可能会受到恶意用户上传的错误检测结果的影响。为了应对这一挑战,文献[24]根据实际信道情况将整个区域划分为单个小区,使得单个小区中的所有检测结果都非常相似,但不同小区中的用户检测结果会有所不同。此外,每个基站具有相似的通道条件。因此,该方法可以根据信任值去除每个单元中的恶意节点,并对信道条件较好的单元赋予较大的加权系数。该方法提高了频谱利用率和传感精度。

(2) 分布式协同感知

如图 12-6 所示,与集中式协作感知不同,分布式协作感知不需要融合决策中心。相反,分布在不同位置的认知用户共享彼此的本地频谱感知信息。通过分析其他用户的感知信息来确定自己使用的频谱,达到协同感知的目的。该模型需要频繁地信息交互,因此频谱信息表需要不断更新,需要大量的存储和计算。

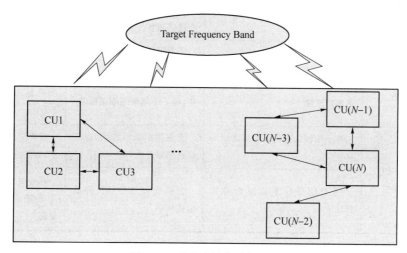

图 12-6　分布式协作感知模型

文献[25]提出了一种具有严格功率和带宽约束的分布式协同感知方法,该方法通过认知用户形成重叠联盟来优化频谱感知性能。这种重叠算法提高了频谱感知的精度,减少了系统开销,性能得到显著提高。文献[26]提出了一种新的基于感知的认知卫星地面网络,该网络将认知卫星地面网络与分布式协同频谱感知网络相结合,通过优化感知节点的融合规则阈值和能量检测阈值,使认知卫星网络的有效性最大化,实现能量效率最大化。

在频谱感知方面,由于卫星通信信道的不断变化以及易受降雨衰减、多径衰落、阴影效应和未知噪声信号干扰等影响,协同频谱感知已成为国内外学者研究的热点。已经取得了很大的进展,传统的单节点频谱感知,如能量检测、循环平稳检测、匹配滤波器检测等,一般用于合作频谱感知的局部感知。目前,大多数频谱感知算法都着眼于提高频谱感知的效率和精度。上述算法的比较如表 12-2 所示。

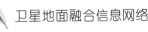

表 12-2　频谱感知算法比较

应用场景	应用算法	优点	缺点
地面共享卫星频谱场景	基于附加偶极天线的频谱感知算法[13]	解决能量检测中的噪声不确定性问题	系统复杂性提高,消耗更高
	基于可靠性的加权协同频谱感知算法[13]	在信道衰落的影响下保持较高的检测概率	系统复杂度较高,j 计算复杂度大
卫星共享地面频谱场景	ICS算法[14]	避免冗余搜索,提高收敛速度	只适用于频谱的实际利用率和频谱利用率变化稀疏的情况
	基于时间的综合/混合合作卫星通信系统协作频谱感知模型的协作频谱感知算法[21]	显著提高检测概率,减少干扰	系统实时性差
	基于联盟博弈的多卫星协作频谱感知算法[22]	提高频谱感知性能,降低频谱感知整体误码率	没有考虑低轨卫星的动态性
GEO卫星协作场景	OPBC算法[15]	频谱感知效率提高	系统复杂度高
	基于 CURE 层次聚类协作频谱感知算法[20]	算法复杂度低,感知更快,提升了频谱感知正确度	无法区分干扰信号和授权信号,聚类效果不好
GEO 与 NGEO卫星协作场景	基于信道状态信息的频谱感知算法[16]	克服阴影衰落影响,提高频谱感知性能	需要充分考虑动态卫星,增加感知难度
	基于信任权重的频谱感知算法[23]	提升检测效率以及降低漏检概率	有必要假设频谱感知是理想的,系统复杂度高

12.4.3　认知卫星通信频谱分配技术

频谱分配是认知无线电技术的重要技术之一,意义重大。认知卫星系统利用频谱感知技术获取可用频段,然后系统根据频谱分配方案为认知用户分配相应的频谱资源。

频谱分配算法的设计目标需要满足高效、公平、有效性和可扩展性的要求[27]。满足高效的频谱分配算法,在合理分配频谱的前提下,系统的频谱利用率和吞吐量可以达到最佳。文献[28]研究了5G卫星综合网络的动态协作频谱分配问题。首先,提出了协同传播能力模型;其次,基于该模型提出了智能频谱分配问题;最后,这里设计了一种基于稳定匹配的协同频谱分配算法,进一步提高了整体吞吐量。文献[29]改进了基于图论的资源分配模型,提出了基于业务优先级的分组贪心分配算法和基于最大收益的资源分配算法,以提高系统在特殊环境下的通信可靠性和系统整体效益。文献[30]研究了 Ka 频段(17.3～18.1 GHz)GEO 固定卫星业务(FSS)下行链路和广播卫星业务(BSS)馈线链路的频谱共存问题,提出了一种新的认知频谱使用框架。通过匈牙利算法,为每个认知用户分配一个空闲波束进行通信,显著提高了波束的吞吐量和可用性。文献[31]研究了两颗 GEO 卫星之间上行链路通信的资源分配。它们的目标是在卫星用户功率和主卫星载波平均干扰的约束下,最大化认知卫星的平均和速率。基于此,这里提出了平均和率最大化(ASRM)算法,该算法收敛速度快,并且实现了较大的和率增益。

　　频谱分配算法的设计需要在公平和效率之间保持一定的平衡,既满足系统性能,又保证公平。文献[32]将资源分配问题制定为基于博弈论的合作谈判博弈模型,并且基于次梯度优化方法提出了一种联合资源分配算法,以获得帕累托最优解。结果证明,该算法收敛速度快,可以在用户之间的公平性和整个网络的容量之间取得更好的平衡。文献[33]提出了一种基于讨价还价博弈论的频谱分配算法,并引入博弈论来解决认知卫星用户频谱分配不足的问题。通过最优消除策略寻求贝叶斯均衡,得到最优频谱分配方案。该方法要求卫星系统和地面认知用户具备对历史经验信息的统计分析和学习能力。研究结果表明,该方法最大限度地发挥了卫星系统的效益。文献[34]讨论了一种以 LEO 卫星为主系统、GEO 卫星为认知系统的新型认知卫星网络,提出了一种基于跳频和自适应功率控制技术的频谱共享算法。考虑到波束分布的公平性,解决了低轨卫星通过地球同步轨道卫星波束覆盖区域时造成的共线干扰问题。地球同步轨道卫星通过合理分配波束,可以提高频谱效率,保护主系统免受干扰。

　　衡量频谱分配算法有效性的一个重要指标是算法的执行时间,此外,它还需要实时调整的能力。文献[35]探索了在非理想频谱条件下提高频谱效率的新技术。与理想频谱感知条件相比,非理想频谱感知条件下卫星链路的延时会增加。提出了一种联合资源分配算法,可以明显改善认知用户的端到端延时。

　　由于认知网络中认知用户的数量是实时动态变化的,因此要求频谱分配算法具有良好的可扩展性。文献[36]提出了功率和信道联合分配的方案,功率控制方法保证 FSS 地面站不会干扰 FS 基站。采用匈牙利算法进行一对一的频谱分配,以最大化收益值为目标,提高了 FSS 上行网络的总吞吐量。文献[37]提出了一种基于优先级的频谱分配方案,该方案考虑了不同优先级类型的用户终端,通过矩阵变换在认知用户数和认知频谱数动态变化时实现了有效的频谱分配,提高了终端的系统吞吐量。

　　目前,大多数频谱资源分配算法侧重于提高系统吞吐量和保证系统公平性。博弈论和优化理论是学者们青睐的方法,可以更好地建立模型和解决频谱分配问题。上述算法的对比如表 12-3 所示。

表 12-3　频谱分配算法比较

应用场景	应用算法	优点	缺点
地面共享卫星频谱场景	基于图论的改进资源分配算法[29]	满足非常重要的通信,提高频谱的利用效率和系统的整体效益	系统复杂度高
	基于议价博弈的频谱分配算法[33]	解决了认知用户的频谱需求数量大于卫星系统提供的资源数量的问题	必须具备对历史交互信息的统计分析和学习能力

应用场景	应用算法	优点	缺点
卫星共享地面频谱场景	基于稳定匹配的协作频谱分配算法[28]	显著提升了系统吞吐量和系统性能	算法复杂度高,计算量大
	基于次梯度法的协作资源分配算法[32]	收敛速度快,可以更好地平衡用户间的公平性和全网的容量	不适用于信道可用性的时变不确定性
	联合资源分配算法[35]	最小化认知用户端到端延时	只考虑不同阴影场景下的单用户优化,多目标优化不适用
	基于优先级的频谱分配策略[37]	克服了认知频谱数和认知用户数动态变化时的分布问题,提高了吞吐量	有必要建立地面系统数据库
GEO 卫星协作场景	认知频谱效率的新框架[31]	减小干扰,最大化系统吞吐量,提高波束可用性	波束成形导致系统复杂性增加
	ASRM 算法[32]	达到最大平均总和率	延时长,实时性能差
GEO 与 NGEO 卫星协作场景	基于跳频和自适应功率控制技术的频谱共享算法[34]	提高频谱效率,降低干扰,确保波束分配公平性,提升了系统吞吐量	系统复杂度高,计算量大

12.4.4 认知星地融合网络的发展与挑战

随着中国 5G 移动通信系统网络的投入商用,新一代移动通信系统 6G 标准的制定研究问题正日渐成为国内新阶段的重大研究热点。未来,6G 网络将实现空、天、陆、海一体化通信系统,特别是卫星网络将以更加灵活、敏捷、低成本的方式发展,实现 6G 泛在宽带业务。5G 和 6G 频率资源的高效利用是应尽快解决的重要问题。

为了确保 5G 和 6G 无线通信频谱的高效利用,文献[38]提出智能频谱感知,将强化学习的概念与先进的频谱感知方法相结合,优化认知无线网络在 5G 通信中各种场景下的性能,提出了基于动态协作的 5G 卫星综合网络智能频谱分配。文献[39]指出,5G 和 6G 的应用场景更丰富、规模更大、连接的设备更多,需要智能频谱管理系统。利用神经网络、深度学习、数据挖掘、推理训练等人工智能技术,提高频谱感知效率,实现智能频谱管理。为了达到更好的频谱感知和分配效果,将人工智能与认知无线电技术相结合。未来随着 5G 用户的增加,大量用户需要接入卫星,但星上处理能力较弱,导致感知困难的问题。卫星一旦发射,就很难回收和更换。能耗也是未来 5G 和 6G 卫星网络需要考虑的问题。

目前,星地混合认知卫星系统和双星认知系统的研究大多采用地球同步轨道卫星,但地球同步轨道卫星无法实现全球覆盖,单层卫星网络已无法支撑多元化业务。为满足各类用户的服务需求,混合卫星网络将成为卫星通信的一个重要方向。高轨卫星和低轨卫星频谱共存的技术方案是通过将能量检测方法技术与跳束方案技术相结合,降低 LEO 对卫星 GEO 的干扰,提高卫星频谱利用率。然而,LEO 卫星的移动性导致的巨大多普勒频移是未来需要解决的重要问题。此外,LEO 卫星协同频谱感知构建难度大,设计 LEO 卫星多卫星协同感知模型和融合决策算法是实现 LEO 卫星系统认知无线电的关键。

本 章 小 结

本章主要集中探讨了在认知型卫星网络中频谱分析的相关理论和基本技术,总结研究了国内外近年来的认知卫星理论中频谱感知与频谱分配问题的若干研究或进展,分析和评价了国内外现有相关的算法方案或实现模型,并介绍了其具体特征和主要优势。总的来说,认知卫星通信技术目前已经在实践中取得了一些阶段性成果,但今后还仍需要继续进一步深层次的研究。未来设计出的算法也应该可以更能适合当前的卫星地面融合网络。同时,引入人工智能技术实现智能化算法落地。此外,天地综合信息网络系统建设已如火如荼,CR 技术及其与空天地一体化信息网络的紧密结合也已具有良好的研究前景。

本章参考文献

[1] 张珣,刘燕.关于认知无线电技术在卫星通信中应用的探讨[J].数字通信世界,2020 (3):44-46.

[2] 刘瑞,朱诗兵,李长青,等.认知卫星通信频谱感知及资源分配技术综述[J].电讯技术,2021,61(8):1048-1058.

[3] Celandroni N,et al. A survey of architectures and scenarios in satellite-based wireless sensor networks:system design aspects [J]. International Journal of Satellite Communications and Networking,2013,31(1):1-38.

[4] Maleki S,Chatzinotas S,Evans B,et al. Cognitive spectrum utilization in Ka band multibeam satellite communications[J]. IEEE Communications Magazine,2015,53 (3):24-29.

[5] Yan X,An K,Liang T,et al. Effect of imperfect channel estimation on the performance of cognitive satellite terrestrial networks[J]. IEEE Access,2019,7:126293-126304.

[6] Chae S H,Jeong C,Lee K. Cooperative communication for cognitive satellite networks [J]. IEEE transactions on communications,2018,66(11):5140-5154.

[7] Wang C,Bian D,Shi S,et al. A novel cognitive satellite network with GEO and LEO broadband systems in the downlink case[J]. IEEE Access,2018,6:25987-26000.

[8] Liu Y,Liang J,Nan X,et al. The progress of stochastic resonance in the application of spectrum sensing[C]// 2016 6th International Conference on Electronics Information and Emergency Communication (ICEIEC). IEEE,2016.

[9] Singh R, Kansal S. Performance evaluation of neural network based spectrum sensing in cognitive radio[C]// 2016 International Conference on Internet of Things and Applications (IOTA). IEEE, 2016.

[10] Hu Xiaoyue, Yang Miao, Kang Kai, et al. Spectrum coexistence of GEO and LEO satellites based on cognitive radio [J/OL], China Space Science and Technology, 2021, 2:1-7.

[11] Chen Peng, Xu Feng. Comparison of spectrum sensing algorithms in satellite cognitive wireless communication [J], Telecommunications Technology, 2011, 51 (9):49-54.

[12] Liu Shunlan, Xiao Yide, Bao Jianrong. Double-threshold cooperative spectrum sensing algorithm based on stochastic resonance [J], Telecommunications Science, 2020, 36(12):33-40.

[13] Bi Ran. Research on Dynamic Spectrum Sharing Technology of Satellite — 5G Integrated Network [D], Harbin Institute of Technology, 2019.

[14] Yuan W, Yang M, Guo Q, et al. Improved Cuckoo Search Algorithm for Spectrum Sensing in Sparse Satellite Cognitive Systems[C]// 2016 IEEE 84th Vehicular Technology Conference (VTC-Fall). IEEE, 2016.

[15] Sharma S K, Chatzinotas S, Ottersten B. Exploiting polarization for spectrum sensing in cognitive SatComs[C]// 2012 7th International ICST Conference on Cognitive Radio Oriented Wireless Networks and Communications (CROWNCOM). IGI Global, 2012.

[16] Zhang W, Yang M, Guo Q. Channel states information based spectrum sensing algorithm in satellite cognitive communication networks[C]// 36th International Communications Satellite Systems Conference (ICSSC 2018), IEEE, 2018.

[17] Wu Z, Man L, Yin Z, et al. Research of Spectrum Sensing Based on ANN Algorithm [C]// 2014 Fourth International Conference on Instrumentation and Measurement, Computer, Communication and Control (IMCCC). IEEE, 2014.

[18] Liu Dongjian, Yang Xiaopeng, Xiao Nan, et al. Multi-threshold sensing algorithm for satellite spectrum based on LSTM neural network [J], Signal Processing, 2020, 36(8):1326-1334.

[19] Zhang Y, Shi Y, Shen F, et al. Satellite-Terrestrial Spectrum Sensing Scheme Based on Cascaded FNN and FIS[C]// 2019 IEEE Globecom Workshops (GC Wkshps). IEEE, 2020.

[20] Wang Zhi. Research on Spectrum Sensing Technology of Satellite Cognitive Network Based on Machine Learning [D], 2019.

[21] Jia, Min, et al. Joint cooperative spectrum sensing and channel selection optimization for satellite communication systems based on cognitive radio[J]. International Journal of Satellite Communications & Networking, 2017.

[22] Wang Yunfeng, Ding Xiaojin, Zhang Qingxin. Research on cooperative spectrum sensing between GEO and LEO double-layer networks [J], Radio Communication Technology, 2019, 45(6):627-632.

[23] Jia M, Liu X, Yin Z, et al. Joint cooperative spectrum sensing and spectrum opportunity for satellite cluster communication networks[J]. Ad Hoc Networks, 2017, 58(C):231-238.

[24] Jia M, Gu X, Guo Q, et al. Broadband Hybrid Satellite-Terrestrial Communication Systems Based on Cognitive Radio toward 5G[J]. IEEE Wireless Communications, 2016, 23(6):96-106.

[25] Wang T, Song L, Han Z. Distributed Cooperative Sensing in Cognitive Radio Networks: An Overlapping Coalition Formation Approach[J]. IEEE Transactions on Communications, 2014, (62)9:3144-3160.

[26] Hu J, Li G, Bian D, et al. Energy-Efficient Cooperative Spectrum Sensing in Cognitive Satellite Terrestrial Networks[J]. IEEE Access, 2020, 99:1-1.

[27] Wang Qinhui, Ye Shou, Tian Yu, et al. Spectrum allocation algorithm in cognitive radio networks [J], Acta Electronica Sinica, 2012, (40)1:147-154.

[28] Tang F, Chen L, Li X, et al. Intelligent Spectrum Assignment Based on Dynamical Cooperation for 5G-Satellite Integrated Networks[J]. IEEE Transactions on Cognitive Communications and Networking, 2020, 99:1-1.

[29] Chen Z Y, Liu J, Zhao B, et al. Study of Spectrum Allocation in Cognitive Satellite Communication Based on Graph Theory[J]. Radio Communications Technology, 2016.

[30] Sharma S K, Maleki S, Chatzinotas S, et al. Joint Carrier Allocation and Beamforming for cognitive SatComs in Ka-band (17.3-18.1 GHz)[C]// 2015 IEEE International Conference on Communications (ICC). IEEE, 2015.

[31] Dai N, Nguyen M T, Le L B. Cognitive Radio Based Resource Allocation for Sum Rate Maximization in Dual Satellite Systems [C]// Vehicular Technology Conference. IEEE, 2017.

[32] Zhong X, Yin H, He Y, et al. "Joint Transmit Power and Bandwidth Allocation for Cognitive Satellite Network Based on Bargaining Game Theory", IEEE Access, 2019, 7:6435-6449.

[33] Li F, Liu X, Lam K Y, et al. Spectrum Allocation with Asymmetric Monopoly Model for Multibeam-Based Cognitive Satellite Networks[J]. IEEE Access, 2018: 1-1.

[34] Wang C, Bian D, Shi S, et al. A Novel Cognitive Satellite Network with GEO and LEO Broadband Systems in the Downlink Case[J]. IEEE Access, 2018, 6:1-1.

[35] Wang W, Zhao S, Zheng Y, et al. Resource Allocation Method of Cognitive Satellite Terrestrial Networks Under Non-ideal Spectrum Sensing[J]. IEEE Access, 2019:1-1.

[36] Jing X, Liu X, Jia M, et al. A spectrum allocation scheme based on power control in cognitive satellite communication[C]\\ The 8th International Conference on Communications Signal Processing and Systems (CSPS), IEEE, 2019.

[37] Jia Min, Jing Xiaoye, Liu Xiaofeng, et al. Spectrum allocation method of cognitive satellite network based on service priority [J]. Journal of Communications, 2019, 40(4): 140-148.

[38] Xu T, Zhou T, Tian J, et al. Intelligent Spectrum Sensing: When Reinforcement Learning Meets Automatic Repeat Sensing in 5G Communications [J]. IEEE Wireless Communications, 2020, 27(1): 46-53.

[39] Cao Qian, Wang Jian. Intelligent spectrum management for 5G and 6G [J], China Radio, 2020, 9: 13-15.

第 13 章
星地融合网络信息的系统与应用

星地融合信息网络架构借助天基网络与地基网络的优点,对网络中的资源进行充分利用,可对用户提供泛在无缝随时随地的网络服务,已经成为全球各国信息化领域的重要基础设施[1]。面向下一代网络需求,各国充分利用星地融合网络中的优势,面向业务需求,借助星地融合网络的结构特点,充分发掘星地融合信息网络具有的广泛应用前景,将全球互联网扩展到外太空,并适应复杂性不断提高的航空航天任务。本章针对当前星地融合信息网络的应用发展状况做出简要介绍,简要概括世界各国星地融合信息星座系统的建设情况及发展思路,针对 5G 卫星融合网络应用、星地物联网体系架构、北斗导航定位的优势、卫星遥感产业化发展以及通导遥一体化发展愿景等内容做简要分析,旨在为星地融合网络的发展提供研究思路。

13.1　星地融合信息网络及优势

对比于地面数据和通信传输网络,星地融合信息网络系统具有地域覆盖率极广、数据及通信容量范围极大、受地势起伏影响的程度很小、灵活性要求更高和最能灵活适应社会各种通信行业快速发展要求等突出优势。5G 网络技术虽然也已逐渐开始实现全球规模商用,为通信使用者带来更高的比特率、更低的延时以及更高的传输容量范围,提供了更多新领域行业应用,同时也为垂直领域应用带来了更高通信及服务安全质量,但当前的星地融合信息网络体制仍受限于全球市场环境范围和应用模式,致使其始终无法同时保证全球高海拔处、远洋区域与陆地偏远区域覆盖范围内的服务安全范围。为冲破地理环境条件的制约,将太空卫星网络与地面网络融入实现全球立体无缝覆盖,最终形成星地通信体制融合的信息系统,已经成为当前学术和行业界深入研究的热门议题。星地融合网络平台,以地面网络平台为基础、以卫星网络平台为拓展,涵盖太空、机载、陆基、航海等应用场景,能够为天基、空基、陆基等各种用户的活动进行数据信息保证[2]。

对星地融合信息网络体制的研究是一个长期的科学过程,国内外研究人员针对星地综合信息网络的研究,以其科学合理的信息网络体系结构模型为重要研究和出发点,进行了深入的研究,不断探索、实践和完善。国际上,第三代标准合作伙伴计划项目(3GPP,

3rd Generation Partnership Project)和欧洲组织 ITU 针对星地空间融合的空间信息网络技术相关的重大国际合作标准化的问题进行了相关研究;在国内,2019 年,中国通信标准化协会办公室(CCSA,China Communications Standards Association)组建成立了航天通信技术工作委员会,该委员会组织开展了一系列星地融合探索方案的各项前期论证研究的论证调研工作,其中包括对北斗星地通信系统融合技术的研究,以及对星地一体化应用技术如何推向产业化发展的探讨。非地面网络(NTN)项目作为 3GPP 项目体系中的重要立项,将致力于逐步实现现有全球卫星地面通信网络技术、面向未来的 5G 技术以及其他不断演进的空间网络系统技术的有机融合,以此来解决新空口(NR,New Radio)卫星网络无法充分支持新一代地面蜂窝通信网络等一系列关键问题。

鉴于目前我国大规模陆地蜂窝网络受到传统铺设模式的限制约束,受困于当前我国部分地区严酷恶劣的自然条件、庞大复杂的网络技术困难以及高昂的经济成本,铺设大规模地面基站线路时的基本选址地条件仍然有限,在大陆区域如西部边远高原荒漠、海洋湖泊滩涂等自然资源贫瘠的地区可能难以完全地实现陆地基站路架的有效铺设管理和维修工作,所有这些都不可避免地导致这样一个事实,即中国现有的地面蜂窝网络和通信基础设施只能覆盖极少数地区[2]。与上述中国传统地面蜂窝网络的明显功能缺陷相比,卫星网络在卫星覆盖的地域特性方面具有一系列显著的优势,如覆盖面积大、分布区域广、容量大、基于卫星数据的数据传输和转发速率极高等。基于卫星数据覆盖区域特点的卫星数据移动通信互联网架构,可以打破自然条件的各种限制,如基本不受城市地理环境的约束,弥补目前国内的传统的地面蜂窝网络系统存在着的某些功能不足,星地融合的信息网络体系将发展成为我国新一代宽带无线蜂窝网络架构体系中最重要的网络核心组件之一,作为促进中国移动通信行业良性发展的基础,更好地去实现空、天、地、海的全球覆盖移动通信网络。国家高技术理论研究及发展示范计划方案中指出,要努力把我国星地融合信息网络系统建设成为全球空间互联、共享、开放的新型综合信息网络。在当前我国信息产业"十三五"高技术规划领域中,天地一体化的信息网络建设已经被纳入国家信息化科技协同创新发展 2030 年重大计划项目。如今这种以移动宽带双向互联传输为主要业务特征的全球新一代卫星空间通信应用系统技术正在逐渐发展成长起来并有明显加速的趋势。

我国当前的星地融合信息网络系统正处于规划发展阶段,其网络技术发展愿景可以大致概括为以下几方面:LEO 卫星系统的可选卫星轨道一般在海拔 500 km～1 500 km 之间的低、中、低空轨道范围内,其在轨卫星质量都较轻,体积小,制造、设计和研制成本低;卫星网络将充分发挥其卫星无线网络覆盖范围和辐射区域更广的优势,对其国内地面蜂窝网络、移动通信基站和蜂窝网络的覆盖区域进行一些有益的补充,内陆等人口流动相对密集地区的辐射区域将完全由卫星基站网络覆盖,充分发挥星地融合网络容量优势,满足与最多用户终端之间点对点的无线快速交换连接,在基站本身无法直接实现无线覆盖的较低偏远地区,将全面采用国产卫星通信网络,这样可以最大化地发挥星地融合网络无线覆盖的容量优势,节省卫星基站网络规划建设和投入运行的成本;在移动互联网 6G 的新时代,业界人士正强烈期望未来可以真正将大容量、高动态带宽传输的移动卫星信号数据与移动通信地面数据融合互补,支撑未来三大移动网络应用业务场景中的增强海量移动卫星宽带数据传输网络（eMBB，Enhanced Mobile Broadband）和增强的海量移动机器数据类移动通信业务（mMTC，Massive MAchine Type Communication）相关的应用系统；采用星地网络融合技术，逐步扩大卫星无线通信覆盖范围，实现全球路径无缝覆盖；通过在卫星上部署增益密度更高的天线，可以在地面系统上部署与现有移动通信系统完全兼容的卫星无线移动基站接收和信号处理设备，完全可以保证卫星地面终端仅在卫星飞行的较低频段，就可以轻松实现从地面终端到中低轨道卫星地面设备的直接通信[2]。

　　星地融合信息网络在融合新型通信技术、新型网络技术等方面具有更加广泛的应用前景，利用统一架构与智能管控技术可以更好地体现融合网络的优势所在。利用网络功能虚拟化系统技术、软件定义网络技术和卫星智能感知系统技术等能够充分实现我国星地通信融合网络系统的资源进行统一动态调度监测和统一管控，适应中国星地融合卫星网络系统载荷资源极为有限和通信业务承载需求呈动态变化性的特点，实现面向业务、面向未来需求的网络性能控制和网络优化水平的提升，从而更好地支持当前星地融合业务网络架构中的各种复杂业务，提高全网的通信传输能力。星地融合的信息网络产品在建设智能工厂、远程健康医疗、智能家居、自动安全驾驶汽车以及智慧农业系统等多种新业务场景系统中也都一样可以有效发挥这些重要产品作用，满足了面向未来发展的万物智联服务需求[2,3]。

13.2　星地融合组网系统

　　星地互联组网系统可由一定数量规模的多卫星组网来实现其全球卫星覆盖，以构建全球性空间网络信息和交换系统，它是一种新型的信息网络，能够为世界各地的接入用户提供卫星宽带互联网信息服务和地面通信网络服务，具有空间广覆盖、低传输延时、宽带化发展等特点。其中低轨卫星星座系统因其各方面优势得到世界各国的青睐，并且最适合以此为基础发展星地融合信息网络。本节将对国内外各种星座系统的相关参数信息进行简要阐述总结，分析世界各国关于低轨小卫星通信星座的建设情况，重点关注"星链"与OneWeb星座系统的相关参数以及对地覆盖性能，总结推动其发展的关键影响因素，希望能够对我国航天事业的发展起到启示作用和借鉴意义。

　　国外传统卫星互联星座系统绝大部分是以宽带卫星通信系统为基础，利用卫星通信所具有的连续覆盖的优势来拓展全球互联网业务，以实现星地网络的相互补充与互联互通。典型的中高空轨道广泛使用的卫星系统，首先需要具备实现双向数字卫星调频广播移动通信业务功能的能力，满足用户的宽带网络服务需求。从 2015 年中期开始，卫星互联网公司陆续开始积极稳步地开展星地融合信息网络的研究、开发、部署和产业运营工作，非静止轨道卫星系统网络技术商业应用的基础研究平台和项目建设已发展到一定水平。国外的卫星互联网公司针对星座的研究和部署等实质性项目工作情况如表 13-1 所示[4,5]。

表 13-1　国外主要中低轨卫星计划

星座计划	计划卫星数量/颗	轨道高度	频段	目前在轨数/颗	业务范围
Starlink	4 425	低轨	Ku/Ka	538	语音、数据、宽带互联网
OneWeb	720	低轨	Ku/Ka	74	语音、数据、宽带互联网
O3b	60	中轨	Ka	16	宽带互联网
铱星	75	低轨	L/Ka	75	语音、数据、窄带移动通信
Orbcomm	64	低轨	—	36	数据通信、定位服务

在推进我国全球卫星互联网系统规划建设与国际技术竞争一体化的大潮进程中,虽然中国仍拥有一批数量可观的低轨道卫星,但受保护的卫星轨道频率有限,掌握的卫星轨道资源仍然较为稀少。为了弥补上述不足、推进国内卫星互联网事业的发展、加快实现第三代高性能卫星互联网应用导航平台系统建设的重要工作与目标,填补自卫星互联网技术兴起以来我国信息科技机构在建设下一代星地融合领域的工作空白,国内各家卫星互联网企业与平台机构正在积极开展科研开发前期的规划工作,以及重大关键产品技术攻关工作,期望早日实现我国自主研制的全球卫星覆盖的愿景。表 13-2 所示为为国内典型卫星星座的相关参数情况。

表 13-2　国内典型卫星星座参数情况

公司名称	星座名称	数量	轨道参数	主用频率	发射数量
中国航天科技集团	鸿雁星座	864	1 100 km(86.4°) 1 175 km(86.5°)	L、S、Ka、V、星间激光通信	1 颗在轨
中国航天科工集团	虹云工程	1 728	1 048 km(80°) 1 048 km(80°)	L、S、C、Ka、V、E、星间激光通信	1 颗在轨验证
中国电子科技集团	天地一体化	240	880 km(86°)	L、S、Ka、V、星间激光通信	2 颗在轨验证
银河航天	银河航天	2 520	1 165 km(87.6°)	Ka、Q、V	1 颗在轨验证
九天微星	九天微星	720	700 km(97.63°)	Ka	7 颗在轨

目前,卫星互联网技术自主研究和产业化试点的工作主要是由传统通信服务企业、大型国有航空和卫星网络基础设施制造企业以及国家地面蜂窝移动通信运营商来完成的,由他们向用户提供商用平台和运营服务。典型的卫星互联网企业及其自主研制的卫星星座系统方案主要有以下企业:①中国卫通的 SPACEWAY 系统;②中国电信的 GW 星座系列;③信威集团的 TXIN—WB 系统。除此之外,清华大学还提出了"丝路星座"计划,结合中远程低卫星星座系统的初步建设计划。我国仍需借鉴 SpaceX 等公司的低成本开发理念和持续技术创新的精神,为我国卫星航天事业、星地融合信息网络的构建提供有力的政策支持、完善的资本市场和工业体系,这些都将成为国内各大航天企业快速发展的良好基础;卫星航天企业内部更应积极响应国家政策支持,构建和谐的创新文化氛围、扁平高效的组织管理模式,持续突破关键核心技术,助力我国航天事业快速发展。

13.3　星地物联网

2020 年 4 月,国家发展改革委正式将中国卫星宽带互联网、中国 5G、物联网和工业互联网系统列入重大新型互联网基础设施网络建设项目范围,标志着推进我国下一代卫星移动互联网体系建设已经正式提上议事日程。低轨卫星物联网工程是未来我国全球卫星互联网架构建设中最重要的基础组成部分,是实现国家"万物互联"计划目标中的一个重要基础手段。

目前,就低轨卫星物联网地面系统平台网络建设和发展现状而言,国外统计的包括几乎都已完成建设,或正在积极筹备建设,或已经在按计划进行建设的新型全球低轨卫星地面综合通信网络业务系统平台开发数量达到了数十个,其中又有相当多数的卫星星座系统已建成并投入使用,并能基本达到同时提供的各种新型物联网通信系统与服务的需求,比较典型的卫星互联网项目是轨道综合通信系统(Orbcomm)业务系统,它是一种便携式低地球轨道卫星地面无线通信和服务系统,可以专门支持长距离双向和短波段数据信息的无线传输和应用,用户可基于其设备实现各种集成式应用服务,例如远程数据信息的实时远程采集、系统监控、移动船舶和水下移动作业设施中车辆的数据无线远程自动跟踪传输和跟踪定位、短消息数据远程双向实时传输、电子邮件发送和接收等,应用的行业领域可广泛涉及在交通运输、油气田、水利、环保、渔船作业捕捞控制和海洋水下的消防监控及电子报警的控制系统等各行各业领域;除此之外,OneWeb 卫星系统,其截至目前部署的在轨卫星颗数接近 110 颗,计划的部署卫星总数达到近 4.8 万颗左右,首期部署发射的卫星共计 648 颗,轨道高度估计约为 1 200 km,可用于提供各种综合管理服务系统能力,包括全球油气管道系统远程监控、场站网络监控服务系统等;"星链"(starlink)网络卫星系统,目前的在轨组网卫星约 1 082 颗,计划部署高、低轨道卫星,总发射规模近 4.2 万次以上。第一阶段计划发射约 4 408 颗卫星,形成数据丰富、稳定性巨大、效率高的网络卫星星座,可为建设未来卫星物联网数据接入网络系统提供强大的巨大基础数据网络资源支撑。目前,我国正在建设或规划的超低轨道卫星通信技术系统有近十个,其中大部分正在规划或提供卫星组网通信服务[6]。

随着许多国家开始研究新一代 6G 网络,未来新一代的无线物联网基础设施还需要至少能够同时保证提供对全球用户接近于 100% 的覆盖率的无线网络覆盖功能。将地面现有的物联网和无线通信基站网络集中部署到天上,建立基于无线卫星基站的新型物联网终端系统,是未来我们升级整个互联网信息覆盖网络的有效技术方案之一,也是必然的手段和形式选择,其中采用中低轨卫星组网方法实现的无线物联网的方式,使卫星物联网在信息网络的数据传输过程中保持了较小的低延迟率损失能力,在互联网信息的高速传输中保持了较低的丢包率,这将极大地帮助互联网企业提高其互联网消息时效性,推进实现信息终端小型化。低轨卫星星座组网与物联网技术的技术体系架构示意图如图 13-1 所示,其能够支撑海量物联网终端随机接入,向用户提供服务,满足多类海量物联应用需求[6,7]。

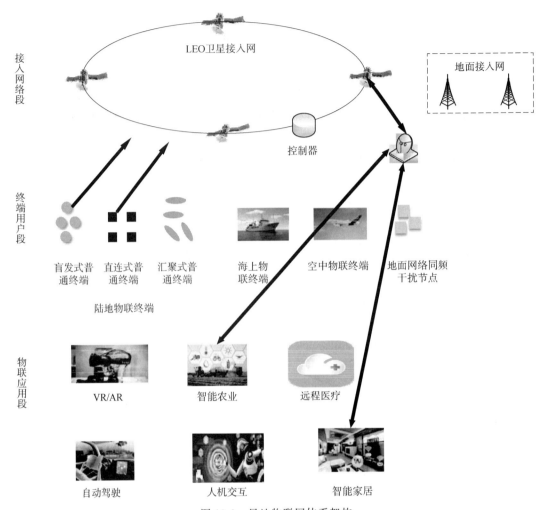

图 13-1　星地物联网体系架构

　　LEO 卫星通信和地面物联网系统技术在国内外一些国家已经研究、开发和运营多年,国内外一些新型中低轨卫星网络和地面物联网应用系统平台(如 OneWeb 系统、SpaceX 的 STEAM 系统等)已经建立并展开对于星地融合物联网的研究,技术理论基础上相对全面而成熟,其中如国内航天科工集团工程和由北京航天科技集团研究院等机构分别独立主持和提出来的"虹云工程"研究计划项目和"鸿雁工程"应用工程计划项目,将逐步建立和发展成为一个几乎可以覆盖全球的新一代中低轨卫星导航应用卫星系统,并将逐步开始从空间技术和应用工程验证研究领域走向实际应用和工程验证实践[7]。从现有星地网络兼容性理论角度来考虑,低轨卫星物联网技术并不是简单地试图取代原有卫星地面物联网,而是对既有地面卫星物联网体系技术的进一步有益地补充拓展和延伸,在我国原有地面网络信号覆盖距离密度比较高的一些农村地区,仍然可以完全采用我国现有地面卫星物联网系统中的卫星传输和兼容系统。最重要的问题是,用户无法在实际地面上架设卫星基站,而我国低轨卫星物联网系统的网络传输和兼容系统,维护和管理极其复杂,成本高昂,在受到一些突发或自然灾害影响时,可能还需要广泛采用,因而合理地设计了一套比较合理的可靠高效的中国星地网络及兼容传输技术体制。从其行业技术应用规模与业务场景空间分布格局上来具体看,国内低轨卫星物联网系统在未来将面向全国商贸物流、水文、森林、海洋生态监测等众多传统行业应用场景,在未来国家建设"一带一路"示范工程项目场景中的市场潜力更为巨大,基于 LEO 卫星的星地融合物联网具有一个极其广阔与无限潜力的产业技术市场发展空间。作为地面物联网业务应用模式的进一步有力补充和拓展,LEO 卫星物联网的应用将持续有效,并极大地扩展全球卫星物联网技术服务应用的覆盖范围和场景服务范围,从而可以积极有效促进我国全球物联网相关行业间的技术进一步有效协调发展。

本节在归纳总结当前卫星及移动地面通信应用系统体系架构模型和卫星物联网应用技术架构分析成果的基础上,针对我国低地轨载卫星与物联网相关的各种特殊卫星应用业务场景,介绍了一种关于低地轨道卫星和物联网业务的系统初步设计,并具体详述探讨了低地轨道卫星的物联网体系架构。低轨卫星物联网应用是我国一个全新研究的领域,还有着很多具体问题有待探索解决,下一步将可以继续针对在我国低轨卫星物联网关键技术的星地网络融合、路由和切换、抗干扰保障措施设计以及技术经济性设计等重大问题上进行研究。

13.3.1 卫星车联网

随着未来传统汽车产业智能化和变革化大幅提速,智能互联与物网联终端汽车渗透率也在快速、持续提升。随着不断完善相关产品技术的研发工艺以及快速发展成熟起来的智能汽车制造需求市场,2019 年,国内的智能汽车产业、高端智能车载物联系统制造业领域正式开始全面进入未来汽车市场规模迅速增长外延式扩容的黄金发展期,推进着未来支撑智能和车载的网联化无人驾驶和汽车共享普及应用等基础硬件设备的技术发展。

互联网将逐步深入和涉足到各个制造企业设计流程中去,将会促进工业厂商的对廉价劳力成本的依赖性降低和流程缩短及成本控制的全面技术优化。就我国汽车行业而言,智能汽车相关技术的完善以及"车联网"行业领域的成熟和广泛应用,促进了汽车自动驾驶行业的兴起,对整个汽车领域来说,无疑是一场革命性的变革。

星地融合信息网络的构建,极大促进了全球物联网体系架构的成熟和完善,作为地面物联网的有效补充,卫星物联网将作为新型的"车联网"支撑技术,实现"卫星车联网"无缝覆盖、可靠性高、抗毁性强等优势。图 13-2 所示为根据传统车联网架构演进而来的"卫星车联网"架构示意图,相较于地面物联网系统,其接入设备可在蜂窝基站与卫星之间进行选择,尤其针对地面蜂窝系统受自然灾害影响导致通信条件受限的情况,搭载物联网设备的汽车可以根据需求实现基于"卫星车联网"的通信互联服务。图 13-3 中的卫星车联网系统架构,连接云计算中心,可以提高"卫星车联网"星地数据的处理能力,达到降低系统延时的目的。

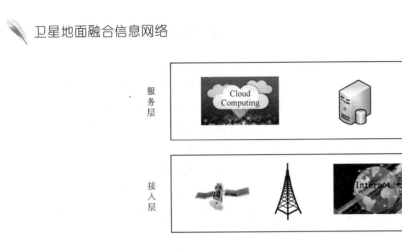

服务层

接入层

感知层

卫星芯片　　　车载终端　　　通信芯片

用户数据　　　车辆数据　　　道路数据

图 13-2　卫星车联网系统架构

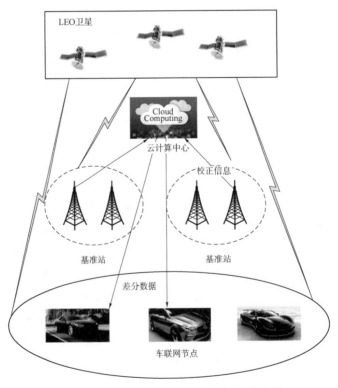

图 13-3　基于数据中心的卫星车联网系统架构

与此同时,"卫星车联网"仍然存在一些问题亟待解决。首先是远距离无线信号传输的延时问题,不同的轨道,卫星互联网信号的传输延时是不同的,低轨卫星的延时可以控制在 20 ms 左右,相较于地面 5G 蜂窝移动通信,其延时性能可以控制在 10 ms 左右,所以"卫星车联网"传输延时仍较大;其次是车载卫星信号接收设备的小型化问题,在"星链"的相关测试当中,车载卫星信号接收天线的直径达到了 50 cm,对于小型家用汽车而言,安装一个 0.5 m 的通信天线仍存在一定的技术难度。

因此我们仍需合理评估"卫星车联网"与基于地面物联网系统车联网的优缺点,在实际应用中权衡业务请求接入选择,以实现星地体系互联,构建星地融合一体的车联网服务体系。

13.3.2　智能电网

由于技术、政治和经济因素的综合影响,电网目前正面临着巨大的变化。这些变化中最重要的是,通过在整个网络中实现相关信息的通信,使电网更加智能。这将有助于创建新的服务和应用程序,从而在从生成到使用的所有阶段实现更高效、更可靠、更安全、更经济的系统。大量的新数据正在由新的智能设备产生,如智能电表和相量测量单元。这些将增加智能电网已经通过监控和数据采集交换的数据。此外,电动汽车等跨领域参与者将在智能电网信息池中发挥重要作用。

为了真正利用所有这些数据生产者带来的优势,同时考虑到未来智能电网的影响整个通信网络的数据,建立一个能够支持信息和通信覆盖需求的案例研究是非常重要的。因此,智能电网未来的 ICT 基础设施必须考虑任何可行的技术,包括过去被忽视的卫星通信技术。

在没有地面通信基础设施、成本过高或无法满足特定领域需求的情况下,卫星通信可以提供广泛的覆盖范围及快速的安装和部署。过去,由于性能不足和成本高,卫星通信在电力系统中的应用仅限于 SCADA。现在,卫星通信在智能电网领域所能发挥的作用必须根据卫星通信性能的提高、成本的降低和新的智能电网应用所期望的各种 QoS 要求重新进行探讨。

电站到用户的实时功率控制管理是电能传输的关键。与火灾监测类似,远程广域网络使低功率广域网络更容易接入空间网络,以便更好地进行输配电监测。由于网络中的输配监测需要考虑大面积覆盖的问题,高海拔卫星可以帮助平衡不均匀的功率分布。预计卫星网络与地面传感器一起,可以为各种 SG 应用发挥相关作用。

13.3.3　卫星应急应用

网络运营商在给定地理区域内部署 5G 地面无线接入技术作为 5G 系统的一部分。该地理区域可能包括几个国家,5G 地面网络部署的基础设施包括无线接入网和核心网。当危机事件突发时,比如一场大地震、一场洪水或一场战争,RAT 的相关组件被部分或完全摧毁,正常情况下由地面网络提供的服务将不再可用。与此同时,突发危机使得公共机构启动应急措施,以便提供急救支持,恢复安全并组织后勤支持。

Alice 是一名 5G 现场工程师。她位于危机地区,正在部署和维护 5G 地面基础设施。Alice 希望得到远程总部的支持,以帮助恢复 5G 基础设施。Bob 是一名危机管理人员。他是一个搜救队的负责人。他需要与已部署和分散的团队进行互动以协调行动,因为搜索区域超出了设备到设备(D2D,Device to Device)的能力,可以将卫星组件部署在现场以实现 5G 地面覆盖。

5G 卫星 RAT 在同一地理区域部署了无线电设施,Alice 和 Bob 都拥有具有卫星接入功能的 UE。但是处于恶劣环境的 Alice 和 Bob 由于地面基站部署困难,无法访问 5G 地面网络进行有效通信,而此时星地融合网络则可发挥作用。一些可以访问卫星组件的网络运营商向其网络提供最低限度的服务(如语音、短信、邮件),以便为卫星覆盖下的每个终端提供有保障的访问。向 Alice 这样的公共和专业用户提供了一个网络切片,保证一定百分比的允许流量,根据业务需求调整报价政策。为 Bob 所属的搜救团队提供另一部分允许流量,以保证对其业务的支持。

在 5G 地面网络恢复到正常状态之前的过渡期间,Alice 和 Bob 都有权使用最少的通信服务来履行职责。

13.3.4　森林火灾监测

监测森林火灾对生态系统管理规划、合理的造林地理规划和灭火部署至关重要。森林火灾通常发生在几乎无法部署地面联系的偏远地区,会造成巨大的经济损失和生命威胁。预警和快速灭火可以有效地将损害减少到最低限度。通常,利用卫星网络通过遥感或图像分析来探测热点。但是这些方法监测具有粗粒度特性,位置信息的不准确会给快速应对森林火灾带来不利影响。

将传感器网络与卫星网络相结合,能够实现一种有效提供精确火灾探测的方法。例如,基于卫星的火灾探测自动化系统(SFEDONA,Satellite-based FirE DetectiON Automated system)实现了用于燃烧检测、光学摄像机和天气监测站的传感器,利用了低成本的卫星通信[8]。因此,卫星—地面网络所带来的便利,适合火灾监测和其他环保活动。SFEDONA 项目的主要优势概括如下:为终端用户提供低成本的集成复杂解决方案,有效地集成了火灾探测、火灾报警和火灾传播预测的功能;本地执行低成本图像处理和分析,而不是在终端用户一侧进行的高成本集中视频分析;只需要传输低数据率的警报,以便早期有效准确地探测火灾;要求尽可能少地依赖人员管理;提供适合卫星通信的解决方案,在森林地区的大地理覆盖范围内,包括偏远农村、山区和岛屿地区,使其强大而有效;系统架构是完全可扩展的,可以根据终端用户管辖区域的特定地形形态定制部署。星地物联网林业应用架构如图 13-4 所示。

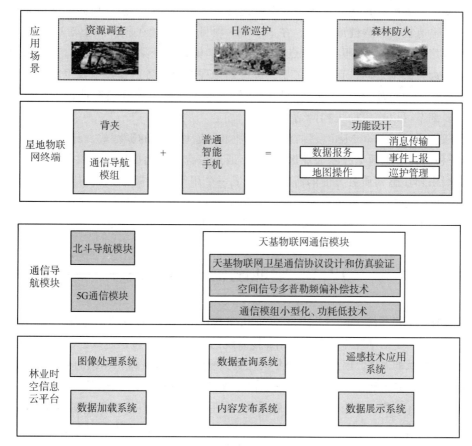

图 13-4　星地物联网林业应用架构

13.3.5　智慧医疗

采用信息通信技术解决方案提供医疗服务是全球最优先事项之一,欧洲共同体认为电子保健领域是现代社会发展的主要支柱之一,可以预见利用技术解决办法提高所提供服务的效率和质量对医疗救助是十分必要的。远程医疗咨询、个人健康记录、定向预防和最新统计数据的收集等服务都是通过对现有技术的便捷集成实现的,其优势还体现在运营成本、效率和灵活性等方面。自早期部署卫星通信以来,已就提供 ICT 技术医疗服务探索了若干经验。全球覆盖和强大的抗毁性是卫星的典型特征,促进了偏远或关键地区的卫星辅助医疗服务。然而,最近卫星也允许灵活和模块化地使用频谱资源,在城市和连接良好的地区提供具有成本效益的接入服务。

着重于利用卫星技术提供电子保健服务这一具体专题,已有一系列项目展开研究。在相关文献中,开展了相关工作,设计了一个综合医疗平台,将最先进的工程解决方案和交互式卫星接入集成在一起。一种用户友好的远程医疗系统,包括与智能端到端通信服务相关联的互操作 IP 覆盖卫星网络,已经在地理隔离和服务不足地区的军事维和任务框架(T4MOD 项目)中开发和验证。提出了一个综合电子卫生系统,解决福祉和高质量的患者救助。业界已提议建立远程康复保健设施。卫星组件用于确保地面网络未完全覆盖地区用户也有机会获得健康服务。在 SatCare 项目中,通过在救护车上对患者进行远程诊断和治疗,改进了急救服务。重点是开发一种能够跨多个渠道工作的通信系统,允许现场团队和远程医生之间进行实时交互。考虑到远程医疗服务的作用以及卫星通信可以给这类服务带来的附加价值,在协助项目中开发了电子保健系统评估和评价工具。每个项目的更多细节可以在资助机构网站找到。

欧洲航天局 KosmoMed 项目提出了一种卫星远程医疗的新范式。其目的是设计、开发、部署和验证信息通信技术专业医疗平台,通过综合卫星地面网络提供创新应用。为了满足终端用户在感知质量方面的需求,开发了一个用于网络资源管理的分布式预订数据库系统。已经能够实现一个自动适应卫星带宽资源的用户透明系统,并在一定程度上实现了用户的 QoS 要求。整个系统已经过验证,并进行了试验。

13.4　星地融合导航定位

全球导航卫星系统(GNSS,Global Navigation Satellite System)从概念提出时一直到现在都一直在国民生产生活中发挥着重要作用。该系统的发展速度直接决定政治、经济、科技、国家安全等关键领域的发展。因此,各国每年会花费大量经费研发并维护本国的 GNSS,世界上较为著名的 GNSS 系统有中国的"北斗"、美国的 GPS、俄罗斯的 GLONASS 等。

在过去,由于我国没有自研的导航系统,在生产生活中不得不借助国外的 GNSS,因此那时对于导航信息的灵活使用我国并不具备控制主权。近年来,我国投入了大量人力物力,汇聚国家科技力量,充分发挥本土创新精神,构建了北斗卫星导航系统,对本国导航定位等需求进行了高效响应。时至今日,我国已经具备国际领先的导航卫星水平,面向当今国际形势,我国将继续发展导航卫星技术,不断提升定位精度,为国内不同的导航定位需求保驾护航。值得一提的是,日本和印度目前也意识到导航卫星的重要意义,目前也在建设自己的区域导航系统[9]。北斗卫星导航系统组成如图 13-5 所示。

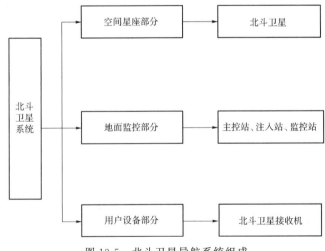

图 13-5　北斗卫星导航系统组成

BDS 主要具有以下优点：①自主研发。从设计到落地，该星座为我国科研工程技术人员兢兢业业，攻坚克难的技术成果。②扩展性强。目前可完成我国导航定位需求，全球定位以及其他功能正在研发阶段。③鲁棒性强。系统网络具备抗干扰与抗毁能力，不受地面因素制约。

13.5 星地遥感探测

卫星遥感技术作为一门集合了空间、电子、光学、计算机通信等学科的综合性科学技术，其快速的发展和普及运用，使人类进入了对地观测新时代，人们可以更加多层立体、全方位且全天候地展开对地观测工作。星地融合遥感探测技术的应用主要满足社会公益和商业应用两方面的应用需求。卫星遥感技术不仅可以用于气象监测，其对道路、建筑工程的设计、选址等方面也有着广阔的前景。

卫星遥感应用正朝着精准化、智能化、便捷化、大众化方向发展，其中，中游数据处理是卫星应用行业实现规模化、产业化的基础。航天宏图以产业链中游起家，参与了90%的遥感卫星地面系统设计，以此向下游应用拓展，具备一定优势。卫星遥感全产业链如图 13-6 所示。

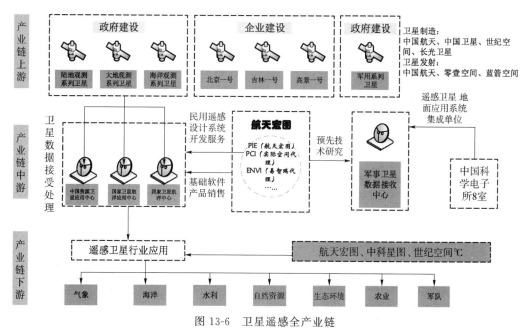

图 13-6 卫星遥感全产业链

下游应用领域，目前在国内遥感应用领域主要参与者分为四种类型：①航天世景、航天泰坦等航空航天科技下属国企；②中科星图、中科天启等科研院所和高校孵化企业；③航天宏图、21世纪等民营企业；④国测星绘、华云气象等卫星中心下属企业。其中，航天宏图作为科创板上市的国内产业链相关龙头企业，2019 年营业收入为 6.01 亿元，仅仅占到当年国内卫星遥感服务行业市场规模 155 亿元的 3.88%，行业市场格局还比较分散。

未来上下游的相互渗透不可避免：上游为了更好地变现将服务范围往下游延伸，下游为了锁定数据成本提高市场竞争力也会投资发射卫星，深耕核心业务、打造竞争壁垒的企业将获得更多的市场份额，基于这些趋势行业集中度有望大幅提升。

本节简要介绍了卫星遥感的概念、应用分类以及卫星遥感产业链情况。遥感技术的快速发展及其在各个领域的广泛渗透，结合"大数据""移动互联网"技术的完善和应用成熟，我国遥感技术将得到更为深远的发展。

13.6　星地通导遥一体化

随着目前 3GPP RAN 以批准多项新标准，其中标准中对超高精度定位等技术提出关键指标。星地融合的"通信—导航—遥感"技术将为下一代信息网络进行赋能且能更高效地"通感算"带来的新型业务服务[10]。

我国当前的空间技术方面，现有的通信、导航、遥感卫星系统无法有机结合形成一体化信息服务系统，通感卫星一体化及与人工智能在轨处理的集成是当前急需解决的问题。通导遥一体化的具体商业化应用如图 13-7 所示。

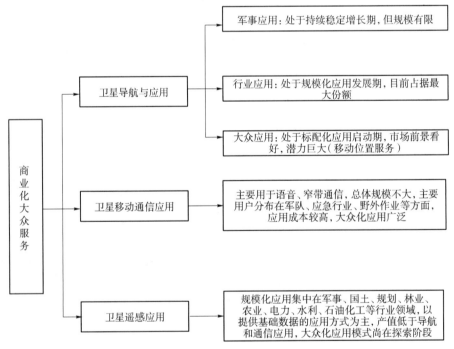

图 13-7　卫星服务应用场景

PNTRC 空间信息网络，是集合定位、导航、计时、遥感、通信五位一体的星地融合信息网络系统，其构成的通感信息网络能够实现在用户智能终端上的智能服务。卫星应用产业的发展离不开通信、导航、遥感以及智慧感知技术的融合，因此我国应该抓住星地融合网络发展建设的机遇,不断积累卫星应用的经验方法,以北斗卫星导航为核心,融入遥感引擎,促成星地间卫星通信感知一体化发展。与此同时,云计算、大数据以及人工智能的快速发展,必将成为星地通导遥一体化的关键助力,以智能感知计算为基础、以导航探测为辅助信息服务的星地融合通信系统必将成为各国卫星通信领域的重要战略规划。我国应以北斗卫星导航系统为基础,加快构建通导遥一体化星地融合智能信息系统。通感信息网络如图 13-8 所示。

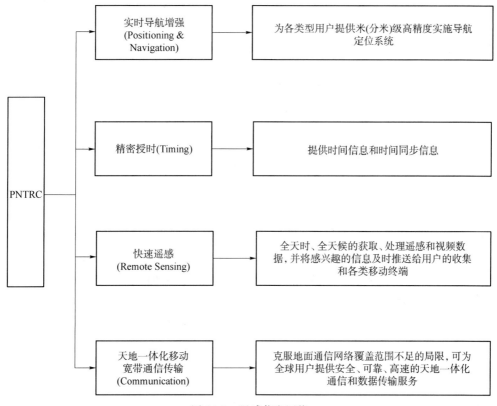

图 13-8　通感信息网络

13.7　星地融合算力网络

第六代移动通信系统(6G)和低轨卫星通信系统所引领的新技术浪潮方兴未艾,成为全球众多国家的研究热点[11,12]。移动通信网络在发展演进中,算力需求的快速增长与分布式泛在算力利用率低效之间的供需矛盾问题日益凸显。面向海量的泛在异构、万物互联终端节点,亟须探索研究星地融合算力网络及其使能技术。

算力是设备通过处理数据,实现特定结果输出的能力。在过去的若干年,随着算力载体的丰富程度得到了极大提升,算力已经融入了人类生活的每一个角落,呈现出多样性的发展趋势[13]。与此同时,网络中业务需求存在异构多样性,构建高效智能网络对计算资源进行调度亦值得研究,"云—边—端"分层的算力网络架构成了满足网络性能需求的刚需。由以上分析可知,算力网络离不开计算资源(分布在云、边缘以及设备中)与高效智能网络调度的支撑。目前已有相关组织进行地面网络中的算网融合相关工作。中国电信已发布相关技术白皮书[14],白皮书中指出开放共享、云网协同、云云聚合、敏捷运营为面向未来云网融合的发展重点。

在算网融合的大背景下,算力网络[18]的概念应运而生。算力网络是针对算网融合发展趋势提出的新型网络架构,通过无处不在的网络将分布各处的计算资源相互连通,通过统一协同调度,使不同的应用能够按需、实时地调度不同位置的计算资源,实现网络和算力的全局优化,提供更高质量的用户体验。在此基础上,端侧算力网络则着眼于泛在终端的算力利用率和计算效率的提升,基于现有的蜂窝网络、无线网络等网络基础设施,解决在分散的、非一致性的设备上的分布式计算、隐私性存储等难题,为用户提供更加智能化的、个性化的应用服务体验。在算力网络中云边和网络的支撑下,端侧算力网络中的分布式多级终端侧算力资源有望得到更好的利用,构建高效的端侧算力体系架构和新型网络范式,实现端侧算力感知、资源虚拟协同、多粒度算力调度以及安全隐私与可信交易。而端侧算力网络也可助推算力网络实现"网络无所不达,算力无所不在,智能无所不及"的愿景[17]。

如前面章节上所述,星地融合信息网络架构借助天基网络与地基网络的优点,对网络中的资源进行充分利用,可对用户提供泛在无缝随时随地的网络服务。因此面向下一代网络需求,为了充分调度星地融合网络中的计算资源,面向业务需求,借助星地融合网络的结构特点,研究星地融合信息网络中的算力网络极具发展前景。

结合未来网络的发展趋势,一方面,由于单个计算节点能力有限,面向大型计算业务需要计算联网对计算任务进行适配的调度。另一方面由于目前地面网络尚未对边远地区形成有效覆盖,因此需要充分发挥协同网络的作用。

星地融合信息网络中业务种类繁多,不同的业务对网络以及算力资源的需求各有千秋。星地融合网络中卫星网络覆盖较广,具备区域内全局视角,且有广播组播分发等特点,但卫星板载资源(计算、能耗)有限,不适合处理全部密集型计算业务;与此同时,可注意到地面网络具备充分计算与电力资源,但考虑到收益成本与部署可行性,在边远地区或海域无法进行大型计算服务集群部署。因此应充分考虑网络资源,借助星地互联网络,定时实时对网络资源进行感知,以便对网络计算资源调配进行最优策略分析。

如图 13-9 为星地融合信息网络中算力网络场景示意图。分布在星地融合网络中的计算资源分层为"云—边—端"结构,通过感知与监控,进行计算资源的按需智能调度与适配,基于智能计算实现计算智能网络。算力网络的最终目标是形成一体化供给,鉴于该目标,星地融合信息网络中的算力网络主要需要考虑的内容包括:

- 星地融合网络资源和算力资源统一定义、封装和编排:对全网异构资源进行映射抽象,便于后续统一按需适配。
- 一体化运营:分布在星地融合网络中资源感知、一致质量保障、统一控制调配和运维管理。
- 一体化服务:针对融合网络业务的统一受理、统一交付、统一呈现。

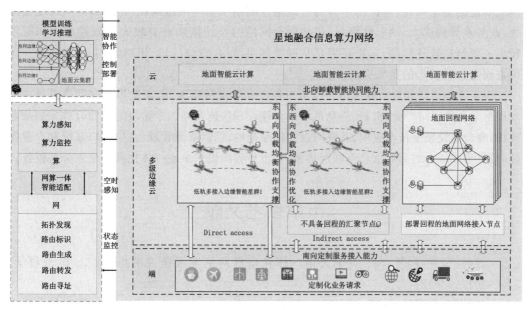

图 13-9　星地融合信息网络中算力网络场景

目前,星地融合信息网络中的算力智能适配面临的挑战较多,类比算力网络需求[14,15],主要体现在网络性能、网络可用性、网络智能性、适配能力和网络安全等五个维度。目前通信计算机网络在网络安全、柔性适配能力以及网络智能性方面与客户需求差距较大,除此以外,卫星网络中的动态性与卫星链路的安全性需要在算力应用适配中着重考虑,因此需要增强网络的智能感知适配,网络内生安全性、柔性适配中的原子能力服务化、网络智能性中的弹性伸缩和网络可编程,从而真正实现星地融合的算力适配。

本 章 小 结

针对第五代移动通信系统广覆盖的服务要求以及对未来丰富应用的性能保证,本章首先介绍了当前星地融合信息网络的发展愿景以及现有关键技术的发展状况,旨在为星地融合网络的发展提供研究思路。分析了世界各国关于低轨小卫星通信星座的建设情况,重点研究了"星链"与 OneWeb 星座系统的相关参数以及对地覆盖性能,总结了推动其发展的关键影响因素,对我国航天事业的发展具有重要启示作用和借鉴意义。其次,本章针对星地融合网络的应用方面进行研究分析,主要介绍了 5G 卫星融合网络应用、星地物联网体系架构、北斗导航定位的优势、卫星遥感产业化发展以及面向 6G 的通感算智一体化发展愿景等内容,多方面展示星地融合系统在没受地理条件约束的情况下保证使用者及时随地、稳定、可靠性、连续性的通信网连接需求和服务的优势,同时保证硬件资源有限的天基系统能够紧跟地基互联网技术和业务的长期发展,并提出了现有的主要问题和下一步的研究方向。

尽管国内学术界已经和国防工业界一起已经基本全面系统地展开过对我国星地融合

网络问题的理论研究,但正由于当前星地融合网络中的组网结构比较复杂,时空尺度变化大,业务差异幅度大,动态性极强,星地融合网络的设计依然有着较大的研究潜力和应用价值。要解决这些问题,未来还需要从网络体系结构、空口传输、组网方式、频谱质量管理等方面进行科技上的重大突破。

卫星通信网络和地面蜂窝网络技术在各自领域发展迅速,未来世界互联网信息技术的发展与融合将遵循产业、机制、信息系统融合建设和快速发展三个阶段的产业合作发展战略共识,整合建设频谱技术应用、互联网技术体系架构、信息资源管理、空中接口系统和产业保障,最终形成统一的商业信息互联网体系,为世界各国提供星地一体化网络信息公共服务。

本章参考文献

[1] 吴巍,秦鹏,冯旭,等.关于天地一体化信息网络发展建设的思考[J].电信科学,2017,33(12):7.

[2] 孙韶辉,戴翠琴,徐晖,等.面向 6G 的星地融合一体化组网研究[J].重庆邮电大学学报:自然科学版,2021,33(6):11.

[3] Shen,Xuemin,Sherman,et al. Software Defined Space-Air-Ground Integrated Vehicular Networks:Challenges and Solutions[J]. IEEE Communications Magazine:Articles, News,and Events of Interest to Communications Engineers,2017,55(5):101-109.

[4] Spacenews. OneWeb breaks ground on a Florida factorythat will build thousands of satellites[EB/OL]. [2022-9-15].http://spacenews.com/oneweb-breaks-ground-on-a-floridafactory-that-will-build-thousands-of-satellites/.

[5] Craft.SpaceX stock price,funding rounds,valuation andfinancials[EB/OL]. [2022-9-15].https://craft.co/spacex/metrics.

[6] 丁晓进,洪涛,刘锐,等. 低轨卫星物联网体系架构及关键技术研究[J]. 天地一体化信息网络,2021,2(4):9.

[7] 靳聪,和欣,谢继东,等.低轨卫星物联网体系架构分析[J].计算机工程与应用,2019,55(14):98-104.

[8] Chen L M,Guo Q,Wang H Y. A Handover Management Scheme Based on Adaptive Probabilistic Resource Reservation for Multimedia LEO Satellite Networks[M]. IEEE Computer Society,2010.

[9] 任清宇. 基于北斗卫星导航系统多频段融合定位方法与应用研究[D].上海:上海交通大学,2020.

[10] 段向阳,杨立,夏树强,等. 面向 6G 通感算智一体化技术发展模式探究[J]. 电信科学,2022(038-003).

[11] IMT-2020(5G)推进组发布 5G 技术白皮书[J].中国无线电,2015(5):6.

[12] 中国移动研究院,中兴通讯股份有限公司,等. 5G-Advanced 网络技术演进白皮书(2021)—面向万物智联新时代[R]. 2021.

［13］　黄蓉,李瑞华,唐雄燕,等.通信感知计算融合在工业互联网中的愿景与关键技术[J].邮电设计技术,2022(000-003).

［14］　华为.泛在算力:智能社会的基石.2020.2[EB/OL].[2022-9-15].https://www.file.huawei.com/media/corporate/pdf/publicpolicy/ubiquitous_computing_power_the_cornerstone_intelligent_society_cn.pdf? la=zh

［15］　黄海峰.中国电信发布首个云网融合白皮书[J].通信世界,2018(28):1.

［16］　孟月.算为中心,网为根基 中国移动算力网络发展路径浅析[J].通信世界,2021(22):2.

［17］　北京邮电大学、中国移动终端公司、中国信通院、中国通信学会.端侧算力网络白皮书[EB/OL].(2022-8)[2022-9-15].https://www.china-cic.cn/upload/202207/28/ef27cbb9b8d44b74af80c0de920eaa59.pdf.

［18］　Sun Yukun,Liu Junlin,Huang Haonan,Zhang Xing,Lei Bo,Peng Jing,Wang Wenbo,Computing Power Network:A Survey[J],China Communications,2023.